高等职业教育公共课程“十二五”规划教材

工科数学

主　编　宋艳红
副主编　潘建英　董国玉
参　编　万香芝　胡金艳　李凤贞

中国铁道出版社有限公司
CHINA RAILWAY PUBLISHING HOUSE CO., LTD.

内 容 简 介

本书按照专业需求选取教学内容，符合理工类人才培养目标要求. 本书共十章，内容包括：三角函数，空间几何，平面解析几何，平面向量与复数，函数、极限与连续，导数、微分及其应用，积分及其应用，微分方程初步和拉普拉斯变换，线性代数初步，概率论初步.

本书注重教学理论和实际应用的结合，在例题、习题和复习题的选择和搭配上，前后呼应，由易到难，通过练习巩固所学知识. 此外，考虑到读者学习的方便，书后还附有习题和复习题参考答案，便于读者自行查阅.

本书适合作为高职高专院校高等数学课程的教材，也可作为工程技术人员的数学参考资料.

图书在版编目(CIP)数据

工科数学/宋艳红主编. —北京：中国铁道出版社，2015.9(2024.1 重印)
高等职业教育公共课程"十二五"规划教材
ISBN 978-7-113-20547-8

Ⅰ.①工… Ⅱ.①宋… Ⅲ.①高等数学—高等职业教育—教材 Ⅳ.①O13

中国版本图书馆 CIP 数据核字(2015)第 174667 号

书　　名： 工科数学
作　　者： 宋艳红

策　　划： 张围伟　何红艳　　**编辑部电话：**(010)63560043
责任编辑： 何红艳　徐盼欣
封面设计： 刘　颖
封面制作： 白　雪
责任校对： 王　杰
责任印制： 樊启鹏

出版发行： 中国铁道出版社有限公司(100054，北京市西城区右安门西街 8 号)
网　　址： http://www.tdpress.com/51eds/
印　　刷： 北京铭成印刷有限公司
版　　次： 2015 年 9 月第 1 版　　2024 年 1 月第 8 次印刷
开　　本： 787 mm×1 092 mm　1/16　**印张：**18.5　**字数：**450 千
书　　号： ISBN 978-7-113-20547-8
定　　价： 36.00 元

前　言

本书是根据教育部制定的《高职高专高等数学课程教学基本要求》和《高职高专教育专业人才培养目标》编写的. 本着“以应用为目的，以必需够用为度”的原则，追寻高职高专数学课程改革的方向，力图做到“降低理论、重视技能、加强能力、突出应用”.

数学是一门内容极其丰富、应用十分广泛的学科，学习数学主要学习数学的思想方法，即学习怎样将实际问题归结为数学问题，并正确使用数学方法和数学工具去解决问题. 我们以现代教育思想为指导，以实际调研结果为基础，认真筛选教学内容，编写了本书.

本书共十章，内容包括：三角函数，空间几何，平面解析几何，平面向量与复数，函数、极限与连续，导数、微分及其应用，积分及其应用，微分方程初步和拉普拉斯变换，线性代数初步，概率论. 本书符合高职高专学生的学习特点及高职高专教育的发展趋势，特色体现在以下四个方面：

(1)在教学内容的选取上，打破学科体系的系统性，增加了与专业课相关联的实际应用问题，突出职业体系的应用性.

(2)淡化数学理论，对一些烦琐的定理、公式的推导证明尽可能只给出结果或简单直观的几何说明.

(3)每节附有习题，每章附有复习题. 在例题、习题和复习题的选择上，不追求复杂的计算和变换，而是由浅入深，选择具有一定的启发性和应用性的习题，既便于教师讲授，又便于学生学习.

(4)书后附有习题和复习题参考答案. 附录包括“常用数学公式”“拉普拉斯变换”，便于读者自行查阅.

本书由廊坊职业技术学院宋艳红任主编，潘建英、董国玉任副主编，万香芝、胡金艳、李凤贞参与编写。其中，第一章由李凤贞、宋艳红编写，第二、三章由潘建英、胡金艳编写，第四、九章由潘建英、宋艳红编写，第五、六、八章由宋艳红编写，第七章由潘建英编写，第十章由董国玉、潘建英编写，阅读材料和附录由万香芝编写.

本书在多次的重印中进行了修订、更正，特此说明.

因为作者水平有限，加之时间仓促，不当及疏漏之处在所难免，敬请广大读者批评指正.

编　者

2024 年 1 月

目　　录

第一章　三 角 函 数

客观世界里，有许多规律都可以通过三角函数来描述，如交流电压的大小、简谐振动的振幅和电磁波等.本章主要介绍角的概念的推广、弧度制，任意角的三角函数，三角函数的图像及其性质，正弦型曲线，以及反三角函数的图像及其性质.

第一节　角的概念的推广　弧度制

一、角的概念的推广

我们知道，角可以看作一条射线绕着它的端点旋转而成.如图 1－1所示，射线旋转的方向用箭头表示，角 α 可以看成一条射线由原来位置 OA，绕着它的端点 O 旋转到另一位置 OB 而形成的.旋转开始时射线所在的位置 OA 叫作角 α 的**始边**，旋转终止时射线所在的位置 OB 叫作角 α 的**终边**，射线的端点 O 叫作角 α 的**顶点**.

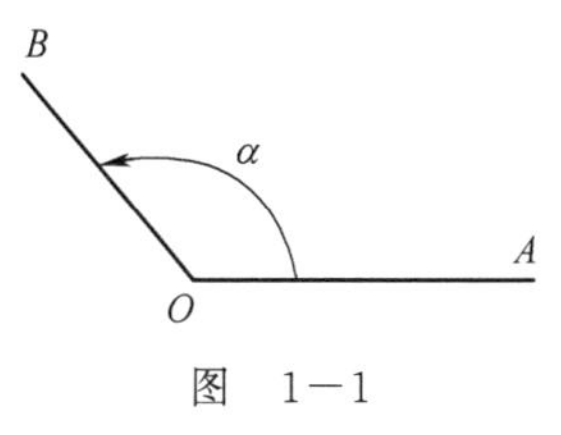

图　1－1

为了区别射线绕端点旋转的两个方向，不妨规定：射线按逆时针方向旋转而成的角叫作**正角**，按顺时针方向旋转而成的角叫作**负角**，不作任何旋转所成的角叫作**零角**.

角的概念包含射线旋转的方向和数量两部分.我们用正负来表示射线旋转的方向.

角可以用小写希腊字母 $\alpha,\beta,\gamma,\theta,\cdots$ 来表示.

为方便起见，一般把角的始边放在 x 轴的正半轴上，使角的顶点与坐标原点重合.角的终边落在第几象限的内部，就说这个角是第几象限的角，如果角的终边落在坐标轴上，就说这个角不属于任何象限.如图 1－2 所示，$\alpha_1=135°$是第二象限的角，$\alpha_2=-150°$是第三象限的角，$\alpha_3=390°$是第一象限的角.

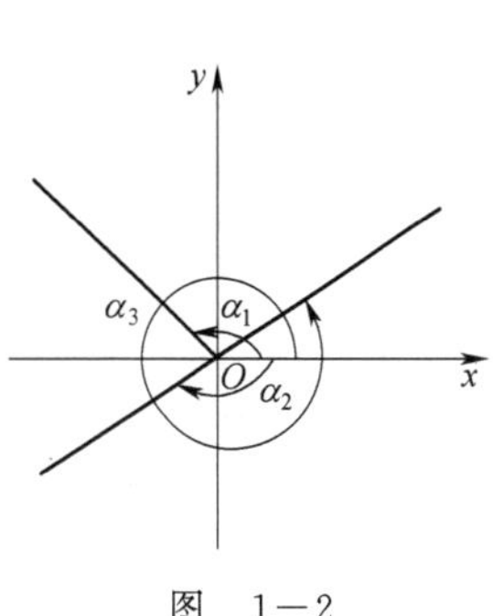

图　1－2

在直角坐标系中，与角 α 终边相同的角有无数多个，它们彼此相差 360°的整数倍，可用集合形式表示为

$$\{\beta|\beta=k\cdot 360°+\alpha,k\in\mathbf{Z}\}.$$

如与角 60°，$-125°16'$终边相同的角的集合分别为

$$\{\beta|\beta=k\cdot 360°+60°,k\in\mathbf{Z}\},$$

$$\{\beta|\beta=k\cdot 360°-125°16',k\in\mathbf{Z}\}.$$

例 1　在 0°～360°的范围内，找出与下列各角终边相同的角，并判定下列各角是哪个象限

的角.

(1)1 330°；　　　　(2)−950°12′.

解　(1)因为

$$1\ 330° = 3\times 360° + 250°,$$

所以1 330°的角与250°的角终边相同,它是第三象限的角；

(2)因为

$$-950°12' = -3\times 360° + 129°48',$$

所以−950°12′的角与129°48′的角终边相同,它是第二象限的角.

二、弧度制

把一个周角360等分,规定每份为1°的角.这种用度做单位来度量角的方式叫作**角度制**.把长度等于半径的圆弧所对的圆心角,规定为1**弧度**的角,记作1弧度或1 rad,简记作1.以弧度为单位来度量角的方式叫作**弧度制**.在数学和科学研究中,常常采用弧度制.

如图1−3所示,设圆的半径为r,弧$\overset{\frown}{AB}=r$,那么$\angle AOB=1$ rad;弧$\overset{\frown}{AC}=2r$,那么$\angle AOC=2$ rad;弧$\overset{\frown}{AD}=\frac{1}{2}r$,那么$\angle AOD=\frac{1}{2}$ rad.

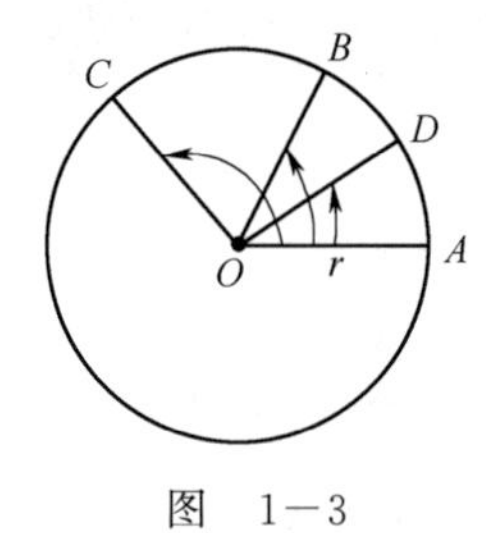

图 1−3

一般地,在半径为r的圆中,长度为l的圆弧所对的圆心角α的大小为

$$|\alpha| = \frac{l}{r}.$$

即圆心角的弧度数等于该角所对弧长与圆半径之比.

一个周角,按角度制定义为360°,而按弧度制定义为$\frac{2\pi r}{r}=2\pi$ rad,显然有$360°=2\pi$ rad,即

$$\pi = 180°.$$

则得到角度与弧度的换算关系

$$1° = \frac{\pi}{180} \approx 0.017\ 45.$$

$$1 = \frac{180°}{\pi} \approx 57.3° = 57°18'.$$

例 2　用弧度表示下列各角.

(1)30°；　　　　(2)7°.

解　由公式$1°=\frac{\pi}{180}\approx 0.017\ 45$,得

(1)$30° = 30\times 1° = 30\times\frac{\pi}{180} = \frac{\pi}{6}$；

(2)$7° = 7\times 1° \approx 7\times 0.017\ 45 = 0.122\ 15$.

例 3　用角度表示下列各角.

(1)$\frac{4}{5}\pi$；　　　　(2)0.15.

解　(1)$\frac{4}{5}\pi = \frac{4}{5}\times 180° = 144°$；

(2)$0.15 = 0.15\times 1 \approx 0.15\times 57.3° = 8.595° = 8°35'42''$.

一些特殊角的角度和弧度的换算关系如表 1－1 所示.

表 1－1

度	0°	30°	45°	60°	90°	120°	135°	150°	180°	270°	360°
弧度	0	$\frac{\pi}{6}$	$\frac{\pi}{4}$	$\frac{\pi}{3}$	$\frac{\pi}{2}$	$\frac{2\pi}{3}$	$\frac{3\pi}{4}$	$\frac{5\pi}{6}$	π	$\frac{3\pi}{2}$	2π

例 4 在半径是 1 m 的圆形板上，裁下一块圆心角为 150°的扇形板，试求该扇形板的弧长.

解 因为圆心角为 $150°=\frac{5\pi}{6}$，由 $|\alpha|=\frac{l}{r}$，所以该扇形板的弧长为

$$l=\frac{5\pi}{6}\times 1\approx 2.62(\mathrm{m})$$

答：圆心角为 150°的扇形板的弧长约为 2.62 m.

习 题 1－1

1. 在 0°～360°的范围内，找出与下列各角终边相同的角，并判定下列各角是哪个象限的角.

(1)1 200°； (2)－750°.

2. 把下列各角由弧度数化为度数.

(1)$-\frac{3\pi}{10}$； (2)$\frac{7\pi}{12}$； (3)$-\frac{\pi}{2}$； (4)－2.

3. 把下列各角由度数化为弧度数.

(1)－210°； (2)75°； (3)22°30′； (4)5.5°.

4. 把下列各角表示成 $2k\pi+\alpha(k\in \mathbf{Z},0\leqslant\alpha<2\pi)$ 的形式，并判定它们是哪个象限的角.

(1)$-\frac{11\pi}{6}$； (2)$\frac{20\pi}{3}$.

5. 一蒸汽机上飞轮的直径为 1.2 m，以 300 r/min 的速度作逆时针旋转，求：

(1)飞轮每秒转几转？

(2)飞轮轮周上一质点每秒转过的圆心角的弧度数.

(3)飞轮轮周上一质点每秒所经过的圆弧长.

第二节 任意角的三角函数

一、任意角三角函数的概念

在初中我们学过锐角的三角函数的定义，如图 1－4 所示，在直角三角形 ABC 中：

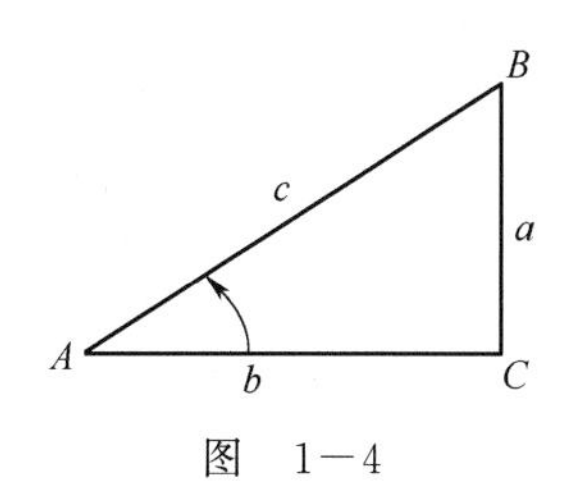

图 1－4

$$\sin A=\frac{对边}{斜边}=\frac{a}{c},\cos A=\frac{邻边}{斜边}=\frac{b}{c},\tan A=\frac{对边}{邻边}=\frac{a}{b}.$$

但是实际问题中经常遇到求任意角的三角函数的问题，为此我们给出任意角三角函数的概念.

设角 α 是一个任意角，在角 α 的终边上任取不与原点重合的点 $P(x,y)$，点 P 到原点 O 的距离为 $r=\sqrt{x^2+y^2}$，如图 1—5 所示，定义

(1)比值 $\frac{y}{r}$ 叫作 α 的**正弦**，记作 $\sin\alpha$，即 $\sin\alpha=\frac{y}{r}$；

(2)比值 $\frac{x}{r}$ 叫作 α 的**余弦**，记作 $\cos\alpha$，即 $\cos\alpha=\frac{x}{r}$；

(3)比值 $\frac{y}{x}$ 叫作 α 的**正切**，记作 $\tan\alpha$，即 $\tan\alpha=\frac{y}{x}$；

(4)比值 $\frac{x}{y}$ 叫作 α 的**余切**，记作 $\cot\alpha$，即 $\cot\alpha=\frac{x}{y}$；

(5)比值 $\frac{r}{x}$ 叫作 α 的**正割**，记作 $\sec\alpha$，即 $\sec\alpha=\frac{r}{x}$；

(6)比值 $\frac{r}{y}$ 叫作 α 的**余割**，记作 $\csc\alpha$，即 $\csc\alpha=\frac{r}{y}$.

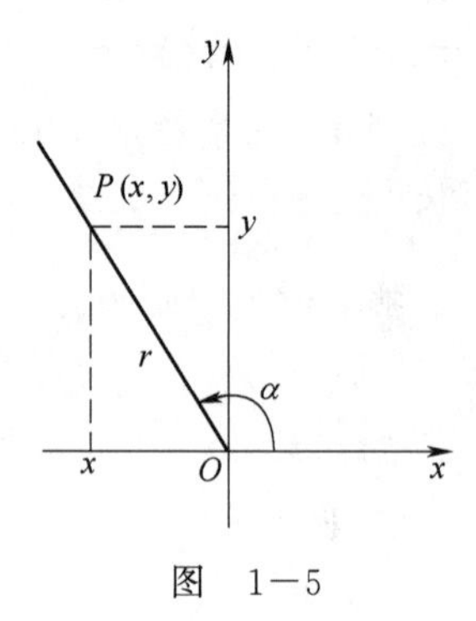

图 1—5

当 $\alpha=k\pi+\frac{\pi}{2}(k\in\mathbf{Z})$ 时，角 α 的终边在 y 轴上，终边上任意一点 P 的横坐标 x 都为 0，所以 $\tan\alpha,\sec\alpha$ 无意义；当 $\alpha=k\pi(k\in\mathbf{Z})$ 时，角 α 的终边在 x 轴上，终边上任意一点 P 的纵坐标 y 都为 0，所以 $\cot\alpha,\csc\alpha$ 无意义. 除此之外，对于确定的角 α，上面的六个比值都是唯一确定的实数.因此，正弦、余弦、正切、余切、正割、余割都是以角为自变量，以比值为函数值的函数，这些函数分别叫作角 α 的**正弦函数**、**余弦函数**、**正切函数**、**余切函数**、**正割函数**、**余割函数**，以上六种函数，统称为角 α 的**三角函数**.

当角 α 用弧度表示时，三角函数的定义域和终边位置如表 1—2 所示.

表 1—2

三角函数名称	定 义 域	终 边 位 置
$\sin\alpha,\cos\alpha$	$\alpha\in\mathbf{R}$	任意位置
$\tan\alpha,\sec\alpha$	$\alpha\in\mathbf{R},\alpha\neq\frac{\pi}{2}+k\pi,k\in\mathbf{Z}$	终边不能在 y 轴上
$\cot\alpha,\csc\alpha$	$\alpha\in\mathbf{R},\alpha\neq k\pi,k\in\mathbf{Z}$	终边不能在 x 轴上

例 1 已知角 α 终边上的一点为 $P(4,-3)$，求角 α 的三角函数值.

解 如图 1—6 所示，因为 $x=4,y=-3$，所以 $r=\sqrt{4^2+(-3)^2}=5$，根据三角函数的定义，可得

$$\sin\alpha=\frac{y}{r}=-\frac{3}{5},\csc\alpha=\frac{r}{y}=-\frac{5}{3},\ \cos\alpha=\frac{x}{r}=\frac{4}{5},$$

$$\sec\alpha=\frac{r}{x}=\frac{5}{4},\tan\alpha=\frac{y}{x}=-\frac{3}{4},\cot\alpha=\frac{x}{y}=-\frac{4}{3}.$$

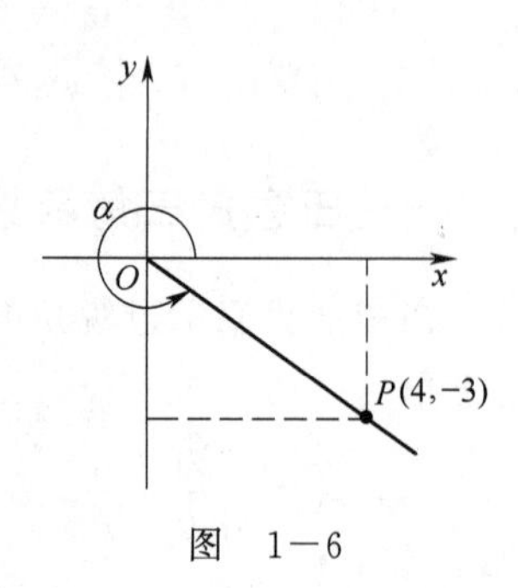

图 1—6

二、任意角三角函数值的符号

根据三角函数的定义和各象限中点的坐标的符号，可确定三角函数值在不同象限的符号，如表 1—3 所示.为了便于记忆，我们把三角函数值在各象限的符号概括成图 1—7 所示.

表 1—3

象限 坐标和函数	第一象限的角	第二象限的角	第三象限的角	第四象限的角
横坐标 x	+	−	−	+
纵坐标 y	+	+	−	−
$\sin\alpha$ 和 $\csc\alpha$	+	+	−	−
$\cos\alpha$ 和 $\sec\alpha$	+	−	−	+
$\tan\alpha$ 和 $\cot\alpha$	+	−	+	−

例 2 确定下列各式的符号.

(1) $\cos 850°$； (2) $\tan\left(-\frac{4\pi}{3}\right)$； (3) $\sin 315°\cdot\cos 315°$.

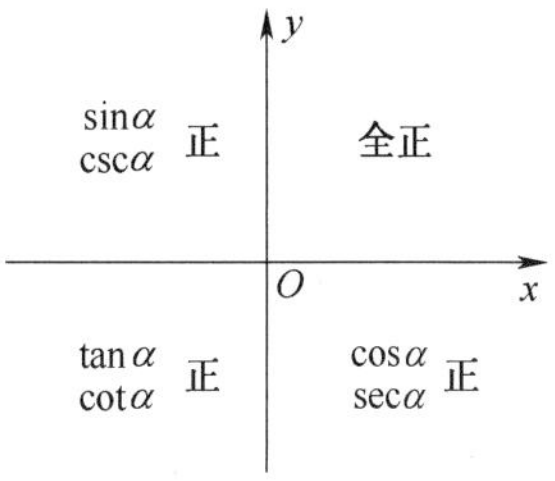

解 (1)因为 $850°=2\cdot 360°+130°$ 是第二象限的角，所以 $\cos 850°<0$；

(2)因为 $-\frac{4\pi}{3}$ 是第二象限的角，所以 $\tan\left(-\frac{4\pi}{3}\right)<0$；

(3)因为 $315°$ 是第四象限的角，所以 $\sin 315°<0$，$\cos 315°>0$，从而 $\sin 315°\cdot\cos 315°<0$.

图 1—7

例 3 依照下列条件确定角 α 所在的象限.

(1) $\sin\alpha$ 和 $\cot\alpha$ 都是负值； (2) $\tan\alpha\sin\alpha<0$.

解 (1)由 $\sin\alpha<0$ 可知 α 是第三或第四象限的角，由 $\cot\alpha<0$ 可知 α 是第二或第四象限的角.

因此，同时符合上述条件的角 α 应当是第四象限的角.

(2)若 $\begin{cases}\tan\alpha>0\\ \sin\alpha<0\end{cases}$，则 α 应当是第三象限的角；

若 $\begin{cases}\tan\alpha<0\\ \sin\alpha>0\end{cases}$，则 α 应当是第二象限的角.

因此，使 $\tan\alpha\sin\alpha<0$ 的 α 是第二或第三象限的角.

三、特殊角的三角函数值

由三角函数的定义可以得出特殊角 $0,\frac{\pi}{6},\frac{\pi}{4},\frac{\pi}{3},\frac{\pi}{2},\pi,\frac{3\pi}{2},2\pi$ 的正弦值、余弦值、正切值，如表 1—4 所示.

表 1-4

函数 \ 角 α	0	$\frac{\pi}{6}$	$\frac{\pi}{4}$	$\frac{\pi}{3}$	$\frac{\pi}{2}$	π	$\frac{3\pi}{2}$	2π
$\sin\alpha$	0	$\frac{1}{2}$	$\frac{\sqrt{2}}{2}$	$\frac{\sqrt{3}}{2}$	1	0	-1	0
$\cos\alpha$	1	$\frac{\sqrt{3}}{2}$	$\frac{\sqrt{2}}{2}$	$\frac{1}{2}$	0	-1	0	1
$\tan\alpha$	0	$\frac{\sqrt{3}}{3}$	1	$\sqrt{3}$	不存在	0	不存在	0

四、同角三角函数的关系

根据三角函数的定义，可以得到同角三角函数间的下列基本关系式：

1. 倒数关系

$$\sin\alpha\cdot\csc\alpha=1;$$
$$\cos\alpha\cdot\sec\alpha=1;$$
$$\tan\alpha\cdot\cot\alpha=1.$$

2. 商数关系

$$\tan\alpha=\frac{\sin\alpha}{\cos\alpha};$$
$$\cot\alpha=\frac{\cos\alpha}{\sin\alpha}.$$

3. 平方关系

$$\sin^2\alpha+\cos^2\alpha=1;$$
$$1+\tan^2\alpha=\sec^2\alpha;$$
$$1+\cot^2\alpha=\csc^2\alpha.$$

以上关系式都是在使两边的函数均有意义的情况下的恒等式.

运用上面的关系式，可以根据一个角的某一个三角函数值，求出这个角的其余三角函数值，还可以化简三角函数式和证明三角恒等式.

例 4 已知 $\sin\alpha=-0.8$，且$\frac{3\pi}{2}<\alpha<2\pi$，求角 α 的其他三角函数值.

解 因为$\frac{3\pi}{2}<\alpha<2\pi$，所以 $\cos\alpha>0$，由 $\sin\alpha=-0.8=-\frac{4}{5}$，可得

$$\cos\alpha=\sqrt{1-\sin^2\alpha}=\sqrt{1-\left(-\frac{4}{5}\right)^2}=\frac{3}{5},\ \tan\alpha=\frac{\sin\alpha}{\cos\alpha}=\left(-\frac{4}{5}\right)\times\frac{5}{3}=-\frac{4}{3},$$

$$\cot\alpha=\frac{1}{\tan\alpha}=-\frac{3}{4},\ \sec\alpha=\frac{1}{\cos\alpha}=\frac{5}{3},\ \csc\alpha=\frac{1}{\sin\alpha}=-\frac{5}{4}.$$

例 5 化简$\sin^4\alpha+\sin^2\alpha\cos^2\alpha+\cos^2\alpha-1$.

解 $\sin^4\alpha+\sin^2\alpha\cos^2\alpha+\cos^2\alpha-1$

$=\sin^2\alpha(\sin^2\alpha+\cos^2\alpha)+\cos^2\alpha-(\sin^2\alpha+\cos^2\alpha)$

$=\sin^2\alpha\times1-\sin^2\alpha$

$=0.$

习　题　1－2

1. 已知点 $P(1,-\sqrt{3})$ 在角 α 的终边上，求角 α 的六个三角函数值.

2. 求角 $\alpha=-\dfrac{\pi}{4}$ 的六个三角函数值.

3. 确定下列各式的符号.

(1) $\sin 125°\cdot\cos 220°$；　(2) $\cos\dfrac{11\pi}{6}\cdot\tan\dfrac{4\pi}{5}$；　(3) $\tan\left(-\dfrac{\pi}{4}\right)\cdot\cot\dfrac{3\pi}{4}$.

4. 依照下列条件确定角 α 所在的象限.

(1) $\sin\alpha$ 和 $\cos\alpha$ 同号；　(2) $\cos\alpha$ 和 $\tan\alpha$ 都是负值；(3) $\sin\alpha\cdot\cot\alpha<0$.

5. 根据下列条件，求角 α 的其他三角函数值.

(1) $\cos\alpha=\dfrac{12}{13}$，且 α 是第四象限的角；　(2) $\tan\alpha=-\dfrac{3}{4}$，且 $\dfrac{\pi}{2}<\alpha<\pi$.

第三节　三角函数的图像及其性质

一、正弦函数的图像及其性质

1. 正弦函数的图像

正弦函数 $y=\sin x$ 的定义域是实数集 **R**，因为 $\sin(2\pi+x)=\sin x$，所以 $y=\sin x$ 的一个周期是 2π.我们用描点法作出 $y=\sin x$ 在区间 $[0,2\pi]$ 上的图像.先建立直角坐标系 xOy，其中 x 轴上的一个长度单位表示 1 弧度．对正弦函数 $y=\sin x$，自变量 x 取从 0 到 2π 的一些值，求出它们对应的 y 值，列成表 1－5.

表　1－5

x	0	$\frac{\pi}{6}$	$\frac{\pi}{3}$	$\frac{\pi}{2}$	$\frac{2\pi}{3}$	$\frac{5\pi}{6}$	π	$\frac{7\pi}{6}$	$\frac{4\pi}{3}$	$\frac{3\pi}{2}$	$\frac{5\pi}{3}$	$\frac{11\pi}{6}$	2π
$y=\sin x$	0	0.50	0.87	1	0.87	0.50	0	-0.50	-0.87	-1	-0.87	-0.50	0

按照表中的对应值，描出各点，再用光滑的曲线把它们连接起来，就得出 $y=\sin x$ 在区间 $[0,2\pi]$ 上的图像，如图 1－8 所示.

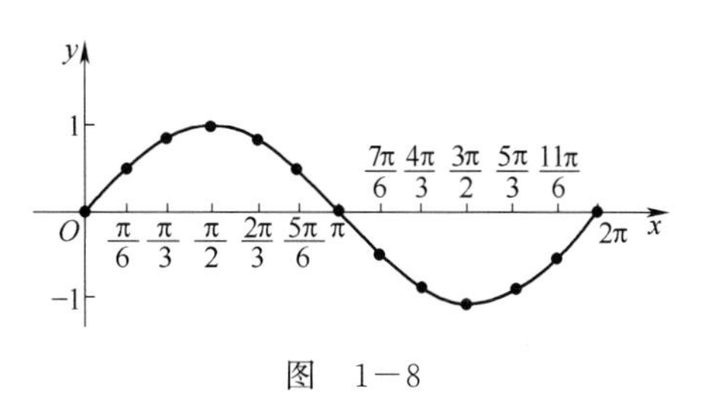

图　1－8

把区间 $[0,2\pi]$ 上的这段曲线沿着 x 轴向左和向右每次平移 2π 个单位，就得到 $y=\sin x$ 在定义域 **R** 内的图像，它是一条连续的曲线，如图 1－9 所示.正弦函数的图像叫作**正弦曲线**.

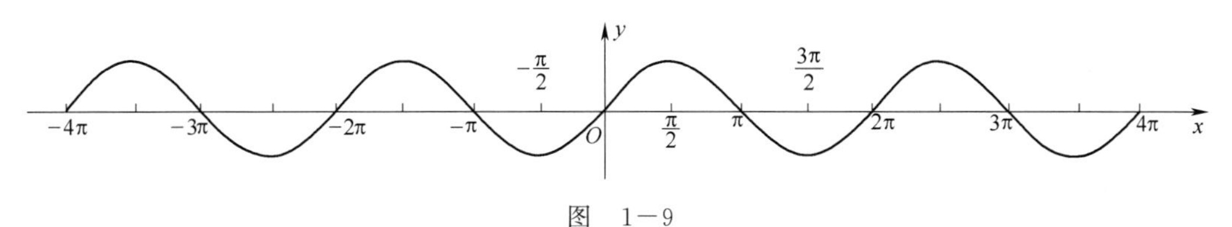

图　1－9

2. 正弦函数的性质

由正弦曲线可以直观地看出正弦函数 $y=\sin x$ 具有以下性质：

(1)定义域：$\mathbf{R}$；

(2)值域：$[-1,1]$；

(3)周期性：$y=\sin x$ 的最小正周期是 2π；

(4)奇偶性：$y=\sin x$ 是奇函数，图像关于原点对称；

(5)单调性：在 $\left[-\frac{\pi}{2}+2k\pi,\frac{\pi}{2}+2k\pi\right]$$(k\in\mathbf{Z})$ 上是增函数，在 $\left[\frac{\pi}{2}+2k\pi,\frac{3\pi}{2}+2k\pi\right]$$(k\in\mathbf{Z})$ 上是减函数；在 $x=\frac{\pi}{2}+2k\pi(k\in\mathbf{Z})$ 处达到最大值 1，在 $x=-\frac{\pi}{2}+2k\pi(k\in\mathbf{Z})$ 处达到最小值 -1.

根据正弦函数的图像和它的性质，可以看出在 $[0,2\pi]$ 的一个周期内，点 $(0,0)$，$\left(\frac{\pi}{2},1\right)$，$(\pi,0)$，$\left(\frac{3\pi}{2},-1\right)$，$(2\pi,0)$ 是确定正弦函数图像大致形状的五个关键的点.它们分别是图像与 x 轴的三个交点及图像的最高点与最低点，因此，作正弦函数 $y=\sin x$ 在 $[0,2\pi]$ 上的图像时，在精度要求不高的情况下，可以先描出这五个关键点，然后用光滑曲线连接起来，通常称这种作图方法为**"五点法"**.

例 1 用"五点法"作出函数 $y=1+\sin x$ 在 $[0,2\pi]$ 上的图像.

解 在 $[0,2\pi]$ 上取函数 $y=1+\sin x$ 的五个关键点，并求出相应的函数值，如表 1－6 所示.

表 1－6

x	0	$\frac{\pi}{2}$	π	$\frac{3\pi}{2}$	2π
$y=\sin x$	0	1	0	-1	0
$y=1+\sin x$	1	2	1	0	1

在直角坐标系内描出 $(0,1)$，$\left(\frac{\pi}{2},2\right)$，$(\pi,1)$，$\left(\frac{3\pi}{2},0\right)$，$(2\pi,1)$ 五个关键的点，把它们依次连接成光滑的曲线，即得 $y=1+\sin x$ 在 $[0,2\pi]$ 上的图像，如图 1－10 所示.

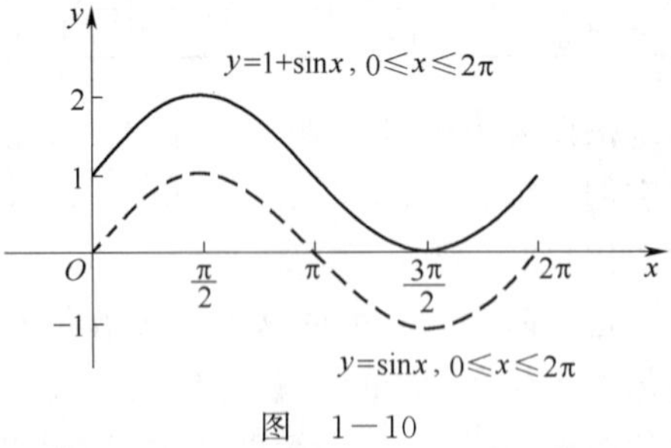

图 1－10

例 2 利用正弦函数的性质比较下列各组中两个值的大小.

(1) $\sin\left(-\frac{\pi}{19}\right)$ 和 $\sin\left(-\frac{\pi}{5}\right)$；　　(2) $\sin 230°$ 和 $\sin 250°$.

解 (1)因为 $-\frac{\pi}{2}<-\frac{\pi}{5}<-\frac{\pi}{19}<\frac{\pi}{2}$，而函数 $y=\sin x$ 在区间 $\left[-\frac{\pi}{2},\frac{\pi}{2}\right]$ 上是增函数，所以 $\sin\left(-\frac{\pi}{5}\right)<\sin\left(-\frac{\pi}{19}\right)$；

(2)因为 $90°<230°<250°<270°$，而函数 $y=\sin x$ 在区间$[90°,270°]$上是减函数，所以 $\sin 230°>\sin 250°$.

例 3 求函数 $y=\sin\left(2x+\frac{\pi}{6}\right)$在 x 取何值时达到最大值，在 x 取何值时达到最小值.

解 $y=\sin\left(2x+\frac{\pi}{6}\right)$在 $2x+\frac{\pi}{6}=\frac{\pi}{2}+2k\pi(k\in\mathbf{Z})$处达到最大值 1，即当 $x=k\pi+\frac{\pi}{6}(k\in\mathbf{Z})$时，$y=\sin\left(2x+\frac{\pi}{6}\right)$达到最大值 1；

$y=\sin\left(2x+\frac{\pi}{6}\right)$在 $2x+\frac{\pi}{6}=-\frac{\pi}{2}+2k\pi(k\in\mathbf{Z})$处达到最小值$-1$，即当 $x=k\pi-\frac{\pi}{3}(k\in\mathbf{Z})$时，$y=\sin\left(2x+\frac{\pi}{6}\right)$达到最小值$-1$.

二、余弦函数的图像及其性质

1. 余弦函数的图像

余弦函数 $y=\cos x$ 的定义域是实数集 $\mathbf{R}$，因为 $\cos(2\pi+x)=\cos x$，所以余弦函数的一个周期是 2π.列表 1—7，用描点法作出它在区间$[0,2\pi]$上的图像，如图 1—11 所示.

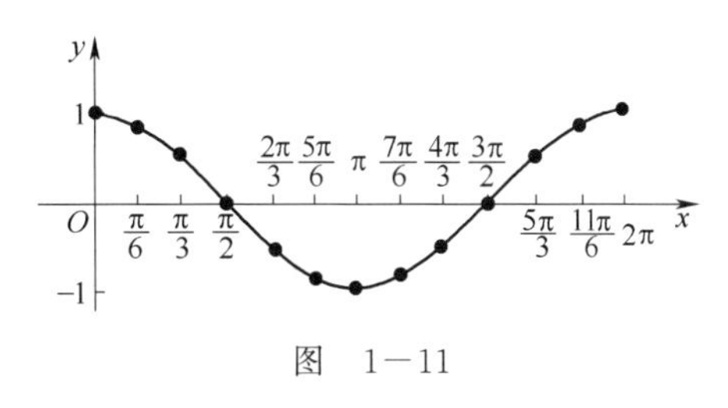

图 1—11

表 1—7

x	0	$\frac{\pi}{6}$	$\frac{\pi}{3}$	$\frac{\pi}{2}$	$\frac{2\pi}{3}$	$\frac{5\pi}{6}$	π	$\frac{7\pi}{6}$	$\frac{4\pi}{3}$	$\frac{3\pi}{2}$	$\frac{5\pi}{3}$	$\frac{11\pi}{6}$	2π
$y=\cos x$	1	0.87	0.50	0	-0.50	-0.87	-1	-0.87	-0.50	0	0.50	0.87	1

根据余弦函数的周期性，将 $y=\cos x$ 在$[0,2\pi]$上的曲线沿着 x 轴向左和向右每次平移 2π 个单位，就得到余弦函数在定义域 $\mathbf{R}$ 内的图像，如图 1—12 所示.余弦函数的图像叫作**余弦曲线**.

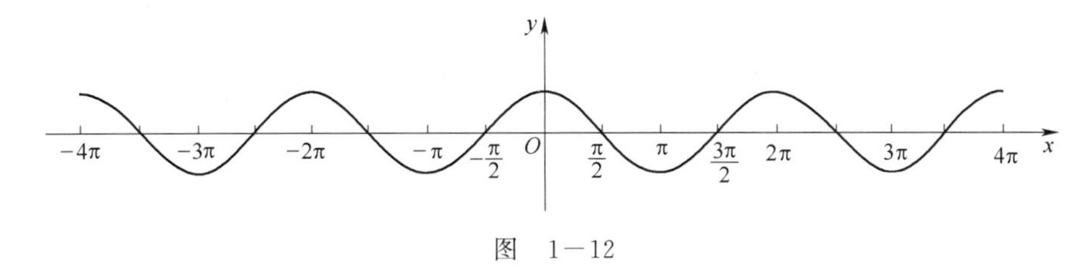

图 1—12

2. 余弦函数的性质

由余弦曲线可以直观地看出余弦函数 $y=\cos x$ 具有以下性质：

(1)定义域：$\mathbf{R}$；

(2)值域：$[-1,1]$；

(3)周期性：$y=\cos x$ 的最小正周期是 2π；

(4)奇偶性：$y=\cos x$ 是偶函数，图像关于 y 轴对称；

(5)单调性：在$[(2k-1)\pi,2k\pi](k\in\mathbf{Z})$上 $y=\cos x$ 是增函数，在$[2k\pi,(2k+1)\pi](k\in\mathbf{Z})$上是减函数，在 $x=2k\pi(k\in\mathbf{Z})$处达到最大值 1，在 $x=(2k+1)\pi(k\in\mathbf{Z})$处达到最小值$-1$.

根据余弦函数的图像和它的性质，可知余弦函数在$[0,2\pi]$的一个周期内的图像也可采用“五点法”作出，五个关键点是$(0,1)$，$\left(\frac{\pi}{2},0\right)$，$(\pi,-1)$，$\left(\frac{3\pi}{2},0\right)$，$(2\pi,1)$．

例 4 利用余弦函数的性质比较下列各组中两个值的大小．

(1)$\cos\left(-\frac{\pi}{8}\right)$和$\cos\left(-\frac{\pi}{10}\right)$；　　(2)$\cos 97°$和$\cos 103°$．

解 (1)因为$-\pi<-\frac{\pi}{8}<-\frac{\pi}{10}<0$，而$y=\cos x$在$[-\pi,0]$上是增函数，所以

$$\cos\left(-\frac{\pi}{8}\right)<\cos\left(-\frac{\pi}{10}\right);$$

(2)因为$0°<97°<103°<180°$，而$y=\cos x$在$[0°,180°]$上是减函数，所以

$$\cos 97°>\cos 103°.$$

三、正切函数的图像及其性质

1.正切函数的图像

正切函数$y=\tan x$的定义域是$\{x\mid x\in\mathbf{R},x\neq k\pi+\frac{\pi}{2},k\in\mathbf{Z}\}$，且由$\tan(\pi+x)=\tan x$可知它的一个周期是$\pi$，列表1—8，用描点法作出它在区间$\left(-\frac{\pi}{2},\frac{\pi}{2}\right)$内的图像．

表　1—8

x	$-\frac{5\pi}{12}$	$-\frac{\pi}{3}$	$-\frac{\pi}{4}$	$-\frac{\pi}{6}$	$-\frac{\pi}{12}$	0	$\frac{\pi}{12}$	$\frac{\pi}{6}$	$\frac{\pi}{4}$	$\frac{\pi}{3}$	$\frac{5\pi}{12}$
$y=\tan x$	-3.7	-1.7	-1	-0.58	-0.27	0	0.27	0.58	1	1.7	3.7

根据正切函数的周期性，把区间$\left(-\frac{\pi}{2},\frac{\pi}{2}\right)$内的曲线沿着$x$轴向左和向右每次平移$\pi$个单位，就可得到正切函数在定义域$\{x\mid x\in\mathbf{R},x\neq k\pi+\frac{\pi}{2},k\in\mathbf{Z}\}$内的图像，如图1—13所示．正切函数的图像叫作**正切曲线**．正切曲线是由一系列形状相同的独立的分支组成的．

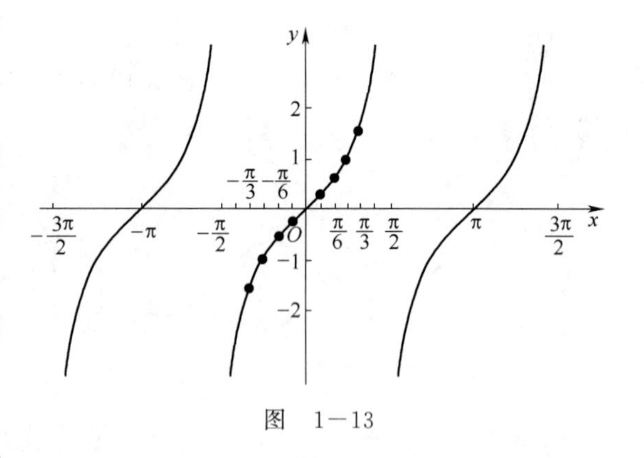

图　1—13

2.正切函数的性质

由正切曲线可以直观地看出正切函数$y=\tan x$具有以下性质：

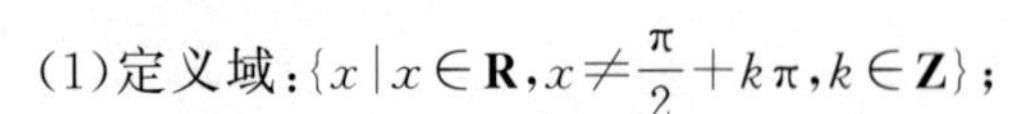
(1)定义域：$\{x\mid x\in\mathbf{R},x\neq\frac{\pi}{2}+k\pi,k\in\mathbf{Z}\}$；

(2)值域：$\mathbf{R}$；

(3)周期性：$y=\tan x$的最小正周期是π；

(4)奇偶性：$y=\tan x$是奇函数，图像关于原点对称；

(5)单调性：在$\left(-\frac{\pi}{2}+k\pi,\frac{\pi}{2}+k\pi\right)(k\in\mathbf{Z})$上是增函数，没有最大值和最小值.

例 5　利用正切函数的性质比较下列各组函数值的大小.

(1)$\tan\left(-\frac{\pi}{8}\right)$和$\tan\left(-\frac{\pi}{10}\right)$；　　(2)$\tan\frac{8\pi}{7}$和$\tan\frac{9\pi}{7}$.

解　(1)因为$-\frac{\pi}{2}<-\frac{\pi}{8}<-\frac{\pi}{10}<\frac{\pi}{2}$，并且$y=\tan x$在$\left(-\frac{\pi}{2},\frac{\pi}{2}\right)$上是增函数，所以$\tan\left(-\frac{\pi}{8}\right)<\tan\left(-\frac{\pi}{10}\right)$；

(2)因为$\frac{\pi}{2}<\frac{8\pi}{7}<\frac{9\pi}{7}<\frac{3\pi}{2}$，并且$y=\tan x$在$\left(\frac{\pi}{2},\frac{3\pi}{2}\right)$上是增函数，所以$\tan\frac{8\pi}{7}<\tan\frac{9\pi}{7}$.

例 6　求函数$y=\tan\left(x-\frac{\pi}{4}\right)$的定义域.

解　令$x-\frac{\pi}{4}\neq k\pi+\frac{\pi}{2}(k\in\mathbf{Z})$，得$x\neq k\pi+\frac{3\pi}{4}(k\in\mathbf{Z})$，所以函数$y=\tan\left(x-\frac{\pi}{4}\right)$的定义域是$\{x\mid x\in\mathbf{R}$，且$x\neq k\pi+\frac{3\pi}{4},k\in\mathbf{Z}\}$.

习　题　1－3

1. 比较下列各组三角函数值的大小.

(1)$\sin\left(-\frac{\pi}{7}\right)$与$\sin\left(-\frac{\pi}{8}\right)$；　(2)$\cos 430°$与$\cos 415°$；　(3)$\tan 138°$与$\tan 143°$.

2. 写出下列函数取得最大值、最小值时的x值的集合，并指出函数的最大值和最小值.

(1)$y=2+4\sin x$；　(2)$y=3|\sin x|$；　(3)$y=5\cos x$.

3. 用“五点法”作出下列函数在区间$[0,2\pi]$上的图像，并指出函数的最小正周期.

(1)$y=|\sin x|$；　(2)$y=2\sin x$；　(3)$y=1+2\sin x$.

第四节　正弦型曲线

在物理学、电工学以及工程技术的许多问题中，常遇到形如$y=A\sin(\omega x+\varphi)$的函数，其中$A,\omega,\varphi$都是常数．如物体作简谐振动时，位移$s$与时间$t$的关系，正弦交流电的电流$i$、电压$u$与时间$t$的关系等.

一、函数$y=A\sin x(A>0)$的图像

用“五点法”在同一直角坐标系内作$y=3\sin x$和$y=\frac{1}{3}\sin x$在一个周期内的图像，并与$y=\sin x$的图像作比较，如图1－14所示.

由函数$y=3\sin x$及其图像可以看出，对于相同的横坐标，$y=3\sin x$的图像上点的纵坐标是$y=\sin x$的图像上点的纵坐标的3倍.因此，只要把$y=\sin x$的图像上所有点的纵坐标扩大到原来的3倍(横坐标不变)，就可得到$y=3\sin x$的图像.函数$y=3\sin x$的值域是$[-3$，

3],其中最大值是 3,最小值是 -3.

类似的,只要把 $y=\sin x$ 的图像上所有点的纵坐标缩小到原来的 $\frac{1}{3}$,横坐标不变,就可得到 $y=\frac{1}{3}\sin x$ 的图像,函数 $y=\frac{1}{3}\sin x$ 的值域是 $\left[-\frac{1}{3},\frac{1}{3}\right]$,其中最大值是 $\frac{1}{3}$,最小值是 $-\frac{1}{3}$.

$y=3\sin x$ 和 $y=\frac{1}{3}\sin x$ 的周期与 $y=\sin x$ 一样都是 2π.

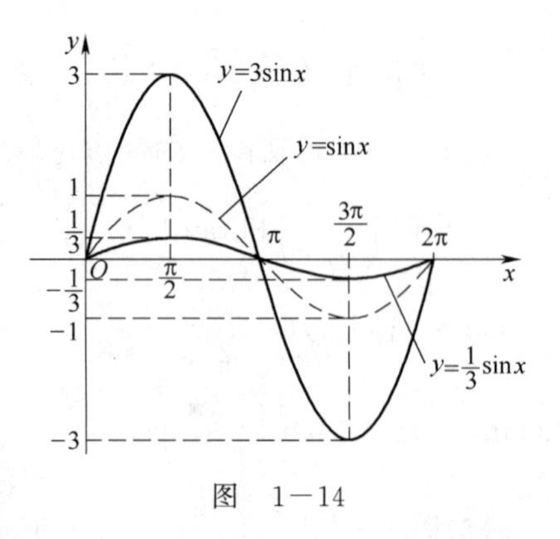

图 1−14

一般地,函数 $y=A\sin x(A>0$,且 $A\neq1)$ 的定义域为 **R**,它的图像可以通过把正弦曲线上所有点的纵坐标扩大($A>1$)或缩小($0<A<1$)到原来的 A 倍(横坐标不变)而得到. 图像的这种变换是因 A 的变化引起的,叫作**振幅变换**.函数 $y=A\sin x$ 的值域是 $[-A,A]$,最大值是 A,最小值是 $-A$,周期为 2π,最大的正值 A 叫作函数的**振幅**.

二、函数 $y=\sin\omega x(\omega>0)$ 的图像

用"五点法"在同一直角坐标系内作函数 $y=\sin 2x$ 和 $y=\sin\frac{1}{2}x$ 在一个周期内的图像,并与 $y=\sin x$ 的图像作比较,如图 1−15 所示.

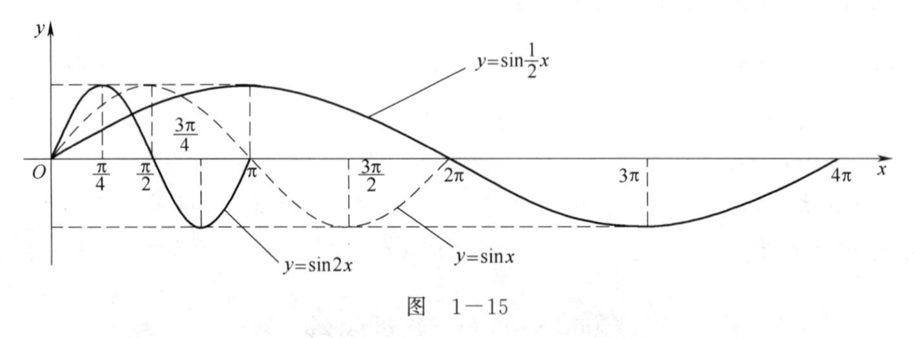

图 1−15

由函数 $y=\sin 2x$ 及其图像可以看出,对于纵坐标相同的点,$y=\sin 2x$ 的图像上点的横坐标是 $y=\sin x$ 的图像上点的横坐标的 $\frac{1}{2}$,因此,把 $y=\sin x$ 的图像上所有点的横坐标缩小到原来的 $\frac{1}{2}$,纵坐标不变,就可得到 $y=\sin 2x$ 的图像.可以看出,函数 $y=\sin 2x$ 的周期是 $y=\sin x$ 的周期的一半,即 $\frac{2\pi}{2}=\pi$.

类似的,只要把 $y=\sin x$ 的图像上所有点的横坐标扩大到原来的 2 倍,纵坐标不变,就可得到 $y=\sin\frac{1}{2}x$ 的图像.可以看出,$y=\sin\frac{1}{2}x$ 的周期是 $y=\sin x$ 的周期的 2 倍,即 $\frac{2\pi}{\frac{1}{2}}=4\pi$.

一般地,函数 $y=\sin\omega x(\omega>0$,且 $\omega\neq1)$ 的定义域为 **R**,它的图像可以通过把正弦曲线上

所有点的横坐标扩大($0<\omega<1$)或缩小($\omega>1$)到原来的$\frac{1}{\omega}$(纵坐标不变)而得到. 图像的这种变换是因 ω 的变化引起的,叫作**周期变换**.函数 $y=\sin\omega x$ 的周期是$\frac{2\pi}{\omega}$,振幅为 1.

三、函数 $y=\sin(x+\varphi)$的图像

用“五点法”在同一直角坐标系内作函数 $y=\sin\left(x+\frac{\pi}{3}\right)$和 $y=\sin\left(x-\frac{\pi}{6}\right)$在一个周期内的图像,并与 $y=\sin x$ 的图像作比较,如图 1—16 所示.

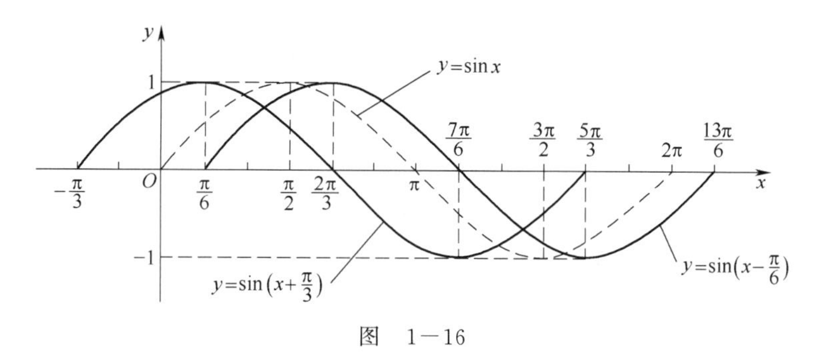

图　1—16

由图 1—16 可以看出,$y=\sin\left(x+\frac{\pi}{3}\right)$与 $y=\sin x$ 的图像形状相同,振幅都是 1,周期为 2π,只是图像在坐标系中的位置不同.对于纵坐标相同的点,$y=\sin\left(x+\frac{\pi}{3}\right)$图像上点的横坐标比 $y=\sin x$ 图像上点的横坐标小$\frac{\pi}{3}$个单位,因此只要把 $y=\sin x$ 图像上的所有点向左平移$\frac{\pi}{3}$个单位,就可得到 $y=\sin\left(x+\frac{\pi}{3}\right)$的图像.因为 $x+\frac{\pi}{3}=0$ 时,$x=-\frac{\pi}{3}$;$x+\frac{\pi}{3}=2\pi$ 时,$x=\frac{5\pi}{3}$,所以点$\left(-\frac{\pi}{3},0\right)$是函数图像在区间$\left[-\frac{\pi}{3},\frac{5\pi}{3}\right]$上的起点.

类似的,把 $y=\sin x$ 在$[0,2\pi]$上的图像上所有点向右平移$\frac{\pi}{6}$个单位,就可得到 $y=\sin\left(x-\frac{\pi}{6}\right)$的图像,其振幅为 1,周期为 2π.因为 $x-\frac{\pi}{6}=0$ 时,$x=\frac{\pi}{6}$;$x-\frac{\pi}{6}=2\pi$ 时,$x=\frac{13\pi}{6}$,所以点$\left(\frac{\pi}{6},0\right)$是函数图像在区间$\left[\frac{\pi}{6},\frac{13\pi}{6}\right]$上的起点.

一般地,函数 $y=\sin(x+\varphi)$的定义域是 $\mathbf{R}$,它的图像可以通过把正弦曲线上的所有点向左($\varphi>0$)或向右($\varphi<0$)平移$|\varphi|$个单位长度而得到.图像的这种变换是由 φ 的变化引起的,叫作**相位变换或起点变换**.函数 $y=\sin(x+\varphi)$的振幅为 1,周期为 2π,因为 $x+\varphi=0$ 时,$x=-\varphi$;$x+\varphi=2\pi$ 时,$x=-\varphi+2\pi$,所以函数图像在区间$[-\varphi,-\varphi+2\pi]$上的起点为$(-\varphi,0)$.

四、函数 $y=A\sin(\omega x+\varphi)(A>0,\ \omega>0)$的图像

综上所述,可知曲线 $y=A\sin x$,$y=\sin\omega x$ 和 $y=\sin(x+\varphi)$都可以由正弦曲线 $y=\sin x$ 分别经过振幅、周期的变换以及起点的平移而得到.如果把这些步骤综合起来,就能得到函数

$y=A\sin(\omega x+\varphi)$的图像.

如根据 $y=\sin x$ 的图像,作出函数 $y=2\sin\left(2x+\frac{\pi}{4}\right)$在一个周期内的图像,就可以用下面的方法得到:

(1)把 $y=\sin x$ 的图像上所有点的纵坐标扩大到原来的 2 倍,横坐标不变,就可得到 $y=2\sin x$ 的图像;

(2)再把 $y=2\sin x$ 的图像上所有点的横坐标缩小到原来的$\frac{1}{2}$,纵坐标不变,就可得到 $y=2\sin 2x$ 的图像;

(3)因为当 $2x+\frac{\pi}{4}=0$ 时,$x=-\frac{\pi}{8}$;$2x+\frac{\pi}{4}=2\pi$ 时,$x=\frac{7\pi}{8}$,所以点$\left(-\frac{\pi}{8},0\right)$是函数图像在区间$\left[-\frac{\pi}{8},\frac{7\pi}{8}\right]$上的起点,因此,把 $y=2\sin 2x$ 的图像上所有点向左平移$\frac{\pi}{8}$个单位,就可得到 $y=2\sin\left(2x+\frac{\pi}{4}\right)$在一个周期$\left[-\frac{\pi}{8},\frac{7\pi}{8}\right]$上的图像,如图 1—17 所示.

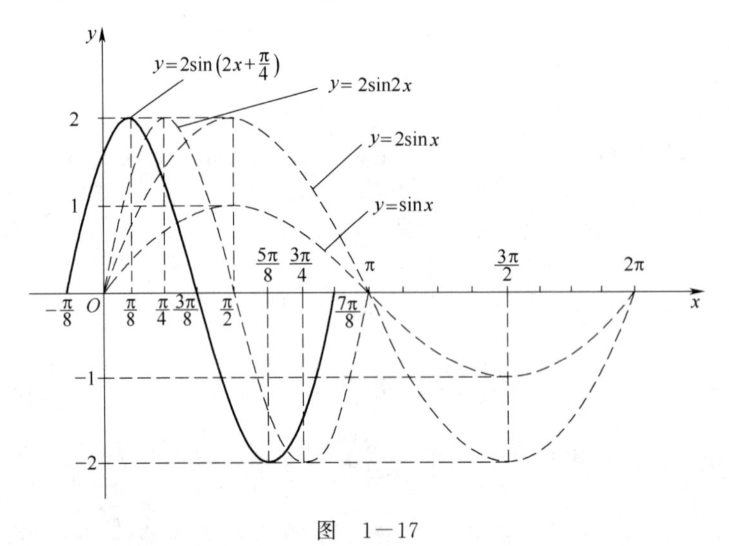

图 1—17

$y=2\sin\left(2x+\frac{\pi}{4}\right)$在区间$\left[-\frac{\pi}{8},\frac{7\pi}{8}\right]$上的图像还可用“五点法”直接作出.令 $2x+\frac{\pi}{4}=X$,列表 1—9.

表 1—9

$2x+\frac{\pi}{4}=X$	0	$\frac{\pi}{2}$	π	$\frac{3\pi}{2}$	2π
x	$-\frac{\pi}{8}$	$\frac{\pi}{8}$	$\frac{3\pi}{8}$	$\frac{5\pi}{8}$	$\frac{7\pi}{8}$
$y=2\sin\left(2x+\frac{\pi}{4}\right)$	0	2	0	-2	0

可得五个关键点的坐标是:$\left(-\frac{\pi}{8},0\right)$,$\left(\frac{\pi}{8},2\right)$,$\left(\frac{3\pi}{8},0\right)$,$\left(\frac{5\pi}{8},-2\right)$,$\left(\frac{7\pi}{8},0\right)$,将这五点连成光滑曲线,即可得到 $y=2\sin\left(2x+\frac{\pi}{4}\right)$在区间$\left[-\frac{\pi}{8},\frac{7\pi}{8}\right]$上的大致图像.

由于 $y=A\sin(\omega x+\varphi)(A>0,\ \omega>0)$ 的图像可以由正弦曲线经过变换得到,因而这样的函数叫作**正弦型函数**,其图像叫作**正弦型曲线**.

一般地,函数 $y=A\sin(\omega x+\varphi)(A>0,\omega>0)$ 的定义域为 $\mathbf{R}$,值域是 $[-A,A]$,最大值是 A,最小值是 $-A$,振幅为 A,周期为 $T=\frac{2\pi}{\omega}$.ω 为角频率,ωx 为相位,φ 为初相.

令 $\omega x+\varphi=X$,当 $X\in[0,2\pi]$ 时,$x\in\left[-\frac{\varphi}{\omega},-\frac{\varphi}{\omega}+\frac{2\pi}{\omega}\right]$,在这个区间上,曲线的起点坐标是 $\left(-\frac{\varphi}{\omega},0\right)$.

这类曲线也可根据它的振幅、周期、起点的特征,用“五点法”直接作出函数在一个周期内的图像.用“五点法”作图时五个关键点的坐标依次为:$\left(-\frac{\varphi}{\omega},0\right)$,$\left(-\frac{\varphi}{\omega}+\frac{T}{4},A\right)$,$\left(-\frac{\varphi}{\omega}+\frac{T}{2},0\right)$,$\left(-\frac{\varphi}{\omega}+\frac{3T}{4},-A\right)$,$\left(-\frac{\varphi}{\omega}+T,0\right)$.

例 1 已知函数 $y=3\sin\left(2x+\frac{\pi}{3}\right)$,求它的振幅、周期、起点坐标,并用“五点法”作出函数在一个周期上的简图.

解 令 $2x+\frac{\pi}{3}=0$,得起点的横坐标为 $x=-\frac{\pi}{6}$(或由 $x=-\frac{\varphi}{\omega}=-\frac{\frac{\pi}{3}}{2}=-\frac{\pi}{6}$ 得到起点的横坐标),$T=\frac{2\pi}{2}=\pi$,列表 1—10.

表 1—10

x	$-\frac{\pi}{6}$	$\frac{\pi}{12}$	$\frac{\pi}{3}$	$\frac{7\pi}{12}$	$\frac{5\pi}{6}$
y	0	3	0	-3	0

以表中每一组 x,y 的值为坐标描出五个关键点,并用光滑的曲线顺次连接各点,即得函数 $y=3\sin\left(2x+\frac{\pi}{3}\right)$ 在 $\left[-\frac{\pi}{6},\frac{5\pi}{6}\right]$ 上的图像,如图 1—18 所示.在区间 $\left[-\frac{\pi}{6},\frac{5\pi}{6}\right]$ 上,曲线的起点为 $\left(-\frac{\pi}{6},0\right)$,振幅为 $A=3$,周期为 $T=\pi$.

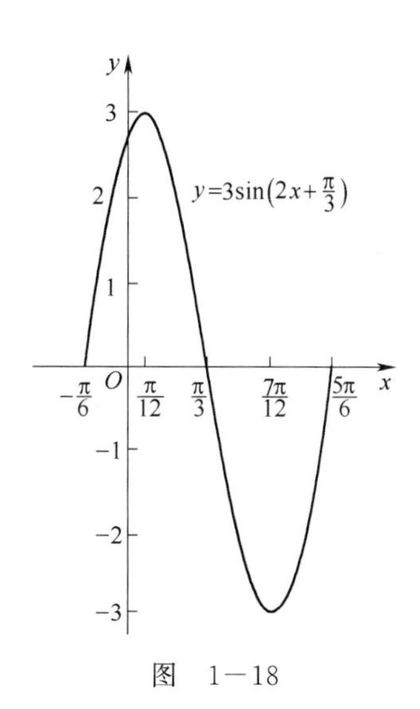

图 1—18

例 2 已知正弦交流电电流 I(A)随时间 t(s)变化,在一个周期上的图像如图 1—19 所示,试求 I 与 t 的函数关系式和电流变化的频率 f.

解 根据题意,可设所求函数关系式为 $I=A\sin(\omega t+\varphi)$.

从图 1—19 中可知,振幅 $A=30$,周期 $T=2.25\times10^{-2}-0.25\times10^{-2}=2\times10^{-2}$.

因为 $T=\frac{2\pi}{\omega}$,所以 $\omega=\frac{2\pi}{T}=\frac{2\pi}{2\times10^{-2}}=100\pi$.

又因起点坐标为$(0.25\times10^{-2},0)$，由 $\omega t+\varphi=0$，得

$$\varphi=-\omega t=-100\pi\times0.25\times10^{-2}=-\frac{\pi}{4},$$

于是所求的函数关系式为

$$I=30\sin\left(100\pi t-\frac{\pi}{4}\right),$$

其频率$=\frac{1}{T}=\frac{\omega}{2\pi}=\frac{100\pi}{2\pi}=50(\text{Hz})$.

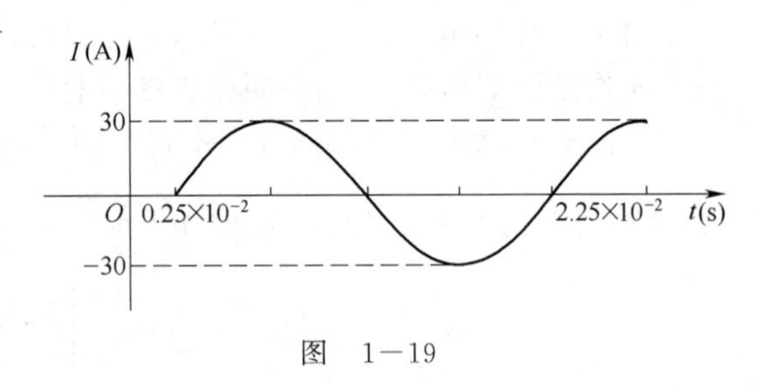

图 1—19

习 题 1—4

1. 填空题.

(1)把正弦曲线向右平行移动$\frac{\pi}{5}$个单位长度可以得到函数________的图像.

(2)把函数 $y=7\sin x$ 的图像上所有点的横坐标缩小到原来的$\frac{1}{4}$(纵坐标不变)，就可以得到函数________的图像.

(3)函数 $y=4\sin\left(3x+\frac{\pi}{4}\right)$的图像可以通过把函数 $y=4\sin 3x$ 的图像向________平行移动________个单位长度而得到.

2. 用“五点法”作出下列函数在一个周期上的图像，并指出它们的周期、振幅和起点坐标.

(1)$y=\sin\left(\frac{x}{2}+\frac{\pi}{6}\right)$；　　(2)$y=\frac{3}{2}\sin\left(2x-\frac{\pi}{4}\right)$.

3. 已知正弦交流电的电压 $U(\text{V})$ 和时间 $t(\text{s})$之间的函数关系式为

$$U=310\sin 200\pi t.$$

试作出这个函数在一个周期上的图像，并讨论在前半个周期上电压的增减情况.

4. 如图 1—20 所示，已知正弦交流电的电流 $I(\text{A})$在一个周期的图像，求 I 与 t 的函数关系式.

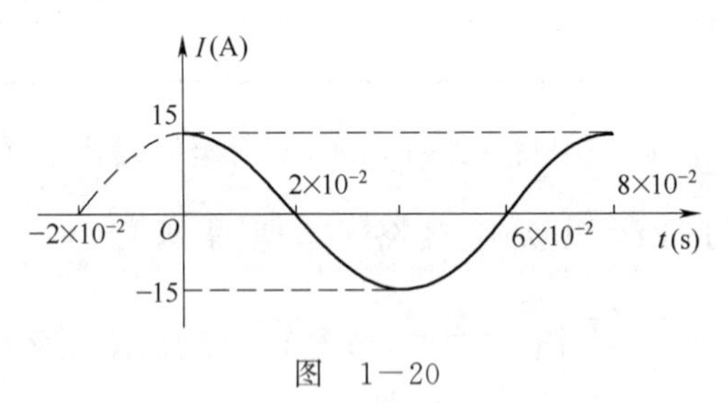

图 1—20

第五节　反三角函数的图像及其性质

一、反正弦函数的图像及其性质

正弦函数 $y=\sin x$ 的定义域是 **R**，值域是$[-1,1]$.对于$[-1,1]$上的每一个确定的 y 值，从图 1—21 可以看出，x 在 **R** 上都有无数个值和它对应.由反函数的定义，正弦函数在其定义域内没有反函数.但是，如果把正弦函数的定义域 **R** 划分为下列单调区间：…，$\left[-\frac{\pi}{2},\frac{\pi}{2}\right]$，

$\left[\frac{\pi}{2},\frac{3\pi}{2}\right]$，$\left[\frac{3\pi}{2},\frac{5\pi}{2}\right]$，…，即$\left[k\pi-\frac{\pi}{2},k\pi+\frac{\pi}{2}\right]$($k\in\mathbf{Z}$)，从图 1—21 可以看出，当 y 任取$[-1,1]$上的每一个值时，在这些区间上，x 都有唯一确定的值和它对应，由反函数的定义，函数 $y=\sin x$ 在这些区间上都分别有反函数.

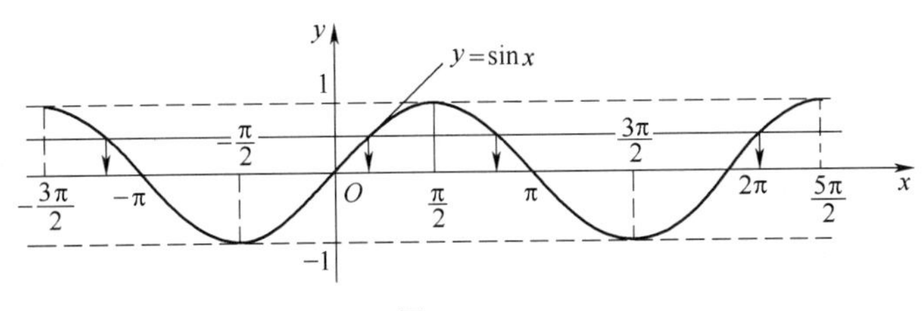

图　1—21

正弦函数 $y=\sin x$ 在区间$\left[-\frac{\pi}{2},\frac{\pi}{2}\right]$上的反函数叫作**反正弦函数**，记作 $y=\arcsin x$（或 $y=\sin^{-1}x$），其定义域是$[-1,1]$，值域是$\left[-\frac{\pi}{2},\frac{\pi}{2}\right]$.

例 1　把下列各等式写成反正弦函数的形式.

(1)$\sin\frac{\pi}{3}=\frac{\sqrt{3}}{2}$；　　(2)$\sin 0=0$；

(3)$\sin\left(-\frac{\pi}{6}\right)=-\frac{1}{2}$；　　(4)$\sin\left(-\frac{\pi}{2}\right)=-1$.

解　因为$\frac{\pi}{3}$，0，$-\frac{\pi}{6}$，$-\frac{\pi}{2}$都在区间$\left[-\frac{\pi}{2},\frac{\pi}{2}\right]$上，所以

(1)$\arcsin\frac{\sqrt{3}}{2}=\frac{\pi}{3}$；　　(2)$\arcsin 0=0$；

(3)$\arcsin\left(-\frac{1}{2}\right)=-\frac{\pi}{6}$；　　(4)$\arcsin(-1)=-\frac{\pi}{2}$.

例 2　求下列各式的值.

(1)$\arcsin\frac{\sqrt{2}}{2}$；　　(2)$\arcsin\left(-\frac{\sqrt{2}}{2}\right)$.

解　(1)因为在$\left[-\frac{\pi}{2},\frac{\pi}{2}\right]$上 $\sin\frac{\pi}{4}=\frac{\sqrt{2}}{2}$，所以 $\arcsin\frac{\sqrt{2}}{2}=\frac{\pi}{4}$；

(2)因为在$\left[-\frac{\pi}{2},\frac{\pi}{2}\right]$上 $\sin\left(-\frac{\pi}{4}\right)=-\frac{\sqrt{2}}{2}$，所以 $\arcsin\left(-\frac{\sqrt{2}}{2}\right)=-\frac{\pi}{4}$.

一般地，如果 $x\in[-1,1]$，那么

$$\arcsin(-x)=-\arcsin x.$$
$$\sin(\arcsin x)=x.$$

例 3　求下列各式的值.

(1)$\sin\left(\arcsin\frac{\sqrt{2}}{2}\right)$；　　(2)$\cos\left(\arcsin\frac{3}{5}\right)$.

解　(1)因为$\frac{\sqrt{2}}{2}\in[-1,1]$，所以 $\sin\left(\arcsin\frac{\sqrt{2}}{2}\right)=\frac{\sqrt{2}}{2}$；

(2)设 $\arcsin\dfrac{3}{5}=\alpha$，则 $\sin\alpha=\dfrac{3}{5}$，由于 $\alpha\in\left[-\dfrac{\pi}{2},\dfrac{\pi}{2}\right]$，因此 α 只能是第一象限的角.

所以
$$\cos\left(\arcsin\frac{3}{5}\right)=\cos\alpha=\sqrt{1-\sin^2\alpha}=\sqrt{1-\left(\frac{3}{5}\right)^2}=\frac{4}{5}.$$

根据互为反函数的函数图像之间的关系，把正弦函数 $y=\sin x$ 在 $\left[-\dfrac{\pi}{2},\dfrac{\pi}{2}\right]$ 上的一段曲线以直线 $y=x$ 为对称轴，所作的对称图形就是反正弦函数 $y=\arcsin x$ 的图像，如图 1－22 所示.

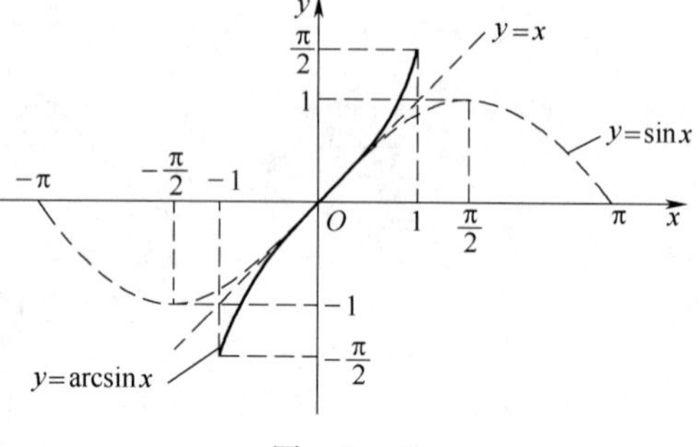

图 1－22

由反正弦函数的图像可知反正弦函数具有下面的性质：

(1)定义域为$[-1,1]$.

(2)值域为$\left[-\dfrac{\pi}{2},\dfrac{\pi}{2}\right]$.

(3)$y=\arcsin x$ 为奇函数，图像关于原点对称.

(4)$y=\arcsin x$ 在定义域$[-1,1]$上是增函数，在 $x=1$ 处有最大值$\dfrac{\pi}{2}$，在 $x=-1$ 处有最小值$-\dfrac{\pi}{2}$.

(5)图像过原点$(0,0)$，起点为$\left(-1,-\dfrac{\pi}{2}\right)$，终点为$\left(1,\dfrac{\pi}{2}\right)$. 当 $x=0$ 时，$y=0$；当 $x>0$ 时，$y>0$；当 $x<0$ 时，$y<0$.

二、反余弦函数的图像及其性质

与正弦函数类似，余弦函数 $y=\cos x$ 在其定义域 $\mathbf{R}$ 上没有反函数. 但在$[k\pi,(k+1)\pi]$ $(k\in\mathbf{Z})$上，$y=\cos x$ 分别有反函数.

余弦函数 $y=\cos x$ 在$[0,\pi]$上的反函数叫作**反余弦函数**，记作 $y=\arccos x$（或 $y=\cos^{-1}x$），其定义域是$[-1,1]$，值域是$[0,\pi]$.

例 4 把下列各等式写成反余弦形式的等式.

(1)$\cos\dfrac{\pi}{3}=\dfrac{1}{2}$；　(2)$\cos\pi=-1$；　(3)$\cos\dfrac{\pi}{2}=0$；　(4)$\cos\dfrac{3\pi}{4}=-\dfrac{\sqrt{2}}{2}$.

解 因为$\dfrac{\pi}{3},\pi,\dfrac{\pi}{2},\dfrac{3\pi}{4}$都在区间$[0,\pi]$上，所以

(1)$\arccos\dfrac{1}{2}=\dfrac{\pi}{3}$；　(2)$\arccos(-1)=\pi$；

(3)$\arccos 0=\dfrac{\pi}{2}$；　(4)$\arccos\left(-\dfrac{\sqrt{2}}{2}\right)=\dfrac{3\pi}{4}$.

例 5 求下列各式的值.

(1)$\arccos\dfrac{1}{2}$；　(2)$\arccos\left(-\dfrac{1}{2}\right)$；　(3)$\arccos 1$.

解 (1)因为在$[0,\pi]$上 $\cos\dfrac{\pi}{3}=\dfrac{1}{2}$,所以 $\arccos\dfrac{1}{2}=\dfrac{\pi}{3}$;

(2)因为在$[0,\pi]$上 $\cos\dfrac{2\pi}{3}=-\dfrac{1}{2}$,所以 $\arccos\left(-\dfrac{1}{2}\right)=\dfrac{2\pi}{3}$;

(3)因为在$[0,\pi]$上 $\cos 0=1$,所以 $\arccos 1=0$.

一般地,如果 $x\in[-1,1]$,那么

$$\arccos(-x)=\pi-\arccos x$$

$$\cos(\arccos x)=x$$

例 6 求下列各式的值.

(1)$\arccos\left(-\dfrac{\sqrt{3}}{2}\right)$; (2)$\cos\left[\arccos\left(-\dfrac{2}{3}\right)\right]$.

解 (1)$\arccos\left(-\dfrac{\sqrt{3}}{2}\right)=\pi-\arccos\dfrac{\sqrt{3}}{2}=\pi-\dfrac{\pi}{6}=\dfrac{5\pi}{6}$;

(2)因为$-\dfrac{2}{3}\in[-1,1]$,所以 $\cos\left[\arccos\left(-\dfrac{2}{3}\right)\right]=-\dfrac{2}{3}$.

反余弦函数 $y=\arccos x$ 的图像如图 1-23 所示.

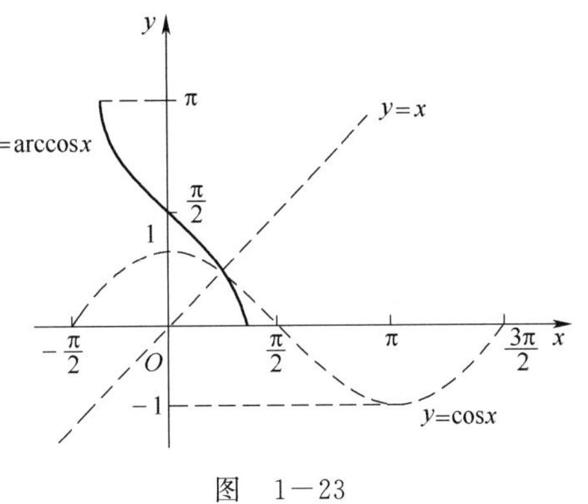

图 1-23

由反余弦函数的图像可知反余弦函数具有下面的性质:

(1)定义域为$[-1,1]$.

(2)值域为$[0,\pi]$.

(3)反余弦函数是非奇非偶函数.

(4)反余弦函数在定义域$[-1,1]$上是减函数,在 $x=1$ 处有最小值 0,在 $x=-1$ 处有最大值 π.

(5)图像在 x 轴上方,图像过点$\left(0,\dfrac{\pi}{2}\right)$,起点为$(-1,\pi)$,终点为$(1,0)$.当 $x>0$ 时,$y<\dfrac{\pi}{2}$;当 $x=0$ 时,$y=\dfrac{\pi}{2}$;当 $x<0$ 时,$y>\dfrac{\pi}{2}$.

三、反正切函数的图像及其性质

我们把函数 $y=\tan x$ 在$\left(-\dfrac{\pi}{2},\dfrac{\pi}{2}\right)$内的反函数叫作**反正切函数**,记作 $y=\arctan x$(或 $y=\tan^{-1}x$),它的定义域是 $\mathbf{R}$,值域是$\left(-\dfrac{\pi}{2},\dfrac{\pi}{2}\right)$.

对任意 $x\in\mathbf{R}$,都有

$$\tan(\arctan x)=x.$$

$$\arctan(-x)=-\arctan x.$$

反正切函数 $y=\arctan x$ 的图像如图 1-24 所示.

由反正切函数的图像可知,反正切函数具有如下性质:

(1)定义域为 **R**.

(2)值域为$\left(-\frac{\pi}{2},\frac{\pi}{2}\right)$.

(3)反正切函数是奇函数,图像关于原点对称.

(4)反正切函数在定义域 **R** 上是增函数.

(5)图像过原点,当 $x=0$ 时,$y=0$;当 $x>0$ 时,$y>0$;当 $x<0$ 时,$y<0$.

反正弦函数、反余弦函数、反正切函数都叫作**反三角函数**.

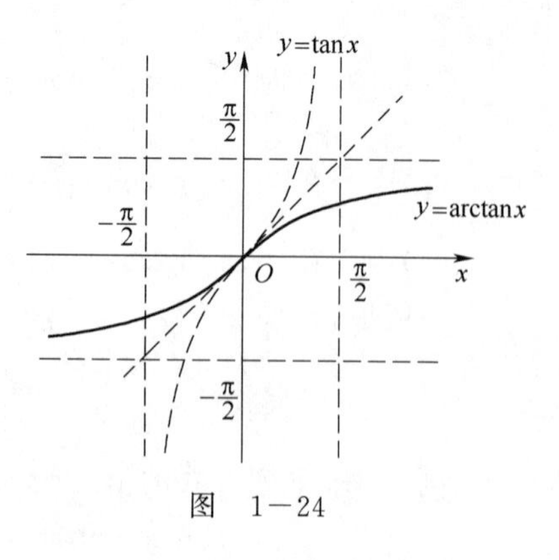

图 1-24

例 7 求下列各式的值.

(1)$\arctan 1$;　(2)$\arctan\sqrt{3}$;　(3)$\arctan(-\sqrt{3})$;　(4)$\tan[\arctan(-1)]$.

解 (1)因为在$\left(-\frac{\pi}{2},\frac{\pi}{2}\right)$上 $\tan\frac{\pi}{4}=1$,所以 $\arctan 1=\frac{\pi}{4}$;

(2)因为在$\left(-\frac{\pi}{2},\frac{\pi}{2}\right)$上 $\tan\frac{\pi}{3}=\sqrt{3}$,所以 $\arctan\sqrt{3}=\frac{\pi}{3}$;

(3)$\arctan(-\sqrt{3})=-\arctan\sqrt{3}=-\frac{\pi}{3}$;

(4)$\tan[\arctan(-1)]=-1$.

习　题　1-5

1. 求下列各式的值.

(1)$\arcsin\frac{1}{2}$;　(2)$\arcsin(-1)$;　(3)$\arcsin\left(-\frac{\sqrt{3}}{2}\right)$;　(4)$\arccos 1$;

(5)$\arccos\frac{\sqrt{2}}{2}$;　(6)$\arctan\frac{\sqrt{3}}{3}$;　(7)$\arctan 0$;　(8)$\arctan\left(-\frac{\sqrt{3}}{3}\right)$.

2. 求下列各式的值.

(1)$\sin(\arcsin 0.4)$;　(2)$\cos\left[\arccos\left(-\frac{\sqrt{3}}{2}\right)\right]$;　(3)$\tan[\arctan(-1)]$;

(4)$\tan\left(\arctan\frac{7}{4}\right)$;　(5)$\sin(2\arctan\sqrt{3})$;　(6)$\tan\left(\arcsin\frac{\sqrt{2}}{2}\right)$.

复习题一

1. 填空题.

(1)与角$-120°$终边相同的角的集合是________,其中在$-360°\sim360°$间的角是________.

(2)在下面的横线上填上适合的“$>$”或“$<$”.

$\sin 1.7$ ________ 0;　$\sin(-3)\cos(-1)$________ 0;　$\tan 4\tan(-2)$________ 0.

(3)如果$\frac{\sin\theta}{\tan\theta}>0$,那么 θ 是第________象限的角.

(4)在直径为 2 cm 的圆中,一段弧的长是$\frac{\pi}{90}$ cm,那么该弧所对的圆心角是________度.

(5)已知角 α 的终边上一点的纵坐标是横坐标的两倍,α 是第一象限角,则 $\sin\alpha=$________,$\cos\alpha=$________,$\tan\alpha=$________.

(6)函数 $y=20\sin\left(\frac{1}{3}x+\frac{\pi}{6}\right)$的振幅是________,周期是________,起点是________,在区间$\left[-\frac{\pi}{2},\frac{11\pi}{2}\right]$上,当 $x=$________时,函数取得最大值,当 $x=$________时,函数取得最小值.

(7)已知 $x\in[0,2\pi]$,那么 $y=\sin x$ 和 $y=\cos x$ 都单调增加的区间是________,都单调减少的区间是________.

(8)$\arccos(-1)+3\arcsin\left(-\frac{\sqrt{3}}{2}\right)-\arctan 0$ 的值是________.

(9)在下面的横线上填上合适的"$>$"或"$<$".

$\arcsin 0.7$ ________ 0;$\arccos(-0.81)$ ________ 0;$\arctan(-3)$ ________ 0.

2. 选择题.

(1)在下列各式中,使得 α 存在的只有(   ).

A. $\sin\alpha+\cos\alpha=2$ B. $\sin\alpha=\frac{1}{3}$且 $\cos\alpha=\frac{2}{3}$

C. $\sin\alpha=\frac{3}{5}$且 $\cos\alpha=-\frac{4}{5}$ D. $\sin\alpha=\sqrt{5}-1$

(2)下列不等式中正确的是(   ).

A. $\sin\frac{5\pi}{7}>\sin\frac{4\pi}{7}$ B. $\tan\frac{15\pi}{8}>\tan\left(-\frac{\pi}{7}\right)$

C. $\sin\left(-\frac{\pi}{5}\right)>\sin\left(-\frac{\pi}{6}\right)$ D. $\cos\left(-\frac{3\pi}{5}\right)>\cos\left(-\frac{9\pi}{4}\right)$

(3)函数 $y=3\sin\left(2x+\frac{\pi}{3}\right)$的图像可将函数 $y=3\sin 2x$ 的图像经过下列(   )平移而得.

A. 向右平移$\frac{\pi}{6}$个单位   B. 向左平移$\frac{\pi}{6}$个单位

C. 向右平移$\frac{\pi}{3}$个单位   D. 向左平移$\frac{\pi}{3}$个单位

(4)下列各式中正确的是(   ).

A. $\arctan\frac{\pi}{4}=1$ B. $\sin\left(\arcsin\frac{\pi}{3}\right)=\frac{\pi}{3}$

C. $\tan\left[2\arcsin\left(-\frac{1}{2}\right)\right]=-\sqrt{3}$ D. $\sin\left[\arccos\left(-\frac{1}{2}\right)\right]=-\frac{\sqrt{3}}{2}$

3. 求函数 $y=\sin 2x-\sqrt{3}\cos 2x$ 的最大值和周期.

4. 用"五点法"作出下列函数在一个周期上的图像,并指出函数的最大值、最小值和周期.

(1)$y=3-2\cos x$;   (2)$y=2\sin x-3$;   (3)$y=3\sin\left(\frac{1}{2}x-\frac{\pi}{4}\right)$.

阅读材料

我国数学家在圆周率计算上的贡献

圆周率是圆周长和直径的比值，通常用希腊字母π来表示.1706年，英国人琼斯首次用π代表圆周率.他的符号并未立刻被采用，以后，欧拉予以提倡，才渐渐推广开来，现在π已成为圆周率的专用符号.在三角形中，用弧度制表示角时，经常用到π；在几何的某些计算公式中也有π；在数理统计中也常用到π；在电学、力学、天文学等科学和技术领域也常见到它.

中华民族是一个勤劳智慧的民族，在圆周率的计算上取得过令人瞩目的成就.我国最古老的《周髀算经》中就有"圆径一而周三"的说法，即认为π等于3.张衡(公元78—139)，字平子，南阳西鄂(今河南南阳县石桥镇)人，他是我国东汉时期伟大的天文学家，为我国天文学的发展作出了不可磨灭的贡献，张衡认为圆周长与直径之比为92:29，约等于3.1724，还认为圆周率是$\sqrt{10}$.

刘徽(约公元240—?)是魏晋时期的数学家，他在公元263年撰写的著作《九章算术注》以及后来的《海岛算经》是我国宝贵的数学遗产，奠定了他在中国数学史上的不朽地位.在几何方面，他提出了"割圆术"，即取圆的半径为一尺，从圆的内接正六边形面积S_6开始，在此基础上算出圆内接正十二边形的面积S_{12}，再在此基础上算出圆内接正二十四边形的面积S_{24}，……，即每次将边数加倍，"割之弥细，所失弥少，割之又割，以至于不可割，则与圆周合体，而无所失矣".这样就可以用圆内接正多边形的边长逐步逼近圆周长，而多边形的周长是能够算出来的，其值除以2就可以得到圆周率.刘徽算到S_{192}，并用$\frac{157}{50}=3.14$作为圆周率.现在称3.14这个数值为"徽率"，用以表示对刘徽的纪念.

刘徽

祖冲之(公元429—500)南北朝时人，是我国杰出的数学家，他算出了$3.141\,592\,6<\pi<3.141\,592\,7$，这是当时最准确的圆周率，这个世界纪录保持了将近1 000年.祖冲之用两个分数来表示圆周率，一个是$\frac{355}{113}$(密率)；一个是$\frac{22}{7}$(约率).用两个简单的分数来近似表示圆周率，这一意义要比得出八位可靠数字的意义大得多.密率是分子分母在1 000以内的分数形式的圆周率最佳近似值，是当时的最高成就，为了纪念他的贡献，人们把密率称为"祖率".

祖冲之

刘徽、祖冲之所生活的年代，既没有计算器，也没有算盘，只靠一些被称作"算筹"的小竹棍，摆成纵横不同的形状来表示各种数目，然后进行计算，这不仅需要掌握纯熟的理论和技巧，更需要具备踏踏实实、一丝不苟的严谨态度，不惜付出艰巨的劳动代价，才能取得杰出的成就.

他们为世界数学史和文明史作出的这一伟大贡献，是我们中华民族的骄傲！

第二章 空间几何

在现实生活中，有许多实际问题都需要对空间图形进行研究，如建造大厦、修建防洪堤、制造机械设备等.本章在平面几何的基础上，进一步研究空间图形的基本性质及这些性质的应用，并介绍空间几何体的三视图的基本知识.

第一节 平 面

一、平面及其表示法

静止的水面、桌面、黑板面、教室的地面等，都给我们以平面的形象，然而，它们只是数学中所说的平面的一部分.数学中所说的平面是从具体事物中抽象出来的，是平坦而且可以无限延展的几何元素.

为了形象直观，通常用平行四边形来表示平面，并在其顶角内部写上希腊字母 α，β，γ，…，如图 2—1 所示的平面 α.有时也用平行四边形顶点字母(或对角字母)表示，如图 2—2 所示的平面 $ABCD$(或平面 AC).

图 2—1　　　　图 2—2

为了使图形的立体感强一些，一个平面被另一个平面遮住时，把被遮住部分的线段画成虚线或不画，如图 2—3 所示.

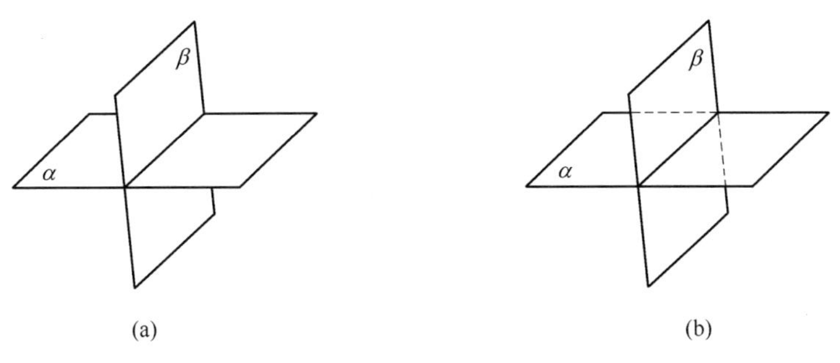

图 2—3

点是构成直线与平面的最基本元素，直线与平面都可以看成是由点组成的集合.因此，空间点、直线与平面的关系，可以用集合符号来表示.

(1)点 A 在直线 l 上，记作 $A\in l$；

(2)点 A 在平面 α 内，记作 $A\in\alpha$；

(3)直线 l 在平面 α 内，记作 $l\subset\alpha$；

(4)平面 α 与平面 β 相交于直线 l，记作 $\alpha\cap\beta=l$，平面 α 与平面 β 无交点，记作 $\alpha\cap\beta=\varnothing$.

如果空间几个点(或几条直线)在同一个平面内，则称这些点(或这些直线)共面；否则称它们不共面.

二、平面的基本性质

公理 1 如果一条直线上的两个点在同一平面内，那么这条直线上的所有点都在这个平面内.

如图 2－4 所示，直线 l 上有两点 A，B 在平面 α 内，直线 l 的所有点都在平面 α 内.此时，就说直线在平面内或平面经过直线.例如，工程人员在检查一个物体表面是否平滑时，如果把直尺放在物体表面的各个方向时，直尺边缘与物体表面都不出现缝隙，就可判断这个物体的表面是平滑的.

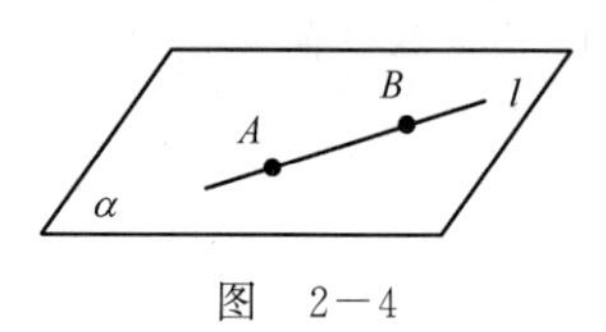

图 2－4

公理 2 如果两个平面有一个公共点，那么它们相交于经过这一点的一条直线.

如图 2－5 所示，平面 α 与平面 β 有一个公共点 A，则这两个平面就相交于一条过点 A 的公共直线 l.

公理 3 经过不在同一条直线上的三点，有且仅有一个平面.

如图 2－6 所示，A，B，C 三点不在同一直线上，则经过这三个点的平面有且仅有一个，记作平面 ABC.例如，照相机用三脚架支撑在地面上.

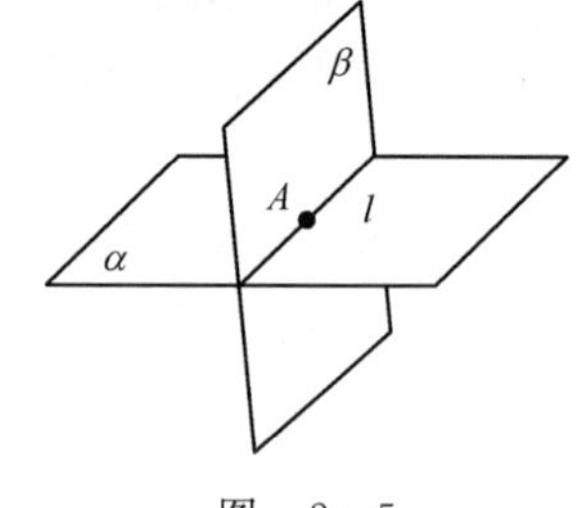

图 2－5

“有且仅有一个平面”也可说成“确定一个平面”，于是公理 3 也可说成：不在同一条直线上的三点可以确定一个平面.

给了直线 l 与直线外的一点 C，在直线上取两个不同的点 A，B，就得到了不共线的三点 A，B，C.反之，给了不共线的三点 A，B，C，其中两点 A，B 确定一条直线 l，这样就得到了直线 l 与直线外一点 C，因此，“给了直线 l 和直线外的一点”等价于“给了不共线的三点”，如图 2－7 所示，于是得到：

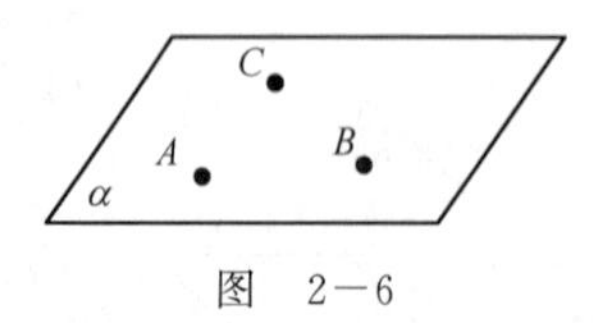

图 2－6

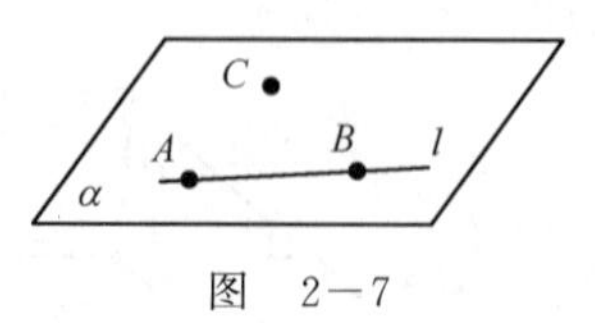

图 2－7

推论 1 经过一条直线与这条直线外的一点，有且仅有一个平面.

由于“给了两条相交直线”等价于“给了一条直线和这条直线外的一点”，如图 2－8 所示，因此由推论 1 得到

推论 2 经过两条相交直线，有且仅有一个平面.

根据空间中，过直线外一点有且仅有一条直线与这条直线平行，可以得到“给了两条平行直线”等价于“给了一条直线与这条直线外的一点”，如图 2－9 所示.因此从推论 1 得到：

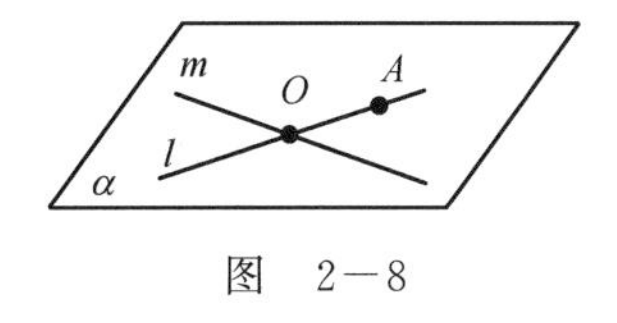

图 2—8

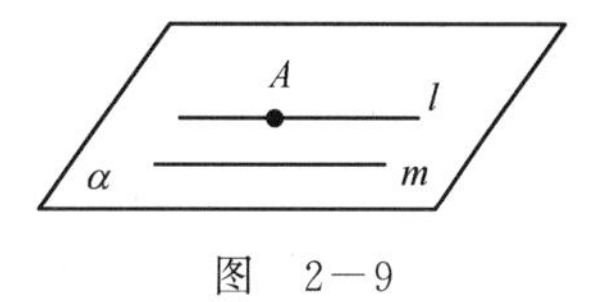

图 2—9

推论 3 经过两条平行直线,有且仅有一个平面.

习 题 2—1

1. 判断下列命题的真假.

(1)一个平面的面积为 20 cm^2.

(2)空间的任意三个点确定一个平面.

(3)过一条直线的平面有无穷多个.

(4)两个平面相交,交点一定是无数多个.

(5)相交于同一点的三条直线一定共面.

2. 一条直线与两条平行直线分别相交,这三条直线是否一定共面?若与两条相交直线分别相交,这三条直线是否共面?

3. 四个顶点不共面的四边形叫作空间四边形.请画出一个空间四边形.

4. 设 A,B,C,D 四点不共面,说明其中任意三点都不共线.

5. 三条直线两两平行且不共面,每两条确定一个平面,一共可以确定几个平面?如果三条直线相交于一点,它们最多可以确定几个平面?

6. 为什么一扇门用两个合页与一把锁就可以固定(锁与合页没有放在同一直线位置上)?

第二节 直线与直线的位置关系

一、直线与直线的位置关系

在平面几何中,同一平面内的两条直线只有平行与相交两种位置关系.而在空间几何中,两条直线可能既不平行,也不相交.如黑板上沿所在的直线与某条下垂的电灯悬线所在的直线就属于这种关系.把不同在任何一个平面内的两条直线叫作**异面直线**.如图 2—10 所示的两条直线 l_1 与 l_2 就是两条异面直线.

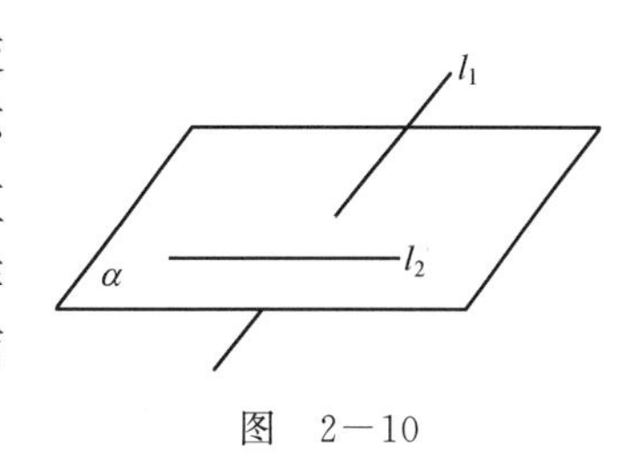

图 2—10

因此,在空间不重合的两条直线的位置关系有三种:

(1)平行直线——在同一平面内,没有公共点.

(2)相交直线——在同一平面内,有且仅有一个公共点.

(3)异面直线——不在同一平面内,没有公共点.

在同一平面内,平行于同一条直线的两条直线一定平行,即直线平行具有传递性.在空间里也有类似的结论:

定理 1 平行于同一条直线的两条直线一定平行.

例 1 如图 2—11 所示，AA'，BB'，CC'不共面，且 BB'平行且等于AA'，CC'平行且等于AA'，求证：$\triangle ABC \cong \triangle A'B'C'$.

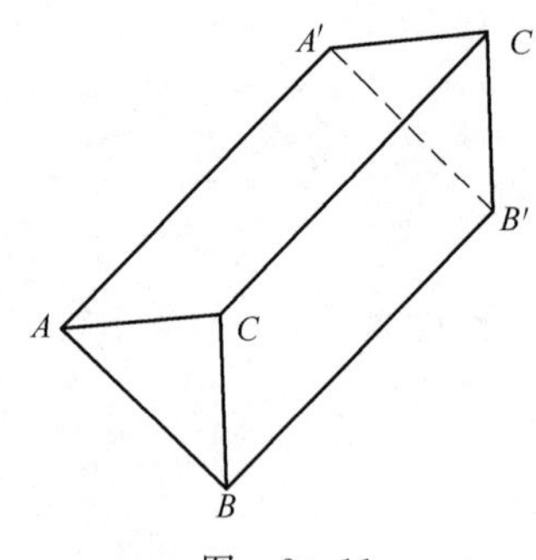

图 2—11

证明 因为 BB'平行且等于AA'，CC'平行且等于AA'，所以根据公理 4，BB'平行且等于CC'，所以四边形 $BB'C'C$ 是平行四边形，所以 $BC=B'C'$，

同理可证 $AC=A'C'$，$AB=A'B'$，

所以 $\triangle ABC \cong \triangle A'B'C'$.

定理 2 如果空间一个角的两边与另一个角的两边分别平行且方向相同，那么这两个角相等.

如图 2—12 所示，$\angle ABC$ 与$\angle A'B'C'$的对应边分别平行且方向相同，则$\angle ABC=\angle A'B'C'$.

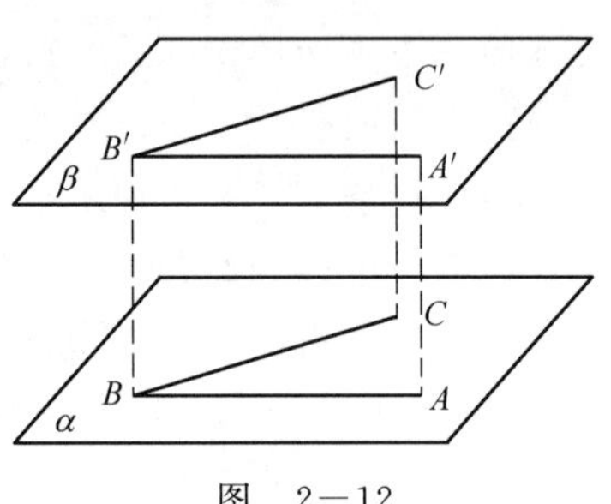

图 2—12

在日常生活中可以看到，门框上下沿线互相平行，门板上下沿线互相平行，所以无论门开到什么位置，门框上沿线与门板上沿线构成的角一定等于门框下沿线与门板下沿线构成的角.

二、异面直线所成的角

过空间任意一点，分别作两条异面直线的平行线，这两条直线相交所成的锐角（或直角）叫作**异面直线所成的角**.如图 2—13 所示，a，b 是异面直线，经过空间任意点 O，作直线 $a' /\!/ a$，$b' /\!/ b$，那么 a'与b'相交成的锐角（或直角）θ 就是异面直线 a 与 b 所成的角.

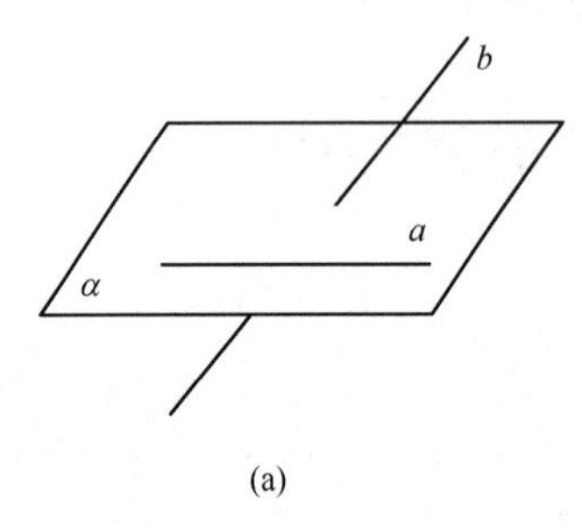

(a)

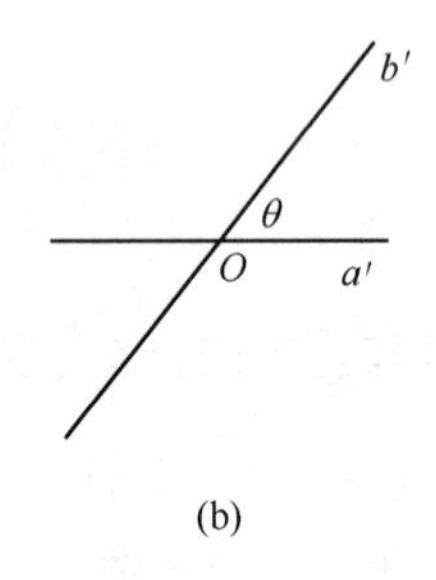

(b)

图 2—13

一般地，将点 O 取在其中一条直线上，过此点作另一条直线的平行线，即可得异面直线所成的角.

如果异面直线 a 与 b 所成的角是直角，那么就说异面直线 a 与 b 互相垂直，记作 $a \perp b$，如图 2—14 所示.

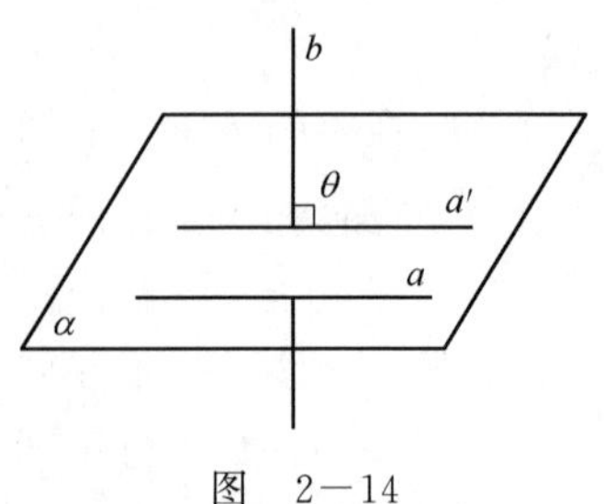

图 2—14

一条直线与两条异面直线都垂直且相交，就把这条直线叫作**异面直线的公垂线**.异面直线的公垂线在这两条异面直线间的线段的长叫作**异面直线间的距离**.如图 2—15 所示，直线 AB 与直线 CC'是异面直线，$AB \perp BC$，$CC' \perp BC$，则直线 BC 就是异面直线 AB 与直线 CC'的公垂线，线段 BC 就是直线 AB 与直线 CC'间的距离.

例 2　如图 2—15 所示，正方体的棱长为 a，求：

(1)哪些棱所在的直线与直线 BA' 异面？

(2)异面直线 BA' 与 CC' 所成的角.

(3)异面直线 BC 与 AA' 的距离.

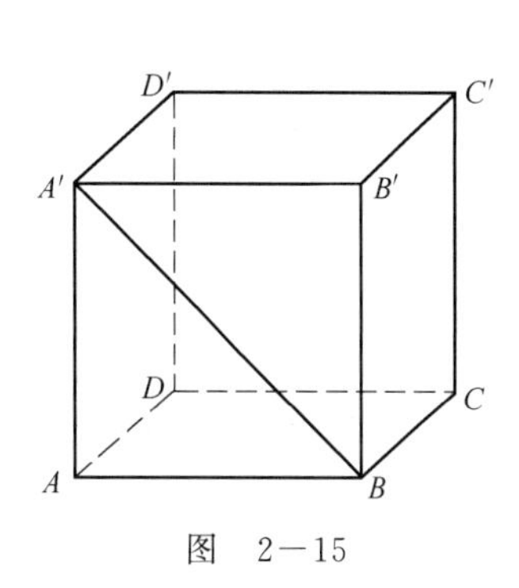

图　2—15

解　(1)与直线 BA' 异面的直线有棱 CC'，$C'D'$，$D'D$，CD，AD，$B'C'$ 所在的直线.

(2)因为 $CC' \parallel BB'$，所以 BA' 与 BB' 所成的锐角就是 BA' 与 CC' 所成的角.

因为 $\angle A'BB' = 45°$，所以异面直线 BA' 与 CC' 所成的角为 45°.

(3)因为

$$AB \perp AA',\ AB \cap AA' = A,$$
$$AB \perp BC,\ AB \cap BC = B,$$

所以 AB 是 BC 与 AA' 的公垂线段.

因为

$$AB = a,$$

所以异面直线 BC 与 AA' 的距离是 a.

习　题　2—2

1. 空间两条直线互相垂直，它们一定相交吗？垂直于同一直线的两条直线，可以有哪几种位置关系？

2. 一条直线与两条异面直线中的一条平行，则它与另一条的位置关系是怎样的？

3. a，b 两直线相交，b，c 两直线相交，那么 a，c 的位置关系如何？

4. 如图 2—16 所示，四边形 $ABCD$ 是空间四边形，点 E，F，G，H 分别是边 AB，BC，CD，DA 的中点，求证：四边形 $EFGH$ 是平行四边形.

5. 如图 2—17 所示，在正方体 $ABCD-A'B'C'D'$ 中，点 E，F 分别是 BB'，CC' 的中点.求异面直线 AE 与 BF 所成角的余弦值.

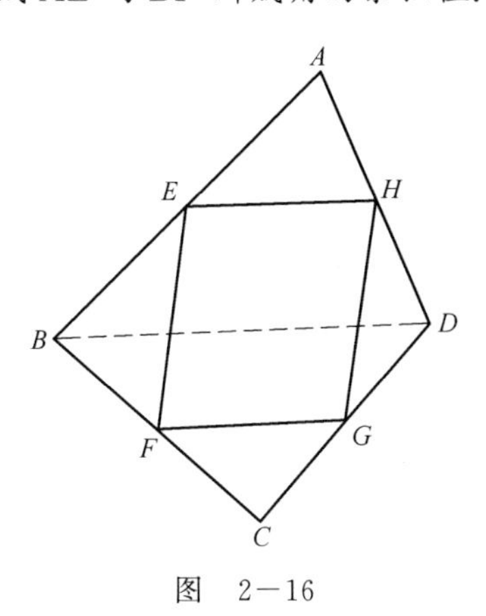

图　2—16

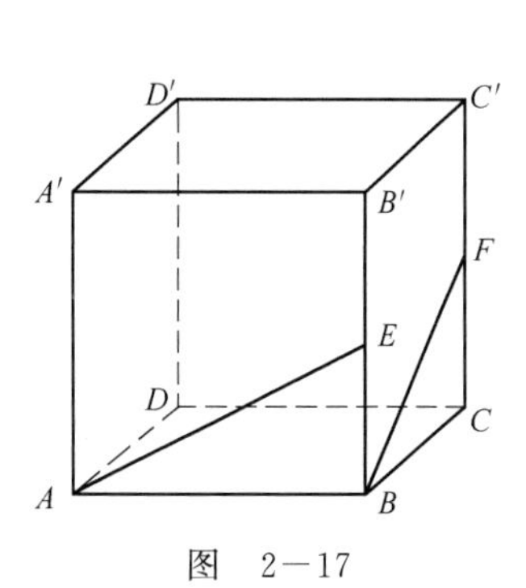

图　2—17

6. 已知 a，b 是异面直线，直线 AB 与 a，b 分别交于 A，B 两点，CD 与 a，b 分别交于 C，D 两点.求证：AB，CD 是异面直线.

7. 在正方体 $ABCD-A_1B_1C_1D_1$ 中，点 E，F 分别是 B_1C_1，C_1D_1 的中点，求证：四边形 $EFDB$ 是梯形.

第三节　直线与平面的位置关系

一、直线与平面的位置关系

仔细观察讲桌上的粉笔盒与桌面之间的位置关系，不难发现，直线与平面之间存在着如图 2—18 所示的三种位置关系：

(1)直线在平面内——有无穷多个公共点.

(2)直线与平面相交——有一个公共点.

(3)直线与平面平行——没有公共点.

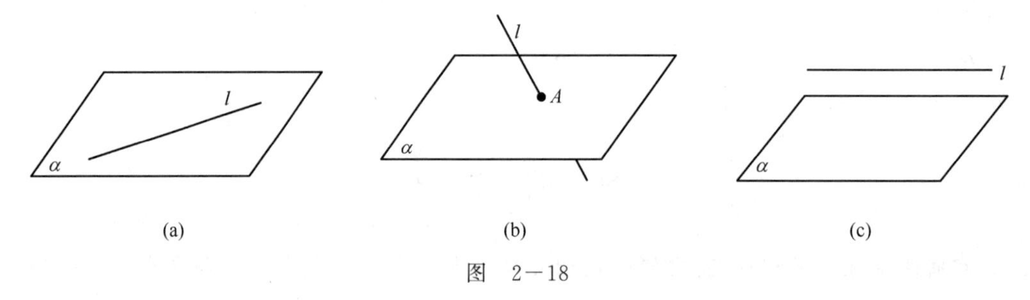

图　2—18

直线 l 与平面 α 相交于 A，记作 $l \cap \alpha = A$；直线 l 与平面 α 平行，记作 $l /\!/ \alpha$.

一般地，画直线与平面平行时，把直线画在表示平面的平行四边形以外，并且使其与平行四边形的一边平行.

二、直线与平面平行

直线与平面平行的判定定理　如果平面外一条直线平行于平面内的一条直线，那么这条直线与这个平面平行.

如图 2—19 所示，$a /\!/ b$，$a \not\subset \alpha$，$b \subset \alpha$，则 $a /\!/ \alpha$.

例 1　在如图 2—20 所示的在长方体 $ABCD-A'B'C'D'$ 中，求证：上底面对角线 $A'C'$ 平行于下底面 $ABCD$.

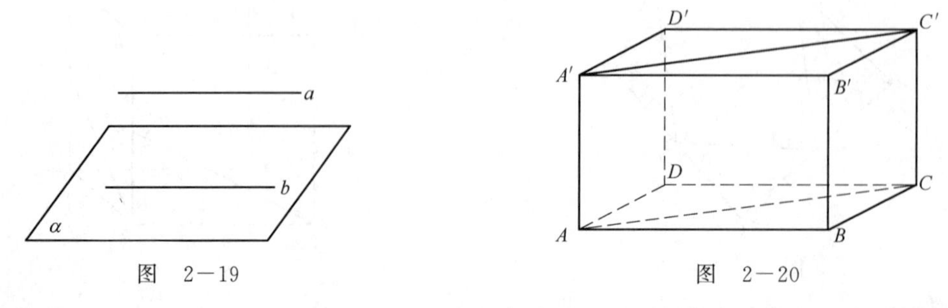

图　2—19　　　　图　2—20

证明　连接 AC，因为在长方体 $ABCD-A'B'C'D'$ 中，AA' 平行且等于 CC'，所以四边形 $A'ACC'$ 是平行四边形，所以 $$A'C' /\!/ AC,$$

又因为$A'C'\not\subset$平面$ABCD$，$AC\subset$平面$ABCD$，根据直线与平面平行的判定定理得，$A'C'$ $/\!/$平面$ABCD$.

直线与平面平行的性质定理 如果一条直线与一个平面平行，经过这条直线的平面与这个平面相交，那么这条直线就与交线平行.如图2－21所示，$l/\!/\alpha$，$l\subset\beta$，$\alpha\cap\beta=m$，则$l/\!/m$.

例2 如图2－22所示，已知点E，F，G，H为空间四边形$ABCD$的边AB，BC，CD，DA上的点，且$EH/\!/FG$.求证：$EH/\!/BD$.

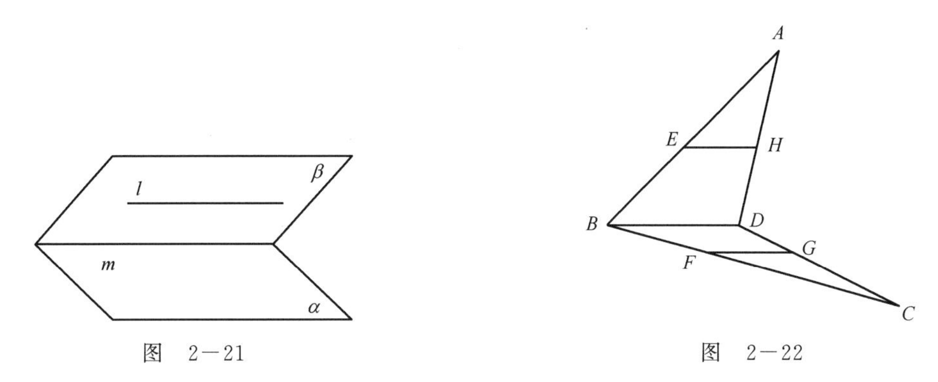

图 2－21　　　　图 2－22

证明 因为$EH/\!/FG$，且$FG\subset$平面BCD，根据定理1得$EH/\!/$平面BCD.

又因为$EH\subset$平面ABD，平面$ABD\cap$平面$BCD=BD$，根据直线与平面平行的性质定理得，$EH/\!/BD$.

上面叙述的判定定理，可以简记作“线线平行，线面平行”；性质定理则可简记作“线面平行，线线平行”.

三、直线与平面垂直

如果一条直线与一个平面内的任何一条直线都垂直，那么称这条直线与这个平面互相垂直，直线叫作**平面的垂线**，平面叫作**直线的垂面**，交点叫作**垂足**.如图2－23所示，直线l垂直于平面α，记作$l\perp\alpha$.

一般地，画直线与平面垂直时，要把直线画成与表示平面的平行四边形的一边垂直.

直线与平面垂直的判定定理 如果一条直线与一个平面内的两条相交直线都垂直，那么这条直线就与这个平面垂直.

如图2－24所示，$m\subset\alpha$，$n\subset\alpha$，$m\cap n=O$，$l\perp m$，$l\perp n$，则$l\perp\alpha$.

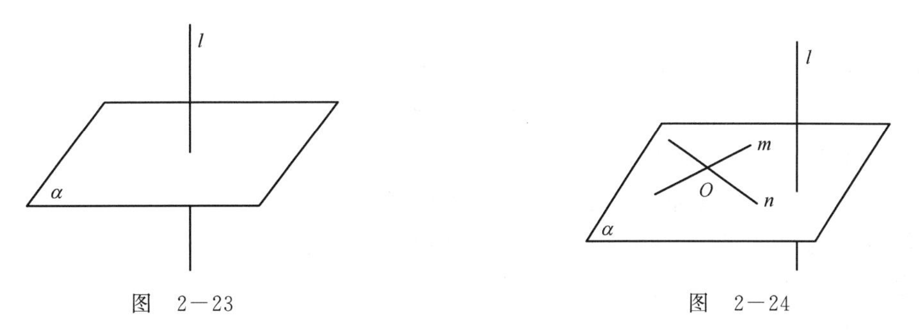

图 2－23　　　　图 2－24

例3 已知$\triangle ABC$，直线$AP\perp AB$，$AP\perp AC$，如图2－25所示，求证：$AP\perp BC$.

证明 因为 $AP\perp AB$，$AP\perp AC$，

所以根据直线与平面垂直的判定定理可得 $AP\perp$ 平面 ABC.

又因为 $BC\subset$ 平面 ABC,

所以 $AP\perp BC$.

直线与平面垂直的性质定理 如果两条直线垂直于同一个平面,那么这两条直线互相平行.

如图 2－26 所示,$l\perp\alpha$,$m\perp\alpha$,则 $l/\!/m$.

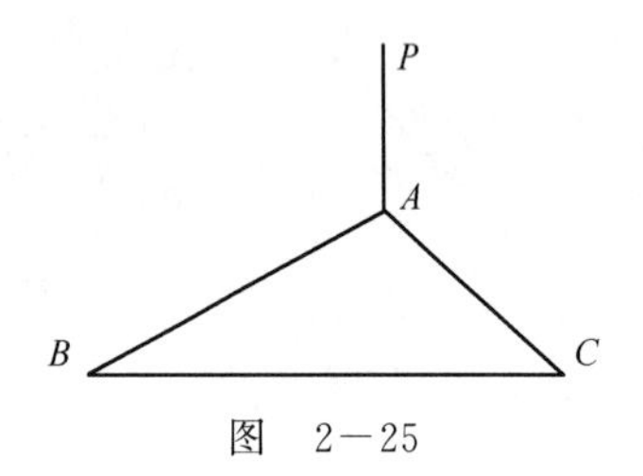

图 2－25

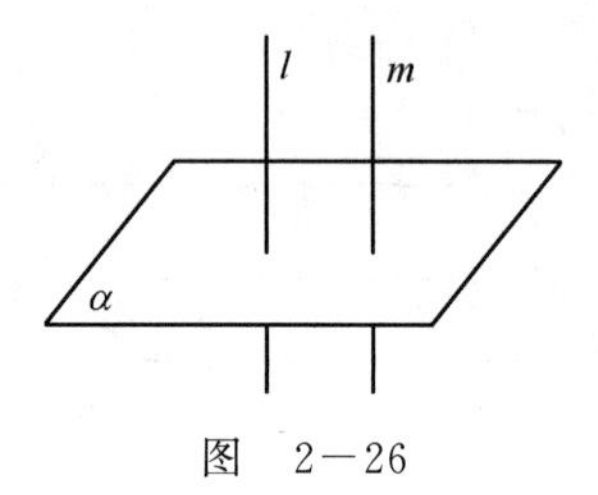

图 2－26

推论 过平面外一点(或平面内一点)有且仅有一条直线与已知平面垂直.

从平面外一点向平面引垂线,这点到垂足间的距离叫作**点到平面的距离**.

例 4 如图 2－27 所示,直线 l 平行于平面 α,求证:直线 l 上各点到平面 α 的距离相等.

证明 过直线 l 上任意两点 A,B 分别作平面 α 的垂线 AA',BB',垂足为 A',B'.

因为 $AA'\perp\alpha$,$BB'\perp\alpha$,

所以根据直线与平面垂直的性质定理得 $AA'/\!/BB'$.

设经过直线 AA',BB' 的平面为 β,则 $\alpha\cap\beta=A'B'$,因为 $l/\!/\alpha$,

所以根据直线与平面平行的性质定理得

$$l/\!/A'B',$$

所以 $AA'=BB'$,

即直线上各点到平面的距离相等.

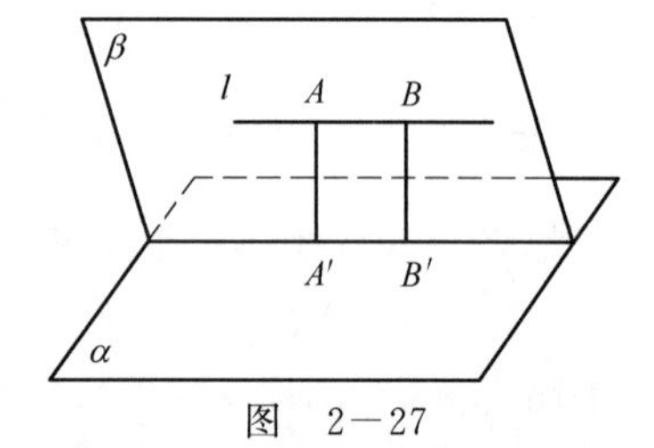

图 2－27

直线和平面平行时,把直线上任意一点到平面的距离叫作**直线与平面的距离**.

四、直线与平面所成的角

1. 斜线在平面内的射影

如果一条直线与一个平面相交,但不垂直,那么这条直线叫作平面的**斜线**,斜线和平面的交点叫作**斜足**.斜线上一点与斜足间的线段叫作**点到平面的斜线段**.过斜线上斜足以外的一点向平面引垂线,过垂足与斜足的直线叫作**斜线在平面上的射影**.垂足与斜足间的线段叫作点到平面的**斜线段在这个平面上的射影**.如图 2－28 所示,Q 为垂足,R 为斜足,点 Q 是点 P 在平面 α 上的射影,则线段 PQ 是点 P 到平面 α 的垂线段,直线 PR 是平面 α 的斜线,线段 QR 是斜线段 PR 在平面 α 上的射影.

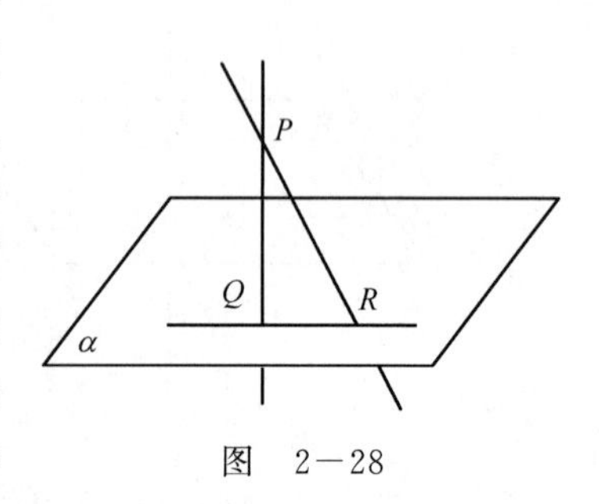

图 2－28

定理 从平面外一点向这个平面引垂线和斜线.

(1)两条斜线段的射影长相等,这两条斜线段长就相等;反之,两条斜线段长相等,它们的射影长就相等.

(2)斜线段的射影较长,斜线段就较长;反之,斜线段较长,它的射影就较长.

从上述定理可知,从平面外一点向这个平面引垂线和斜线,垂线段比任何一条斜线段都短.我们把从平面外一点到这个平面所引的垂线段的长叫作**这点到这个平面的距离**.

2. 直线与平面所成的角

把斜线与它在平面上的射影所成的锐角,叫作**斜线与平面所成的角**. 斜线与平面所成的角,是这条斜线与平面内任意一条直线所成的角中最小的角.图 2－28 所示的$\angle PRQ$ 就是斜线 PR 与平面 α 所成的角.

如果直线与平面垂直,直线与平面所成的角是直角;如果直线与平面平行,它们所成的角为 0°.

例 5 如图 2－29 所示,直角$\triangle ABC$ 的斜边 AB 在平面 α 内,直线 AC,BC 与 α 所成的角分别是 30°,45°,CD 是斜边 AB 上的高,求 CD 与 α 所成的角.

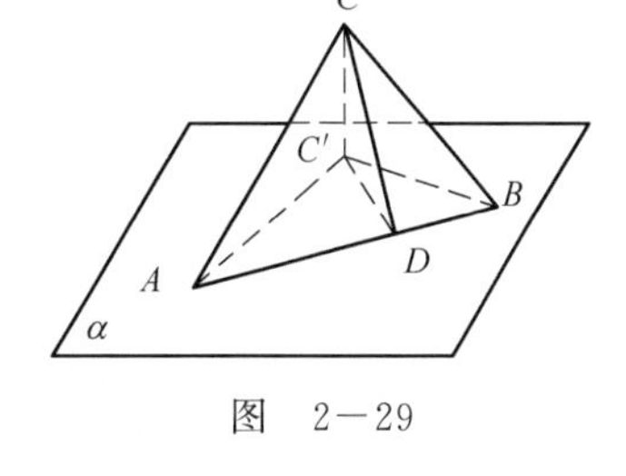

图 2－29

解 作 $CC'\perp$平面 α,C'为垂足,连接 AC',BC',DC',则

$$\angle CAC'=30°,$$

$$\angle CBC'=45°,$$

设 $CC'=a$,则 $AC=2a$,$BC=\sqrt{2}a$, 在直角$\triangle ABC$ 中,

$$AB=\sqrt{6}a,$$

所以
$$CD=\frac{AC\cdot BC}{AB}=\frac{2}{\sqrt{3}}a,$$

所以
$$\sin\angle CDC'=\frac{CC'}{CD}=\frac{\sqrt{3}}{2},$$

因此
$$\angle CDC'=60°,$$

即 CD 与 α 所成的角为 60°.

五、三垂线定理

三垂线定理 如果平面内的一条直线,与这个平面的一条斜线的射影垂直,那么它也与这条斜线垂直.

如图 2－30 所示,$PA\perp$矩形 $ABCD$,则 AB 是 PB 在平面 $ABCD$ 内的射影,因为 $AB\perp CB$,根据三垂线定理,可得 $PB\perp CB$.同理可得 $PD\perp CD$.

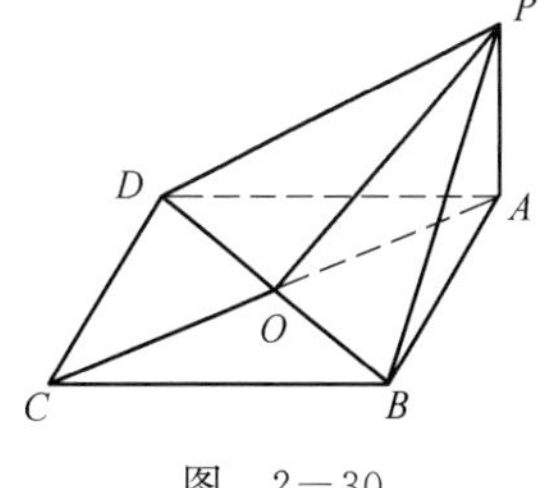

图 2－30

三垂线定理的逆定理 如果平面内的一条直线,与平面的一条斜线垂直,那么它也与这条斜线在平面上的射影垂直.

例 6 如图 2－31 所示,点 P 是平面 ABC 外一点,$PA\perp BC$,$PC\perp AB$,求证:$PB\perp AC$.

证明 过点 P 作平面 ABC 的垂线,垂足为 O,连接 AO,BO,CO.

因为 $PA\perp BC$,根据三垂线逆定理得

$$AO\perp BC.$$

同理 $CO\perp AB$，

所以 O 是$\triangle ABC$ 的垂心，因此 $BO\perp AC$，

根据三垂线定理得 $PB\perp AC$.

而且，利用三垂线逆定理还可以证明：如果一个角所在平面外一点到角的两边距离相等，那么这一点在平面上的射影在这个角的平分线上.

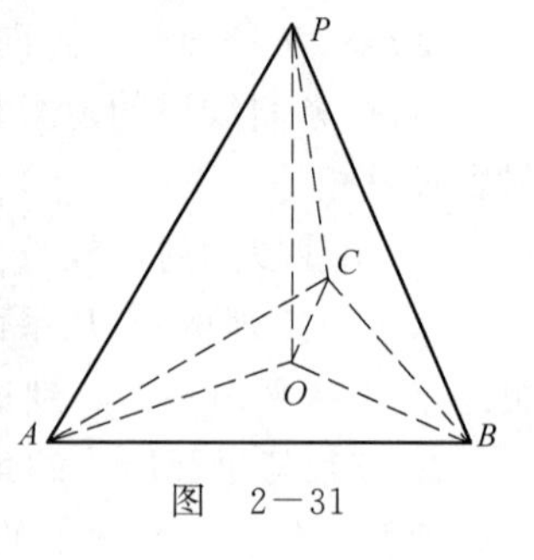

图 2—31

习 题 2—3

1. 判断命题的真假.

(1)一条直线与另一条直线平行，它就与经过另一条直线的任何平面平行.

(2)一条直线与一个平面平行，它就与平面内的任何直线平行.

(3)一条直线垂直于平面内的两条平行直线，它就与这个平面垂直.

(4)一条直线与一个平面垂直，它就与平面内的任何一条直线垂直.

2. 能否作一条直线同时垂直于两条相交直线？能否作一条直线同时垂直于两个相交平面？

3. 有一根旗杆 AB 高 8 m，它的顶端 A 挂有一条长 10 m 的绳子，拉紧绳子并把它的下端放在地面上的两点(与旗杆脚不在同一条直线上) C，D.如果这两点都与旗杆脚 B 的距离是 6 m，那么旗杆就与地面垂直，为什么？

4. 设线段 AB 长为 l，直线 AB 与平面 α 所成的角为 θ，求线段 AB 在平面 α 内的射影长.

5. 若 P 为$\triangle ABC$ 所在平面外一点，且 $PA=PB=PC$，求证：点 P 在$\triangle ABC$ 所在平面内的射影是$\triangle ABC$ 的外心.

6. 已知 $AB\parallel$ 平面 α，$AC\parallel BD$，且 AC，BD 与 α 分别相交于点 C，D，求证：$AC=BD$.

7. 如图 2—32 所示，在正方体 $ABCD-A'B'C'D'$ 中，E 是 DD' 的中点，求证：$BD'\parallel$ 平面 ACE.

8. 如图 2—33 所示，已知$\triangle ABC$ 中$\angle ACB=90°$，$SA\perp$ 面 ABC，$AD\perp SC$，求证：$AD\perp$ 面 SBC.

9. 如图 2—34 所示，PA 垂直于以 AB 为直径的圆 O 平面，C 为圆 O 上任一点(异于 A，B 两点).试判断图中共有几个直角三角形，并说明理由.

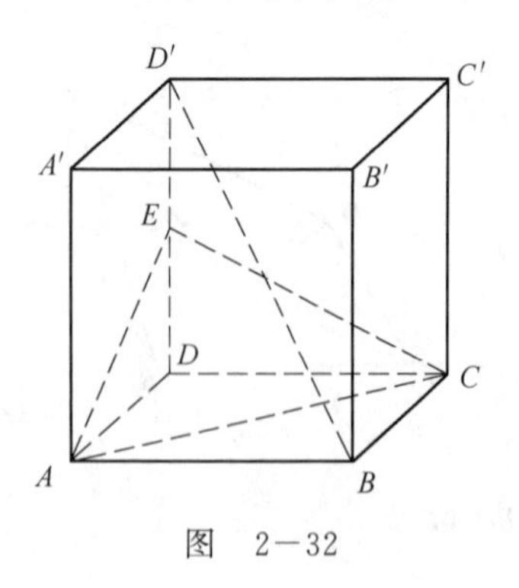

图 2—32

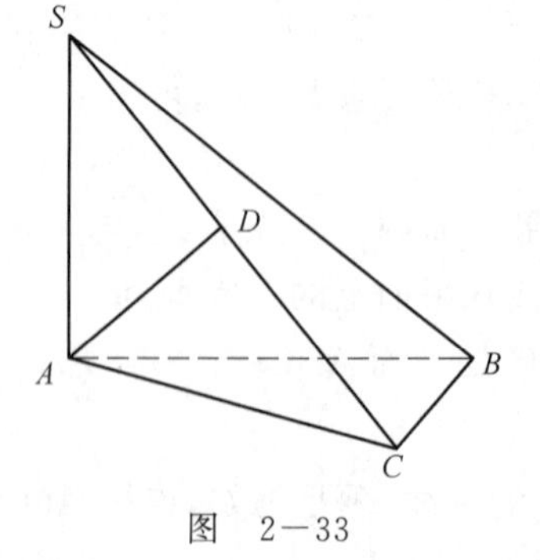

图 2—33

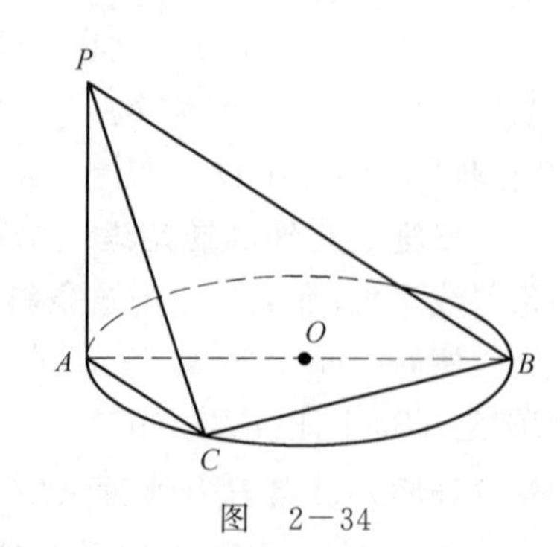

图 2—34

第四节　平面与平面的位置关系

一、平面与平面的位置关系

仔细观察教室，天花板与地面不相交，侧墙与地面相交.这些面的位置关系反映了两个不重合的平面间有如图2－35所示的位置关系：

(1)两个平面平行——没有公共点.

(2)两个平面相交——有一条公共直线.

平面 α 与 β 平行，记作 $\alpha /\!/ \beta$.

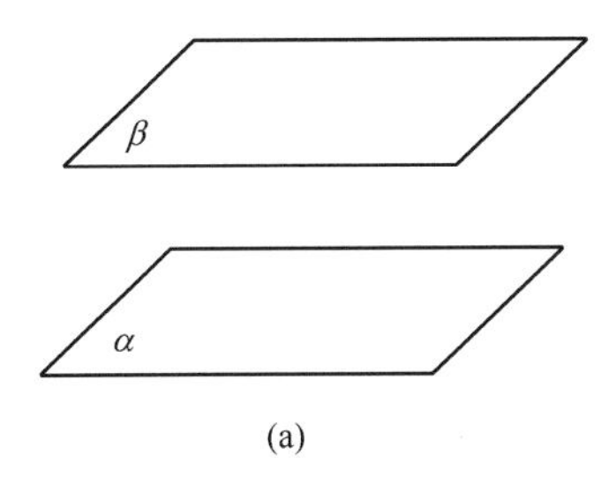

(a)

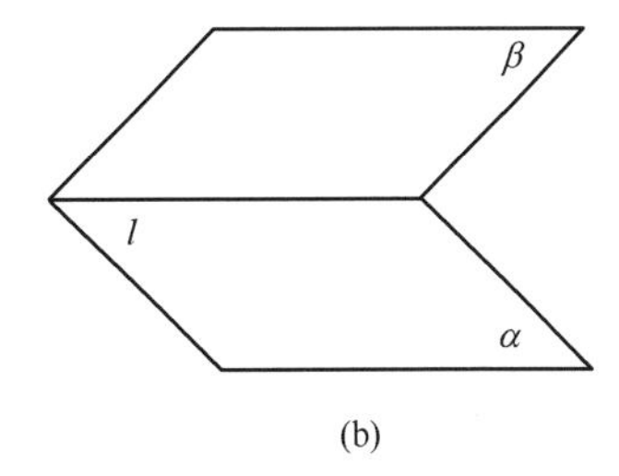

(b)

图　2－35

一般地，画两个互相平行的平面时，要使表示平面的两个平行四边形对应边互相平行；画两个平面相交时，要使表示两个相交平面的平行四边形有一条公共直线.

二、平面与平面平行

平面与平面平行的判定定理　如果一个平面内有两条相交直线都平行于另一个平面，那么这两个平面平行.

如图2－36所示，$a\subset\beta$，$b\subset\beta$，$a\cap b=O$，$a/\!/\alpha$，$b/\!/\alpha$，则 $\alpha/\!/\beta$.

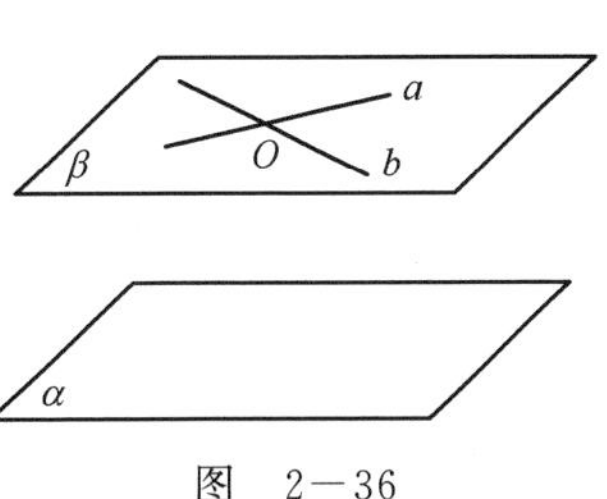

图　2－36

例1　如图2－37所示，矩形 $ABCD$ 所在平面外一点 P，连 PA，PB，PC，PD，E，F 分别是 AB，PC 的中点，求证：$EF/\!/$平面 PAD.

证明　取 PB 的中点 G，连接 EG，FG，则

$$EG/\!/PA,$$

所以 $$EG/\!/\text{平面 } PAD,$$

因为 $$FG/\!/BC/\!/AD,$$

所以 $$FG/\!/\text{平面 } PAD,$$

又因为 $$EG\cap FG=G,$$

所以根据平面与平面平行的判定定理得

$$\text{平面 } EFG/\!/\text{平面 } PAD.$$

所以 $$EF/\!/\text{平面 } PAD.$$

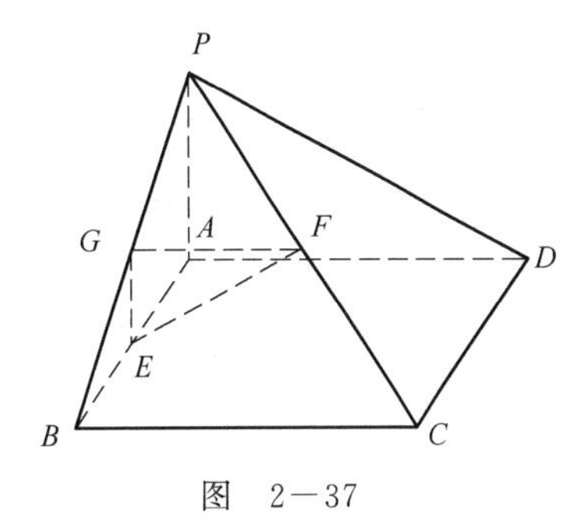

图　2－37

推论1　如果一个平面内的两条相交直线分别与另外一个平面内的两条相交直线平行，那么这两个平面互相平行.

如图 2－38 所示，a，b 在平面 α 内，且 $a \cap b = O$，a'，b' 在平面 β 内，且 $a' \cap b' = O'$，若 $a /\!/ a'$，$b /\!/ b'$，则 $\alpha /\!/ \beta$.

推论 2 垂直于同一直线的两个平面互相平行.

如图 2－39 所示，若 $l \perp \alpha$，$l \perp \beta$，则 $\alpha /\!/ \beta$.

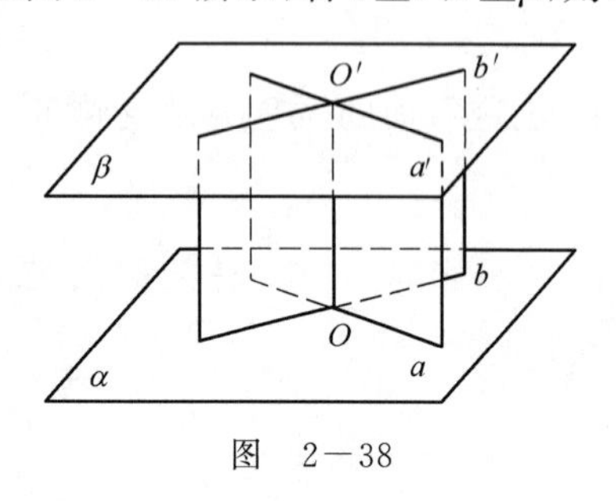

图 2－38

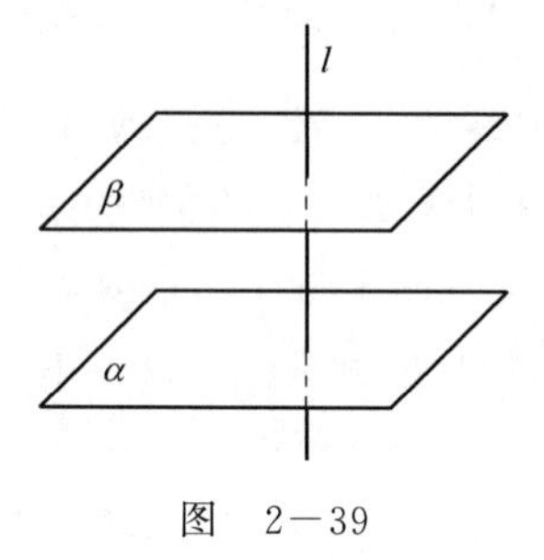

图 2－39

平面与平面平行的性质定理 如果两个平行平面同时与第三个平面相交，那么它们的交线平行.

如图 2－40 所示，$\alpha /\!/ \beta$，$\alpha \cap \gamma = a$，$\beta \cap \gamma = b$，所以 a 与 b 没有交点，且 $a \subset \gamma$，$b \subset \gamma$，所以 $a /\!/ b$.

推论 3 一条直线垂直于两个平行平面中的一个平面，它也垂直于另一个平面.

与两个平行平面同时垂直的直线叫作**平行平面的公垂线**.公垂线夹在两个平行平面间的部分叫作**平行平面的公垂线段**.

容易得出，夹在两个平行平面间的平行线段等长.两个平行平面间的公垂线段都相等.

两个平行平面的公垂线段的长度叫作**平行平面的距离**.

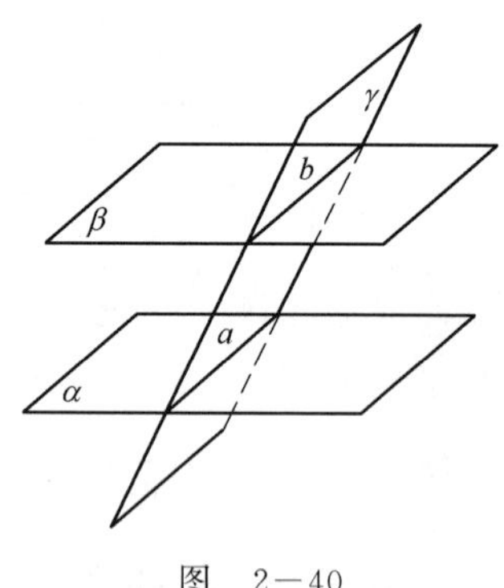

图 2－40

三、二面角

打开教室的门，门与墙面会成一定的角度；修筑河堤时，为了使堤坝经久耐用，必须使堤坝面与水平面形成适当的角度.下面研究两个平面所成的角.

一个平面内的一条直线，把这个平面分成两部分，其中的每一部分都叫作**半平面**.从一条直线出发的两个半平面所组成的图形叫作**二面角**，这条直线叫作**二面角的棱**，两个半平面叫作**二面角的面**.

以二面角的棱上任意点为端点，分别在二面角的两个平面内作垂直于棱的两条射线，这两条射线所形成的夹角叫作**二面角的平面角**.如图 2－41 所示，从直线 l 出发的两个半平面 α，β 组成的二面角，记作 $\alpha - l - \beta$，其中 l 是二面角的棱，α，β 是二面角的面.在棱 l 上任取两点 O，O'，分别在半平面 α，β 内作射线 OA，OB，$O'A'$，$O'B'$ 均垂直于棱 l，由于 $\angle AOB$ 与 $\angle A'O'B'$ 的两边分别平行且方向相同，所以 $\angle AOB = \angle A'O'B'$.显然，二面角的平面角的大小与棱上端点的选择无关.因此，二面角的大小可以用它的平面角来度量.

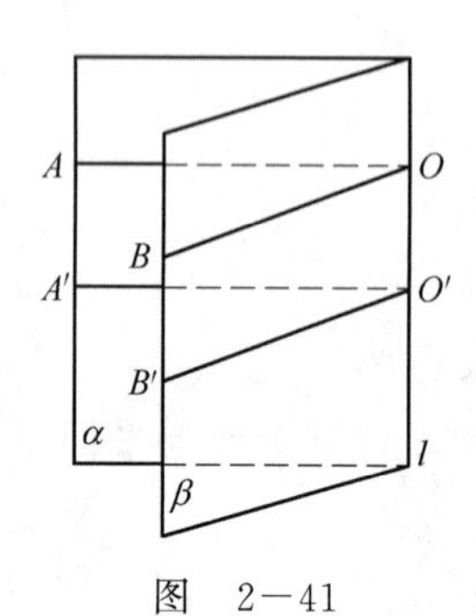

图 2－41

把 90°的二面角叫作**直二面角**.例如教室里相邻的两面墙、墙面与地面所成的都是直二面角.

两个相交平面恰好构成四个二面角，它们中任何一个（一般取不大于90°的角）叫作**两个平面所成的角**.

例 2 如图 2－42 所示，在矩形 $ABCD$ 中，$AB=\sqrt{2}$，$BC=2$，E 为 BC 中点，把$\triangle ABE$，$\triangle CDE$ 分别沿 AE，DE 折起使 B 与 C 重合于点 P，求二面角 $P-AD-E$ 的大小.

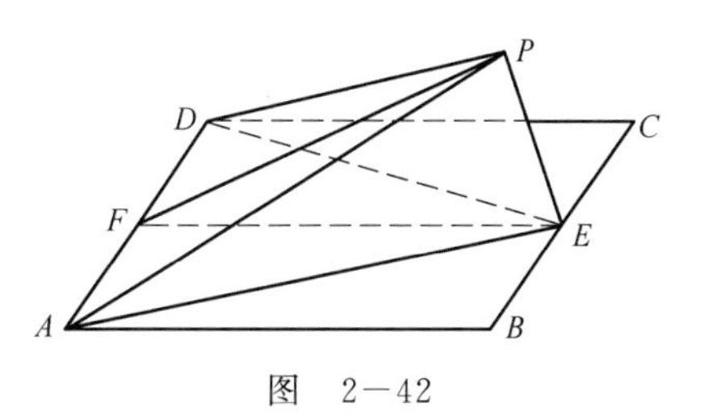

图 2－42

解 取 AD 中点 F，由于$\triangle APD$，$\triangle AED$ 都是等腰三角形，所以连接 EF，FP，有 $EF\perp AD$，$FP\perp AD$，所以$\angle PFE$ 是二面角 $P-AD-E$ 的平面角.

由于 $$EP\perp PD, EP\perp PA, PD\cap PA=P,$$
所以 $$EP\perp 平面\ ADP,$$
所以 $$EP\perp FP,$$
$\triangle EFP$ 为直角三角形，在直角三角形$\triangle EFP$ 中，
$$EP=\frac{1}{2}BC=1, EF=AB=\sqrt{2},$$
则 $$FP=1,$$
所以$\triangle EFP$ 为等腰直角三角形，则
$$\angle PFE=45°,$$
即二面角 $P-AD-E$ 的大小为 45°.

四、平面与平面垂直

两个平面 α 和 β 相交所成的二面角是直角，就称**这两个平面互相垂直**，记作 $\alpha\perp\beta$.

一般地，画两个互相垂直的平面，要把直立平面的竖边画成和水平平面的横边互相垂直，如图 2－43 所示.

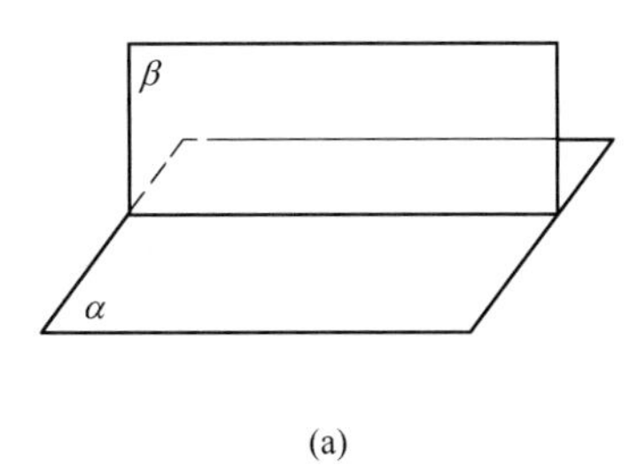

(a)

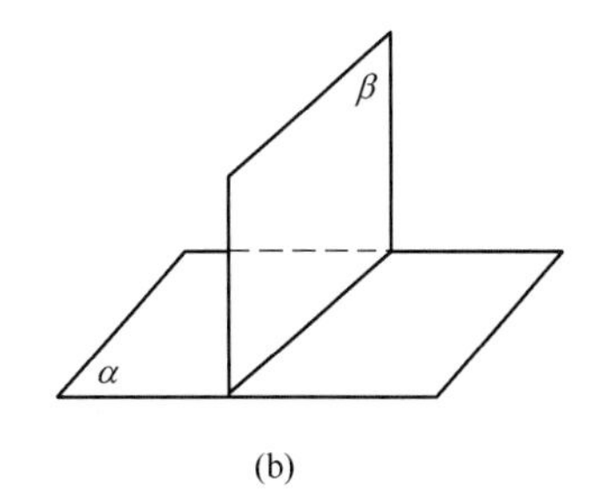

(b)

图 2－43

平面与平面垂直的判定定理 如果一个平面经过另一个平面的垂线，那么这两个平面互相垂直.

如图 2－44 所示，$AB\perp\alpha$，垂足为 B，$AB\subset\beta$，设 $\alpha\cap\beta=l$，则 $AB\perp l$.由于 $AB\cap\alpha=B$，则 $B\in l$，在平面 α 内作 $BC\perp l$，则$\angle ABC$ 是二面角 $\alpha-l-\beta$ 的平面角，而$\angle ABC=90°$，所以 $\alpha\perp\beta$.

建筑工人在砌墙时，常用一端系有铅锤的线来检查所砌的墙是否与水平面垂直，实际上就是依据这个定理.

例 3 如图 2－45 所示，设 AB 是圆 O 的直径，P 是平面 O 外一点，C 是圆 O 上一点，$PC\perp$平面 O，求证：面 $PAC\perp$面 PBC.

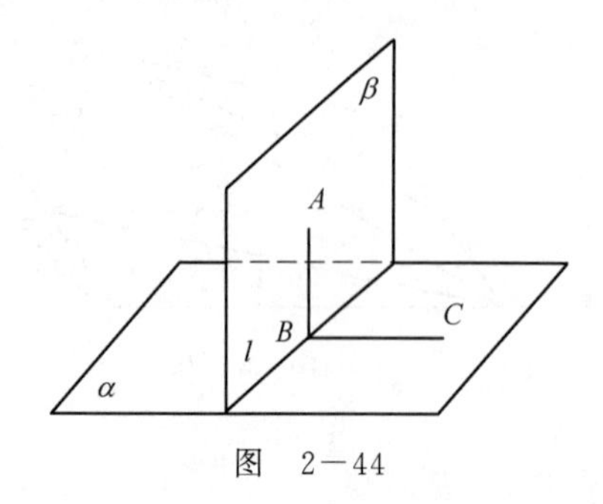

图 2－44

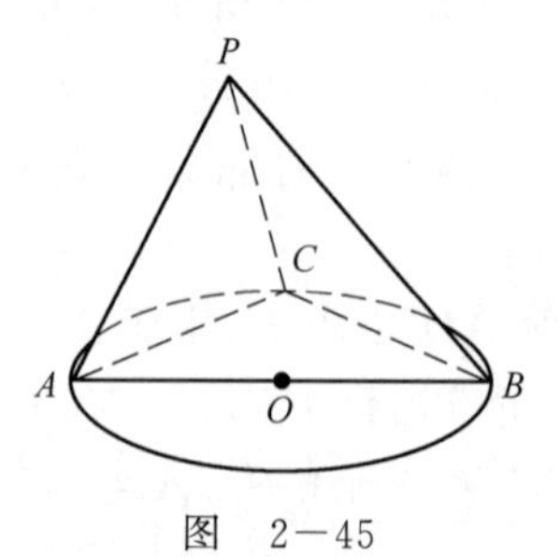

图 2－45

证明 因为在圆 O 中，AB 为直径，C 为圆 O 上一点，所以$\angle ACB=90°$，

即
$$AC\perp BC.$$

又 $PC\perp$平面圆 O，$BC\subset$平面圆 O，因此
$$PC\perp BC.$$

所以
$$BC\perp \text{面 } PAC.$$

又因为
$$BC\subset \text{面 } PBC,$$

所以根据平面与平面垂直的判定定理得
$$\text{面 } PBC\perp \text{面 } PAC.$$

平面与平面垂直的性质定理 如果两个平面互相垂直，那么在一个平面内垂直于它们交线的直线垂直于另一个平面.

如图 2－44 所示，$\alpha\perp\beta$，$\alpha\cap\beta=l$，$AB\subset\beta$，$AB\perp l$，则 $AB\perp\alpha$.

推论 如果两个平面互相垂直，那么经过第一个平面内的一点垂直于第二个平面的直线，必在第一个平面内.

例 4 如图 2－46 所示，已知 $\alpha\perp\gamma$，$\beta\perp\gamma$，$\alpha\cap\beta=a$，求证：$a\perp\gamma$.

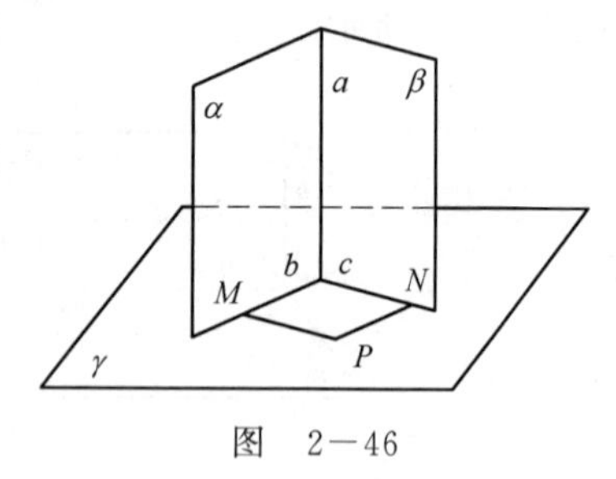

图 2－46

证明 设 $\alpha\cap\gamma=b$，$\beta\cap\gamma=c$，在 γ 内任取一点 P，作 $PM\perp b$ 于 M，$PN\perp c$ 于 N.

因为
$$\alpha\perp\gamma,\ \beta\perp\gamma,$$

根据平面与平面垂直的性质定理：
$$PM\perp\alpha,\ PN\perp\beta,$$

因为 $\alpha\cap\beta=a$，所以 $PM\perp a$，$PN\perp a$，所以 $a\perp\gamma$.

习 题 2－4

1. 判断下列命题的真假.

(1)分别在两个平行平面内的两条直线平行.

(2)如果一条直线与两个平面成等角，那么两个平面平行.

(3)平面内有无数个点，到另一个平面的距离都是相等，那么这两个平面平行.

(4)如果一个平面垂直于另一个平面内的一条直线，那么两平面垂直.

(5)垂直于同一平面的两个平面平行.

(6)垂直于同一平面的两平面的交线垂直于这个平面.

2. 如果三条共点的直线两两互相垂直,那么它们每两条直线确定的三个平面也两两互相垂直吗?

3. 已知平面α∥平面β,且点$A\in\alpha$,$B\in\beta$,$AB=6$ cm,AB在平面β内的投影为3 cm,求两平行平面的距离.

4. 如图2—47所示,已知正方体$ABCD-A'B'C'D'$,求证:平面$AB'D'$∥平面$C'BD$.

5. 把边长为a的正方形$ABCD$以BD为轴折叠,使二面角$A-BD-C$成60°的二面角,求A,C两点的距离.

6. 如图2—48所示,四边形$BCDE$是正方形,$AB\perp$面$BCDE$,求证:平面$ABD\perp$平面ACE.

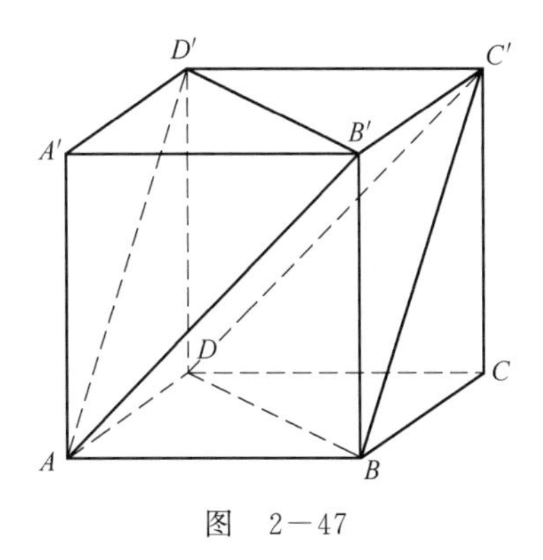

图 2—47

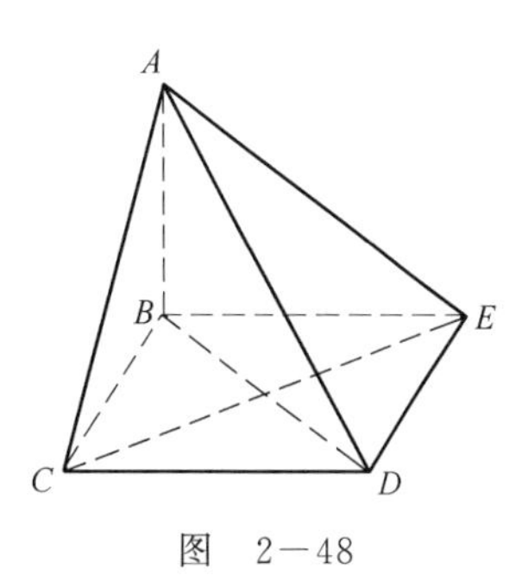

图 2—48

第五节 简单的空间几何体

一、多面体

由几个多边形围成的几何体叫作**多面体**. 如三棱镜、方砖、矿物结晶体等都是多面体.围成多面体的各个多边形叫作**多面体的面**,两个面的公共边叫作**多面体的棱**,棱与棱的交点叫作**多面体的顶点**,不在同一平面上的两个顶点的连线叫作**多面体的对角线**.

如图2—49所示的几何体都是多面体.

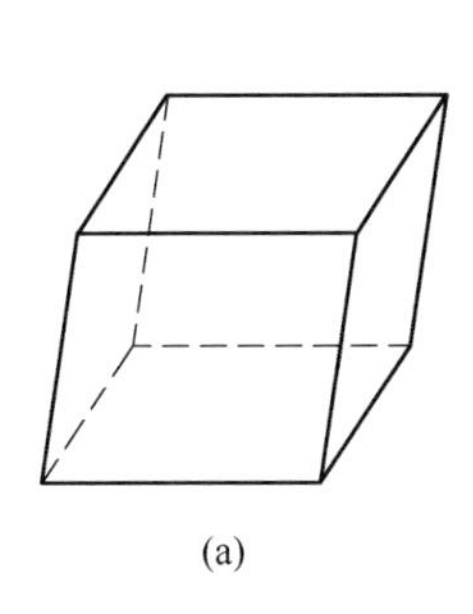

(a)

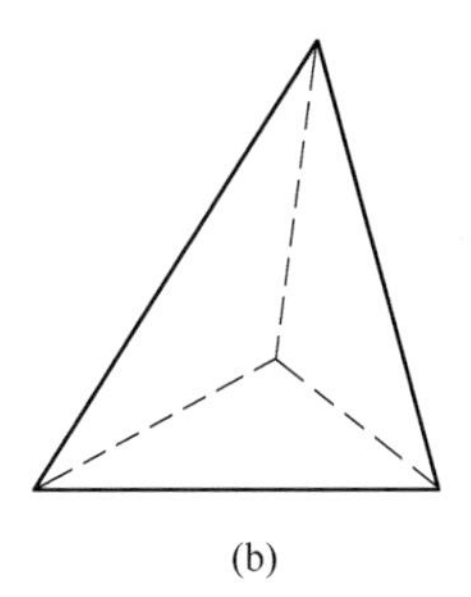

(b)

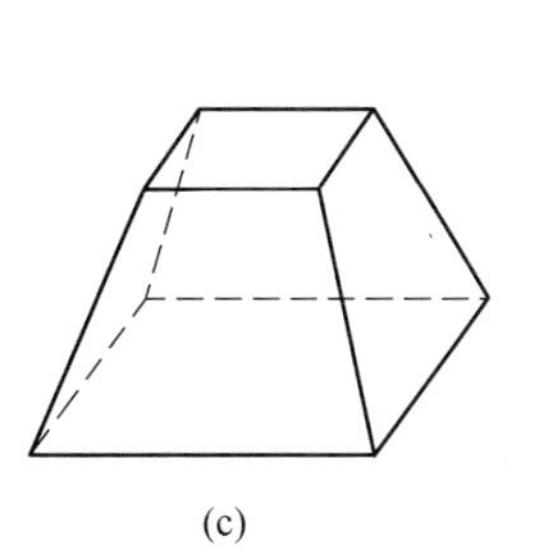

(c)

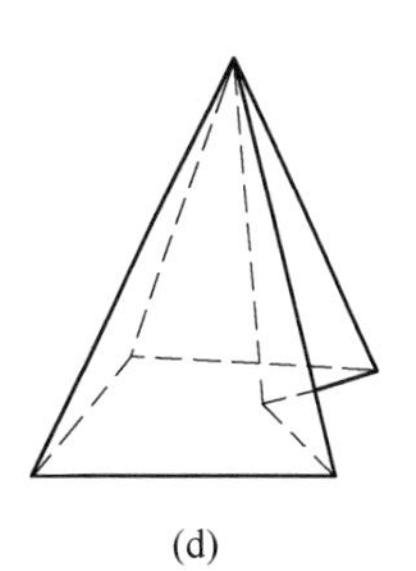

(d)

图 2—49

一个多面体至少具有四个面,若按多面体的面数分类,可分别叫作四面体、五面体、六面体等.如图 2—49(b)是四面体,图 2—49(a)、(c)、(d)是六面体.

如果把多面体的任何一个面延展成平面,所有其余各面都在这个平面的同侧,这样的多面体叫作**凸多面体**.图 2—49(a)、(b)、(c)是凸多面体,图 2—49(d)不是凸多面体.

1. 棱柱

(1)棱柱的概念和性质

把有两个面互相平行,其余各面都是平行四边形的多面体叫作**棱柱**.两个互相平行的面叫作**棱柱的底面**,其余各面叫作**棱柱的侧面**,相邻两个侧面的公共边叫作**棱柱的侧棱**,两个底面间的距离叫作**棱柱的高**.棱柱用表示底面各顶点的字母来表示,如图 2—50 所示的棱柱,可记作棱柱 $ABCDE-A'B'C'D'E'$,或用某一条对角线端点的字母来表示,如棱柱 $A'D$(或棱柱 $C'E$ 等).其中,五边形 $ABCDE$ 和 $A'B'C'D'E'$ 是底面,四边形 $ABB'A'$,$BCC'B'$ 等是侧面,AA',BB' 等是侧棱,HH' 是棱柱的高(HH' 是两底面的公垂线段).

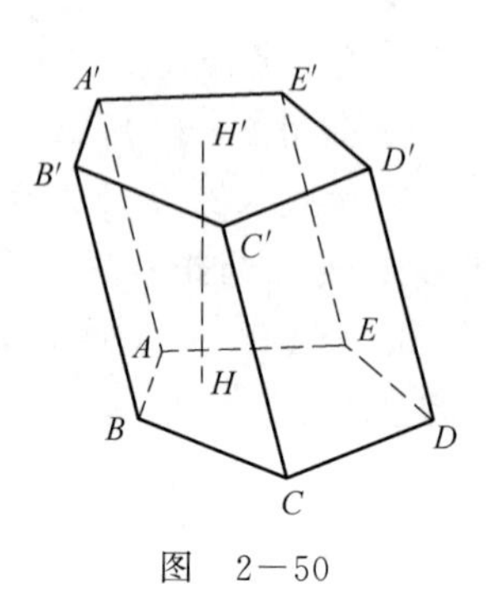

图 2—50

底面是三角形、四边形、五边形…的棱柱分别叫作**三棱柱**、**四棱柱**、**五棱柱**….

侧棱与底面垂直的棱柱叫作**直棱柱**,侧棱与底面不垂直的棱柱叫作**斜棱柱**.底面是正多边形的直棱柱叫作**正棱柱**.

根据棱柱的定义,可以得到棱柱的一些性质:

①侧棱都相等.

②两个底面是全等的多边形,侧面都是平行四边形.

③平行于底面的截面与底面是对应边互相平行的全等多边形.

④过不相邻的两条侧棱的截面是平行四边形.

⑤直棱柱的侧棱长与高相等,侧面及经过不相邻两条侧棱的截面都是矩形.

(2)长方体

底面是平行四边形的棱柱叫作**平行六面体**,如图 2—51(a)所示.侧棱与底面垂直的平行六面体叫作**直平行六面体**,如图 2—51(b)所示.底面是矩形的直平行六面体叫作**长方体**,如图 2—51(c)所示.棱长都相等的长方体叫作**正方体**(或**立方体**),如图 2—51(d)所示.

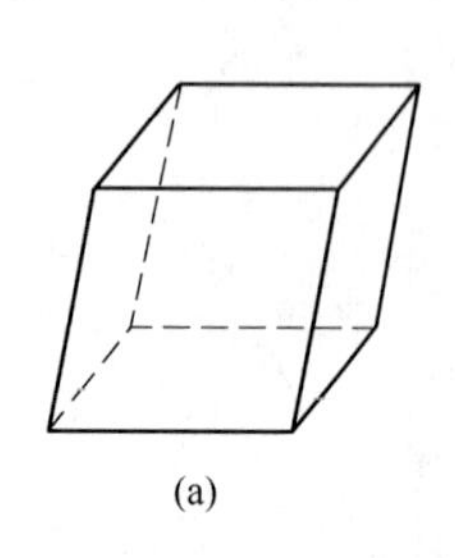
(a)

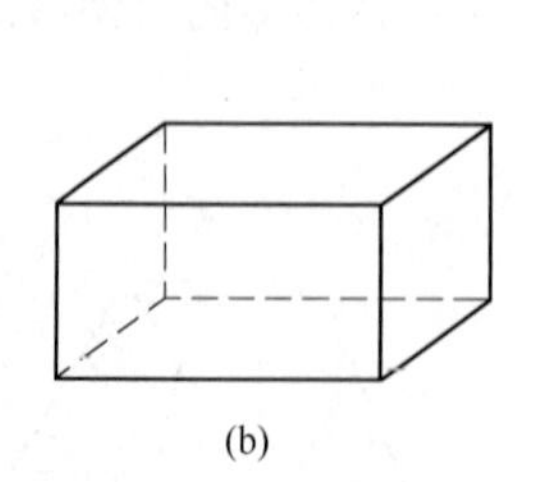
(b)

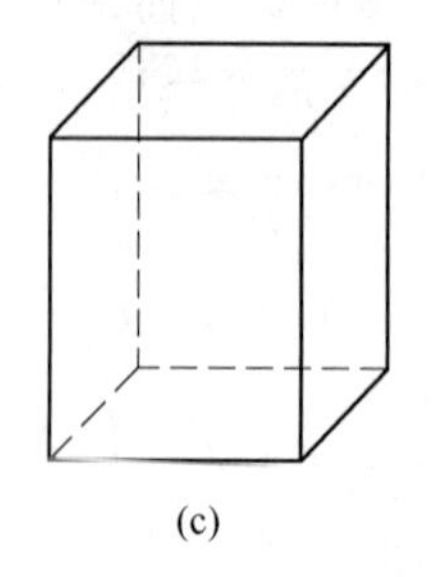
(c)

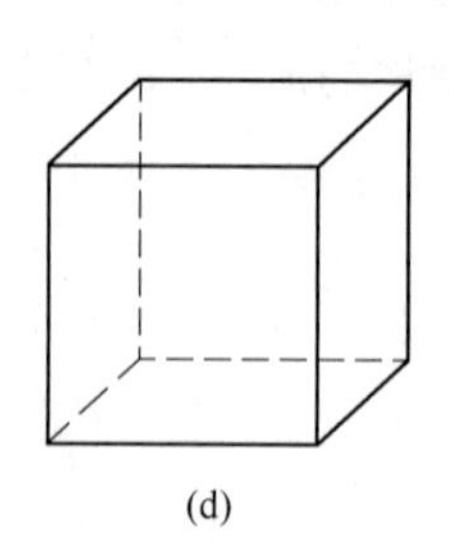
(d)

图 2—51

长方体具有以下性质:

①六个面都是矩形.

②四条对角线交于一点,并且在交点处平分.

③任意一条对角线长的平方等于一个顶点上三条棱长的平方和.

例 1 如图 2－52 所示，已知长方体 $ABCD-A'B'C'D'$ 中，$AA'=a$，$AD=b$，$AB=c$，求对角线 $A'C$.

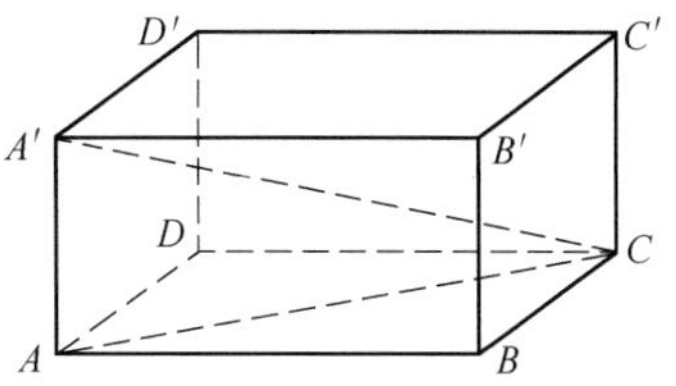

图 2－52

解 因为长方体底面为长方形，所以

$$AC^2=AB^2+BC^2=AB^2+AD^2.$$

又因为 $AA'\perp$ 平面 $ABCD$，则

$$AA'\perp AC.$$

所以在直角三角形 $A'AC$ 中，

$$A'C^2=A'A^2+AC^2.$$

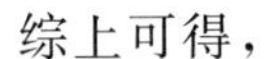
综上可得，

$$A'C^2=A'A^2+AB^2+AD^2=a^2+b^2+c^2.$$

(3)棱柱的侧面积、全面积和体积

把棱柱的侧面沿一条侧棱剪开后展在一个平面上，展开图的面积就是棱柱的侧面积.

直棱柱的侧面展开图是矩形，这个矩形的长等于直棱柱的底面周长 c，宽等于侧棱长 l，从而直棱柱的侧面积公式为

$$S=cl.$$

棱柱的全面积等于侧面积与两底面面积的和.

棱柱的底面面积为 S，高为 h，其体积为

$$V=Sh.$$

例 2 如图 2－53 所示，斜三棱柱 $ABC-A'B'C'$ 的底面是边长为 1 的正三角形，侧棱 AA' 长为 2，且 A' 在底面的投影 O 恰好是底面三角形的中心，求斜三棱柱的体积.

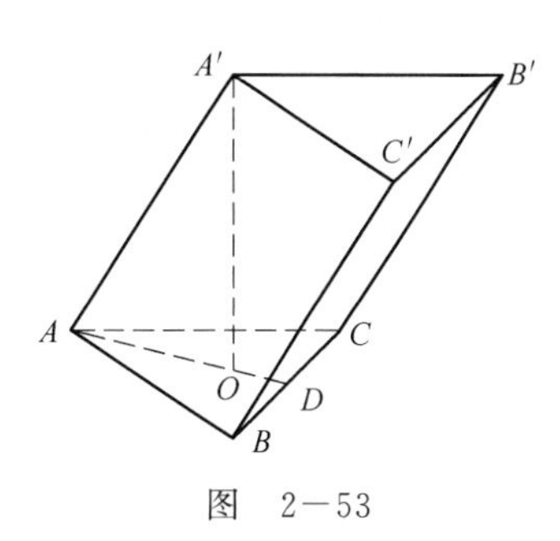

图 2－53

解 根据题意可知，$A'O$ 是棱柱的高，连接 AO 并延长与 BC 交于 D，则 $\triangle A'OA$ 是直角三角形，D 是 BC 的中点.

由于 O 是底面三角形的中心，所以

$$AO=\frac{2}{3}AD,$$

$$AD=\sqrt{AB^2-BD^2}=\frac{\sqrt{3}}{2},$$

则
$$AO=\frac{\sqrt{3}}{3},$$

所以
$$A'O=\sqrt{A'A^2-AO^2}=\sqrt{2^2-\left(\frac{\sqrt{3}}{3}\right)^2}=\sqrt{\frac{11}{3}},$$

所以
$$V=Sh=\frac{1}{2}\cdot BC\cdot AD\cdot A'O=\frac{\sqrt{11}}{4}.$$

2. 棱锥

(1)棱锥的概念和性质

把有一个面是多边形，其余各面是有一个公共顶点的三角形的多面体叫作**棱锥**.这个多边形叫作**棱锥的底面**，其余各面叫作**棱锥的侧面**.相邻两个侧面的公共边叫作**棱锥的侧棱**，各侧面公共顶点叫作**棱锥的顶点**，顶点到底面的距离叫作**棱锥的高**.棱锥通常用表示顶点和底面的

字母表示,如图 2—54 所示的棱锥,可记作棱锥 $S-ABCDEF$.其中多边形 $ABCDEF$ 是底面,$\triangle SAB$,$\triangle SBC$ 等是侧面,SA,SB 等是侧棱.$SO\perp$底面 $ABCDEF$,垂足为 O,SO 是棱锥的高.

底面是三角形、四边形、五边形…的棱锥分别叫作三棱锥、四棱锥、五棱锥….

底面是正多边形,并且顶点在底面的射影是底面的中心的棱锥叫作**正棱锥**.

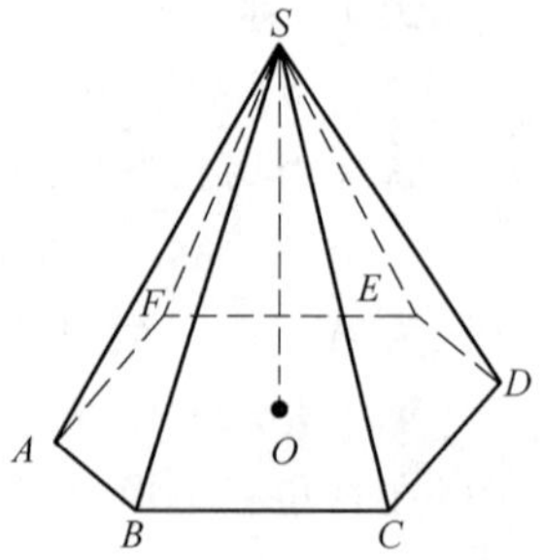

图 2—54

根据正棱锥的定义,可以得到正棱锥具有下列性质:

①侧棱都相等.

②侧面都是全等的等腰三角形,这些三角形底边上的高都相等,叫作**正棱锥的斜高**.

③顶点与底面中心的连线垂直于底面,是正棱锥的高.

④正棱锥的高、斜高与斜高在底面上的射影组成一个直角三角形.

⑤正棱锥的高、侧棱与侧棱在底面上的射影也组成一个直角三角形.

一般地,如果棱锥被平行于底面的平面所截,那么截面面积与底面面积的比等于截得的棱锥的高与原棱锥的高的平方比.

例 3 已知棱锥的底面积为 144 cm^2,高为 10 cm,平行于底面的一个截面与底面相距 4 cm,求截面面积.

解 设棱锥截面面积为 S,则得$\frac{S}{144}=\frac{(10-4)^2}{10^2}$,所以$\frac{S}{144}=\frac{36}{100}$. 解得 $S=51.84$. 即截面面积为 51.84 cm^2.

(2)棱锥的侧面积、全面积和体积

把棱锥沿一条侧棱剪开后,将各个侧面展开在一个平面上,展开图的面积就是棱锥的侧面积.

如果正 n 棱锥的底面边长为 a,则底面周长 $c=na$,斜高为 h',那么正 n 棱锥的侧面积公式为

$$S=n\cdot\left(\frac{1}{2}\cdot a\cdot h'\right)=\frac{1}{2}ch'.$$

棱锥的全面积等于它的侧面积与底面积的和.

棱锥的底面面积为 S,高为 h,其体积为

$$V=\frac{1}{3}Sh.$$

例 4 如图 2—55 所示,已知正四棱锥 $V-ABCD$,底面面积为 16,一条侧棱长为 $2\sqrt{11}$,求:

(1)它的高及斜高; (2)侧面积及体积.

解 (1)设 VO 是正四棱锥 $V-ABCD$ 的高,作 $OM\perp BC$ 于 M,则 M 为 BC 中点,连接 OB,可得

$$VO\perp OM,\quad VO\perp OB.$$

因为底面正方形面积为 16,所以

$$BC=4,BM=CM=OM=2,OB=\sqrt{BM^2+OM^2}=2\sqrt{2},$$

在直角$\triangle VOB$ 中,

$$VO=\sqrt{VB^2-OB^2}=\sqrt{(2\sqrt{11})^2-(2\sqrt{2})^2}=6,$$

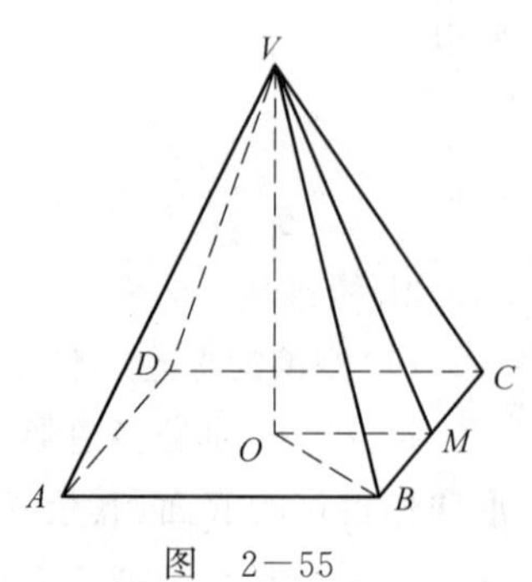

图 2—55

在直角$\triangle VOM$中，

$$VM=\sqrt{VO^2+OM^2}=\sqrt{6^2+2^2}=2\sqrt{10},$$

即正四棱锥的高为6，斜高为$2\sqrt{10}$.

(2)根据正棱锥侧面积及体积计算公式得

$$S=\frac{1}{2}ch'=\frac{1}{2}\times16\times2\sqrt{10}=16\sqrt{10},$$

$$V=\frac{1}{3}Sh=\frac{1}{3}\times16\times6=32.$$

3. 棱台

(1)棱台的概念和性质

用一个平行于棱锥底面的截面去截棱锥，底面与截面之间的部分叫作**棱台**.原棱锥的底面和截面叫作**棱台的下底面和上底面**，其他各面叫作**棱台的侧面**.棱台的各个侧面都是梯形.两个相邻侧面的交线叫作**棱台的侧棱**.上、下底面之间的距离叫作**棱台的高**.棱台通常用表示上下底面各顶点的字母表示，如图2－56所示的棱台，可记作棱台$ABCD-A'B'C'D'$，或者用某一条对角线端点的字母表示，如棱台AC'(或棱台BD'等).其中多边形$ABCD$是下底面，$A'B'C'D'$是上底面，四边形$AA'B'B$，$BB'C'C$等是侧面，AA'，BB'等是棱台的侧棱，OO'是棱台的高(OO'是两底面的公垂线段).

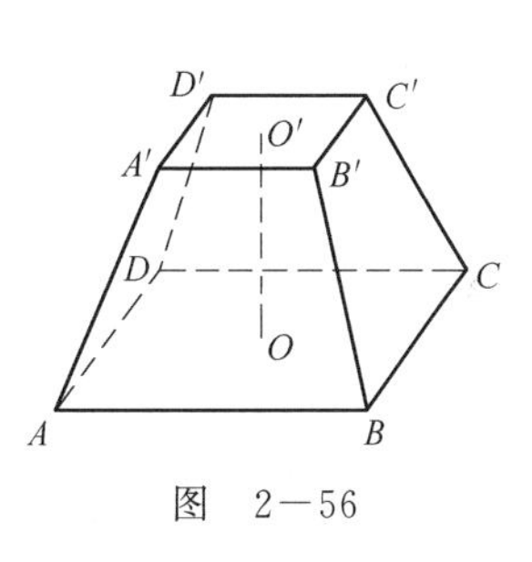

图　2－56

画棱台时要注意，棱台的两个底面平行，而且各侧棱延长后交于一点.

由三棱锥、四棱锥、五棱锥…截得的棱台，分别叫作**三棱台**、**四棱台**、**五棱台**….

由正棱锥截得的棱台叫作**正棱台**.

根据正棱台的定义，可知正棱台具有下列性质：

①侧棱都相等.

②侧面都是全等的等腰梯形，这些梯形的高都相等，叫作**正棱台的斜高**.

③两个底面中心的连线垂直于底面，是正棱台的高.

④正棱台的高、相应的边心距与斜高组成一个直角梯形.

⑤正棱台的高、侧棱与两底面相应的半径(底面外接圆的半径)也组成一个直角梯形.

例5　如图2－57所示，正三棱台上、下底面边长分别为2和5，侧棱长为5，求棱台的高.

解　取上、下底面中心分别为O'，O，连接$O'O$即为棱台的高，连接$C'O'$并延长交$A'B'$于D'，则D'是$A'B'$中点，连接CO并延长交AB于D，则D是AB中点，过C'作$C'E$垂直于下底面于E，则E恰在CD上，且$O'O=C'E$.

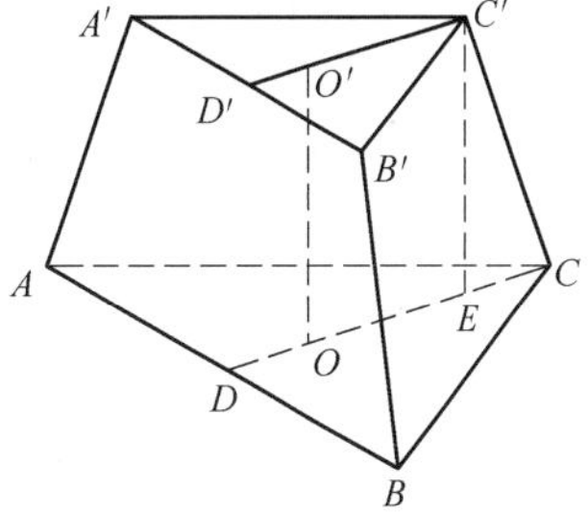

图　2－57

因为下底面边长为5，所以

$$CD=\sqrt{BC^2-BD^2}=\sqrt{5^2-\left(\frac{5}{2}\right)^2}=\frac{5\sqrt{3}}{2},$$

同理

$$C'D'=\sqrt{B'C'^2-B'D'^2}=\sqrt{2^2-1^2}=\sqrt{3},$$

则

$$CE=\frac{2}{3}(CD-C'D')=\sqrt{3},$$

在直角$\triangle CEC'$中，

$$C'E=\sqrt{C'C^2-CE^2}=\sqrt{5^2-(\sqrt{3})^2}=\sqrt{22},$$

即正三棱台的高为$\sqrt{22}$.

(2)棱台的侧面积、全面积和体积

把棱台沿一条侧棱剪开后，将各个侧面展在一个平面上，展开图的面积就是棱台的侧面积.

如果正 n 棱台的上、下底面边长分别为 a_1，a，那么上、下底面周长分别为 $c_1=na_1$，$c=na$，斜高为 h'，那么正 n 棱台的侧面积公式为

$$S=n\cdot\left[\frac{1}{2}\cdot(a_1+a)\cdot h'\right]=\frac{1}{2}(c_1+c)h'.$$

棱台的全面积等于它的侧面积与底面积的和.

棱台的上、下底面面积分别为 S_1，S，棱台的高为 h，其体积为

$$V=\frac{1}{3}h(S+\sqrt{SS_1}+S_1).$$

二、旋转体

一个平面图形绕着与它在同一平面内的一条定直线旋转一周，形成的曲面围成的几何体叫作**旋转体**.这条定直线叫作**旋转体的轴**.常见的旋转体有圆柱、圆锥、圆台和球，如图 2—58 所示.

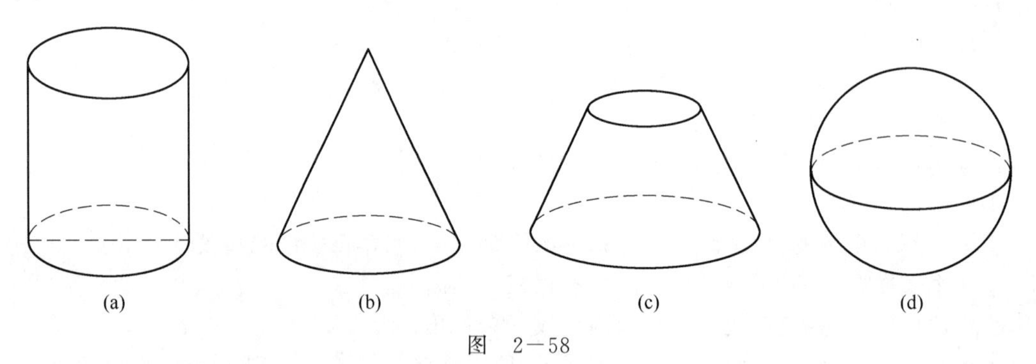

图 2—58

1. 圆柱、圆锥和圆台

(1) 圆柱、圆锥和圆台的概念和性质

以矩形的一边所在的直线为轴，其余三边绕着这根轴旋转一周形成的曲面所围成的几何体叫作**圆柱**.

以直角三角形的一条直角边所在的直线为轴，其余两边绕这根轴旋转一周形成的曲面所围成的几何体叫作**圆锥**.

以直角梯形的垂直于底边的腰所在的直线为轴，其余三边绕这根轴旋转一周形成的曲面所围成的几何体叫作**圆台**.

旋转成圆柱、圆锥、圆台的平面图形在轴上这条边的长度叫作它们的**高**.垂直于轴的边旋转而成的圆面叫作它们的**底面**；不垂直于轴的边旋转而成的曲面叫作它们的**侧面**，无论旋转到什么位置，这条边都叫作侧面的**母线**.如图 2—59 所示，直线 OO'，SO 是轴；线段 OO'，SO 是高；AA'，SA 是母线.

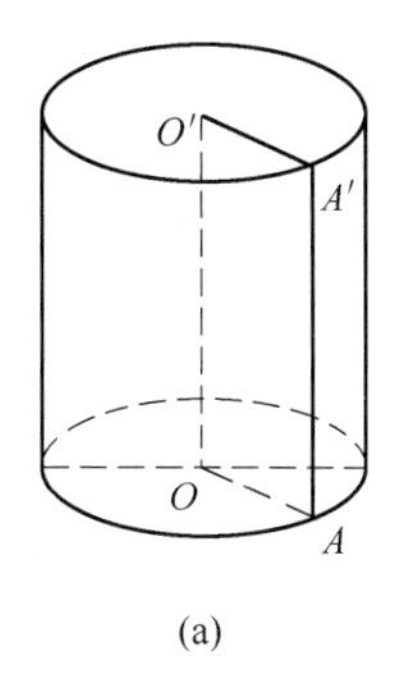

(a)

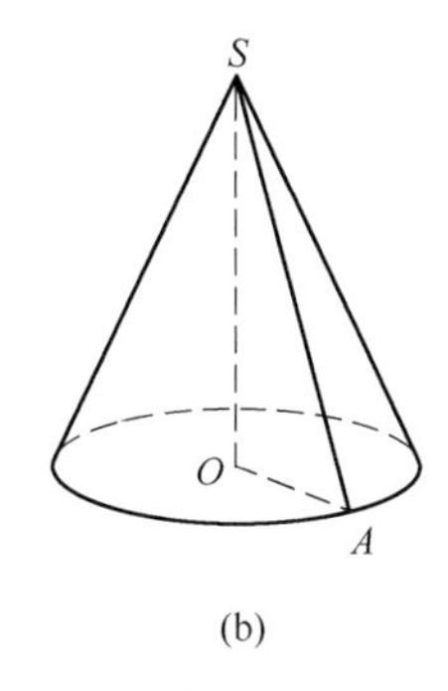

(b)

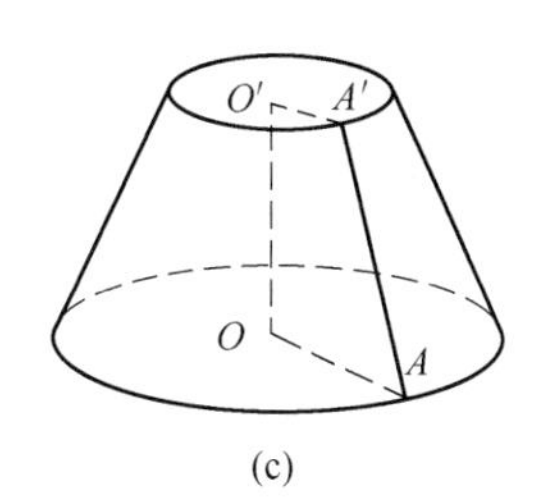

(c)

图　2－59

圆柱、圆锥、圆台有下列性质：

①平行于底面的截面都是圆.

②经过轴的截面(轴截面)分别是全等的矩形、等腰三角形、等腰梯形.

(2)圆柱、圆锥和圆台的侧面积、全面积和体积

把圆柱、圆锥和圆台的侧面沿着它们的一条母线剪开后，展在平面上，展开图的面积就是它们的侧面积.

圆柱的侧面展开图是一个矩形，它的长等于圆柱底面周长 c，宽等于圆柱侧面的母线长 l(即圆柱的高)，因此圆柱的侧面积为

$$S=cl=2\pi rl.$$

其中，r 是圆柱底面半径.

圆锥的侧面展开图是一个扇形，它的弧长等于圆锥底面周长 c，半径等于圆锥侧面母线长 l，因此圆锥的侧面积为

$$S=\frac{1}{2}cl=\pi rl.$$

其中，r 是圆锥底面半径.

圆台上、下底面半径分别为 r_1，r，上、下底周长分别为 c_1，c，圆台侧面母线长为 l，因此圆台的侧面积为

$$S=\frac{1}{2}(c+c_1)l=\pi(r+r_1)l.$$

圆柱、圆锥和圆台的全面积分别等于它们的侧面积与底面积之和.

圆柱的体积为

$$V=Sh=\pi r^2h$$

其中，S 是圆柱的底面积，h 是圆柱的高，r 是圆柱的底面半径.

圆锥的体积为

$$V=\frac{1}{3}Sh=\frac{1}{3}\pi r^2h$$

其中，S 是圆锥的底面积，h 是圆锥的高，r 是圆锥的底面半径.

圆台的体积为

$$V=\frac{1}{3}\pi h(r^2+rr_1+r_1^2)$$

其中，r_1，r 分别为圆台上、下底面半径，h 是圆台的高.

例 6 如图 2－60 所示，圆锥的母线长为 10，母线与轴的夹角为 30°，求圆锥的高及体积.

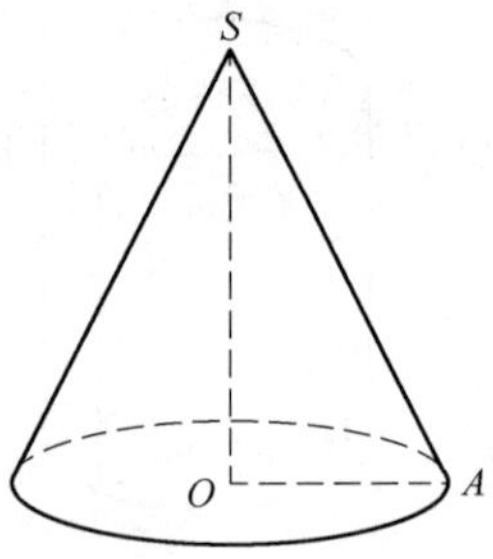

解 设圆锥的高 SO 为 h，底面半径 OA 为 r，由于圆锥的轴截面是等腰三角形，所以

$$\cos 30°=\frac{SO}{SA}=\frac{h}{10}，解得\ h=5\sqrt{3}，$$

$$\sin 30°=\frac{OA}{SA}=\frac{r}{10}，解得\ r=5，$$

图 2－60

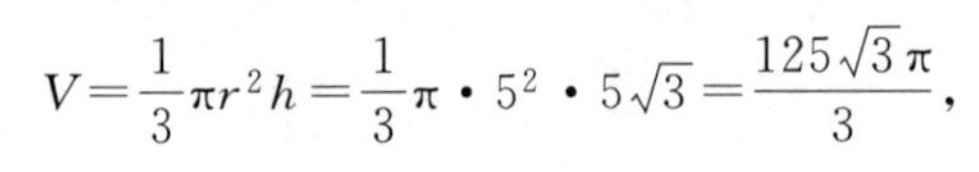

则 $$V=\frac{1}{3}\pi r^2 h=\frac{1}{3}\pi\cdot 5^2\cdot 5\sqrt{3}=\frac{125\sqrt{3}\pi}{3}，$$

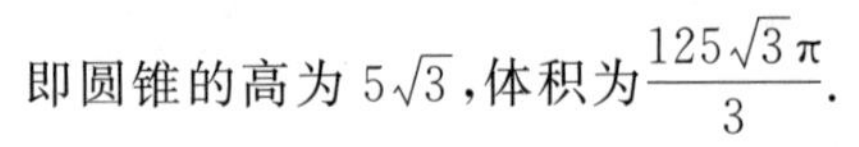

即圆锥的高为 $5\sqrt{3}$，体积为 $\frac{125\sqrt{3}\pi}{3}$.

2. 球

(1)球的概念

把空间中与一个定点的距离等于定长的所有点的集合称为球面.球面围成的几何体叫作**球体**，简称**球**.定点称为**球心**，连接球心与球面上任意一点的线段叫作**球的半径**，连接球面上的两点并且经过球心的线段叫作**球的直径**.如图 2－61 所示，点 O 为球心，线段 OC 为半径，线段 AB 为直径.

用一个平面去截一个球所得截面有下列性质：

①截面都是圆面.

②球心和截面圆心的连线垂直于截面.

球心到截面的距离 d 与球的半径 R 及截面的半径 r 之间有如下关系：

$$d=\sqrt{R^2-r^2}.$$

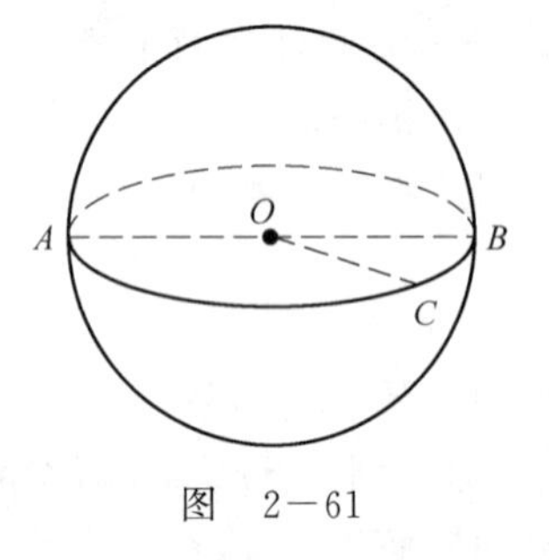

图 2－61

用经过球心的平面去截球面，所得的圆叫作**球的大圆**，用不经过球心的平面截球面，所得的圆叫作**球的小圆**.

球面上的两点间的球面距离是指经过这两点的大圆在这两点间的一段劣弧(不超过半圆的弧)的长度.

例 7 我国首都北京靠近北纬 40°，求北纬 40°纬线的长度(单位 km，地球半径约为 6 370 km).

解 如图 2－62 所示，设 A 为北纬 40°圈上的一点，AK 是它的半径，则 $OK\perp AK$.设 c 是北纬 40°纬线的长，因为 $\angle AOB=\angle OAK=40°$，所以

$$\begin{aligned} c &=2\pi\cdot AK \\ &=2\pi\cdot OA\cos\angle OAK \\ &=2\pi\cdot OA\cos 40° \\ &\approx 2\times 3.141\,6\times 6\,370\times 0.766\,0 \\ &\approx 3.066\times 10^4(\text{km}) \end{aligned}$$

即北纬 40°纬线的长为 3.066×10^4 km.

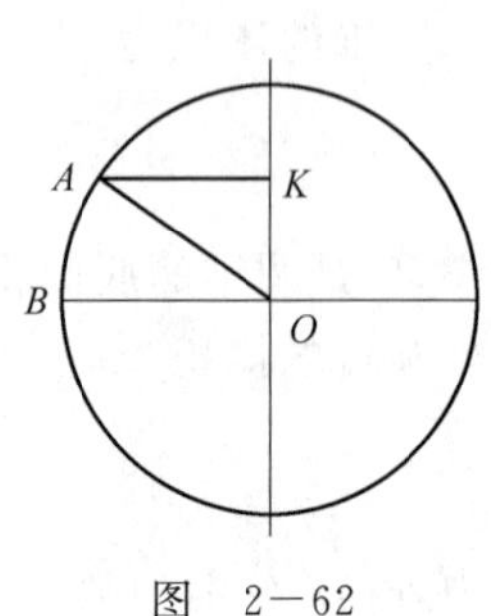

图 2－62

(2)球的表面积、体积

球的表面积是指围成这个球的球面面积.

球的表面积等于它的大圆面积的 4 倍,即半径为 R 的球的面积为

$$S=4\pi R^2.$$

半径为 R 的球的体积为

$$V=\frac{4}{3}\pi R^3.$$

例 8 把直径为 4 cm 的铁球熔化后,做成直径为 1 cm 的小铁球,共可做多少个?求出每个小铁球的体积.

解 根据题意知,直径为 4 cm 的铁球与直径为 1 cm 的铁球的体积之比为

$$\frac{V_{大}}{V_{小}}=\frac{\frac{4}{3}\pi R^3}{\frac{4}{3}\pi r^3}=\frac{R^3}{r^3}=\frac{2^3}{\left(\frac{1}{2}\right)^3}=\frac{64}{1},$$

所以共可做 64 个小铁球,小铁球的体积

$$V_{小}=\frac{4}{3}\pi r^3=\frac{4}{3}\cdot\pi\cdot\left(\frac{1}{2}\right)^3=\frac{\pi}{6}.$$

习 题 2-5

1. 已知正四棱柱的高为 h,底面边长为 a,求它的侧面积.
2. 正四棱锥的侧面是正三角形,求它的高与底面边长之比.
3. 已知正三棱台的上底面边长为 4,侧棱和下底面边长为 8,求它的全面积.
4. 已知球的大圆周长为 8π,求它的表面积及体积.
5. 已知圆锥的母线长为 5 cm,高为 4 cm,求这个圆锥的体积.
6. 如图 2-63 所示,已知:正三棱锥 $V-ABC$,VO 为高,$AB=6$,$VO=\sqrt{6}$.求侧棱长及斜高.
7. 正三棱锥的高为 h,侧面与底面所成的角为 60°,求侧棱与底面所成角的正切.
8. 求出球的表面积与球的外切圆柱的侧面积之比.
9. 等边圆锥(轴截面是等边三角形的圆锥)的全面积为 S,求它的内切球的表面积.
10. 如图 2-64 所示,在正方体 $ABCD-A'B'C'D'$ 中,已知棱长为 a,求:

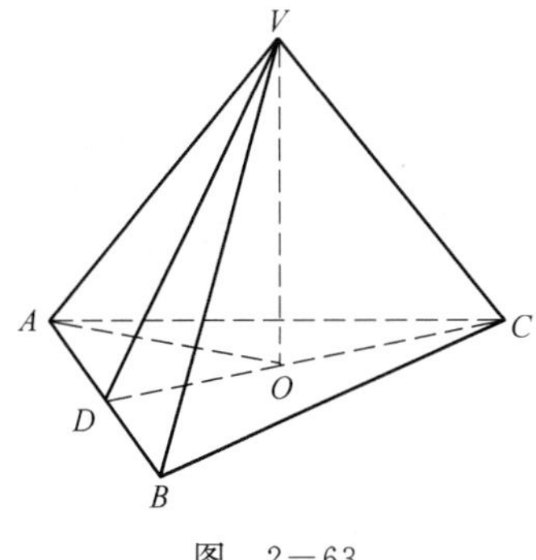

图 2-63

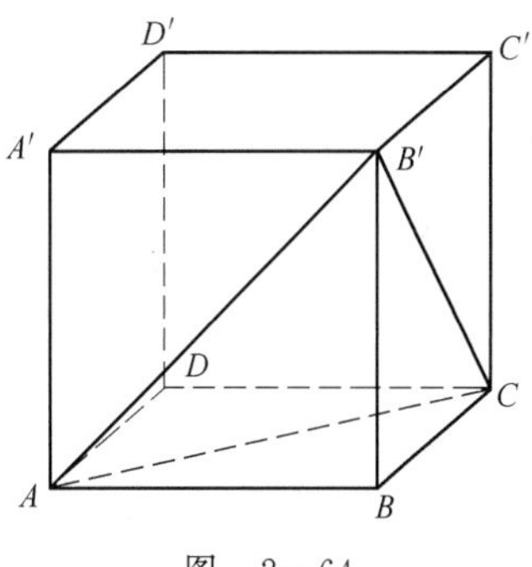

图 2-64

(1)三棱锥 $B'-ABC$ 的体积;

(2)B 到平面 $AB'C$ 的距离.

11. 一个玩具下半部分是半径为 3 的半球,上半部分是圆锥,圆锥的母线长为 5,圆锥底面与半球截面密合,求该玩具的全面积.

12. 用一平面截半径为 25 cm 的球,截面面积是 49π cm^2,求球心到截面的距离.

13. 一个正方体的顶点都在球面上,它的棱长是 4,求这个球的体积.

第六节 空间几何体的三视图

古诗云:"横看成岭侧成峰,远近高低各不同.不识庐山真面目,只缘身在此山中." 对于我们所学几何体,常用三视图和直观图来画在纸上.三视图是观察者从三个不同位置观察同一个空间几何体而画出的图形;直观图是观察者站在某一点观察一个空间几何体而画出的图形.三视图和直观图在工程建设、机械制造和日常生活中具有重要意义.

一、投影

物体在光线的照射下,就会在地面或墙壁上产生影子.人们将这种自然现象加以抽象,总结其中的规律,提出了投影的方法.在不透明物体后面的屏幕上留下影子的现象叫作**投影**.其中,光线叫作**投影线**,留下物体影子的屏幕叫作**投影面**.投影可自一点发出也可是一束与投影面成一定角度的平行线,这样就使投影法分为**中心投影和平行投影**.

1. 中心投影

光由一点向外散射形成的投影称为**中心投影**,如图 2—65 所示.中心投影的投影线交于一点即**投影中心**.中心投影现象在日常生活中非常普遍.例如,在电灯泡的照射下,物体后面的屏幕上就会形成影子,而且随着物体距离灯泡(屏幕)的远近,形成的影子大小会有不同.在中心投影中,如果改变物体与投影中心间或投影面之间的距离、位置,则其投影的大小也随之改变,所以其投影不能反映物体的实形.

从图 2—66 中可以看出,空间图形经过中心投影后,直线仍是直线,但平行线可能变成了相交的直线.人们可以运用中心投影的方法进行绘画,使画出来的美术作品与人们感官的视觉效果是一致的.

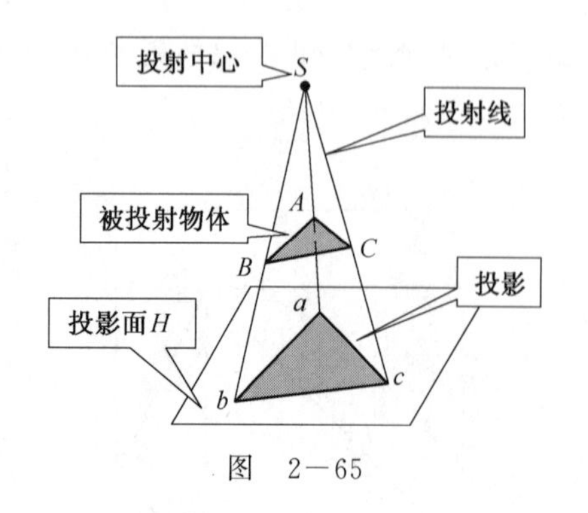

图 2—65

图 2—66

2. 平行投影

在一束平行光线照射下形成的投影称为**平行投影**,平行投影的投影线是平行的.在平行投影中，投射线正对着投影面时，叫作**正投影**(见图 2—67).投影线倾斜于投影面时，叫作**斜投影**(见图 2—68).正投影能正确地表达物体的真实形状和大小，作图比较方便，在作图中应用最广泛.斜投影在实际中用的比较少，其特点是直观性强，但作图比较麻烦，也不能反映物体的真实形状，在作图中只是作为一种辅助图样.在平行投影下，与投影面平行的平面图形留下的影子，与这个平面图形的形状和大小是完全相同的.

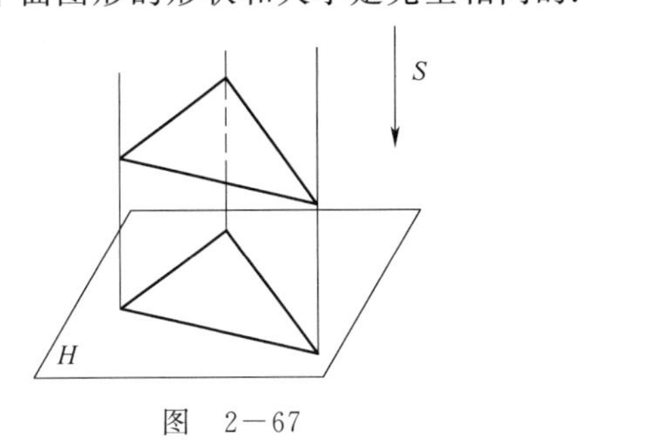

图 2—67

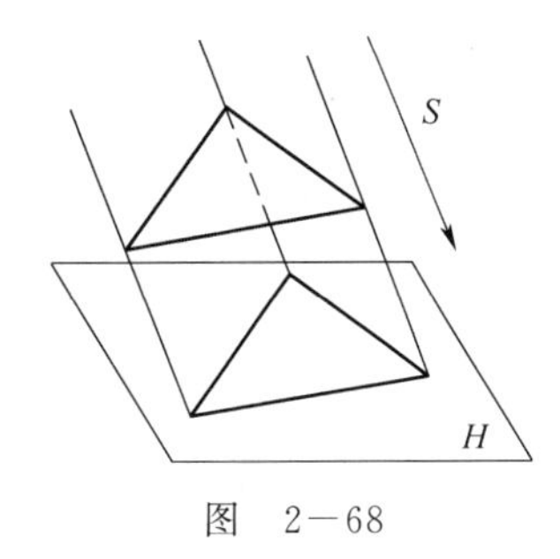

图 2—68

我们可以用平行投影的方法，画出空间几何体的三视图和直观图.

二、三视图

把一空间几何体投影到一个平面上，可以获得一个平面图形，但是只有一个平面图形难以把握几何体的全貌.因此，需要从多个角度进行投影，才能较好地把握几何体的形状和大小.通常，总是选择三种正投影.一种是光线从几何体的前面向后面正投影，得到的投影图叫作几何体的**正视图(主视图)**；一种是光线从几何体的左面向右面正投影，得到的投影图叫作几何体的**侧视图(左视图)**；第三种是光线从几何体的上面向下面正投影，得到的投影图叫作几何体的**俯视图**.几何体的正视图、侧视图和俯视图统称为**几何体的三视图**.图 2—69 是一个长方体的三视图.一般地，侧视图在正视图的右边，俯视图在正视图的下边.

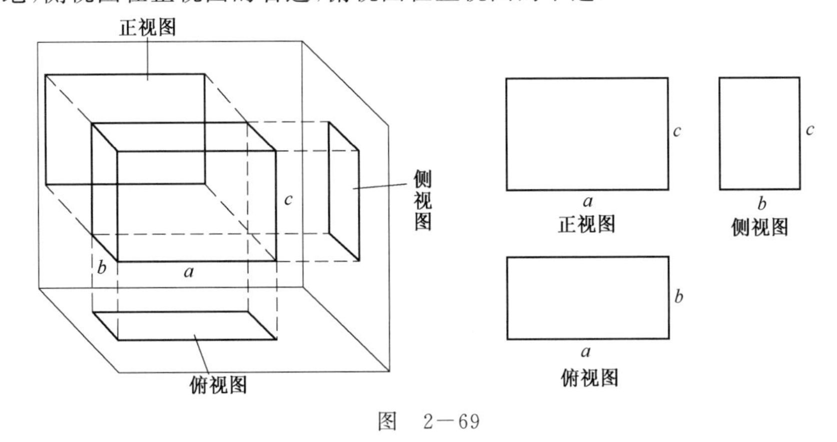

图 2—69

长方体的三视图都是矩形，正视图和侧视图、侧视图和俯视图、俯视图和正试图都各有一条边长相等.一般地，一个几何体的侧视图与正视图高度一样，俯视图与正视图长度一样，侧视图与俯视图宽度一样.

三、三视图的画法

三视图的**画法规则**：长对正，高平齐，宽相等.

长对正：正视图与俯视图的长相等，且相互对正；

高平齐:正视图与侧视图的高度相等,且相互对齐;

宽相等:俯视图与侧视图的宽度相等.

画几何体的三视图时,能看见的轮廓线和棱用实线表示,不能看见的轮廓线和棱用虚线表示.

1. 柱、锥、台、球的三视图

(1)正方体的三视图

正视图、侧视图和俯视图分别是从几何体的正前方、正左方和正上方观察到有几何体的正投影图,它们都是平面图形.

正方体的三视图都是正方形,如图 2—70 所示.

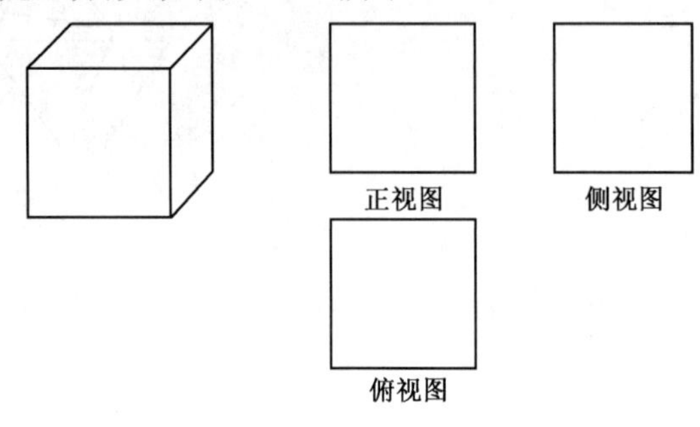

图 2—70

(2)圆柱的三视图

圆柱的正视图和侧视图都是长方形,俯视图是圆,如图 2—71 所示.

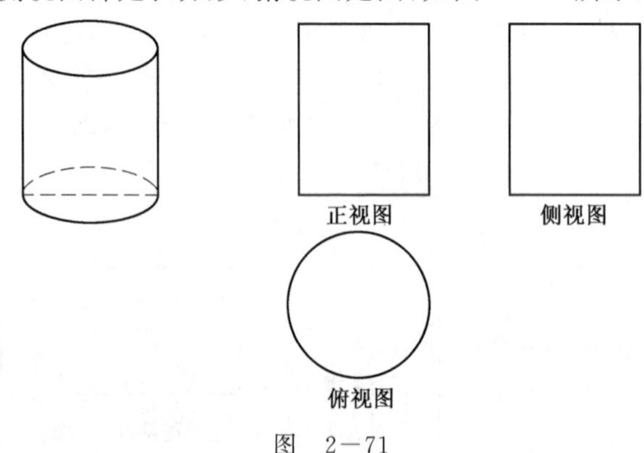

图 2—71

(3)圆锥的三视图

圆锥的正视图和侧视图都是三角形,俯视图是圆,图 2—72 所示.

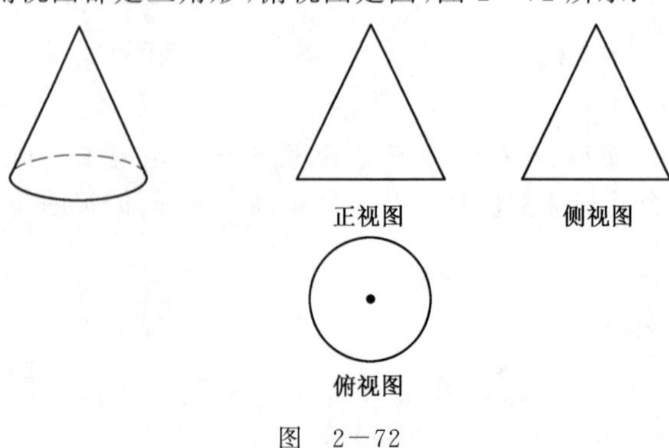

图 2—72

(4)圆台的三视图

圆台的正视图和侧视图都是等腰梯形，俯视图是两个套在一起的圆，如图 2—73 所示.

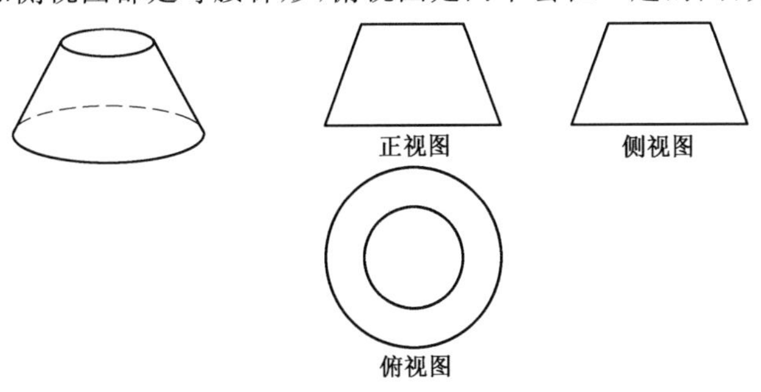

图 2—73

例 1 下面分别是两个几何体的三视图，请说出它们对应几何体的名称.

(1)几何体的三视图如图 2—74 所示. (2)几何体的三视图如图 2—75 所示.

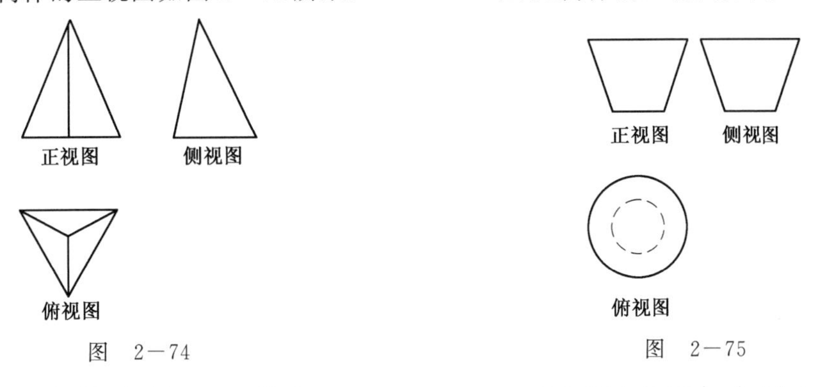

图 2—74 图 2—75

解 (1)三棱锥，如图 2—76 所示. (2) 倒立的圆台，如图 2—77 所示.

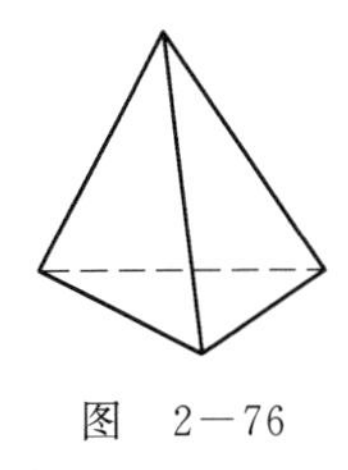

图 2—76

图 2—77

例 2 画出如图 2—78 所示四棱锥的三视图.

解 四棱锥底面是正方形，侧面是四个全等的三角形，三视图如图 2—79 所示.

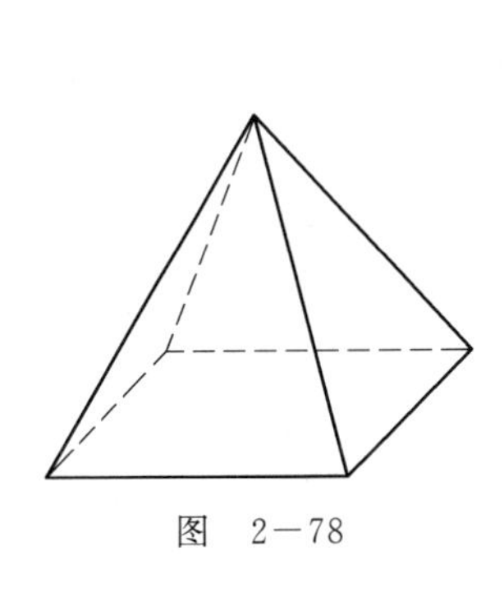

图 2—78

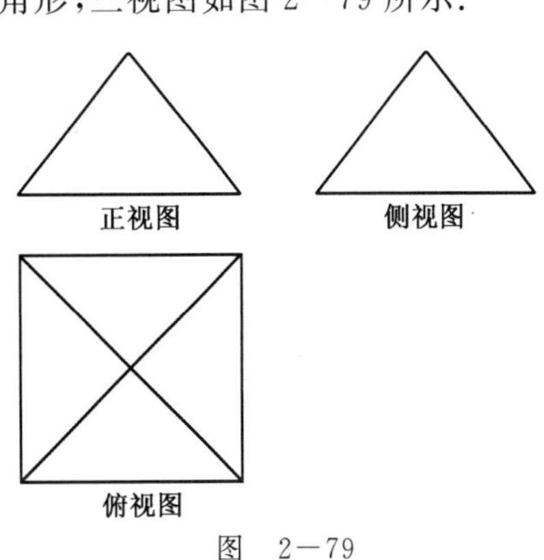

图 2—79

例 3 画出如图 2－80 所示正四棱台的三视图.

解 棱台的三视图如图 2－81 所示.

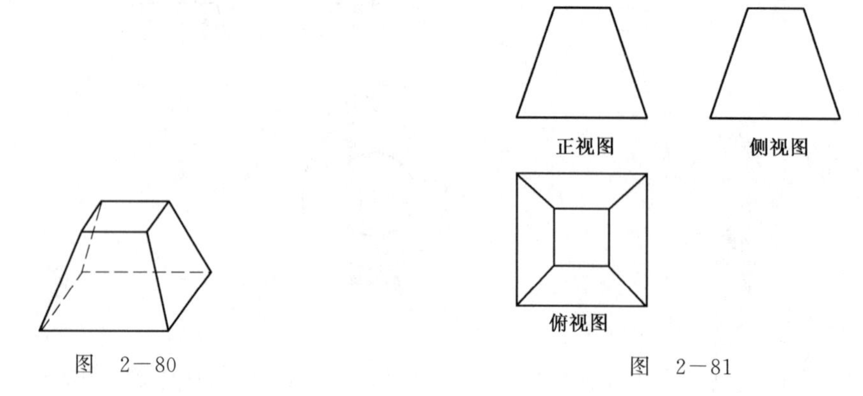

图 2－80

图 2－81

2. 组合图形的三视图

我们学习了画基本几何体的三视图,但现实生活中的一些物体,不都是基本的几何体,而是由一些基本的几何体生成的组合体,它们的三视图又怎样画呢? 图 2－82 中的物体表示的几何体是一些简单几何体的组合体,你能画出它们的三视图吗?

对于简单几何体的组合体,一定要认真观察,先认识它的基本结构,然后画它的三视图.图 2－82(a) 是我们熟悉的一种容器,容器的几何结构从上往下分别是圆柱、圆台和圆柱.它的三视图如图 2－83 所示.图 2－82(b)、(c)、(d)的三视图请同学们自己画出.

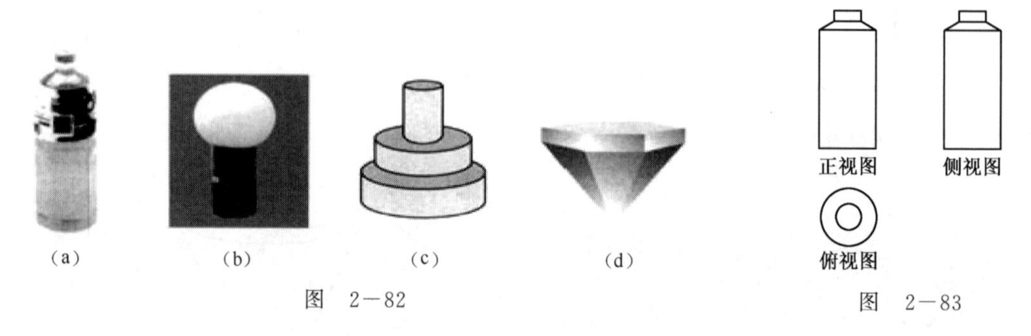

图 2－82

图 2－83

由基本几何体生成的组合体有两种基本形式.

(1)将基本几何体拼接成组合体,如图 2－84 所示.

(2)从基本几何体中切掉或挖掉部分构成组合体,如图 2－85 所示.

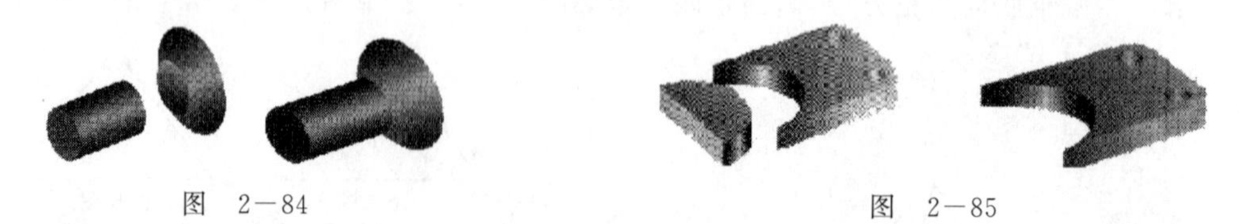

图 2－84

图 2－85

例 4 由五个小立方块搭成的几何体,其三视图如图 2－86 所示,请画出这个几何体.

解 先画出几何体的正面,再侧面,然后结合俯视图完成几何体的轮廓,如图 2－87 所示.

画三视图之前,先把几何体的结构弄清楚,确定一个正前方,从三个不同的角度进行观察.在绘制三视图时,分界线和可见轮廓线都用实线画出,被遮挡的部分用虚线表示出来,绘制三视图.就是由客观存在的几何物体,从观察的角度,得到反映出物体形象的几何学知识.

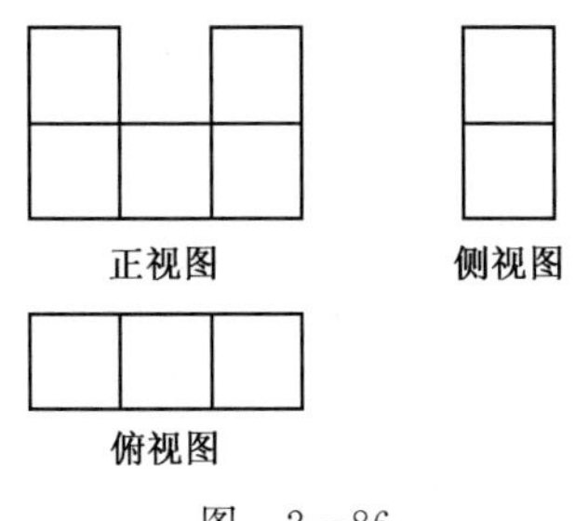

图 2—86

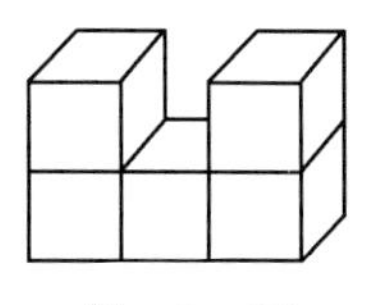

图 2—87

例 5 画出上、下底面都是正三角形，侧面是全等的等腰梯形的棱台的三视图(见图 2—88).

解 三视图如图 2—89 所示.

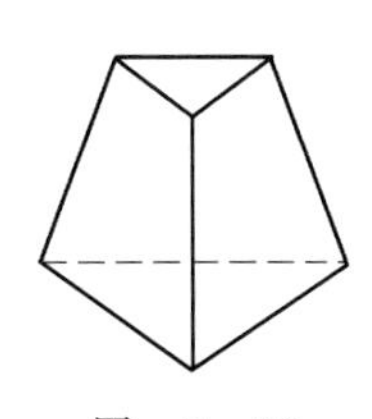

图 2—88

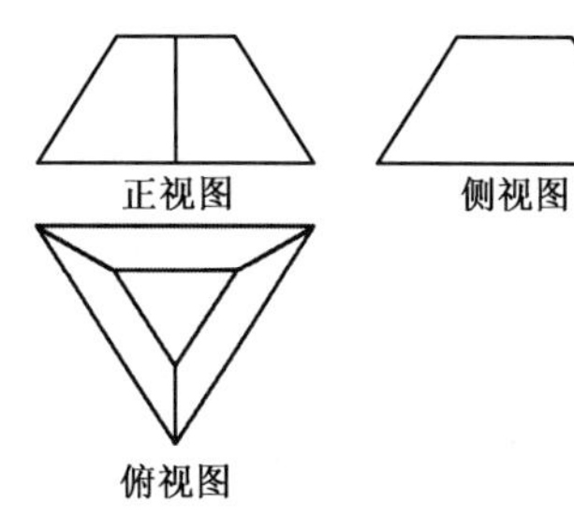

图 2—89

例 6 画出下列组合图形(见图 2—90)的三视图.

解 三视图如图 2—91 所示.

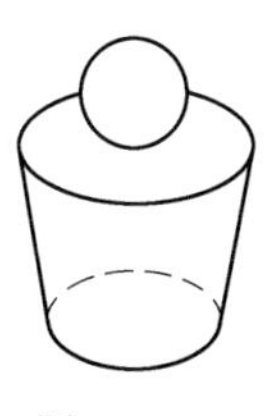

图 2—90

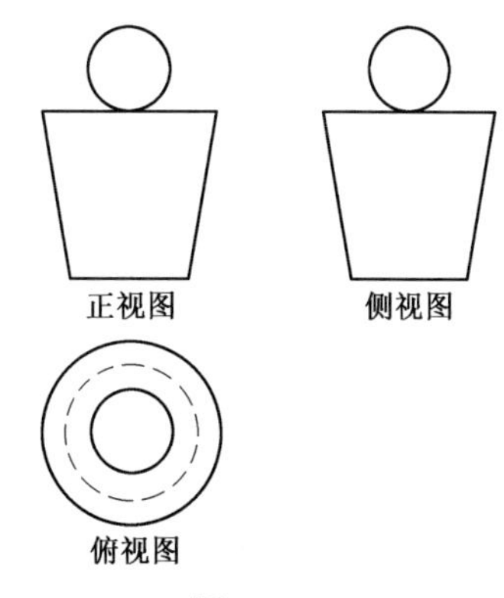

图 2—91

例 7 画出如图 2—92 所示几何体的三视图.

解 三视图如图 2—93 所示.

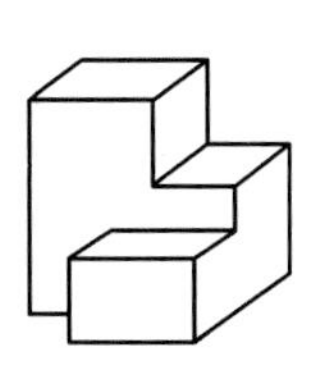

图 2—92

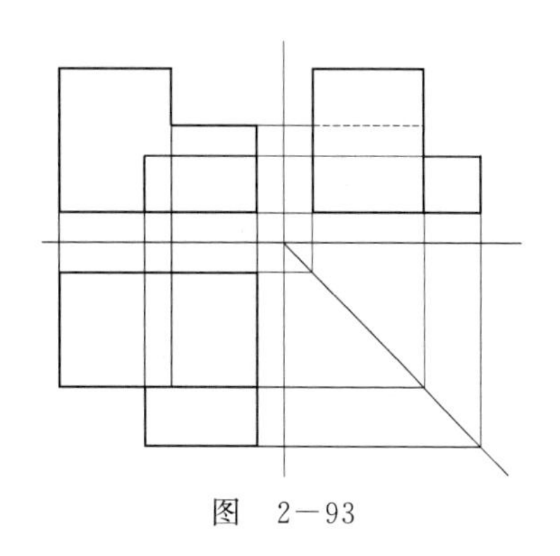

图 2—93

例 8　画出如图 2—94 所示几何体的三视图.

解　三视图如图 2—95 所示.

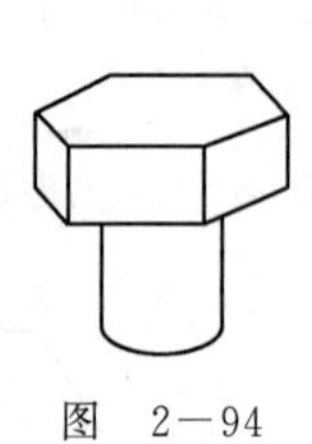

图　2—94

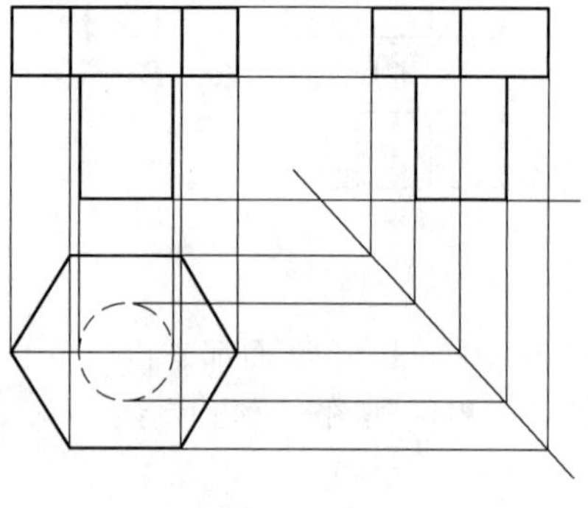

图　2—95

以上我们感受了组合体三视图的画法步骤.三视图有如下特点:正、俯视图长对正;正、侧视图高平齐;俯、侧视图宽相等,前后对应.另外,在绘制三视图时,应注意:若相邻两物体的表面相交,表面的交线是它们的分界线,在三视图中,分界线和可见轮廓线都用实线画出,不可见轮廓线用虚线画出.

习　题　2—6

1. 填空题.

(1)俯视图为圆的几何体是________,________.

(2)画视图时,看得见的轮廓线通常画成________,看不见的部分通常画成________.

(3)举两个左视图是三角形的物体例子:________,________.

(4)图 2—96 所示是一个立体图形的三视图,请根据视图说出立体图形的名称:________.

(5)请将六棱柱的三视图名称填在相应的横线上(见图 2—97).

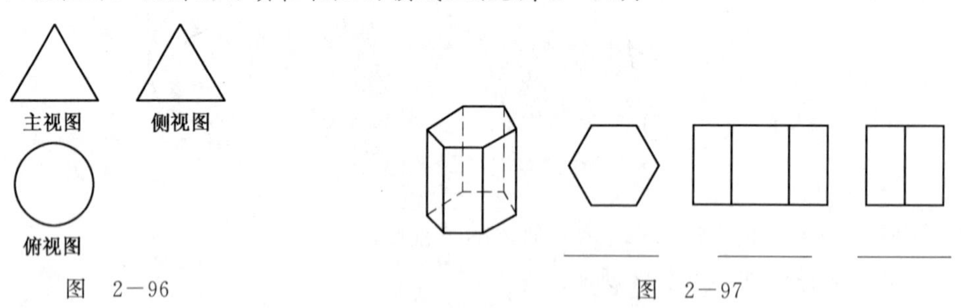

图　2—96　　　　图　2—97

(6)一张桌子摆放若干碟子,从三个方向上看,三种视图如图 2—98 所示,则这张桌子上共有________个碟子.

图　2—98

(7)物体的三视图是物体在三个不同方向的________.________的正投影就是主视图，水平面上的正投影就是________，________的正投影就是侧视图.

2. 选择题.

(1)圆柱对应的主视图是(　　).

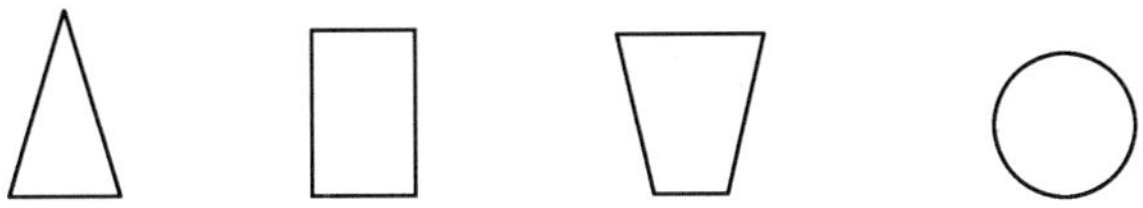

A.　　B.　　C.　　D.

(2)下面是空心圆柱(见图 2—99)在指定方向上的视图，正确的是(　　).

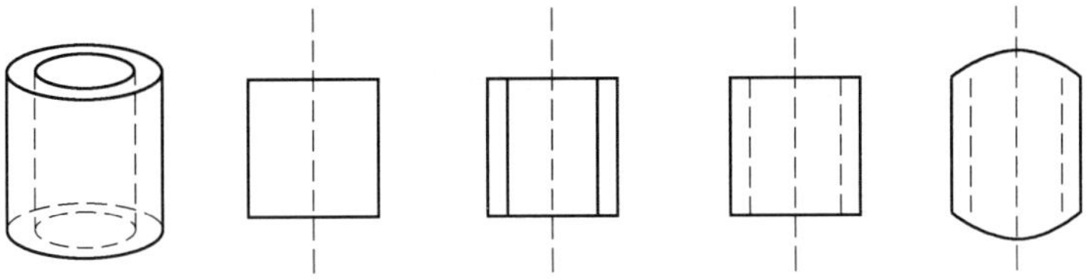

A.　　B.　　C.　　D.

图　2—99

(3)主视图、左视图、俯视图都是圆的几何体是(　　).

A. 圆锥　　B. 圆柱　　C. 球　　D. 空心圆柱

(4)在同一时刻的阳光下，小明的影子比小强的影子长，那么在同一路灯下(　　).

A. 小明的影子比小强的影子长　　B. 小明的影子比小强的影子短

C. 小明和小强的影子一样长　　D. 无法判断谁的影子长

(5)下列说法正确的是(　　).

A. 任何物体的三视图都与物体的摆放位置有关

B. 任何物体的三视图都与物体的摆放位置无关

C. 有的物体的三视图与物体的摆放位置无关

D. 正方体的三视图一定是三个全等的正方形

3. 解答题

(1)根据要求画出下列立体图形的视图(见图 2—100).

(画侧视图)　(画俯视图)　(画主视图)

(a)　(b)　(c)

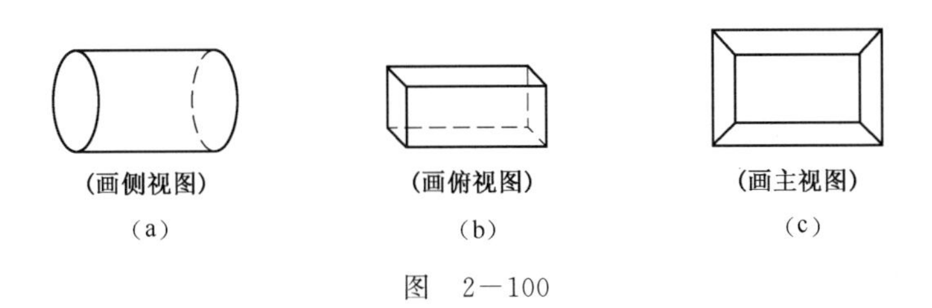

图　2—100

(2)画出下面实物的三视图(见图 2—101).

(3)图 2—102 所示是一个物体的三视图，共有几层？一共需要多少个小正方体.

(4)画出下列几何体的三视图(见图 2—103).

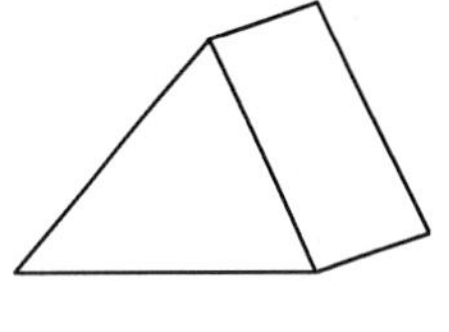

图　2—101

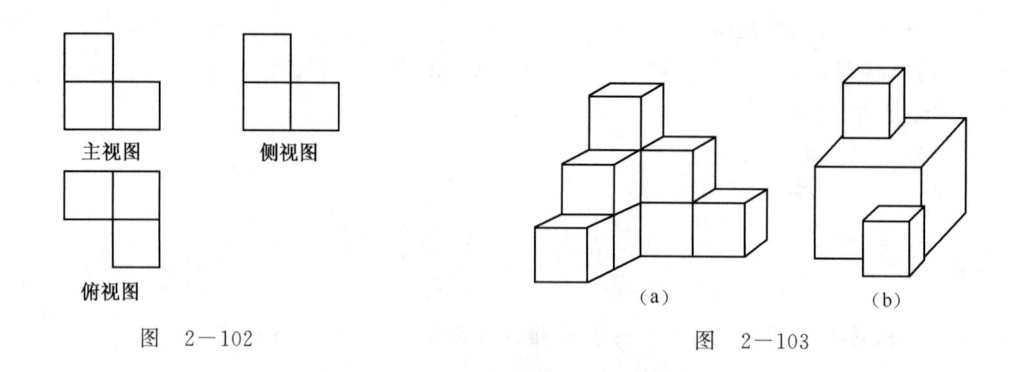

图 2—102　　图 2—103

第七节　空间几何体的直观图

一、直观图

画几何体时，怎样才能画得既富有立体感，又能表达出图形各主要部分的位置关系和度量关系呢？这就需要画出几何体的直观图.在立体几何教学，空间几何体的**直观图**通常是在平行投影下画出的空间图形.正投影主要用于绘制三视图，在工程制图中被广泛采用，但三视图的直观性较差，因此绘制物体的直观图一般采用斜投影或中心投影.中心投影虽然可以显示空间图形的直观形象，但作图方法比较复杂，且不易度量，因此在立体几何中通常采用斜投影的方法来画空间图形的直观图.把空间图形画在纸上，是用一个平面图形来表示空间图形，这样表达的不是空间图形的真实形状，而是它的直观图.

图 2—104 是采用斜投影和中心投影画出的正方体的直观图，观察它们的特点，你认为哪一个图作图比较方便？

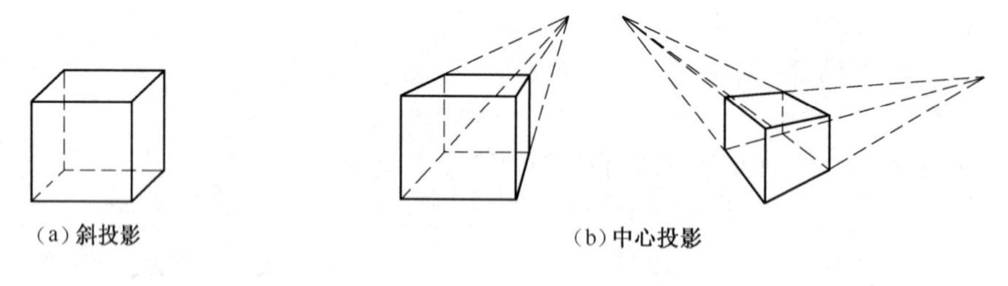

图　2—104

中心投影中水平线仍保持水平，铅垂线仍保持竖直，但斜的平行线会相交于一点，且不易度量，因此，在立体几何中，通常采用平行投影来画空间图形的直观图.

二、直观图的画法——斜二测画法

要画空间几何体的直观图，首先要学会水平放置的平面图形的画法.例如，在桌子上放置一个正六边形，我们从空间某一点看这个六边形时，它是什么样子？如何画出它的直观图？

下面我们以正六边形为例，说明水平放置的平行图形的直观图的画法.对于平面多边形，我们常用斜二测画法画它们的直观图.斜二测画法是一种特殊的平行投影画法.

例 1　用斜二测画法画水平放置的正六边形的直观图.

解 画法：

(1)如图 2－105(a)所示，在正六边形 $ABCDEF$ 中，取 AD 所在直线为 x 轴，对称轴 MN 所在直线为 y 轴，两轴相交于点 O.在图 2－105(b)中，画相应的 x'轴与 y'轴，两轴相交于点 O'，使$\angle x'O'y'=45°$.

(2)在图 2－105(b)中，以 O'为中点，在 x'轴上取 $A'D'=AD$，在 y'轴上取 $M'N'=\frac{1}{2}MN$.以点 N'为中点画$B'C'$平行于x'轴，并且等于 BC；再以 M'为中点画$E'F'$平行于x'轴，并且等于 EF.

(3)连接 $A'B'$，$C'D'$，$D'E'$，$F'A'$并擦去辅助线x'轴和y'轴，便获得正六边形 $ABCDEF$ 水平放置的直观图$A'B'C'D'E'F'$，如图 2－105(c)所示.

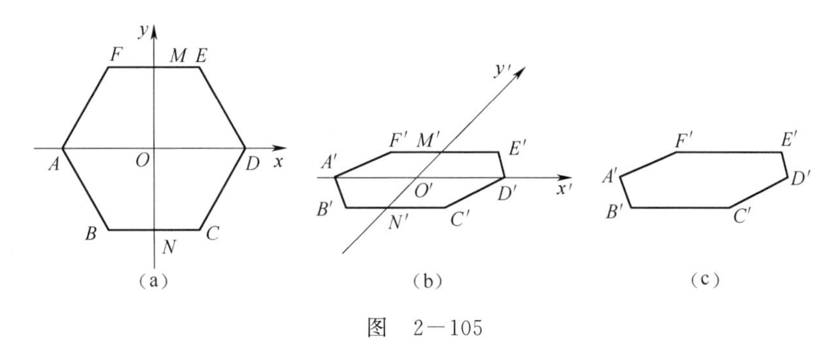

图 2－105

上述画直观图的方法称为**斜二测画法**.它的步骤是：

(1)在已知图形中取互相垂直的 x 轴和 y 轴，两轴相交于 O 点.画直观图时，把它们画成对应的 x'轴与 y'轴，两轴相交于 O'点，并使$\angle x'O'y'=45°$(或 135°)，它们确定的平面表示水平面.

(2)已知图形中平行于 x 轴或 y 轴的线段，在直观图中分别画成平行于 x'轴或 y'轴的线段.

(3)已知图形中平行于 x 轴的线段，在直观图中保持原长度不变；平行于 y 轴的线段，长度为原来的一半.

图 2－106 表示常用的一些空间图形的平面画法.

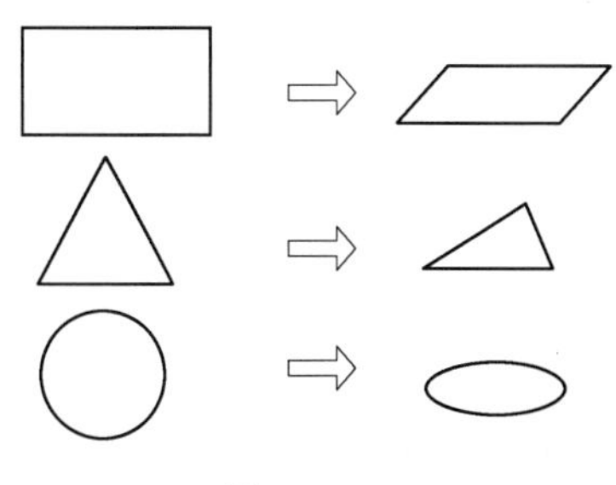

图 2－106

例 2 用斜二测画法画水平放置的圆的直观图.

解 画法：

(1)如图 2－107(a)所示，在圆 O 上取互相垂直的直径 AB，CD，分别以它们所在的直线为 x 轴与 y 轴，将线段 AB 进行 n 等分.过各分点分别作 y 轴的平行线，交圆 O 于 E，F，G，H，…，画对应的 x'轴和 y'轴，$\angle x'O'y'=45°$.

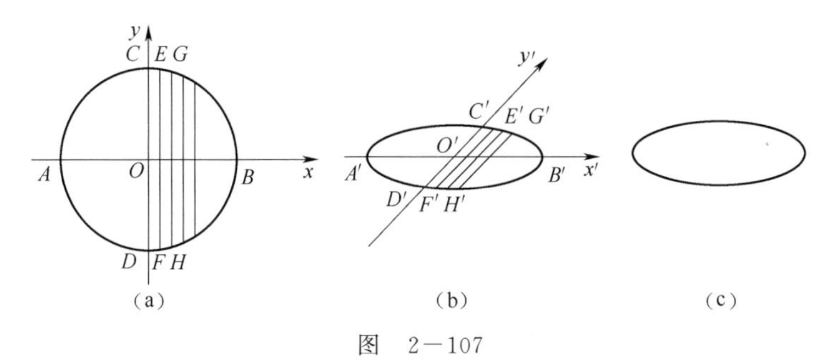

图 2－107

(2)如图 2－107(b)所示，以 O' 为中点，在 x' 轴上取 $A'B'=AB$，在 y' 轴上取 $C'D'=\frac{1}{2}CD$，将线段 $A'B'$进行 n 等分，分别以这些分点为中点，画与 y' 轴平行的线段 $E'F'$，$G'H'$，…，使 $E'F'=\frac{1}{2}EF$，$G'H'=\frac{1}{2}GH$，….

(3)用光滑曲线顺次连接 A'，D'，F'，H'，…，B'，G'，E'，C'，A'并擦去辅助线，得到圆的水平放置的直观图，如图 2－107(c)所示.

在画圆的直观图时，也可用椭圆模板.

下面我们探求空间几何体的直观图的画法.

例 3 用斜二测画法画长、宽、高分别为 4 cm，3 cm，2 cm 的长方体的直观图.

解 画法：

(1)画轴.如图 2－108 所示，画 x 轴、y 轴、z 轴，三轴相交于点 O，使 $\angle xOy=45°$，$\angle xOz=90°$.

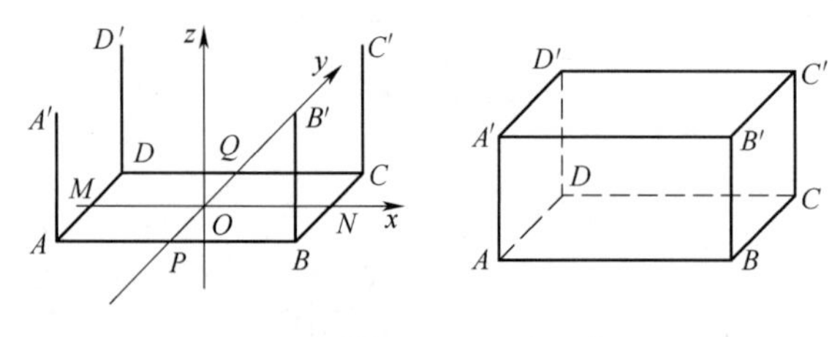

图 2－108

(2)画底面.以点 O 为中点，在 x 轴上取线段 MN，使 $MN=4$ cm；在 y 轴上取线段 PQ，使 $PQ=\frac{3}{2}$ cm.分别过点 M 和 N 作 y 轴的平行线，过点 P 和 Q 作 x 轴的平行线，设它们的交点分别为 A，B，C，D，四边形 $ABCD$ 就是长方体的底面 $ABCD$.

(3)画侧棱.过 A，B，C，D 各点分别作 z 轴的平行线，并在这些平行线上分别截取 2 cm 长的线段 AA'，BB'，CC'，DD'.

(4)成图.顺次连接 A'，B'，C'，D'，并加以整理(去掉辅助线，将被遮挡的部分改为虚线)，就得到长方体的直观图.

归纳：用斜二测画法画简单几何体的直观图应遵循以下规则.

(1)在空间图形中取互相垂直的 x 轴和 y 轴，两轴交于 O 点，再取 z 轴，使$\angle xOy=90°$，且$\angle xOz=90°$；

(2)画直观图时把它们画成对应的 x'轴，y'轴和 z'轴，它们相交于 O'点，并使$\angle x'O'y'=45°$(或 135°)，$\angle x'O'z'=90°$，x'轴和 y'轴所确定的平面表示水平平面；

(3)已知图形中平行于 x 轴，y 轴或 z 轴的线段，在直观图中分别画成平行于 x'轴，y'轴或 z'轴的线段；

(4)已知图形中平行于 x 轴和 z 轴的线段，在直观图中保持原长度不变；平行于 y 轴的线段，长度为原来的一半.

例 4 已知几何体的三视图如图 2－109 所示，说出它的结构特征，并用斜二测画法画它的直观图.

解 此几何体的上面部分是圆锥，下面部分是圆柱.

画法：

(1)画轴.如图 2—110(a)所示，画 x 轴、y 轴、z 轴，使$\angle xOy=45°$，$\angle xOz=90°$.

(2)画圆柱的两底面，仿照例 2 画法，画出底面圆 O.在 z 轴上截取 O'，使 OO' 等于三视图中相应高度，过 O' 作 Ox 的平行线 $O'x'$，Oy 的平行线 $O'y'$，利用 $O'x'$ 与 $O'y'$ 画出底面圆 O'(与画圆 O 一样).

(3)画圆锥的顶点.在 Oz 上截取点 P，使 PO' 等于三视图中相应的高度.

(4)成图.连接 PA'，PB'，$A'A$，$B'B$，整理得到三视图表示的几何体的直观图，如图 2—110(b) 所示.

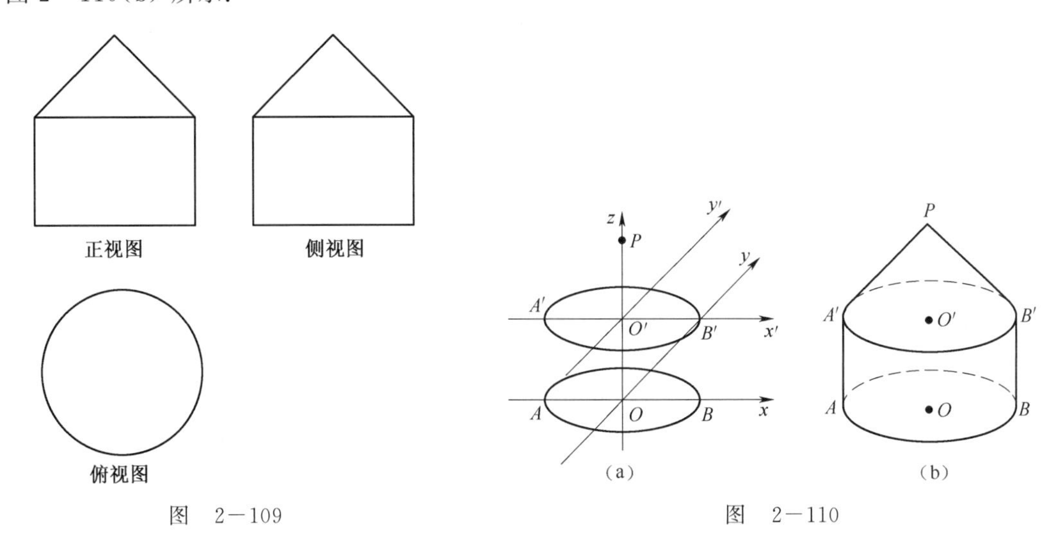

图　2—109　　　　图　2—110

在直观图中确定坐标轴上的对应点及与坐标轴平行的线段端点的对应点都比较好办，但是如果原图中的点不在坐标轴上或不在与坐标轴平行的线段上，就需要经过这些点作坐标轴的平行线段与坐标轴相交，先确定这些平行线段在坐标轴上的端点的对应点，再确定这些点的对应点.

例 5　已知一个正四棱台的上底面边长为 2 cm，下底面边长为 6 cm，高为 4 cm.用斜二测画法画出此正四棱台的直观图.

解　先画出上、下底面正方形的直观图，再画出整个正四棱台的直观图.

(1)画轴.以底面正方形 $ABCD$ 的中心为坐标原点，画 x 轴、y 轴、z 轴，三轴相交于 O，使$\angle xOy=45°$，$\angle xOz=90°$，如图 2—111(a)所示.

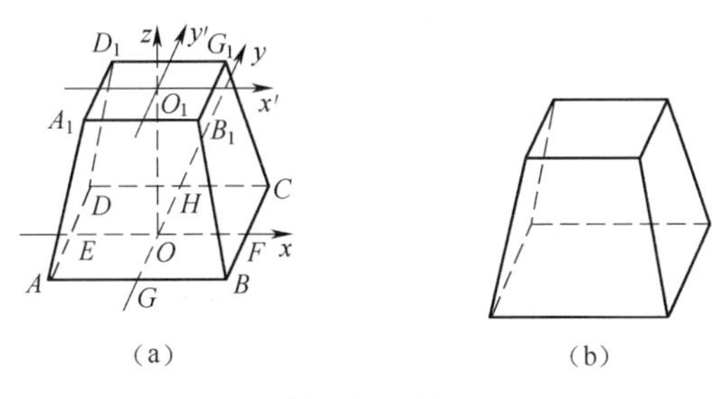

图　2—111

(2)画下底面.以 O 为中点，在 x 轴上取线段 FF，使得 $EF=AB=6$ cm，在 y 轴上取线段

GH,使得$GH=\frac{1}{2}AB$,再过G,H分别作$AB \underline{\underline{//}} EF$,$CD \underline{\underline{//}} EF$,使得$CD$的中点为$H$,$AB$的中点为$G$,这样就得到了正四棱台的下底面$ABCD$的直观图.

(3)画上底面.在z轴上截取线段$OO_1=4$ cm,过O_1点作$O_1x' // Ox$,$O_1y' // Oy$,使$\angle x'O_1y'=45°$,建立坐标系$x'O_1y'$,在$x'O_1y'$中重复(2)的步骤画出上底面的直观图$A_1B_1C_1D_1$.

(4)连接AA_1,BB_1,CC_1,DD_1,得到的图形就是所求的正四棱台的直观图,如图2—111(b)所示.

用斜二测画法画空间图形的直观图时,对于图中与x轴、y轴、z轴都不平行的线段,可通过确定端点的办法来解决:过与坐标轴不平行的线段的端点作坐标轴的平行线段,再借助于所作平行线段确定端点在直观图中的位置,有了端点在直观图中的位置,一切问题便可迎刃而解.

习 题 2—7

1. 填空题.

(1)表示空间图形的________,叫作空间图形的直观图.

(2)用斜二测画法画空间图形的直观图时,图形中平行于x轴、y轴或z轴的线段,在直观图中分别画成________于x'轴、y'轴或z'轴的线段.平行于x轴和z轴的线段,在直观图中长度________;平行于y轴的线段,长度变为原来的________.

(3)斜二测画法是一种特殊的________投影画法.

(4)利用斜二测画法画直观图时:

①三角形的直观图是三角形;

②平行四边形的直观图是平行四边形;

③正方形的直观图是正方形;

④菱形的直观图是菱形.

以上结论中,正确的是________.

2. 选择题.

(1)根据斜二测画法的规则画直观图时,把Ox,Oy,Oz轴画成对应的$O'x'$,$O'y'$,$O'z'$,则$\angle x'O'y'$与$\angle x'O'z'$的度数分别为(　　).

A. 90°,90°　　B. 45°,90°　　C. 135°,90°　　D. 45°或135°,90°

(2)关于"斜二测"直观图的画法,如下说法不正确的是(　　).

A. 原图形中平行于x轴的线段,其对应线段平行于x'轴,长度不变

B. 原图形中平行于y轴的线段,其对应线段平行于y'轴,长度变为原来的$\frac{1}{2}$

C. 画与直角坐标系xOy对应的$x'O'y'$时,$\angle x'O'y'$必须是45°

D. 在画直观图时,由于选轴的不同,所得的直观图可能不同

(3)两条相交直线的平行投影是(　　).

A. 两条相交直线　　B. 一条直线

C. 一条折线　　D. 两条相交直线或一条直线

(4)下列叙述中正确的个数是(　　).

①相等的角,在直观图中仍相等;

②长度相等的线段,在直观图中长度仍相等;

③若两条线平行,在直观图中对应的线段仍平行;

④若两条线段垂直,则在直观图中对应的线段也互相垂直.

A. 0　　B. 1　　C. 2　　D. 3

(5)利用斜二测画法叙述正确的是(　　).

A. 正三角形的直观图是正三角形　　B. 平行四边形的直观图是平行四边形

C. 矩形的直观图是矩形　　D. 圆的直观图一定是圆

(6)下列结论正确的是(　　).

A. 相等的线段在直观图中仍然相等

B. 若两条线段平行,则在直观图中对应的两条线段仍然平行

C. 两个全等三角形的直观图一定也全等

D. 两个图形的直观图是全等的三角形,则这两个图形是全等三角形

(7)一个水平放置的平面图形的直观图是一个底角为45°,腰和上底长均为1的等腰梯形,则该平面图形的面积等于(　　).

A. $\frac{1}{2}+\frac{\sqrt{2}}{2}$　　B. $1+\frac{\sqrt{2}}{2}$　　C. $1+\sqrt{2}$　　D. $2+\sqrt{2}$

3. 判断下列结论是否正确,正确的在括号内画"√",错误的画"×".

(1)角的水平放置的直观图一定是角.　　(　　)

(2)相等的角在直观图中仍然相等.　　(　　)

(3)相等的线段在直观图中仍然相等.　　(　　)

(4)若两条线段平行,则在直观图中对应的两条线段仍然平行.　　(　　)

4. 用斜二测画法画长、宽、高分别为2 cm,2 cm,2 cm的正方体的直观图.

5. 画底面棱长为2 cm,高为4 cm的正六棱柱的直观图.

6. 画底面半径为2 cm,高为4 cm的圆柱的直观图.

复习题二

1. 选择题.

(1)下列说法中正确的是(　　).

A. 三点确定一个平面

B. 两条直线确定一个平面

C. 三条直线两两相交,则这三条直线共面

D. 空间四点中如果有三点共线,则这四点共面

(2)若$M=\{$异面直线所成角$\}$;$N=\{$斜线与平面所成角$\}$;$P=\{$直线与平面所成角$\}$,则有(　　).

A. $M\subset N\subset P$　　B. $N\subset M\subset P$

C. $P\subset M\subset N$　　D. $N\subset P\subset M$

(3) 直线 $a\perp$平面 α,$b\parallel\alpha$,则 a 与 b 的关系为(　　).

A. $a\perp b$ 且 a 与 b 相交　　B. $a\perp b$ 且 a 与 b 不相交

C. $a\perp b$　　D. a 与 b 一定不垂直

(4)直线 l 与平面 α 相交且不垂直,那么在 α 内与 l 垂直的直线(　　).

A. 只有一条　　B. 只有两条

C. 有无数条　　D. 不能确定

(5)两条异面直线在同一平面的投影不可能是(　　).

A. 两条平行直线　　B. 两条相交直线

C. 一个点和一条直线　　D. 两个点

(6)下列命题正确的是(　　).

A. 棱柱的底面一定是平行四边形　　B. 棱锥被平面分成的两部分不可能都是棱锥

C. 棱锥的底面一定是三角形　　D. 棱柱被平面分成的两部分可以都是棱柱

(7)对于棱锥,下列叙述正确的是(　　).

A. 四棱锥共有四条棱　　B. 五棱锥共有五个面

C. 六棱锥的顶点有六个　　D. 任何棱锥都只有一个底面

(8)给出如下四个命题:

①棱柱的侧面都是平行四边形;

②棱锥的侧面为三角形,且所有侧面都有一个共同的公共点;

③多面体至少有四个面;

④棱台的侧棱所在直线均相交于同一点.其中正确的命题个数是(　　).

A. 1　　B. 2　　C. 3　　D. 4

(9)图 2—112 所示是一个正方体,它的展开图可能是下面四个展开图中的(　　).

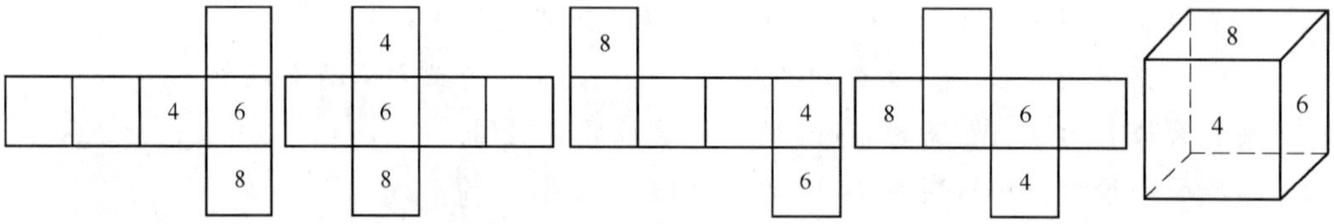

A.　　B.　　C.　　D.

图　2—112

(10)直角三角形绕它最长边(即斜边)旋转一周得到的几何体为(　　).

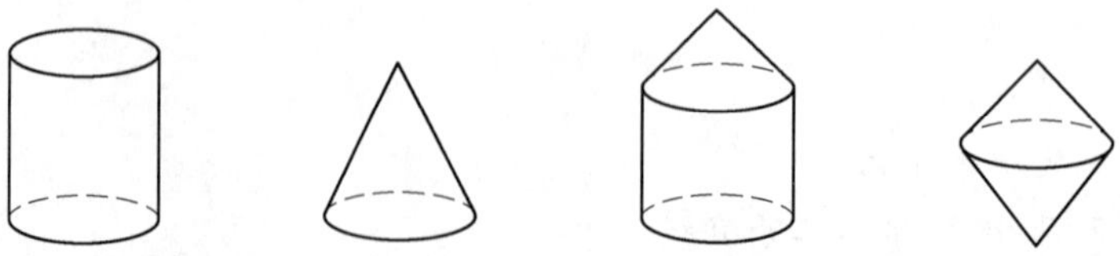

A.　　B.　　C.　　D.

(11)下列命题中,正确的是(　　).

A. 三角形绕其一边旋转一周后成一个圆锥

B. 一个直角梯形绕其一边旋转一周后成为一个圆台

C. 平行四边形绕其一边旋转一周后成为圆柱

D. 圆面绕其一条直径旋转一周后成为一个球

(12)给出如下四个命题：

①用一个平面去截一个正方体，截出的面一定是正方形或矩形；

②用一个平面去截一个圆柱，截出的面一定是圆；

③用一个平面去截圆锥，截出的面一定是三角形；

④用一个平面去截一个球，无论如何截，截面都是一个圆.

其中正确命题的个数为(　　).

A. 1　　B. 2　　C. 3　　D. 4

(13)下列图形中采用中心投影画法的是(　　).

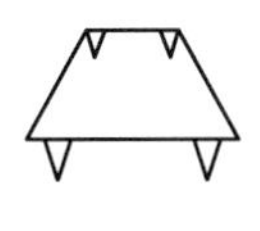
A.

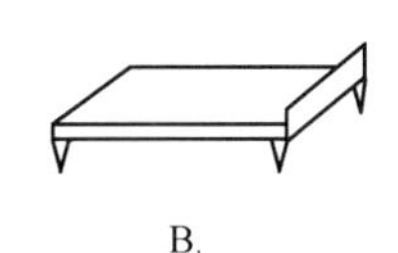
B.

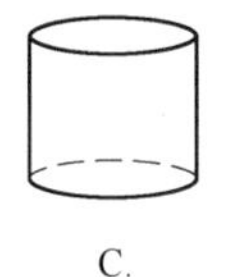
C.

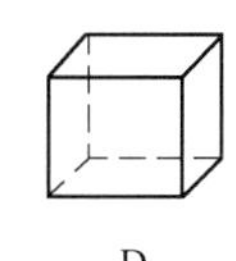
D.

(14)有下列命题：

①圆柱的母线长等于它的高；

②连接圆锥的顶点与底面圆周上任意一点的线段是它的母线；

③连接圆台两底面圆心的线段是它的轴；

④连接圆台两底面圆上各一点的线段是它的母线.

其中真命题的个数为(　　).

A. 1　　B. 2　　C. 3　　D. 4

(15)对于如图 2—113 所示的立体图形，下列是它的侧视图的是(　　).

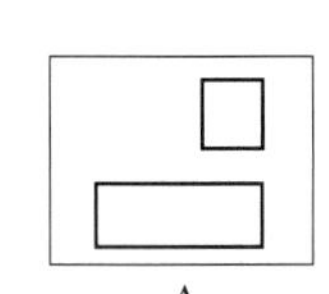

A.

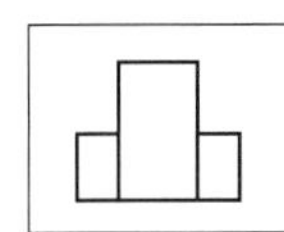
B.

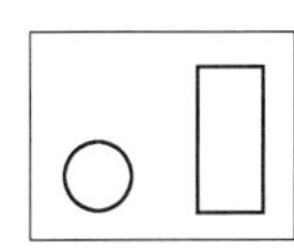
C.

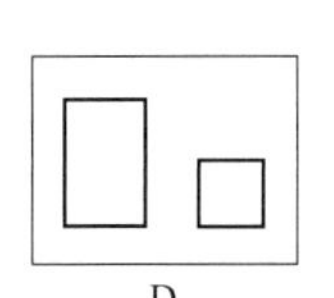
D.

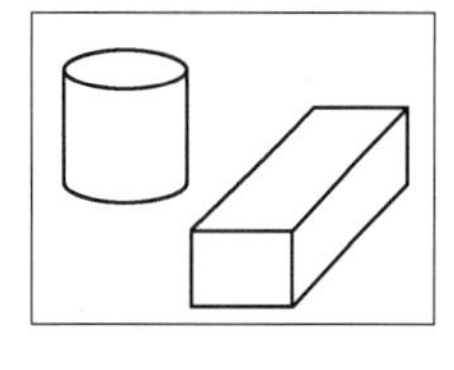

图　2—113

(16)一个直立在水平面上的圆柱体的主视图、俯视图、侧视图分别是(　　).

A. 矩形、圆、矩形　　B. 矩形、矩形、圆

C. 圆、矩形、矩形　　D. 矩形、矩形、圆

(17)图 2—114 所示是由一些相同的小正方体构成的主体，图形的三种视图构成这个立体图形的小正方体的个数是(　　).

A. 3　　B. 4

C. 5　　D. 6

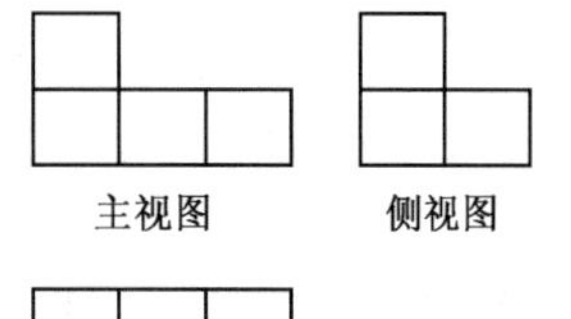

图　2—114

(18)两个球的体积之比是 8∶27，那么这两个球的表面积之比为(　　).

A. 2∶3　　B. 4∶9

C. $\sqrt{2}:\sqrt{3}$　　D. $\sqrt{8}:\sqrt{27}$

2. 如图 2—115 所示，在棱长为 1 的正方体 $ABCD-A'B'C'D'$ 中，E' 是 $B'C'$ 中点，求：

(1)异面直线 BB' 与 $A'E'$ 距离；　　(2)点 B' 到平面 $A'BE'$ 距离.

3. 三棱锥 $A-BCD$ 中，$\triangle ABD$ 与 $\triangle CBD$ 都是边长为 a 的正三角形，二面角 $A-BD-C$ 的大小为60°.求点 A 到平面 BCD 的距离.

4. 如图 2－116 所示，已知 $ABCD$ 为矩形，PA 垂直面 $ABCD$，M，N 分别是 AB，PC 的中点.(1)求证：$MN \perp AB$；(2)若 $PA=AD$，求证：$MN \perp$ 平面 PDC.

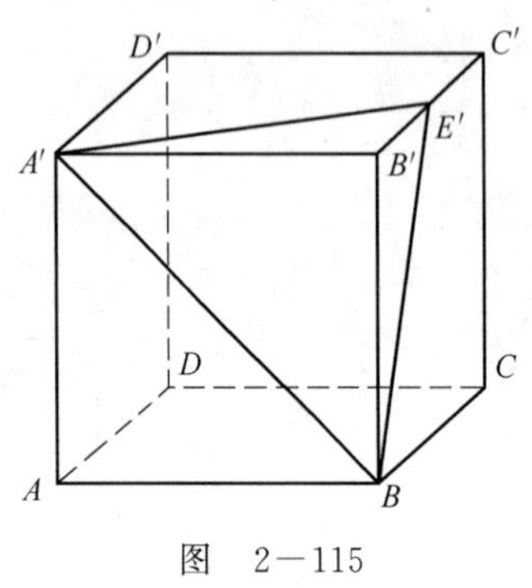

图　2－115

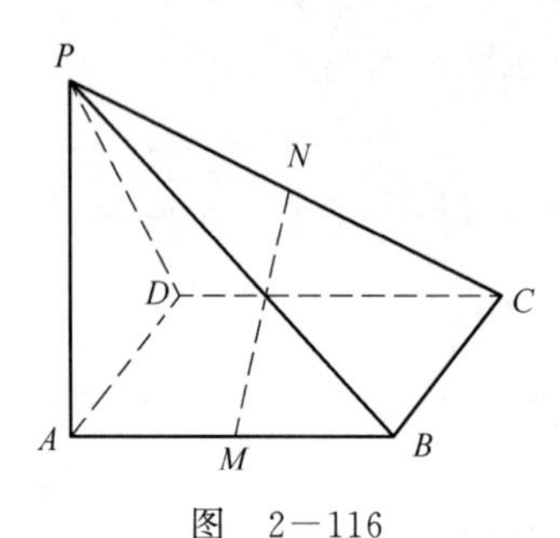

图　2－116

5. 如图 2－117 所示，已知 $ABCD$ 为边长为 4 的正方形，E，F 分别是 AB，AD 的中点，GC 垂直 $ABCD$ 所在的平面，且 $GC=2$，求点 B 到平面 EFG 的距离.

6. $MA \perp$ 平面 $ABCD$，四边形 $ABCD$ 是正方形，且 $MA=AB=a$，求点 M 到 BD 的距离.

7. 已知直角△ABC 在平面 α 内，D 是斜边 AB 的中点，$AC=6$，$BC=8$，$EC \perp \alpha$，$EC=12$ cm，求 EA，EB，ED.

8.如图 2－118 所示，已知直角三角形 ABC 所在平面外一点 S，$\angle ABC$ 为直角，$SA=SB=SC$.D 为 AC 中点.

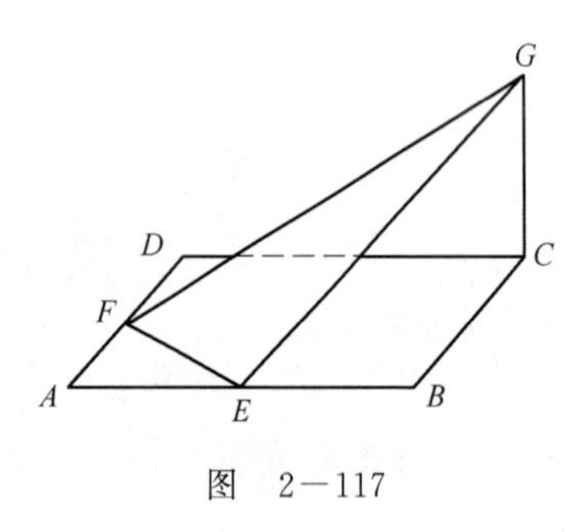

图　2－117

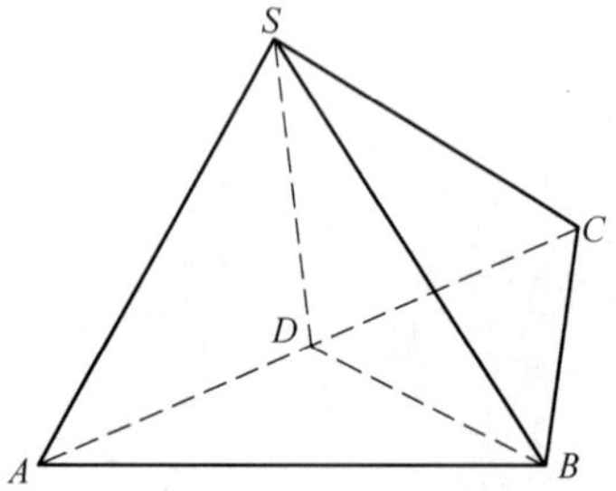

S
C
D
A
B

图　2－118

(1)求证：$SD \perp$ 平面 ABC；

(2)若 $AB=BC$，求证：$BD \perp$ 平面 SAC.

9. 如图 2－119 所示，在正方体 $ABCD-A'B'C'D'$ 中，求证：$DB' \perp$ 平面 $A'BC'$.

10. 如图 2－120 所示，已知正三棱柱 $ABC-A'B'C'$ 中，过 $A'B'$的截面交 CC' 于 D 且与底面成 60°角，若被截面截下的三棱锥的体积为$\sqrt{3}$，求截面三角形的面积.

11. 如图 2－121 所示，边长为 a 的正方形 $ABCD$ 各边 AB，BC，CD，DA 的中点分别为 E，F，G，H，沿对角线 BD 将正方形折成直二面角.

(1)证明：四边形 $EFGH$ 是矩形；

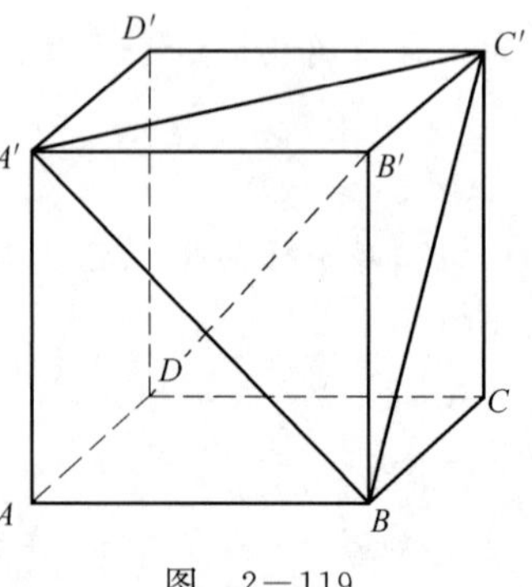

图　2－119

(2)求四边形 $EFGH$ 的面积；

(3)求面 $EFGH$ 与面 BCD 所成角的大小.

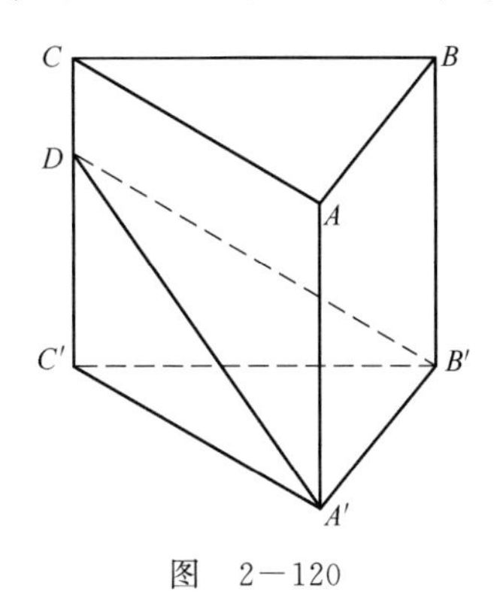

图　2—120

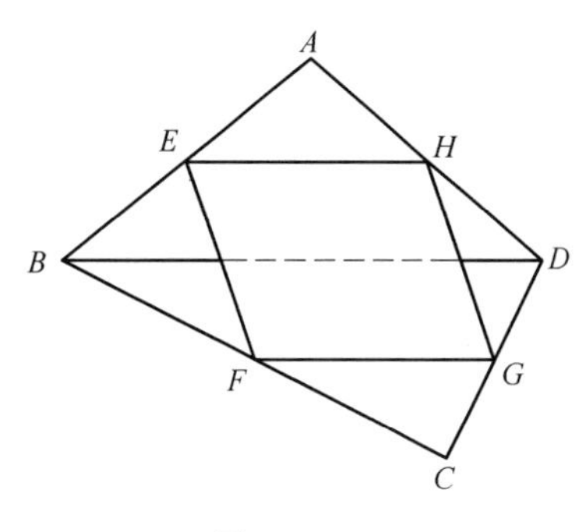

图　2—121

12. 有一个正四棱台形状的油槽，可以装油 190 L，假如它的两底面边长分别等于 60 cm 和 40 cm，求它的深度为多少.

13. 如图 2—122 所示，平行四边形 $ABCD$，O 是它对角线的交点，点 P 在平面 $ABCD$ 外，且 $PA=PC$，$PB=PD$，求证：$PO\perp$ 平面 $ABCD$.

14. 如图 2—123 所示，长方体 $ABCD-A'B'C'D'$ 中，已知 $AB=5$，$AD=4$，$AA'=3$，问从点 A 出发沿长方体表面到达点 C' 的最短路程是多少.

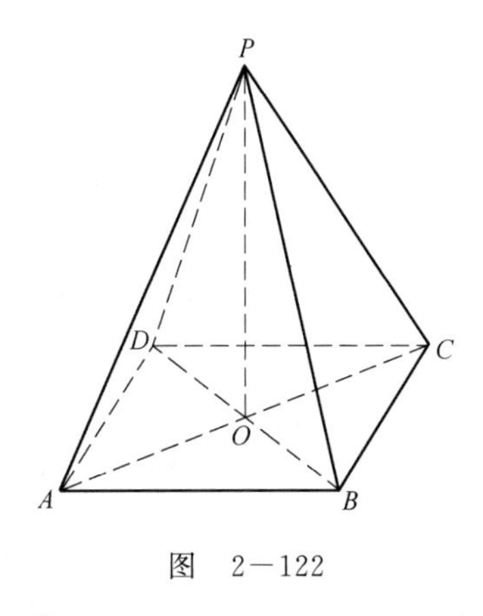

图　2—122

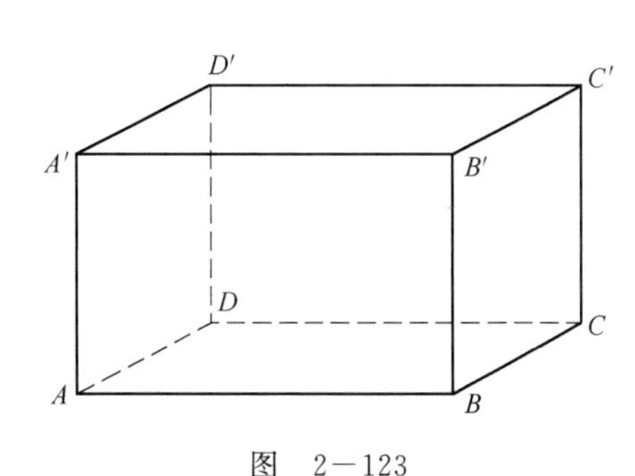

图　2—123

15. 等边三角形的边长为 a，绕其一边所在的直线旋转一周，求所得到的旋转体的体积.

16. 画出一个四棱柱和一个三棱台的直观图.

17. 图 2—124 所示是一个由圆台和球构成的组合体，试指出这个几何体是怎样生成的.画出这个几何体的轴截面(过轴的截面).

图　2—124

欧几里得和他的《几何原本》

在远古时代，人们在实践中积累了十分丰富的各种平面、直线、方、圆、长、短、宽、窄、厚、薄等概念，并且逐步认识了这些概念之间的位置关系、数量关系，这些后来就成了几何学的基本概念.正是生产实践的需要，原始的几何概念逐步形成了比较粗浅的几何知识.

几何学是数学中最古老的分支之一，也是在数学这个领域里最基础的分支之一.中国、古巴比伦、古埃及、古印度、古希腊都是几何学的重要发源地.大量出土文物证明，在我国的史前时期，人们已经掌握了许多几何的基本知识.远古时期人们使用过的物品中那许许多多精巧的、对称的图案的绘制，一些简单设计但是讲究体积和容积比例的器皿，都足以说明当时人们掌握的几何知识是多么丰富.

几何之所以能成为一门系统的学科，希腊学者的工作曾起了十分关键的作用.在这里应当提及的是哲学家、几何学家柏拉图和哲学家亚里士多德对发展几何学的贡献.柏拉图把逻辑学的思想方法引入了几何，使原始的几何知识受逻辑学的指导逐步趋向于系统和严密的方向发展.亚里士多德被公认是逻辑学的创始人，他提出了"三段论"的演绎推理的方法.在今天，初等几何学中仍是运用三段论的形式来进行推理.但是真正把几何总结成一门具有比较严密理论的学科的，是希腊杰出的数学家欧几里得.

欧几里得在公元前300年左右，曾经到亚历山大城教学，是一位受人尊敬的、温良敦厚的教育家.他酷爱数学，深知柏拉图的一些几何原理.他非常详尽地搜集了当时所能知道的一切几何事实，按照柏拉图和亚里士多德提出的关于逻辑推理的方法，整理成一门有着严密系统的理论，写成了数学史上早期的巨著——《几何原本》.《几何原本》的伟大历史意义在于：它是用公理法建立起演绎的数学体系的最早典范.在这部著作里，全部几何知识都是从最初的几个假设除法、运用逻辑推理的方法展开和叙述的.也就是说，从《几何原本》发表开始，几何才真正成为一个有着比较严密的理论系统和科学方法的学科.

欧几里得

欧几里得的《几何原本》共有十三卷，其中第一卷讲三角形全等的条件，三角形边和角的大小关系，平行线理论，三角形和多角形等积(面积相等)的条件；第二卷讲如何把三角形变成等积的正方形；第三卷讲圆；第四卷讨论圆的内接和外切多边形；第六卷讲相似多边形理论；第五、七、八、九、十卷讲述比例和算术的理论；最后讲述立体几何的内容.长期以来，人们都认为《几何原本》是两千多年来传播几何知识的标准教科书.属于《几何原本》内容的几何学，人们把它叫作欧几里得几何学，或简称为欧式几何.《几何原本》最主要的特色是建立了比较严格的几何体系，在这个体系中有四方面主要内容：定义、公理、公设、命题(包括作图和定理).《几何原本》第一卷列有23个定义，五条公理，五条公设.其中最后一条公设就是著名的平行公设，或者叫作第五公设.它引发了几何史上最著名的长达两千多年的关于“平行线理论”的讨论，并最终诞生了非欧几何.这些定义、公理、公设是《几何原本》全书的基础.全书以这些定义、公理、公设为依据逻辑地展开各个部分.

《几何原本》的诞生在几何学发展的历史中具有重要意义.它标志着几何学已成为一个有着比较严密的理论系统和科学方法的学科.从欧几里得发表《几何原本》到现在，已经过去了两千多年，尽管科学技术日新月异，但是欧几里得几何学仍旧是学习数学基础知识的好教材.

近代物理学的科学巨星爱因斯坦也是精通几何学，并且应用几何学的思想方法，开创自己研究工作的一位科学家.爱因斯坦在回忆自己曾走过的道路时，特别提到在12岁的时候“几何学的这种明晰性和可靠性给我留下了一种难以形容的印象”.后来，几何学的思想方法对他的研究工作确实有很大的启示.他多次提出在物理学研究工作中也应当在逻辑上从少数几个所谓公理的基本假定开始.在狭义相对论中，爱因斯坦就是运用这种思想方法，把整个理论建立在两条公理上：相对原理和光速不变原理.

但是，在人类认识的长河中，无论怎样高明的前辈和名家，都不可能把问题全部解决.由于历史条件的限制，欧几里得在《几何原本》中提出几何学的“根据”问题并没有得到彻底的解决，他的理论体系并不是完美无缺的.比如，对直线的定义实际上是用一个未知的定义来解释另一个未知的定义，这样的定义不可能在逻辑推理中起什么作用.又如，欧几里得在逻辑推理中使用了“连续”的概念，但是在《几何原本》中从未提到过这个概念.

人们对《几何原本》中在逻辑结果方面存在的一些漏洞、破绽的发现，正是推动几何学不断向前发展的契机.最后德国数学家希尔伯特在总结前人工作的基础上，在他1899年出版的《几何基础》一书中提出了一个比较完善的几何学的公理体系.这个公理体系就被叫作希尔伯特公理体系.希尔伯特不仅提出了一个完善的几何体系，并且还提出了建立一个公理系统的原则.就是在一个几何公理系统中，采取哪些公理，应该包含多少条公理，应当考虑如下三个方面的问题：

第一，共存性(和谐性)，就是在一个公理系统中，各条公理应该是不矛盾的，它们和谐而共存在同一系统中.

第二，独立性，公理体系中的每条公理应该是各自独立而互不依附的，没有一条公理是可以从其他公理引申出来的.

第三，完备性，公理体系中所包含的公理应该是足够能证明本学科的任何新命题.

这种用公理系统来定义几何学中的基本对象和它的关系的研究方法，成了数学中所谓的“公理化方法”，而把欧几里得在《几何原本》提出的体系叫作古典公理法.

第三章　平面解析几何

解析几何是用代数的方法解决几何问题的一门学科，本章简单介绍直线和圆锥曲线的性质及其应用.

第一节　曲线与方程

一、曲线与方程

函数 $y=ax^2(a\neq 0)$ 的图像是关于 y 轴对称的抛物线，这条抛物线是所有以方程 $y=ax^2$ 的解为坐标的点组成的，这就是说，如果 $Q(x_0,y_0)$ 是抛物线上的点，那么 (x_0,y_0) 一定是这个方程的解；反过来，如果 (x_0,y_0) 是方程 $y=ax^2(a\neq 0)$ 的解，那么以它为坐标的点一定在这条抛物线上.

一般地，在直角坐标系中，如果某曲线 C 上的点与一个二元方程 $f(x,y)=0$ 的实数解建立了如下的关系：

(1)曲线上点的坐标都是这个方程的解；

(2)以这个方程的解为坐标的点都是曲线上的点.

那么这个方程叫作**曲线的方程**.这条曲线叫作**方程的曲线**.

例 1　已知曲线方程为 $4x^2+9y^2=36$，判断 $P(3,0)$，$Q(2,1)$ 是否在曲线上.

解　把点 $P(3,0)$ 的坐标代入方程 $4x^2+9y^2=36$，得 $4\times 3^2+9\times 0^2=36$，因此点 P 在曲线上.把点 $Q(2,1)$ 的坐标代入方程 $4x^2+9y^2=36$，得 $4\times 2^2+9\times 1^2=25\neq 36$，因此点 Q 不在曲线上.

例 2　已知直线方程为 $x+3y-1=0$，点 $P(-2,a)$ 在此直线上，求 a 的值.

解　因为点 P 在直线上，所以点 P 的坐标是直线方程的解，把点 P 的坐标代入直线方程有 $-2+3a-1=0$，解得 $a=1$.

二、曲线的方程

一般地，求曲线的方程，有下面几个步骤：

(1)建立适当的坐标系，设 $P(x,y)$ 是曲线上任意一点；

(2)根据条件建立等式；

(3)用坐标表示等式，列出方程 $f(x,y)=0$；

(4)把方程 $f(x,y)=0$ 化成最简形式；

(5)证明以方程的解为坐标的点都是曲线上的点(一般可省略).

例 3　求到点 $A(-3,0)$,$B(3,0)$的距离的和为 10 的点 P 的轨迹方程.

解　设点 $P(x,y)$是方程上任意一点,如图 3－1 所示,由已知$|PA|+|PB|=10$,得

$$\sqrt{(x+3)^2+y^2}+\sqrt{(x-3)^2+y^2}=10$$

整理得
$$\frac{x^2}{25}+\frac{y^2}{16}=1.$$

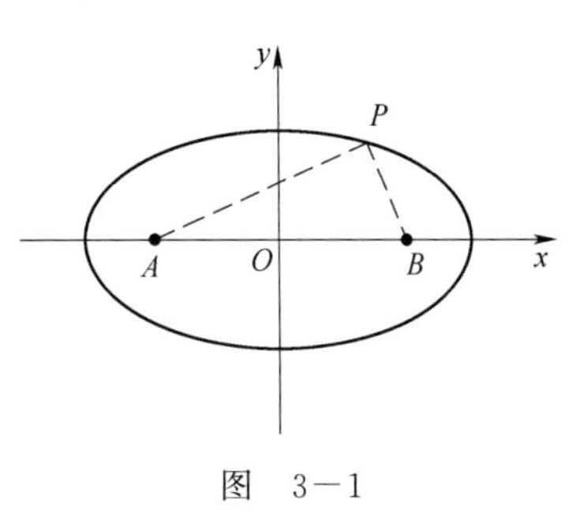

图　3－1

习　题　3－1

1. 已知曲线方程 $3x^2-4y^2+2xy-x+y-1=0$,判断 $A(1,1)$,$B(2,5)$,$C(0,3)$是否在曲线上.
2. 已知方程 $ax^2+by^2=36$ 的曲线经过 $A(3,0)$,$B(0,2)$,求 a,b 的值.
3. 求到坐标原点的距离等于 1 的点的轨迹方程.
4. 一动点到点 $A(2,1)$的距离等于它到 x 轴的距离,求这个动点的轨迹方程.

第二节　直线方程

一、直线的倾斜角和斜率

在平面直角坐标系中,直线 l 向上的方向与 x 轴的正方向所成的最小正角 α 叫作这条直线的**倾斜角**,如图 3－2 所示.

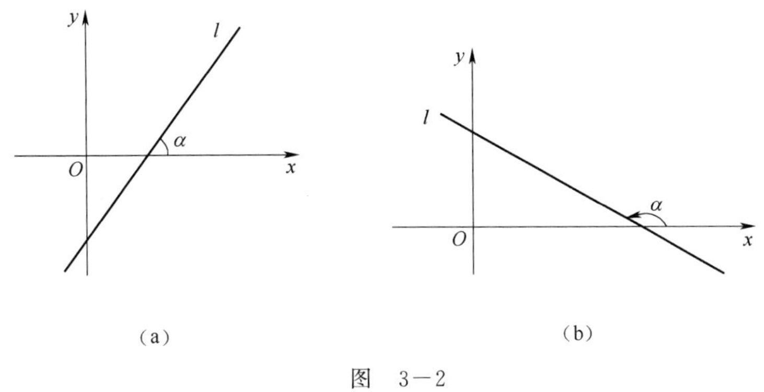

图　3－2

当直线和 x 轴平行(或重合)时,我们规定它的倾斜角是 0°.

倾斜角 α 的取值范围是 $0°\leqslant\alpha<180°$.直线的倾斜角可以用来表示直线对于 x 轴的倾斜程度.

当直线的倾斜角不是 90°时,将倾斜角的正切值叫作直线的**斜率**,用 k 表示,即 $k=\tan\alpha$ $(\alpha\neq 90°)$.

根据直线倾斜角的取值范围，直线 l 的斜率可分为下面四种情形：

(1)当 $\alpha=0°$(即直线平行于 x 轴或重合于 x 轴)时，$k=0$；

(2)当 α 为锐角，即 $0°<\alpha<90°$时，$k>0$；

(3)当 α 为钝角，即 $90°<\alpha<180°$时，$k<0$；

(4)当 $\alpha=90°$(即直线平行于 y 轴或重合于 y 轴)时，k 不存在.

倾斜角不是 $90°$的直线都有斜率，倾斜角不同，其斜率也不同，反之亦然.因此，通常也用斜率来表示直线对于 x 轴的倾斜程度.

如图 3－3 所示，设直线 l 经过两点 $P_1(x_1,y_1)$，$P_2(x_2,y_2)$，且直线的倾斜角 $\alpha\neq90°$.从 P_1，P_2 两点分别向 x 轴作垂线 P_1M_1，P_2M_2，再作 $P_1Q\perp P_2M_2$.则可得到直线的斜率为

$$k=\tan\alpha=\frac{QP_2}{P_1Q}=\frac{y_2-y_1}{x_2-x_1}\ (x_1\neq x_2).$$

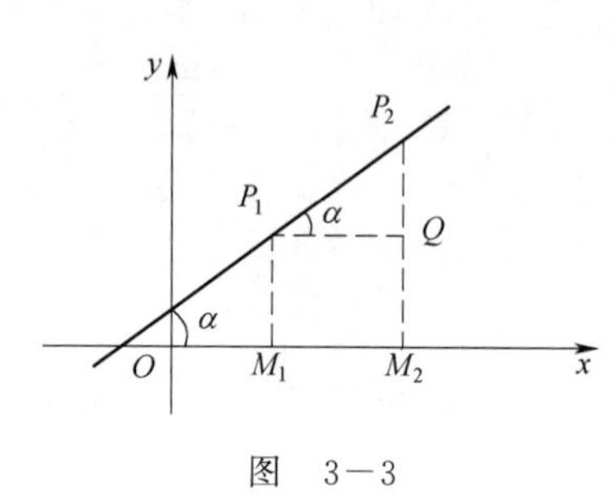

图 3－3

当 $x_1=x_2$ 时，直线与 x 轴垂直，直线斜率不存在.

如果已经知道直线的斜率 $k=\tan\alpha$，那么可以求出这条直线的倾斜角 α.

例 1 求经过 $A(-2,0)$，$B(-5,3)$两点的直线的斜率，倾斜角.

解 由上述直线的斜率公式知，$k=\dfrac{3-0}{-5-(-2)}=-1$，于是 $\tan\alpha=-1$，因此倾斜角 $\alpha=135°$.

二、直线方程的几种常见形式

1. 直线的点斜式方程

已知直线 l 上一点 $P_1(x_1,y_1)$及直线 l 的斜率 k，求直线的方程.

设 $P(x,y)$为直线 l 上不与 P_1 重合的任意点(见图 3－4).

因为 P_1P 的斜率等于直线 l 的斜率．根据直线的斜率公式，得

$$\frac{y-y_1}{x-x_1}=k\quad(x\neq x_1).$$

即

$$y-y_1=k(x-x_1).$$

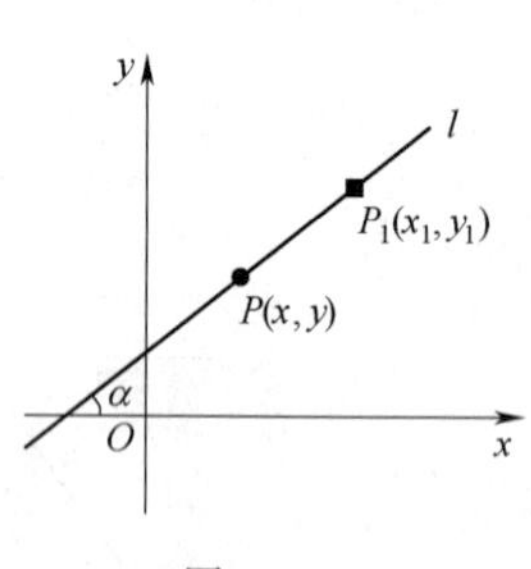

图 3－4

上述方程是由直线上一个定点和直线的斜率确定的，所以叫作**直线的点斜式方程**.

当直线 l 的倾斜角为 $0°$时，$k=0$.代入直线的点斜式方程，得

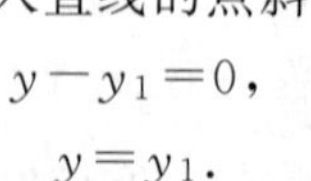

$$y-y_1=0,$$

即

$$y=y_1.$$

上式表示了直线 l 上每一点的纵坐标都等于 y_1，即直线 l 平行于 x 轴，所以叫作**平行于 x 轴的直线方程**.

特殊地，当 $y_1=0$ 时，便得到重合于 x 轴的直线方程为

$$y=0$$

上式又称为 x **轴方程**.

当直线 l 的倾斜角为 $90°$时，直线没有斜率，它的方程不能用点斜式直线方程表示.但因 l 上每一点的横坐标都等于 x_1，所以它的方程是

$$x=x_1.$$

因为这个方程表示的直线 l 平行于 y 轴，所以叫作**平行于 y 轴的直线方程**.

特殊地，当 $x_1=0$ 时，便得到重合于 y 轴的直线方程为

$$x=0$$

上式又称为 **y 轴方程**.

例 2　一条直线经过点 $P(1,-3)$，倾斜角 $\alpha=45°$，求这条直线的方程，

解　因为直线的倾斜角 $\alpha=45°$，所以斜率 $k=1$，又经过点 $P(1,-3)$，将其代入直线的点斜式方程，得 $y-(-3)=x-1$，即 $x-y-4=0$.

2. 直线的斜截式方程

若直线 l 与 x 轴、y 轴的交点坐标分别为 $(a,0)$，$(0,b)$，如图 3—5 所示，则 a 和 b 分别叫作直线 l 在 x 轴和 y 轴上的**截距**.

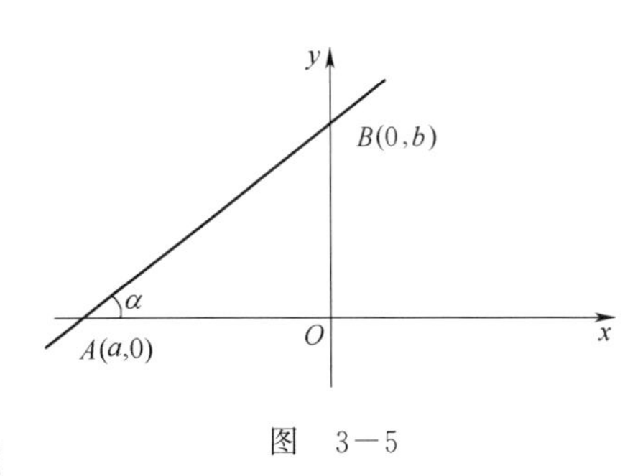

图　3—5

已知直线 l 的斜率为 k，与 y 轴的交点是 $P(0,b)$，求直线的方程.

由点斜式方程得　　$y-b=k(x-0)$，

即　　$y=kx+b$

上述方程是由直线 l 的斜率和它在 y 轴上的截距确定的，所以叫作**直线的斜截式方程**.

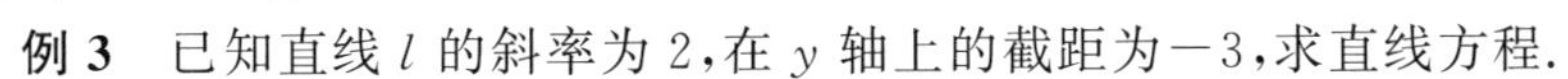
例 3　已知直线 l 的斜率为 2，在 y 轴上的截距为 -3，求直线方程.

解　由已知得 $k=2,b=-3$，将其代入直线的斜截式方程，得直线 l 的方程为 $y=2x-3$，即 $2x-y-3=0$.

3. 直线的截距式方程

设 a 和 b 分别为直线 l 在 x 轴和 y 轴上的**截距**. 则直线 l 的斜率为 $k=-\dfrac{b}{a}$，由直线的斜截式方程得

$$y=-\frac{b}{a}x+b,$$

即

$$\frac{x}{a}+\frac{y}{b}=1$$

上式是由直线 l 在 x 轴和 y 轴上的截距确定的，所以叫作**直线的截距式方程**.

例 4　求横截距为 4，纵截距为 3 的直线方程.

解　按所给条件，有 $a=4,b=3$.代入截距式方程，得 $\dfrac{x}{4}+\dfrac{y}{3}=1$，化简得所求直线的方程为 $3x+4y-12=0$.

4. 直线的一般式方程

在平面直角坐标系中，可以证明，对于任何一条直线，都可以用一个关于 x,y 的二元一次方程 $Ax+By+C=0$ 来表示.任何一个关于 x,y 的二元一次方程 $Ax+By+C=0$ 都表示一条直线.因此把方程 $Ax+By+C=0$ 叫作直线的一般式方程(其中 A,B 不全为零).

若直线的斜率存在，将其一般式 $Ax+By+C=0$ 化为斜截式得 $y=-\dfrac{A}{B}x-\dfrac{C}{B}$，于是直线

斜率为 $k=-\dfrac{A}{B}$.

例 5 已知直线经过点 $A(6,-4)$,斜率为 $-\dfrac{4}{3}$,求直线的点斜式和一般式方程.

解 过点 $A(6,-4)$,且斜率为 $-\dfrac{4}{3}$ 的直线的点斜式方程是 $y+4=-\dfrac{4}{3}(x-6)$,化成一般式,得 $4x+3y-12=0$.

例 6 把直线方程 $x-2y+6=0$ 化成斜截式,求出直线的斜率和它在 y 轴上的截距.

解 将原方程移项,化 y 的系数为 1,得斜截式方程 $y=\dfrac{1}{2}x+3$.因此,直线的斜率为 $\dfrac{1}{2}$,它在 y 轴上的截距为 3.

习 题 3-2

1. 求下列直线的斜率和在 y 轴上的截距.

(1) $2x-5y+3=0$; (2) $4x-3y-7=0$; (3) $3y+5=0$; (4) $y=0$.

2. 已知直线 l 经过两点 M_1, M_2,求 l 的斜率,倾斜角.

(1) $M_1(-2,5)$, $M_2(0,1)$; (2) $M_1(4,-3)$, $M_2(-1,2)$.

3. 由下列条件,求直线的方程,并且化为一般式.

(1)经过点 $P(4,-3)$,斜率是 -2;

(2)倾角是 $\dfrac{5\pi}{6}$,在 y 轴上的截距是 2;

(3)经过点 $K(3,-2)$,且平行于 x 轴;

(4)经过点 $M(2,3)$,且平行于 y 轴;

(5)经过点 $A(2,0)$ 和点 $B(0,3)$.

4. 已知三角形的三个顶点为 $A(0,4)$, $B(-2,-1)$, $C(3,0)$,求:

(1)三条边所在的直线的斜率; (2)三条边所在直线的方程.

第三节 点、直线间的关系

一、两条直线的平行和垂直

设两条直线 l_1 与 l_2 都不平行于 y 轴,它们的倾斜角分别是 α_1 和 α_2,斜率分别是 k_1 和 k_2. 下面我们来讨论两条直线互相平行和互相垂直时两条直线斜率之间的关系.

1. 两条直线的平行

如图 3-6 所示,因为

$$l_1 /\!/ l_2 \Leftrightarrow \alpha_1=\alpha_2,$$

所以

$$l_1 /\!/ l_2 \Leftrightarrow \tan\alpha_1=\tan\alpha_2,$$

即

$$l_1 /\!/ l_2 \Leftrightarrow k_1=k_2.$$

例 1 已知直线方程 $l_1: 2x-4y+7=0$, $l_2: x-2y+5=0$,求证: $l_1 /\!/ l_2$.

证明 把 l_1, l_2 的方程写成斜截式 $l_1: y=\frac{1}{2}x+\frac{7}{4}$，$l_2: y=\frac{1}{2}x+\frac{5}{2}$，因为 $k_1=k_2=\frac{1}{2}$，$b_1\neq b_2$.所以 $l_1 /\!/ l_2$.

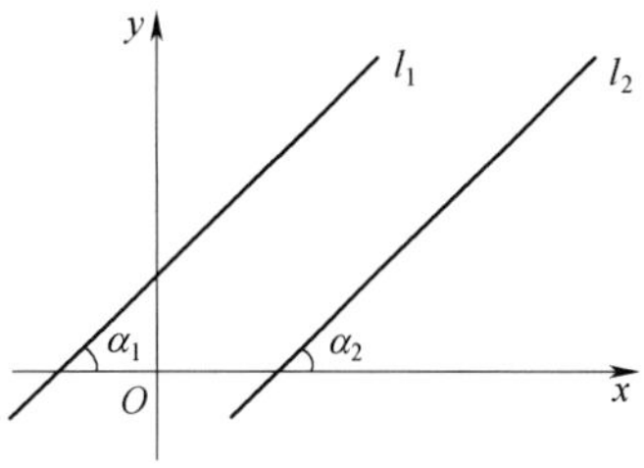

例 2 求过点 $A(1,-4)$ 且与直线 $2x+3y+5=0$ 平行的直线的方程.

解 将直线的一般式化为斜截式为 $y=-\frac{2}{3}x-\frac{5}{3}$，可知直线的斜率是 $-\frac{2}{3}$，因为所求直线与已知直线平行，因此它

图 3-6

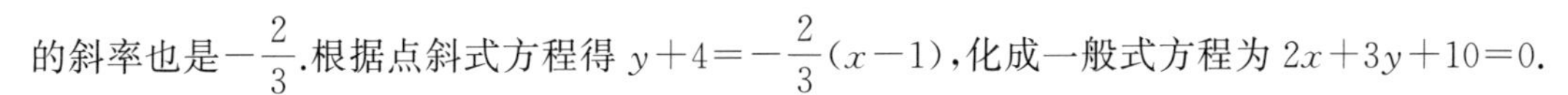

的斜率也是 $-\frac{2}{3}$.根据点斜式方程得 $y+4=-\frac{2}{3}(x-1)$，化成一般式方程为 $2x+3y+10=0$.

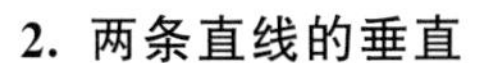

2. 两条直线的垂直

如图 3－7 所示，因为 $\quad l_1 \perp l_2 \Leftrightarrow \alpha_2=\alpha_1+90°$，

所以 $\quad l_1 \perp l_2 \Leftrightarrow \tan\alpha_2=\tan(\alpha_1+90°)$，

即 $\quad l_1 \perp l_2 \Leftrightarrow \tan\alpha_2=-\cot\alpha_1$.

从而可推出

$$l_1 \perp l_2 \Leftrightarrow k_2=-\frac{1}{k_1}(\text{或 } k_1 \cdot k_2=-1).$$

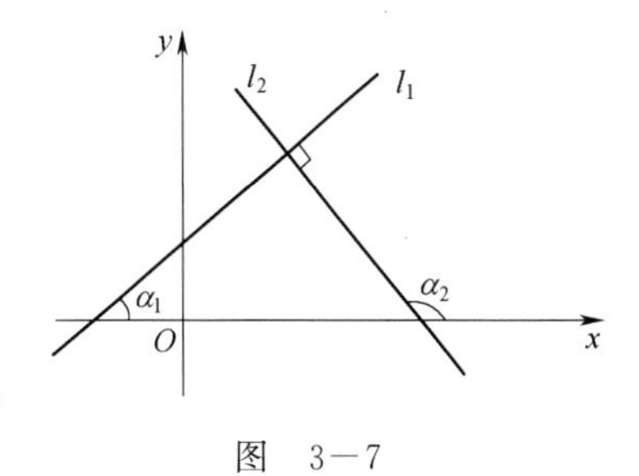

图 3－7

例 3 已知两条直线 $l_1: 2x-4y+7=0$，$l_2: 2x+y-5=0$，求证：$l_1 \perp l_2$.

证明 将两直线化为斜截式 $l_1: y=\frac{1}{2}x+\frac{7}{4}$，$l_2: y=-2x+5$，于是 l_1 的斜率为 $k_1=\frac{1}{2}$，l_2 的斜率 $k_2=-2$.由于 $k_1 \cdot k_2=\frac{1}{2}\times(-2)=-1$，因此 $l_1 \perp l_2$.

例 4 求过点 $A(2,1)$，且与直线 $2x+y-10=0$ 垂直的直线 l 的方程.

解 直线 $2x+y-10=0$ 的斜率是 -2.因为直线 l 与已知直线垂直，所以它的斜率 $k=\frac{1}{2}$，且过点 $A(2,1)$，根据点斜式方程，得到直线的方程是 $y-1=\frac{1}{2}(x-2)$，即 $x-2y=0$.

二、两条直线的相交

1. 两条相交直线的交点

设两条直线的方程是 $l_1: A_1x+B_1y+C_1=0$（A_1, B_1 不全为零），$l_2: A_2x+B_2y+C_2=0$（A_2, B_2 不全为零）.若直线 l_1 与 l_2 相交，则交点同时在直线 l_1 与 l_2 上，因此交点坐标既是直线 l_1 的解又是直线 l_2 的解.反过来，若上面两个方程只有一个公共解，则以这个解为坐标的点既在直线 l_1 上又在直线 l_2 上，因此，这个点必是直线 l_1 与 l_2 的交点.因此，两条直线是否有交点，就要看这两条直线的方程所组成的方程组 $\begin{cases}A_1x+B_1y+C_1=0\\A_2x+B_2y+C_2=0\end{cases}$ 是否有解.当方程组有一组解时，两条直线相交，方程组的解即为交点坐标.

例 5 求直线 $l_1: 3x+4y-2=0$，$l_2: 2x+y+2=0$ 的交点.

解 解方程组$\begin{cases}3x+4y-2=0\\2x+y+2=0\end{cases}$，得$\begin{cases}x=-2\\y=2\end{cases}$.
因此，l_1 与 l_2 的交点是$(-2,2)$.

2. 两条直线的夹角

两条直线 l_1 和 l_2 相交构成四个角，把其中的锐角叫作**两条直线的夹角**，记为 θ.

设 l_1 和 l_2 的倾斜角分别是 α_1 和 α_2，$\tan\alpha_1=k_1$，$\tan\alpha_2=k_2$，$0°<\theta<90°$.如图 3－8(a)所示，当 $0°<\alpha_2-\alpha_1<90°$时，$\theta=\alpha_2-\alpha_1$；如图 3－8(b)所示，当 $\alpha_2-\alpha_1>90°$时，$\theta=\pi-(\alpha_2-\alpha_1)$.

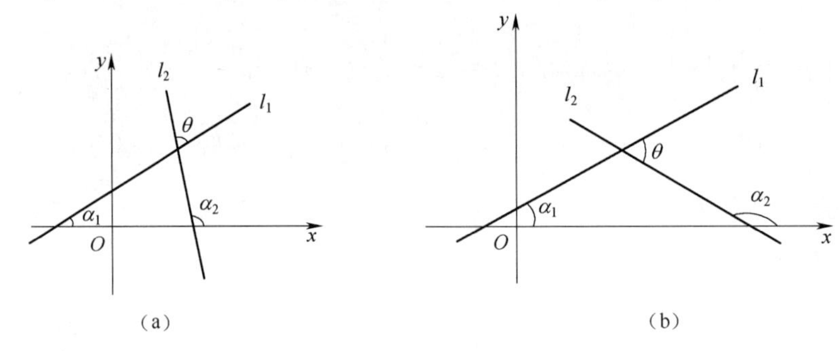

图 3－8

因而在这两种情况下，不管 $\alpha_2-\alpha_1$ 是锐角还是钝角，都有

$$\tan\theta=|\tan(\alpha_2-\alpha_1)|.$$

所以

$$\tan\theta=\left|\frac{k_2-k_1}{1+k_2k_1}\right|(0°<\theta<90°).$$

上式称为**两条直线的夹角公式**.

例 6 求直线 $l_1:y=-2x+3$，$l_2:y=x-\frac{3}{2}$的夹角.

解 将两条直线的斜率 $k_1=-2$，$k_2=1$，代入上述公式，得

$$\tan\alpha=\left|\frac{k_2-k_1}{1+k_2k_1}\right|=\left|\frac{1-(-2)}{1+1\times(-2)}\right|=3,$$

因此 $\alpha=\arctan 3$.

三、点到直线的距离

如果已知某点 $P(x_0,y_0)$，直线 l 的方程是 $Ax+By+C=0$，设 $A\neq0$，$B\neq0$，这时 l 与 x 轴、y 轴都相交.如图 3－9 所示，过点 P 作 x 轴的平行线，交 l 于点 $R(x_1,y_0)$；作 y 轴的平行线，交 l 于点 $S(x_0,y_2)$.由 $Ax_1+By_0+C=0$，$Ax_0+By_2+C=0$，得

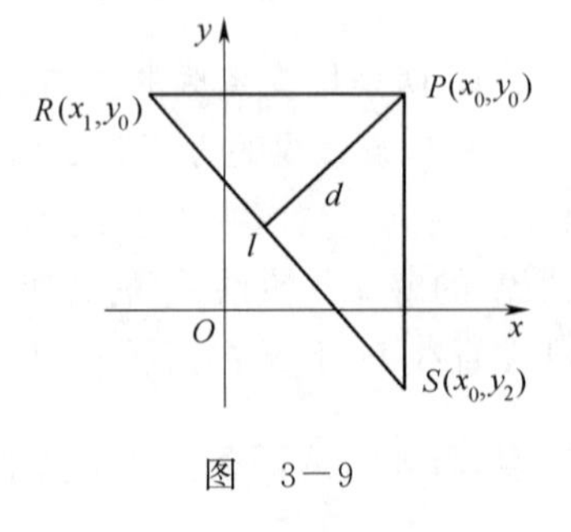

图 3－9

$$x_1=\frac{-By_0-C}{A},y_2=\frac{-Ax_0-C}{B}.$$

所以，$$|PR|=|x_0-x_1|=\left|\frac{Ax_0-By_0+C}{A}\right|,$$

$$|PS|=|y_0-y_2|=\left|\frac{Ax_0+By_0+C}{B}\right|,$$

$$|RS|=\sqrt{PR^2+PS^2}=\frac{\sqrt{A^2+B^2}}{|AB|}\times|Ax_0+By_0+C|.$$

设 d 表示点 P 到直线 l 的距离，由三角形面积公式可知，$d\cdot|RS|=|PR||PS|$.
所以

$$d=\left|\frac{Ax_0+By_0+C}{\sqrt{A^2+B^2}}\right|.$$

可以证明，当 $A=0$ 或 $B=0$ 时，以上公式仍适用.上述公式叫作**点到直线的距离公式**.

例 7 求点 $P_0(-1,2)$ 到直线 $2x+y-10=0$ 的距离.

解 根据点到直线的距离公式，得

$$d=\left|\frac{2\times(-1)+2-10}{\sqrt{2^2+1^2}}\right|=\frac{10}{\sqrt{5}}=2\sqrt{5}.$$

例 8 求平行线 $2x-7y+8=0$ 和 $2x-7y-6=0$ 间的距离.

解 在直线 $2x-7y-6=0$ 上任取一点 $P(3,0)$，则点 P 到直线 $2x-7y+8=0$ 的距离就是两平行线间的距离.因此由点到直线的距离公式，得

$$d=\left|\frac{2\times3-7\times0+8}{\sqrt{2^2+(-7)^2}}\right|=\frac{14}{\sqrt{53}}=\frac{14\sqrt{53}}{53}.$$

习 题 3-3

1. 判断下列各对直线的位置关系.

(1) $x+5y+1=0$ 与 $2x+10y-3=0$；

(2) $3x-4y+1=0$ 与 $4x+3y-2=0$；

(3) $2x-3y-5=0$ 与 $4x-6y=10$；

(4) $7x+2y-3=0$ 与 $2x-7y+1=0$.

2. 求适合下列条件的直线的方程.

(1) 经过点 $P(1,-3)$，且平行于直线 $4x+7y-2=0$；

(2) 经过点 $Q(3,-5)$，且垂直于直线 $2x+5y-1=0$；

(3) 经过点 $M(-2,1)$，且平行于直线 $x=3$；

(4) 经过点 $N(-1,-3)$，且垂直于直线 $x+y=0$.

3. 求经过直线 $2x-3y-3=0$ 与 $5x-7y-8=0$ 的交点，且与直线 $4x+y-3=0$ 平行的直线方程.

4. 设两点 $A(-2,3)$，$B(6,-1)$，求线段 AB 的垂直平分线的方程.

5. 求下列各对直线的夹角.

(1) $4x-2y+3=0$ 与 $6x+2y-1=0$；

(2) $2x-y+3=0$ 与 $4x+3y+7=0$.

6. 求下列点到直线的距离.

(1) $P(-3,1)$，$2x-5y+3=0$；　　(2) $Q(5,-2)$，$4x+11=0$；

(3)$M(4,0)$,$7x-2y-25=0$.

7. 求平行线 $5x-2y+1=0$ 与 $5x-2y-4=0$ 之间的距离.

第四节 圆

一、圆的标准方程

平面内与一个定点的距离等于定长的点的集合叫作**圆**.定点叫作**圆心**,定长叫作**半径**.

设圆的圆心为 $C(a,b)$,半径为 r, $M(x,y)$是圆上任意一点.如图 3-10 所示,根据圆的定义,点 M 到圆心 $C(a,b)$的距离等于 r,即$|MC|=r$,由两点间的距离公式,得

$$\sqrt{(x-a)^2+(y-b)^2}=r,$$

两边平方得

$$(x-a)^2+(y-b)^2=r^2.$$

上述方程就是圆心为 $C(a,b)$,半径为 r 的**圆的标准方程**.

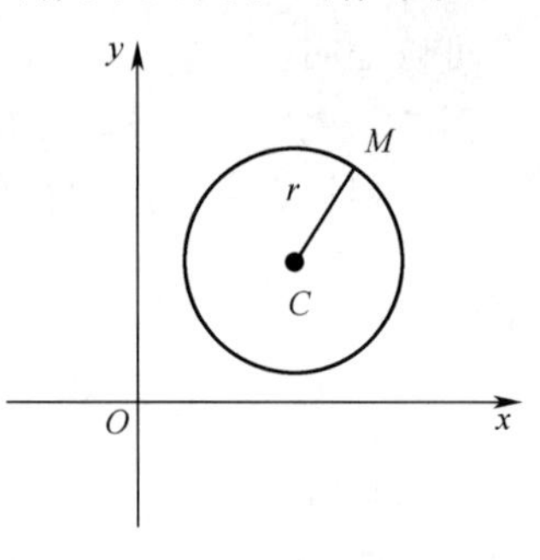

图 3-10

特别地,当圆心在坐标原点时,圆的标准方程就是

$$x^2+y^2=r^2.$$

例 1 写出下列各个圆的标准方程.

(1)圆心为 $C(4,1)$,半径为 3;　　(2)圆心为 $C(0,2)$,半径为 1.

解 (1)圆心为 $C(4,1)$,半径为 3 的圆的标准方程为

$$(x-4)^2+(y-1)^2=9.$$

(2)圆心为 $C(0,2)$,半径为 1 的圆的标准方程为

$$x^2+(y-2)^2=1.$$

例 2 写出下列各圆的圆心坐标和半径.

(1)$(x+5)^2+(y-2)^2=7$;　　(2)$x^2+(y+4)^2=6$;

解 (1)$(x+5)^2+(y-2)^2=7$ 的圆心坐标为$(-5,2)$,半径为$\sqrt{7}$.

(2)$x^2+(y+4)^2=6$ 的圆心坐标为$(0,-4)$,半径为$\sqrt{6}$.

例 3 求圆心 C 在原点,且过点 $A(3,1)$的圆的标准方程.

解 由圆的定义,圆心到圆上任意一点的距离都等于半径 r,所以

$$r=|CA|=\sqrt{(3-0)^2+(1-0)^2}=\sqrt{10},$$

因此,圆的方程是

$$x^2+y^2=10.$$

二、圆的一般方程

把圆的标准方程$(x-a)^2+(y-b)^2=r^2$ 展开得 $x^2+y^2-2ax-2by+a^2+b^2-r^2=0$,令$-2a=D$,$-2b=E$,$a^2+b^2-r^2=F$,则任何一个圆的方程都可以写成下面的形式

$$x^2+y^2+Dx+Ey+F=0.$$

反过来,将上述方程配方,得$\left(x+\dfrac{D}{2}\right)^2+\left(y+\dfrac{E}{2}\right)^2=\dfrac{D^2+E^2-4F}{4}$.

当 $D^2+E^2-4F>0$ 时，方程表示以 $\left(-\frac{D}{2},-\frac{E}{2}\right)$ 为圆心，以 $\frac{1}{2}\sqrt{D^2+E^2-4F}$ 为半径的圆．

当 $D^2+E^2-4F=0$ 时，方程只有实数解 $x=-\frac{D}{2}$，$y=-\frac{E}{2}$，所以表示一个点 $\left(-\frac{D}{2},-\frac{E}{2}\right)$．

当 $D^2+E^2-4F<0$ 时，方程没有实数解，因而它不表示任何图形．

当 $D^2+E^2-4F>0$ 时，把方程 $x^2+y^2+Dx+Ey+F=0$ 叫作**圆的一般方程**．

圆的标准方程的优点在于它明确地指出了圆心和半径，而一般方程突出了方程形式上的特点：

(1) x^2 和 y^2 的系数相同，不等于 0；

(2) 没有 xy 项．

例 4　已知圆的方程是 $x^2+y^2-6x+4y+9=0$，求圆心坐标和半径．

解　把 $x^2+y^2-6x+4y+9=0$ 配方，得 $(x-3)^2+(y+2)^2=4$，因此，方程 $x^2+y^2-6x+4y+9=0$ 的圆心坐标为 $(3,-2)$，半径为 2．

例 5　求过三点 $A(0,2)$，$B(3,0)$，$C(1,1)$ 的圆的方程．

解　设所求的圆的方程是 $x^2+y^2+Dx+Ey+F=0$，因为 A，B，C 在圆上，所以它们的坐标是方程的解.代入方程得

$$\begin{cases}2^2+2E+F=0\\3^2+3D+F=0\\1^2+1^2+D+E+F=0\end{cases},$$

解这个方程组得　　$D=-9,E=-11,F=18.$

因此所求圆的方程是　　$x^2+y^2-9x-11y+18=0.$

三、直线和圆的位置关系

如图 3－11 所示，直线和圆的位置关系可以通过圆心到直线的距离 d 来判断：

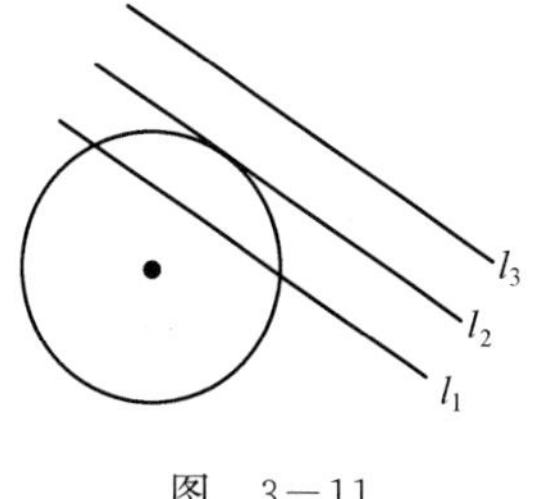

图　3－11

当 $d<r$ 时，直线 l 与圆有两个不同的交点，这时直线 l 与圆相交；

当 $d=r$ 时，直线 l 与圆有重合的两个交点，这时直线 l 与圆相切．

当 $d>r$ 时，直线 l 与圆没有交点，这时直线 l 与圆相离．

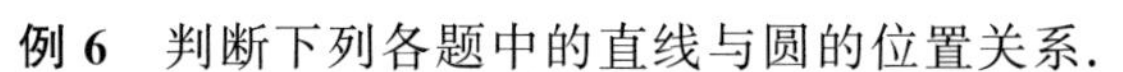

例 6　判断下列各题中的直线与圆的位置关系．

(1) 直线 $3x-y-1=0$，圆 $x^2+y^2=1$；

(2) 直线 $3x+4y+5=0$，圆 $(x-2)^2+(y-1)^2=9$；

(3) 直线 $2x+y+10=0$，圆 $(x+1)^2+(y-2)^2=4$．

解　(1) 由于圆心 $C(0,0)$ 到直线 $3x-y-1=0$ 的距离为

$$d=\frac{|-1|}{\sqrt{3^2+1^2}}=\frac{1}{\sqrt{10}}<1=r,$$

因此所给直线和圆相交.

(2)由于圆心 $C(2,1)$ 到直线 $3x+4y+5=0$ 的距离为

$$d=\frac{|3\times2+4\times1+5|}{\sqrt{3^2+4^2}}=3=r,$$

因此所给直线和圆相切.

(3)由于圆心 $C(-1,2)$ 到直线 $2x+y+10=0$ 的距离为

$$d=\frac{|-2+2+10|}{\sqrt{2^2+1^2}}=\frac{10}{\sqrt{5}}>2=r,$$

因此所给直线和圆相离.

习　题　3－4

1. 已知圆的方程为 $(x+4)^2+(y-1)^2=3$,求圆心坐标和半径.
2. 已知圆心为 $C(3,-4)$,且经过点 $A(1,-2)$,求圆的标准方程.
3. 求经过点 $A(0,0)$,$B(4,1)$,$C(2,4)$ 的圆的一般方程.
4. 下列方程表示的图形是不是圆?如果是圆,写出它的圆心坐标和半径.

(1) $x^2+y^2+x+2y-5=0$;

(2) $x^2+y^2-10x+y-1=0$.

5. 判断下列各题中的直线与圆的位置关系.

(1)直线 $x+2y=0$,圆 $(x+2)^2+(y-4)^2=2$;

(2)直线 $3x+4y-20=0$,圆 $(x+1)^2+(y-2)^2=9$.

6. 当 k 为何值时,直线 $y=kx+1$ 与圆 $x^2+y^2=1$ 相交、相切、相离?

第五节　椭圆、双曲线和抛物线

一、机械法作图、定义与标准方程

1. 椭圆

取一条没有伸缩性的细绳,把它的两端固定在画板上的 F_1 和 F_2 两点,如图 3－12 所示,当绳长大于 F_1 和 F_2 的距离时,用笔尖拉紧绳子在画板上慢慢移动,就可以画出一个椭圆.从画图过程可以看出,椭圆就是与点 F_1、F_2 的距离的和等于定长(即绳长)的点的集合.

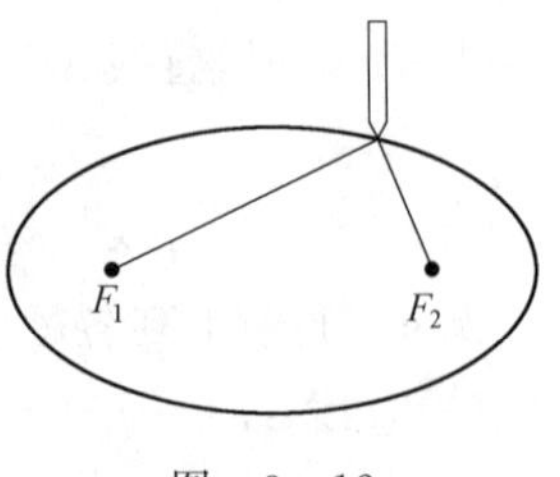

图　3－12

平面内与两个定点 F_1,F_2 的距离的和等于常数(大于 $|F_1F_2|$)的点的轨迹叫作**椭圆**.这两个定点叫作椭圆的**焦点**,两焦点的距离叫作椭圆的**焦距**.

取过点 F_1,F_2 的直线为 x 轴,线段 F_1F_2 的垂直平分线为 y 轴,建立直角坐标系 xOy,如图 3－13 所示.

设椭圆焦距为 $2c(c>0)$,即 $|F_1F_2|=2c$,则点 F_1,F_2 坐标分别为 $(-c,0)$,$(c,0)$,又设

$M(x,y)$是椭圆上任意一点，它到两焦点 F_1，F_2 的距离之和为 $2a(a>c)$. 由椭圆的定义，得 $|MF_1|+|MF_2|=2a$. 根据两点间距离公式，得

$$\sqrt{(x+c)^2+y^2}+\sqrt{(x-c)^2+y^2}=2a,$$

化简整理，得 $(a^2-c^2)x^2+a^2y^2=a^2(a^2-c^2)$，

因为 $2a>2c$，所以 $a>c$，所以 $a^2-c^2>0$.

令 $a^2-c^2=b^2(b>0)$，得

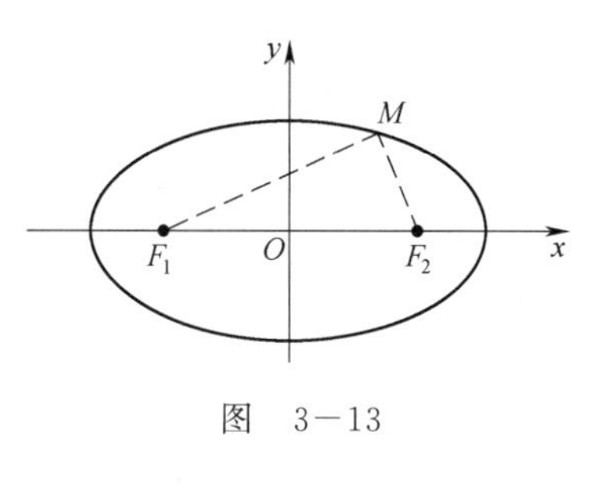

图　3-13

$$b^2x^2+a^2y^2=a^2b^2,$$

两边同时除以 a^2b^2，得

$$\frac{x^2}{a^2}+\frac{y^2}{b^2}=1\quad(a>b>0).$$

上述方程叫作**椭圆的标准方程**. 它表示的椭圆焦点在 x 轴上，焦点坐标为 $F_1(-c,0)$ 和 $F_2(c,0)$，这里 $c^2=a^2-b^2$.

如果取椭圆的焦点 F_1，F_2 所在的直线为 y 轴，线段 F_1F_2 的垂直平分线为 x 轴，建立直角坐标系 xOy，如图 3-14 所示，这时焦点坐标为 $F_1(0,-c)$，$F_2(0,c)$. 此时椭圆的方程为

$$\frac{x^2}{b^2}+\frac{y^2}{a^2}=1\quad(a>b>0).$$

上述方程也是**椭圆的标准方程**.

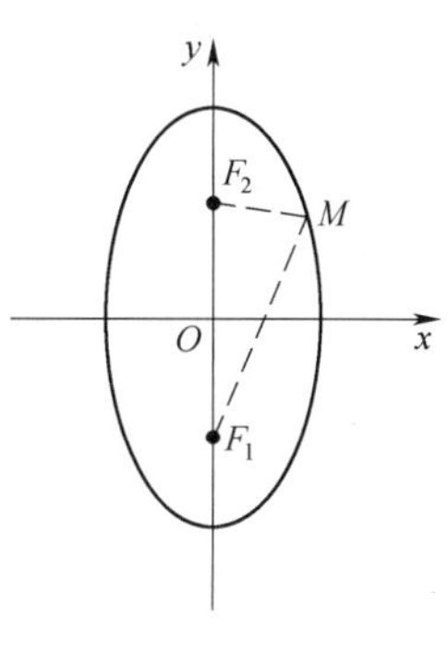

图　3-14

例 1　已知椭圆两个焦点的坐标为(3，0)和(-3，0)，椭圆上一点 M 到两焦点距离的和为 10，求椭圆的标准方程.

解　由已知椭圆的焦点在 x 轴上，并且 $c=3$，$2a=10$. 那么

$$b^2=a^2-c^2=25-9=16.$$

设椭圆的标准方程为 $$\frac{x^2}{a^2}+\frac{y^2}{b^2}=1\quad(a>b>0),$$

则所求椭圆的标准方程为 $$\frac{x^2}{25}+\frac{y^2}{16}=1.$$

例 2　已知椭圆的标准方程为 $\frac{x^2}{64}+\frac{y^2}{100}=1$，求 a，b，c 的值及焦点坐标.

解　由已知，可看出焦点在 y 轴上，且 $a^2=100$，$b^2=64$，由

$$c^2=a^2-b^2=100-64=36,$$

得 $a=10$，$b=8$，$c=6$，焦点坐标为 $F_1(0,6)$，$F_2(0,-6)$.

2. 双曲线

如图 3-15 所示，取一条拉链，拉开它的一部分，在拉开的两边上各选择一点，分别固定在 F_1，F_2 上，把笔尖固定在拉链的锁头处，随着拉链的打开或闭合，笔尖就画出一条曲线，这条曲线就是双曲线.

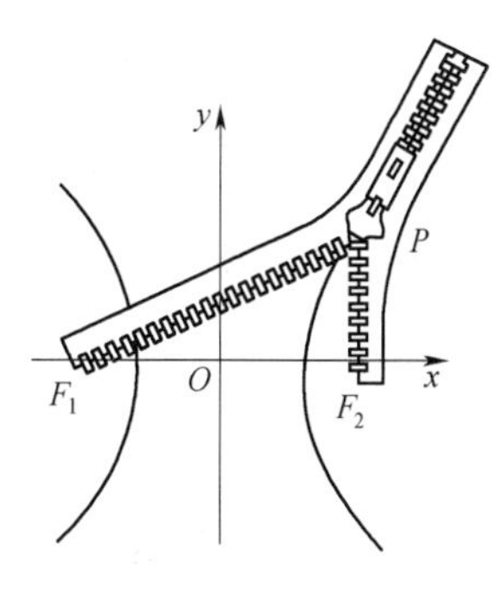

图　3-15

平面内与两个定点 F_1、F_2 的距离的差的绝对值等于常数（小于 $|F_1F_2|$）的点的轨迹叫作**双曲线**. 这两个定点叫作双曲线的**焦点**，两焦点的距离叫作双曲线的**焦距**.

取过 F_1,F_2 的直线为 x 轴，线段 F_1F_2 的垂直平分线为 y 轴，建立直角坐标系 xOy，如图 3－16 所示.设 $M(x,y)$ 是双曲线上任意一点，双曲线的焦距为 $2c(c>0)$，则点 F_1,F_2 的坐标分别为 $(-c,0),(c,0)$，M 到两焦点 F_1,F_2 的距离之差的绝对值为 $2a$ $(a>0)$.

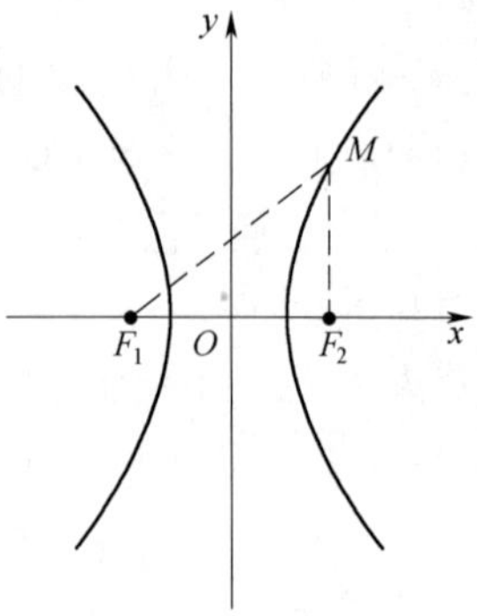

图 3－16

由双曲线的定义得 $\quad ||MF_1|-|MF_2||=2a$，

即 $\quad |MF_1|-|MF_2|=\pm 2a$，

根据两点间距离公式，得

$$\sqrt{(x+c)^2+y^2}-\sqrt{(x-c)^2+y^2}=\pm 2a,$$

化简，得 $\quad (c^2-a^2)x^2-a^2y^2=a^2(c^2-a^2)$，

因为 $2c>2a$，即 $c>a$，所以 $c^2-a^2>0$.

令 $c^2-a^2=b^2(b>0)$，得

$$b^2x^2-a^2y^2=a^2b^2,$$

两边同时除以 a^2b^2，得

$$\frac{x^2}{a^2}-\frac{y^2}{b^2}=1 \quad (a>0,b>0).$$

上述方程叫作**双曲线的标准方程**，它所表示的双曲线的焦点在 x 轴上，焦点是 $F_1(-c,0)$，$F_2(c,0)$，这里 $c^2=a^2+b^2$.

如果在建立直角坐标系时，取经过 F_1,F_2 的直线为 y 轴，即双曲线的焦点在 y 轴上，如图 3－17 所示，这时焦点坐标为 $F_1(0,-c),F_2(0,c)$，这时双曲线的标准方程是

$$\frac{y^2}{a^2}-\frac{x^2}{b^2}=1 \quad (a>0,b>0).$$

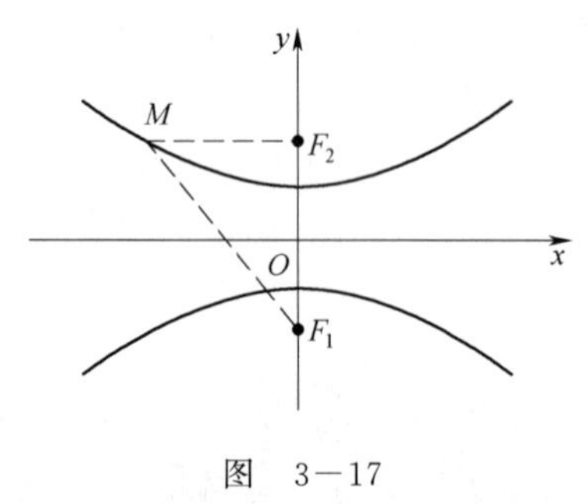

图 3－17

例 3 已知双曲线的两焦点的坐标为 $F_1(-5,0)$，$F_2(5,0)$，双曲线上一点到两焦点的距离的差的绝对值为 6，求双曲线的标准方程.

解 因为双曲线的焦点在 x 轴上，所以设双曲线的标准方程为

$$\frac{x^2}{a^2}-\frac{y^2}{b^2}=1 \quad (a>0,b>0).$$

由已知 $c=5,2a=6$，可得 $a=3,b^2=c^2-a^2=5^2-3^2=16$.所以双曲线的标准方程为

$$\frac{x^2}{9}-\frac{y^2}{16}=1.$$

例 4 已知双曲线的焦点在 x 轴上，且经过点 $A(-5,2)$，焦距为 12，求双曲线的标准方程.

解 因为双曲线的焦点在 x 轴上，所以设双曲线的标准方程为

$$\frac{x^2}{a^2}-\frac{y^2}{b^2}=1 \quad (a>0,b>0).$$

因为 $2c=12$，所以 $c=6$.

因为双曲线经过点 $A(-5,2)$，所以点 A 的坐标满足方程 .

又因为 $c^2=a^2+b^2$，因此得到方程组

$$\begin{cases}\dfrac{(-5)^2}{a^2}-\dfrac{2^2}{b^2}=1,\\ a^2+b^2=36\end{cases}$$

解这个方程组，得 $a^2=20$ 或 $a^2=45$(舍)，$b^2=16$.因此双曲线的标准方程为

$$\frac{x^2}{20}-\frac{y^2}{16}=1.$$

3. 抛物线

如图 3－18 所示，把一根直尺固定在图板上直线 l 的位置，把一块三角尺的一条直角边紧靠着支持的边缘，再把一条细绳的一端固定在三角尺的另一条直角边的一点 A，取绳长等于点 A 到直角顶点 C 的长(即点 A 到直线 l 的距离)，并且把绳子的另一端固定在图板上的一点 F，用铅笔尖扣着绳子，使点 A 到笔尖的一段绳子紧靠着三角尺，然后将三角尺沿着直尺上下滑动，笔尖就在图板上画出了一条曲线，这条曲线就是抛物线.

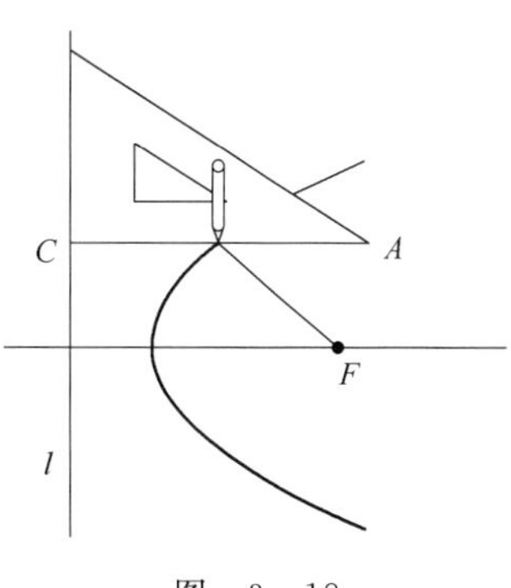

图　3－18

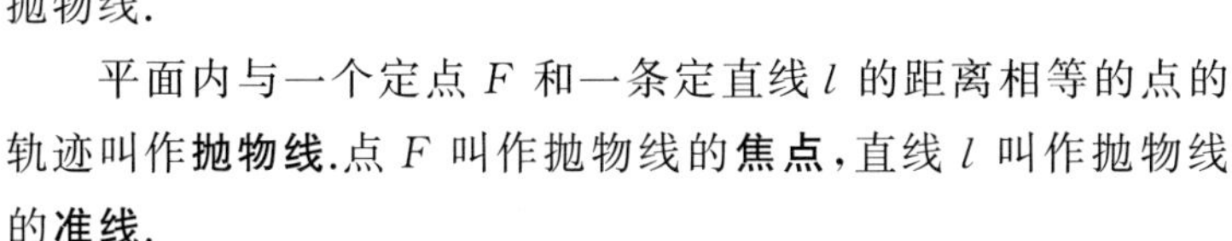
平面内与一个定点 F 和一条定直线 l 的距离相等的点的轨迹叫作**抛物线**.点 F 叫作抛物线的**焦点**，直线 l 叫作抛物线的**准线**.

如图 3－19 所示，以过焦点 F 且与准线 l 垂直的直线为 x 轴，垂足为 H，以线段 HF 的中点为原点建立直角坐标系 xOy，设 $|HF|=p$ $(p>0)$，则焦点 F 的坐标为 $\left(\dfrac{p}{2},0\right)$，准线 l 的方程为 $x=-\dfrac{p}{2}$.

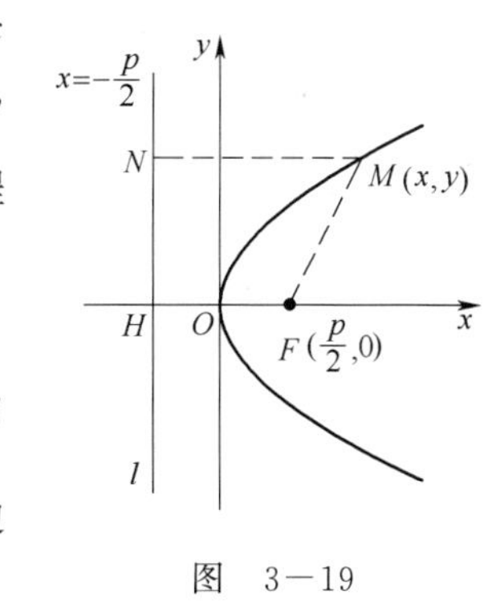

图　3－19

设 $M(x,y)$ 是抛物线上任意一点，点 M 到 l 的距离为 d，由抛物线的定义得 $|MF|=d$，即 $\sqrt{\left(x-\dfrac{p}{2}\right)^2+y^2}=\left|x+\dfrac{p}{2}\right|$，两边平方化简得

$$y^2=2px\quad(p>0).$$

上述方程叫作**抛物线的标准方程**.它表示的抛物线的焦点在 x 轴的正半轴上，坐标是 $F\left(\dfrac{p}{2},0\right)$，准线方程是 $x=-\dfrac{p}{2}$.

一条抛物线由于它在坐标平面内的位置不同，方程也不同，所以抛物线的标准方程还有其他几种形式：$y^2=-2px$，$x^2=2py$，$x^2=-2py$.这四种抛物线的图形，标准方程、焦点坐标以及准线方程如表 3－1 所示.

例 5　已知抛物线的标准方程是 $y^2=-4x$，求它的焦点坐标和准线方程.

解　因为 $2p=4$，$p=2$，所以焦点坐标为 $F(-1,0)$，准线方程是 $x=1$.

例 6　求适合下列条件的抛物线的标准方程.

(1)抛物线的焦点坐标是$(4,0)$；　　(2)抛物线的准线方程是 $y=-1$.

表 3-1

标准方程	$y^2=2px$	$y^2=-2px$	$x^2=2py$	$x^2=-2py$
图　像				
焦点坐标	$\left(\frac{p}{2},0\right)$	$\left(-\frac{p}{2},0\right)$	$\left(0,\frac{p}{2}\right)$	$\left(0,-\frac{p}{2}\right)$
准线方程	$x=-\frac{p}{2}$	$x=\frac{p}{2}$	$y=-\frac{p}{2}$	$y=\frac{p}{2}$

解　(1)因为焦点在 x 轴的正半轴上，且$\frac{p}{2}=4$，$p=8$，所以抛物线的标准方程是

$$y^2=16x;$$

(2)因为焦点在 y 轴的正半轴上，且$\frac{p}{2}=1$，$p=2$，所以抛物线的标准方程是

$$x^2=4y.$$

二、几何性质

1. 椭圆

下面根据椭圆的标准方程$\frac{x^2}{a^2}+\frac{y^2}{b^2}=1\quad(a>b>0)$来研究它的几何性质.

(1)范围

由椭圆的标准方程$\frac{x^2}{a^2}+\frac{y^2}{b^2}=1$可知，$\frac{x^2}{a^2}\leqslant 1$，$\frac{y^2}{b^2}\leqslant 1$，即 $x^2\leqslant a^2$，$y^2\leqslant b^2$，所以 $|x|\leqslant a$，$|y|\leqslant b$.

这说明椭圆位于直线 $x=\pm a$，$y=\pm b$ 所围成的矩形里，如图 3-20 所示.

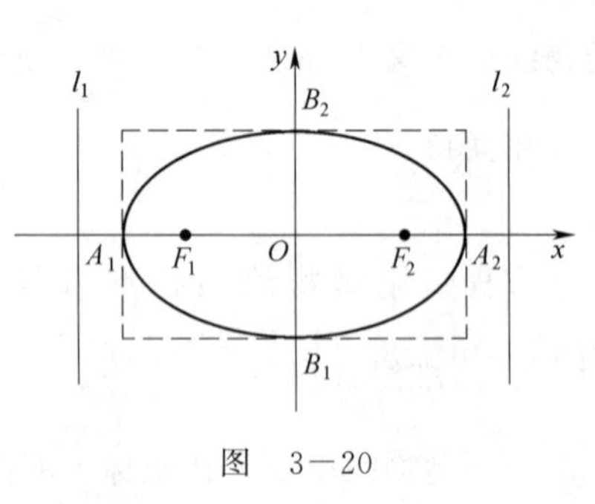

图　3-20

(2)对称性

若点 $M(x,y)$在椭圆的标准方程$\frac{x^2}{a^2}+\frac{y^2}{b^2}=1(a>b>0)$上，点 $M(x,y)$关于 y 轴的对称点 $M'(-x,y)$也在椭圆上，因此椭圆关于 y 轴对称.同理，椭圆关于 x 轴对称，关于原点对称，坐标轴是**椭圆的对称轴**，原点是**椭圆的对称中心**.椭圆的对称中心叫作**椭圆的中心**.

(3)顶点

在椭圆的标准方程里，令 $x=0$，得 $y=\pm b$.这说明椭圆与 y 轴交于两点 $B_1(0,-b)$，$B_2(0,b)$，同理，令 $y=0$，得 $x=\pm a$.即 $A_1(-a,0)$，$A_2(a,0)$是椭圆与 x 轴的两个交点.x 轴与 y 轴都是椭圆的对称轴．椭圆与对称轴的交点叫作**椭圆的顶点**，椭圆有四个顶点 A_1，A_2，B_1，B_2，线段 A_1A_2，B_1B_2 分别叫作**椭圆的长轴和短轴**.它们的长分别等于 $2a$ 和 $2b$，a 和 b 分

别叫作**椭圆的长半轴长和短半轴长**.

(4)离心率

椭圆的焦距与长轴长的比 $e=\frac{c}{a}$ 叫作椭圆的**离心率**.因为 $a>c>0$,所以 $0<e<1$,e 越接近 1,则 c 越接近 a,从而 $b=\sqrt{a^2-c^2}$ 越小,因此椭圆越扁,反之,e 越接近于 0,c 越接近于 0,从而 b 越接近于 a,这时椭圆就接近于圆. 因此,离心率 e 刻画出了椭圆的扁平程度.

当且仅当 $a=b$ 时,$c=0$,这时两个焦点重合,椭圆变为圆,它的方程为 $x^2+y^2=a^2$.

例 7　求椭圆 $16x^2+25y^2=400$ 的长轴长,短轴长,焦距,顶点、焦点坐标及离心率.

解　把方程 $16x^2+25y^2=400$ 化成标准形式 $\frac{x^2}{25}+\frac{y^2}{16}=1$,可知 $a^2=25$,$b^2=16$,因此 $c^2=a^2-b^2=25-16=9$,且焦点在 x 轴上,所以 $a=5$,$b=4$,$c=3$.

因此,椭圆的长轴长为 10,短轴长为 8,焦距为 6,四个顶点坐标为 $(-5,0)$,$(5,0)$,$(0,-4)$,$(0,4)$,两个焦点坐标为 $F_1(-3,0)$,$F_2(3,0)$,离心率 $e=\frac{c}{a}=\frac{3}{5}$.

例 8　求适合下列条件的椭圆的标准方程.

(1)经过点 $P(-3,0)$,$Q(0,-2)$;　　(2)长轴长为 20,离心率为 $\frac{3}{5}$.

解　(1)由椭圆的几何性质可知以坐标轴为对称轴的椭圆与坐标轴的交点就是椭圆的顶点. 于是得 $a=3$,$b=2$,又因为长轴在 x 轴上,所以椭圆的标准方程为

$$\frac{x^2}{9}+\frac{y^2}{4}=1.$$

(2)由已知 $2a=20$,$e=\frac{c}{a}=\frac{3}{5}$,可得 $a=10$,$c=6$,$b^2=a^2-c^2=10^2-6^2=8^2$.由于椭圆的焦点可能在 x 轴上,也可能在 y 轴上,所以椭圆的标准方程为

$$\frac{x^2}{100}+\frac{y^2}{64}=1 \text{ 或 } \frac{y^2}{100}+\frac{x^2}{64}=1.$$

2. 双曲线

下面利用双曲线的标准方程 $\frac{x^2}{a^2}-\frac{y^2}{b^2}=1(a>0,b>0)$ 来研究它的几何性质.

(1)范围

由标准方程可知,$\frac{x^2}{a^2}\geqslant 1$ 即 $x^2\geqslant a^2$,$|x|\geqslant a$,所以 $x\geqslant a$ 或 $x\leqslant -a$,这说明双曲线在不等式 $x\geqslant a$ 与 $x\leqslant -a$ 所表示的区域内.

(2)对称性

双曲线关于每个坐标轴和原点都是对称的,这时坐标轴是**双曲线的对称轴**,原点是**双曲线的对称中心**.双曲线的对称中心叫作**双曲线的中心**.

(3)顶点

在双曲线的标准方程里,令 $y=0$,得 $x=\pm a$.因此双曲线和 x 轴有两个交点 $A_1(-a,0)$,$A_2(a,0)$,因为 x 轴是双曲线的对称轴,所以双曲线和它的对称轴有两个交点,它们叫作**双曲线的顶点**.

令 $x=0$,得 $y^2=-b$. 这个方程没有实根,说明双曲线和 y 轴没有交点,但也把

$B_1(0,-b)$，$B_2(0,b)$画在 y 轴上，如图 3－21 所示.

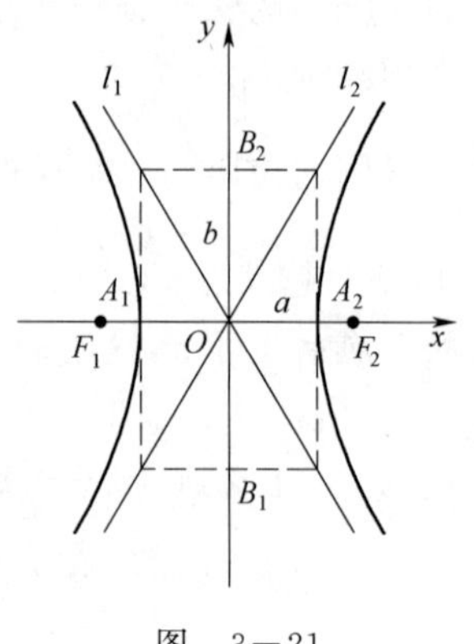

图 3－21

线段 A_1A_2 叫作双曲线的**实轴**，它的长等于 $2a$，a 叫作双曲线的**实半轴长**，线段 B_1B_2 叫作双曲线的**虚轴**，它的长等于 $2b$，b 叫作双曲线的**虚半轴长**.

(4)渐近线

经过 A_1，A_2 作 y 轴的平行线 $x=\pm a$，经过 B_1，B_2 作 x 轴的平行线 $y=\pm b$，四条直线围成一个矩形，如图 3－21 所示.矩形的两条对角线所在的直线方程是 $y=\pm\dfrac{b}{a}x$，当双曲线$\dfrac{x^2}{a^2}-\dfrac{y^2}{b^2}=1\ (a>0,b>0)$的各支向外无限延伸时，与直线 $y=\pm\dfrac{b}{a}x$ 无限接近但不相交.我们把直线 $y=\pm\dfrac{b}{a}x$ 称为双曲线的**渐近线**.

在方程$\dfrac{x^2}{a^2}-\dfrac{y^2}{b^2}=1$中，如果 $a=b$，那么双曲线的方程为 $x^2-y^2=a^2$.它的实轴长和虚轴长都是 $2a$，把实轴和虚轴等长的双曲线叫作**等轴双曲线**.等轴双曲线的渐近线方程是 $y=\pm x$.

(5)离心率

双曲线的焦距与实轴长的比 $e=\dfrac{c}{a}$叫作双曲线的**离心率**.因为 $c>a>0$，所以 $e>1$.

由等式 $c^2-a^2=b^2$，可得$\dfrac{b}{a}=\dfrac{\sqrt{c^2-a^2}}{a}=\sqrt{\dfrac{c^2}{a^2}-1}=\sqrt{e^2-1}$，因此，$e$ 越大，$\dfrac{b}{a}$也越大，双曲线的开口越开阔，e 越小，$\dfrac{b}{a}$也越小，双曲线越扁.

例 9 求双曲线 $9x^2-y^2=81$ 的实半轴长，虚半轴长，顶点、焦点坐标、离心率及渐近线方程.

解 把方程化为标准方程$\dfrac{x^2}{9}-\dfrac{y^2}{81}=1$，由此可知 $a=3$，$b=9$，$c=\sqrt{a^2+b^2}=3\sqrt{10}$，所以实半轴长 $a=3$，虚半轴长 $b=9$，焦点坐标为 $F_1(-3\sqrt{10},0)$，$F_2(3\sqrt{10},0)$，顶点坐标为 $A_1(-3,0)$，$A_2(3,0)$，离心率 $e=\dfrac{c}{a}=\dfrac{3\sqrt{10}}{3}=\sqrt{10}$，渐近线方程为 $y=\pm 3x$.

例 10 求适合下列条件的双曲线的标准方程.

(1)焦点在 y 轴上，焦距为 20，离心率为$\dfrac{10}{3}$；

(2)顶点在 x 轴上，虚轴长为 6，离心率为$\dfrac{5}{4}$.

解 (1)因为双曲线的焦点在 y 轴上，所以设双曲线的标准方程为$\dfrac{y^2}{a^2}-\dfrac{x^2}{b^2}=1(a>0,b>0)$.由 $2c=20$ 可知 $c=10$，又由 $e=\dfrac{10}{3}$知$\dfrac{c}{a}=\dfrac{10}{3}$，所以 $a=3$，$b^2=c^2-a^2=91$，因此所求双曲线的标准方程为$\dfrac{y^2}{9}-\dfrac{x^2}{91}=1$；

(2)因为双曲线的顶点在 x 轴上,所以设双曲线的标准方程为$\frac{x^2}{a^2}-\frac{y^2}{b^2}=1(a>0,b>0)$.由 $2b=6$,知 $b=3$,由 $e=\frac{5}{4}$,知$\frac{c}{a}=\frac{5}{4}$,又由 $c^2=a^2+b^2$ 可得 $a=4$,因此所求双曲线的标准方程为$\frac{x^2}{16}-\frac{y^2}{9}=1$.

3. 抛物线

根据抛物线的标准方程 $y^2=2px(p>0)$来研究它的几何性质.

(1)范围

因为 $p>0$,由 $y^2=2px$ 可知 $x\geqslant 0$,所以抛物线在 y 轴右侧,当 x 的值增大时,$|y|$也增大,这说明抛物线向右上方和右下方无限延伸.

(2)对称性

在方程 $y^2=2px$ 中,用 $-y$ 代 y 方程不变,所以这条抛物线关于 x 轴对称,抛物线的对称轴叫作**抛物线的轴**.

(3)顶点

抛物线与它的轴的交点叫作**抛物线的顶点**,在方程 $y^2=2px$ 中,令 $y=0$,得 $x=0$,所以抛物线的顶点就是坐标原点.

(4)离心率

抛物线上的点 M 到焦点的距离与到准线的距离的比叫作抛物线的**离心率**,用 e 表示.由抛物线的定义可知,$e=1$.

例 11　已知抛物线的顶点在原点,关于 x 轴对称,并且经过点 $M(5,-4)$,求抛物线的方程.

解　因为所求抛物线关于 x 轴对称,所以抛物线的焦点在 x 轴上,又因为抛物线经过点 $M(5,-4)$,所以可以设抛物线的方程为 $y^2=2px$,且知点 $M(5,-4)$满足抛物线方程,代入方程得$(-4)^2=2p\times 5$,所以 $p=\frac{8}{5}$.因此所求抛物线的方程为 $y^2=\frac{16}{5}x$.

例 12　求抛物线 $y^2=x$ 与直线 $2x-y-1=0$ 的交点.

解　解方程组$\begin{cases}y^2=x\\2x-y-1=0\end{cases}$,得$\begin{cases}x=1\\y=1\end{cases}$和$\begin{cases}x=\frac{1}{4}\\y=-\frac{1}{2}\end{cases}$.所以抛物线与直线的交点坐标为$(1,1)$和$\left(\frac{1}{4},-\frac{1}{2}\right)$.

注:椭圆、双曲线、抛物线的方程都是二元二次方程,这几种曲线统称为**圆锥曲线**.

习　题　3－5

1. 求适合下列条件的椭圆方程.

(1)$a=6$,$e=\frac{1}{3}$,焦点在 x 轴上.

(2)$c=4$,$e=0.8$,焦点在 y 轴上.

(3)椭圆经过两点 $A(-2\sqrt{2},0)$,$B(0,\sqrt{5})$.

(4)椭圆长轴上两个顶点的坐标$(-\sqrt{15},0)$,$(\sqrt{15},0)$,离心率为 $e=\frac{\sqrt{5}}{5}$.

2. 求下列椭圆的长轴长,短轴长,离心率,焦点坐标和顶点坐标.

(1)$36x^2+25y^2=900$;

(2)$9x^2+25y^2=225$;

(3)$\frac{x^2}{3}+\frac{y^2}{2}=1$.

3. 已知椭圆的两个顶点坐标为$(3,0)$,$(-3,0)$,离心率 $e=\frac{2}{3}$,求椭圆的标准方程.

4. 求适合下列条件的双曲线的标准方程.

(1)实轴的长是10,虚轴的长是8,焦点在 x 轴上;

(2)离心率 $e=\sqrt{2}$,经过点 $A(-5,3)$;

(3)焦距是10,虚轴的长是8,焦点在 y 轴上;

(4)实轴和虚轴等长,且经过点 $A(3,-1)$.

5. 求下列双曲线的实轴长、虚轴长、顶点坐标、焦点坐标、离心率及渐近线方程.

(1)$\frac{x^2}{36}-\frac{y^2}{9}=1$;　　(2)$\frac{y^2}{16}-\frac{x^2}{25}=1$.

6. 求中心在原点,一个焦点是 $F_1(-4,0)$,一条渐近线的方程是 $3x-2y=0$ 的双曲线的方程.

7. 求下列抛物线的焦点坐标和准线方程.

(1)$y^2=4x$;　　(2)$x^2=-3y$;　　(3)$x=-4y^2$;　　(4)$y=3x^2$.

8. 求适合下列条件的抛物线的标准方程.

(1)顶点在原点,焦点是 $F(0,-2)$;

(2)顶点在原点,准线是 $y=-1$;

(3)顶点在原点,焦点到准线的距离为8;

(4)顶点在原点,焦点在 x 轴上,且经过$(2,-4)$.

9. 求与椭圆$\frac{x^2}{49}+\frac{y^2}{24}=1$有公共焦点,且离心率为$\frac{5}{4}$的双曲线方程.

复习题三

1. 填空题.

(1)连接 $P_1(2,y)$ 和 $P_2(x,6)$ 两点的线段的中点是 $P(3,2)$,则 $x=$________,$y=$________.

(2)直线的倾斜角的取值范围是________.

(3)过两点$(2,1)$与$(6,-2)$的直线方程,点斜式是________,截距式是________.斜截式是________,一般式是________.

(4)若 $A(-2,5)$和 $B(6,-5)$是圆的直径的两个端点,则此圆的圆心坐标是________,半径是________,圆的方程是________.

(5)直线 $2x-3y+4=0$ 和 $x+2y-5=0$ 的交点坐标是________.

(6)已知 $A(4,1)$,$B(-2,-2)$,$C(-4,a)$三点共线,则 $a=$________.

(7)椭圆 $9x^2+4y^2=36$ 的长半轴长为________,短半轴长为________,焦点坐标为________,离心率是________.

(8)已知方程 $ax^2+y^2=1$,当 $0<a<1$ 时,方程所代表的曲线类型是________,焦点在________轴上.

(9)双曲线 $25x^2-4y^2=100$ 的实轴长是________,虚轴长是________,焦点坐标为________,离心率是________,渐近线方程是________.

(10)抛物线 $4x-y^2=0$ 的顶点坐标是________,焦点坐标为________,对称轴方程是________,准线方程是________.

2. 选择题.

(1)直线 $x+y+1=0$ 的倾斜角是(　　).

A. $\frac{\pi}{4}$　　B. $-\frac{\pi}{4}$　　C. $\frac{3\pi}{4}$　　D. $-\frac{3\pi}{4}$

(2)经过点$(0,-7)$,与斜率是$-\frac{6}{5}$的直线垂直的直线方程是(　　).

A. $5x-6y-42=0$　　B. $5x+6y-42=0$

C. $5x-6y+42=0$　　D. $5x+6y+42=0$

(3)平行于直线 $l:x-y-2=0$,且与它的距离为 $2\sqrt{2}$ 的直线方程为(　　).

A. $x-y-6=0$ 或 $x-y+6=0$　　B. $x-y-6=0$ 或 $x-y+2=0$

C. $x-y-2=0$ 或 $x-y+2=0$　　D. $x-y-2=0$ 或 $x-y+6=0$

(4)平面上有两条直线 $l_1\perp l_2$,且 l_1 的斜率 $k_1=0$,则另一条直线 l_2 的斜率 k_2 为(　　).

A. 0　　B. 1　　C. -1　　D. 不存在

(5)抛物线 $y=ax^2$ 的焦点坐标是(　　).

A. $\left(0,\frac{a}{4}\right)$　　B. $\left(0,-\frac{a}{4}\right)$　　C. $\left(0,\frac{1}{4a}\right)$　　D. $\left(0,-\frac{1}{4a}\right)$

(6)曲线 $x^2+2xy+y^2-2x-3=0$ 与 x 轴的交点的横坐标是(　　).

A. -1 和 -3　　B. 3 和 -1　　C. $\pm\sqrt{3}$　　D. $\sqrt{3}$

(7)如果圆 $x^2+y^2+Dx+Ey+F=0$ 与 x 轴相切于原点,那么(　　).

A. $F=0,D\neq0,E\neq0$　　B. $E=F=0,D\neq0$

C. $D=F=0,E\neq0$　　D. $D=E=0,F\neq0$

(8)等轴双曲线的两条渐近线相互间的关系为(　　).

A. 互相垂直　　B. 互相重合

C. 互相平行　　D. 夹角为$\frac{\pi}{4}$

3. 求适合下列条件的圆的方程.

(1)圆心 $C(5,4)$,半径 $r=4$;

(2)经过点 $A(1,-1)$,$B(3,1)$,圆心在 y 轴上;

(3)过直线 $2x-3y+10$ 与直线 $3x+4y-2=0$ 的交点,圆心在原点;

(4)圆心是 $C(-3,2)$,且经过点 $M(1,-4)$.

4. 求下列各圆的圆心坐标和半径.

(1)$2x^2+2y^2-8y-22=0$； (2)$x^2+y^2-4x+6y+9=0$.

5. 求过圆 $x^2+y^2=8$ 上一点(2,2)的圆的切线方程.

6. 直线 $x-2y+2=0$ 与椭圆 $x^2+4y^2=4$ 相交于 A,B 两点，求 A,B 两点的距离.

7. 一个圆的圆心在双曲线 $3x^2-y^2=12$ 的右焦点上，并且此圆过原点，求这个圆的方程.

8. 求顶点是原点，而焦点是双曲线 $16x^2-9y^2=144$ 的左顶点的抛物线的方程.

9. 求直线 $x+2y+2=0$ 与抛物线 $x^2+2y=0$ 的交点坐标.

10. 已知直线 $y=2x+b$ 与抛物线 $y=x^2-1$ 只有一个公共点，求 b.

11. 求与椭圆 $4x^2+9y^2=36$ 有公共焦点且离心率为 $\frac{3}{2}$ 的双曲线方程.

解析几何的产生、思想方法与意义

一、解析几何产生的背景

(1)16 世纪以后，文艺复兴后的欧洲进入了一个生产迅速发展、思想普遍活跃的时代.机械的广泛使用、航海事业的发展、建筑业的兴盛、物理学等科学的飞速发展都向数学提出了研究“变量”的要求.

(2)从数学本身的发展看，虽然大家都认为欧几里得的《几何原本》已经建立起完整的几何体系，但也一致认为当时的几何学过分依赖图形，也过于抽象，而且随着代数学的发展，也为几何学准备了新的方法，于是一门新的学科——《解析几何》应运而生.

二、解析几何的创立

解析几何是 17 世纪 40 年代由法国数学家费马和笛卡儿所创立的.

1. 费马的思想方法

费马(Fermat,1601—1665)是 17 世纪伟大的数学家之一.他出身于商人家庭，在都鲁斯学过法律，并以当律师谋生.费马曾是都鲁斯议会的顾问，研究数学是他的业余爱好.他自小喜欢博览群书，不仅精通多国语言和文学，而且喜欢自然科学，30 岁左右对数学发生强烈兴趣，特别注重于数论、几何、分析、概率论等方面的研究.他谦虚好静，平生很少发表文章，其研究成果大都是去世后在他的遗物中发现的，也有一些是他与朋友的通信中发现的.费马在数论方面发现了很多定理.他是一个伟大的直观天才，他提出的许多命题只有一个是错误的.费马的著作有《平面和立体轨迹引论》《求最大和最小的方法》等.其思想方法主要体现在以下几个方面：

费马

(1)引进坐标，系统地研究曲线的方程.1629 年费马写成《平面和立体轨迹引论》，在这篇文章中他把希腊数学中使用立体图而苦心研究发现的曲线的特征，通过引进坐标译成了代数语言，从而使各种不同的曲线有了代数方程一般的表示方法.费马还具体地研究了直线、圆和其它圆锥曲线的方程.

(2)通过坐标的平移和旋转化简方程.费马注意到了坐标可以平移或旋转.他曾给出一些

较复杂的二次方程，然后通过平移或旋转将它们化为简单的形式.

(3)空间解析几何思想的萌芽.1643 年，费马在一封信中，曾简短地描述了三维解析几何的思想.

2. 笛卡儿的思想方法

笛卡儿 1596 年 3 月 31 日生于土伦的拉哈耶，父亲是个相当富有的律师.笛卡儿 20 岁毕业于普瓦界大学，去巴黎当了律师.在巴黎他认识了米道奇（Mydorge ，1585—1647）和梅森（Marin Mersenne ，1588—1648)，花了一年时间和他们一起研究数学.当时有一种风气，即有志之士不是致力于宗教就是献身于军事.因此，笛卡儿赶了时髦，应征入伍，遍历欧洲.

笛卡儿

笛卡儿献身数学，完全出于一个偶然的机会.1617 年服役期间，在荷兰布莱达遇到一张数学难题招贴，他看不懂上面的佛来米语，一位中年人热心地给他作了翻译，第二天他把解答交给那个中年人.中年人对笛卡儿的解答非常吃惊：巧妙的解题方法，准确无误的计算，说明了这位年轻士兵的数学造诣不浅.原来这位中年人就是当时有名的荷兰数学家别克曼(Isaac Beeckeman ，1588—1637)教授.这使笛卡儿自信有数学才能，从此开始在别克曼教授指导下认真地钻研数学.1628 年，笛卡儿移居荷兰，在较为安静自由的学术环境里住了 20 年，写出了他的名著.笛卡儿的著作主要有《思想的指导法则》《世界体系》《更好地指导推理和寻求科学真理的方法论》等.《方法论》的附录之一《几何》中包括了他关于解析几何和代数的思想.其思想方法主要表现在以下几方面：

(1)引入坐标观念.笛卡儿从自古已知的天文和地理的经纬制度出发，指出平面上的点和实数对(x,y)的对应关系，从而建立起坐标的观念.

(2)用方程表示曲线的思想.笛卡儿把互相关联的两个未知数的任意代数方程看成平面上的一条曲线.考虑二元方程 $F(x,y)=0$ 的性质，满足这方程的 x,y 值无穷多，当 x 变化时，y 值也跟着变化，x,y 的不同的数值所确定平面上许多不同的点，便构成了一条曲线.具有某种性质的点之间有某种关系，笛卡儿说："这种关系可用一个方程来表示"，这就是用方程来表示曲线的思想.这样，就可以用一个二元方程来表示平面曲线，并根据方程的代数性质来研究相应曲线的几何性质；反过来，可以根据已知曲线的几何性质，确定曲线的方程，并用几何的观点来考察方程的代数性质.

(3)推广了曲线的概念.笛卡儿不但接纳以前被排斥的曲线，而且开辟了整个的曲线领域.笛卡儿所说的曲线，是指具有代数方程的那一种.他认为，几何曲线是那些可用一个唯一的含 x 和 y 的有限次代数方程来表示的曲线，这就取消了曲线是否存在看它是否可以画出这个判别标准.但是，笛卡儿关于曲线概念的推广并不彻底，几何曲线未必都能用代数方程表示出来.莱布尼茨(Leibniz，1646—1716)把有代数方程的曲线叫代数曲线，否则叫超越曲线.实际上笛卡儿及其同时代人都以同样的热情去研究旋轮线、对数曲线、对数螺线和其他非代数曲线.

(4)按方程的次数对几何曲线分类.按照笛卡儿的观点，含 x 和 y 的一次和二次曲线属于第一类，即最简单的类；三次和四次方程的曲线构成第二类；五次和六次方程的曲线构成第三类；余类推.之所以如此分类，是因为笛卡儿相信每一类中高次的可以化为低次的.如四次方程的解可以通过三次方程的解来求出.然而他这个信念是不对的.

笛卡儿的成就是与他的思想奔放、善于独立思考、敢于大胆质疑的精神分不开的.在少年时代,他就有强烈的求知欲,除了学校规定的课程外,还大量地阅读了课外书籍.尤其可贵的是,他对书本知识从不盲从.他说:“决不可过分相信自己单单从例证和传统说法中所学到的东西.”正是这种在传统观念面前敢于破除迷信的精神,使他不仅在数学中开拓了新领域,同时还在物理学、生理学、哲学等学科中也作出了重要贡献.

笛卡儿的中心思想是要建立起一种普遍的数,使算术、代数和几何统一起来.

三、解析几何的思想、方法与意义

1. 解析几何的思想

用代数的方法研究几何问题的思想是解析几何的基本思想.坐标法是解析几何的基本方法.以坐标法为基础,把数看成是点,反之也能把点看成是数,数与点相对应的观念是解析几何的第一个基本观念.以坐标法为基础,把方程与曲线统一起来,把方程看成是曲线,曲线也可以看成是方程的曲线与方程相对应的观念是解析几何的第二个基本观念.

2. 解析几何的意义

(1)数学的研究方向由此发生了重大转折.

(2)以常量为主导的数学转向了以变量为主导的数学.

(3)代数几何化与几何代数化的思想解放了数学家的思想,使人们摆脱了现实的束缚,促使人们从现实空间进入虚拟空间,从三维空间进高维空间.

第四章　平面向量与复数

向量这一概念是从物理学和工程技术中抽象出来的，是近代数学中重要的基本数学概念之一；而复数在电学、力学及工程技术领域都有着广泛的应用.复数和向量不仅用于简化计算，而且可在图上直观表示.本章将介绍平面向量和复数的概念、表示法，简单的运算及应用.

第一节　平面向量的概念

一、平面向量的有关概念

1. 向量

在科学技术和现实生活中，常会遇到一些只有大小没有方向的量，它们可以用实数来表示，例如路程、距离、时间等，这种量通常称为**数量**.此外还有一些量，不但有大小而且有方向，例如位移、速度、力等，在数学中把既有大小又有方向的量称为**向量**(**或矢量**).

2. 向量的表示

为了形象地表示出向量的大小和方向，常用一条有向线段来表示向量，有向线段的长度表示向量的大小，有向线段的方向表示向量的方向.以点 M 为起点，以点 N 为终点的有向线段所表示的向量，记为 $\boldsymbol{MN}$，如图 4－1 所示.向量有时也用黑体小写字母表示，如 $\boldsymbol{a}$，$\boldsymbol{b}$，…，向量书写时可以写成$\overrightarrow{MN}$(起点在前，终点在后，$\overrightarrow{MN}$上的箭头表示它的方向)或 $\vec{a}$ 的形式.

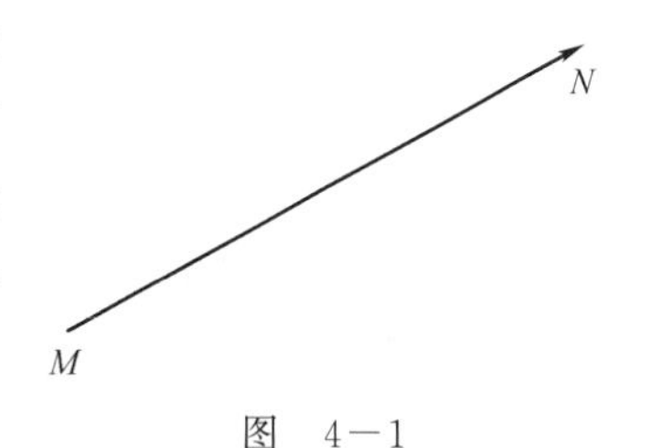

图　4－1

向量 $\boldsymbol{AB}$ 的大小称为向量的**模**，记作$|\boldsymbol{AB}|$.向量的模又称为**向量的长度**.

显然，有向线段具有大小和方向两个特征，因此，在几何上通常用带箭头的有向线段来表示向量.有向线段的长度代表该向量的大小，有向线段的箭头指向代表向量的方向，有向线段的始(终)点即是该向量的始(终)点，始点也称为**起点**.

在数学上，把与起点无关的向量称为**自由向量**(向量通常是指自由向量).

3. 向量的相等

对于自由向量我们只考虑大小和方向，因此，用有向线段表示向量时，起点可以任意取，也就是说不考虑实际意义时，可以把大小相等、方向相同的向量都视作同一向量.并把这样的两个向量 $\boldsymbol{a}$，$\boldsymbol{b}$ 称为**相等向量**，记作 $\boldsymbol{a}=\boldsymbol{b}$.从而长度相等且方向相同的有向线段表示的向量是相等的向量.

例如，把有向线段$\overrightarrow{AB}$平行移动得到$\overrightarrow{CD}$，由于它们的长度相等且方向相同，因此向量$\overrightarrow{AB}=$

$\overrightarrow{CD}$.但是作为有向线段,$\overrightarrow{AB}$与$\overrightarrow{CD}$显然是不同的有向线段.因此要注意区分向量与有向线段这两个不同的概念.每一条有向线段是一个向量,一个向量 $\boldsymbol{a}$ 可以用一条有向线段$\overrightarrow{AB}$来表示,并且与$\overrightarrow{AB}$长度相等且方向相同的有向线段都可以表示 $\boldsymbol{a}$.因此,一个向量 $\boldsymbol{a}$ 在几何上对应于由长度相等且方向相同的所有有向线段组成的一个集合,这个集合里的任何一条有向线段都可以作为向量 $\boldsymbol{a}$ 的一个代表.

4. 相反向量(或负向量)

把大小相等、方向相反的两个向量称为**相反向量(或负向量)**,向量 $\boldsymbol{a}$ 的相反向量记成 $-\boldsymbol{a}$.

5. 零向量

长度为零的向量称为**零向量**,记成 $\boldsymbol{0}$.零向量的模为零,方向不确定,即任何一个方向都是 $\boldsymbol{0}$ 的方向.不妨规定 $\boldsymbol{0}$ 与任意向量平行.

6. 单位向量

长度为 1 的向量称为**单位向量**.

7. 共线向量

方向相同或相反的非零向量称为**共线向量(或平行向量)**.

若两个向量用同一始点的有向线段表示后不在同一条直线上,则称这两个**向量不共线**,即**不平行**.

8. 向量 $\boldsymbol{a}$ 与 $\boldsymbol{b}$ 的夹角

向量 $\boldsymbol{a}$ 与 $\boldsymbol{b}$ 用同一始点的有向线段表示后所成的角 $\theta(0°\leqslant\theta\leqslant180°)$,称为向量 $\boldsymbol{a}$ 与 $\boldsymbol{b}$ 的夹角,记作 $\langle\boldsymbol{a},\boldsymbol{b}\rangle$.

特别地,若 $\boldsymbol{a}/\!/\boldsymbol{b}$,则 $\langle\boldsymbol{a},\boldsymbol{b}\rangle=0°$(此时 $\boldsymbol{a}$ 与 $\boldsymbol{b}$ 同向),或 $\langle\boldsymbol{a},\boldsymbol{b}\rangle=180°$ (此时 $\boldsymbol{a}$ 与 $\boldsymbol{b}$ 反向).

例 1 如图 4-2 所示,在$\square ABDC$ 中,找出与向量 $\boldsymbol{AB}$ 相等的向量、与向量 $\boldsymbol{AC}$ 共线的非零向量,及向量 $\boldsymbol{AB}$ 的相反向量.

解 与向量 $\boldsymbol{AB}$ 相等的向量是 $\boldsymbol{CD}$.

与向量 $\boldsymbol{AC}$ 共线的向量有 $\boldsymbol{CA}$,$\boldsymbol{BD}$,$\boldsymbol{DB}$.

向量 $\boldsymbol{AB}$ 的相反向量有 $\boldsymbol{BA}$,$\boldsymbol{DC}$.

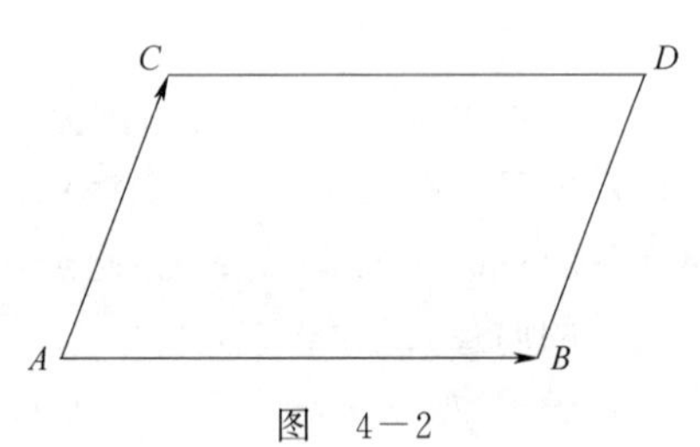

图 4-2

二、向量的线性运算

1. 向量的加法

求两个向量和的运算,称为向量的**加法**.

一个足球从点 A 传到点 B,又从点 B 传到点 C,即该球先作位移 $\boldsymbol{AB}$,再作位移 $\boldsymbol{BC}$,如图 4-3 所示,可以认为该球的最终位移结果是 $\boldsymbol{AC}$.

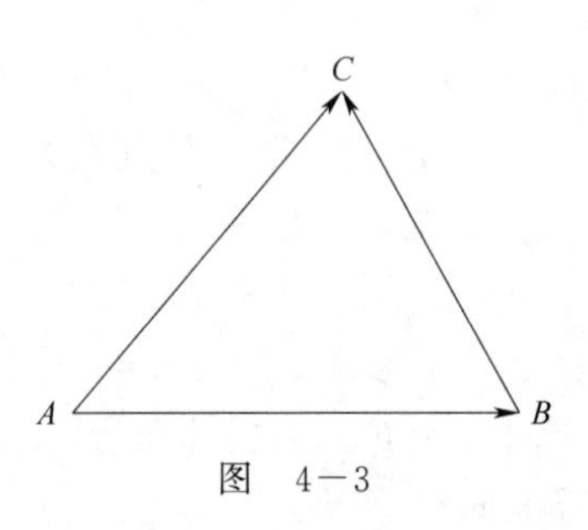

图 4-3

一般地,设有向量 $\boldsymbol{a}$,$\boldsymbol{b}$,在平面内任取一点 A,作向量 $\boldsymbol{AB}$ 表示 $\boldsymbol{a}$,然后以 $\boldsymbol{AB}$ 的终点 B 为起点作向量 $\boldsymbol{BC}$ 表示 $\boldsymbol{b}$.则由向量 $\boldsymbol{AB}$ 的始点到 $\boldsymbol{BC}$ 的终点的向量 $\boldsymbol{AC}$ 就表示 $\boldsymbol{a}$ 与 $\boldsymbol{b}$ 的和,记为 $\boldsymbol{a}+\boldsymbol{b}$,如图 4-4 所示,这就是向量加法的**三角形法则**(简记为"首尾相接,首尾连").

几点说明：

(1)向量加法运算的要点是：以第一条有向线段的终点作为第二条有向线段的起点，则从第一条有向线段的起点到第二条有向线段的终点的有向线段就表示和向量.

(2)显然向量 $\boldsymbol{a}+\boldsymbol{b}$ 与起点的选取无关，不同起点的作图只差一个平行移动，所得的向量和是相等的.

(3)从向量加法的三角形法则得出的向量等式 $\boldsymbol{AC}=\boldsymbol{AB}+\boldsymbol{BC}$ 很有用.从右到左使用可以求出和向量；从左到右使用可以把一个向量分解成两个向量的和.在使用此公式时，要注意第一个向量的终点与第二个向量的起点是同一点时才能用这个公式.

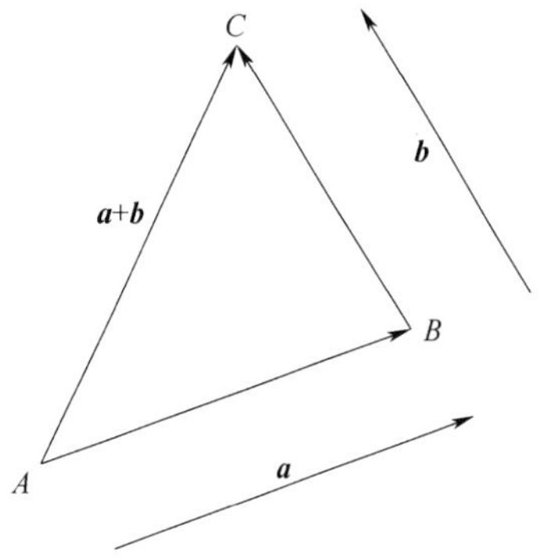

图 4—4

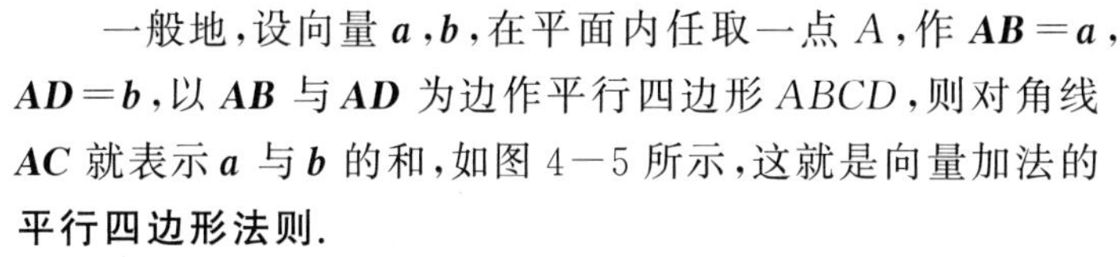

一般地，设向量 $\boldsymbol{a}$，$\boldsymbol{b}$，在平面内任取一点 A，作 $\boldsymbol{AB}=\boldsymbol{a}$，$\boldsymbol{AD}=\boldsymbol{b}$，以 $\boldsymbol{AB}$ 与 $\boldsymbol{AD}$ 为边作平行四边形 $ABCD$，则对角线 $\boldsymbol{AC}$ 就表示 $\boldsymbol{a}$ 与 $\boldsymbol{b}$ 的和，如图 4—5 所示，这就是向量加法的**平行四边形法则**.

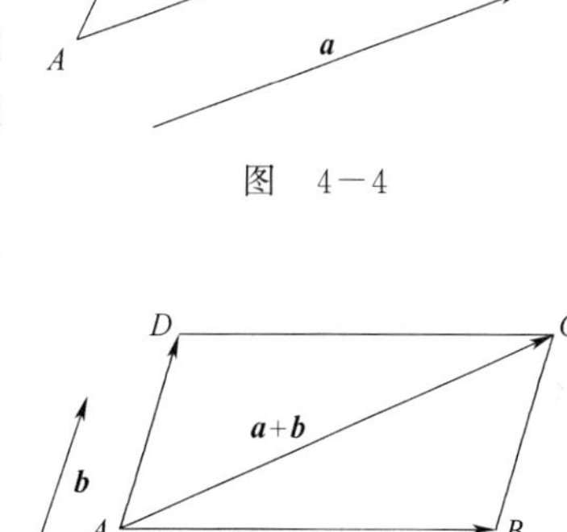

图 4—5

向量加法满足下列性质：

(1) $\boldsymbol{a}+\boldsymbol{0}=\boldsymbol{0}+\boldsymbol{a}=\boldsymbol{a}$，$\boldsymbol{a}+(-\boldsymbol{a})=(-\boldsymbol{a})+\boldsymbol{a}=\boldsymbol{0}$；

(2) $\boldsymbol{a}+\boldsymbol{b}=\boldsymbol{b}+\boldsymbol{a}$（交换律）；

(3) $(\boldsymbol{a}+\boldsymbol{b})+\boldsymbol{c}=\boldsymbol{a}+(\boldsymbol{b}+\boldsymbol{c})$（结合律）.

这些性质说明：向量加法可以像实数加法那样去计算.

根据向量加法的结合律，多个向量的和，例如 $\boldsymbol{a}+\boldsymbol{b}+\boldsymbol{c}+\boldsymbol{d}$ 是唯一确定的，只要相继作有向线段 $\overrightarrow{OA}$，$\overrightarrow{AB}$，$\overrightarrow{BC}$，$\overrightarrow{CD}$ 分别表示 $\boldsymbol{a}$，$\boldsymbol{b}$，$\boldsymbol{c}$，$\boldsymbol{d}$，则有向线段 $\overrightarrow{OD}$ 就表示 $\boldsymbol{a}+\boldsymbol{b}+\boldsymbol{c}+\boldsymbol{d}$.

例 2 如图 4—6 所示，一艘船从点 A 出发以 $2\sqrt{3}$ km/h 的速度向垂直于对岸的方向行驶，同时河水的流速 2 km/h.求船实际航行速度的大小与方向（用与水流速间的夹角表示）.

解 设 $\boldsymbol{AD}$ 表示船向垂直于对岸行驶的速度，$\boldsymbol{AB}$ 表示水流的速度，以 $\boldsymbol{AD}$，$\boldsymbol{AB}$ 为邻边作平行四边形 $ABCD$，则 $\boldsymbol{AC}$ 就是船实际航行的速度.

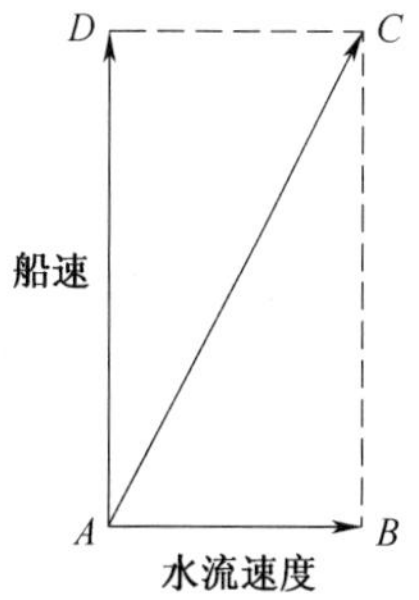

在直角△ABC 中，因为 $|\boldsymbol{AB}|=2$，$|\boldsymbol{BC}|=2\sqrt{3}$，所以

$$|\boldsymbol{AC}|=\sqrt{|\boldsymbol{AB}|^2+|\boldsymbol{BC}|^2}=\sqrt{2^2+(2\sqrt{3})^2}=4,$$

由于 $\tan\angle CAB=\frac{2\sqrt{3}}{2}=\sqrt{3}$，因此 $\angle CAB=60°$.

答：船实际航行速度的大小为 4 km/h，航行方向与水流速间的夹角为 60°.

图 4—6

2. 向量的减法

向量 $\boldsymbol{a}$ 与向量 $\boldsymbol{b}$ 的相反向量 $-\boldsymbol{b}$ 的和称为向量 $\boldsymbol{a}$ 与 $\boldsymbol{b}$ 的差，记作 $\boldsymbol{a}-\boldsymbol{b}$.

已知向量 $\boldsymbol{a}$，$\boldsymbol{b}$，在平面内任取一点 O，作 $\boldsymbol{OA}=\boldsymbol{a}$，$\boldsymbol{OB}=\boldsymbol{b}$，如图 4—7 所示，则 $\boldsymbol{BA}=\boldsymbol{a}-\boldsymbol{b}$.

图 4—7 表明：起点相同的两个向量的差等于减向量的终点到被减向量的终点形成的向量.

例 3 如图 4—8 所示，在▱$ABCD$ 中，如果 $\boldsymbol{AB}=\boldsymbol{a}$，$\boldsymbol{AD}=\boldsymbol{b}$，试用向量 $\boldsymbol{a}$，$\boldsymbol{b}$ 表示向量 $\boldsymbol{AC}$，$\boldsymbol{DB}$.

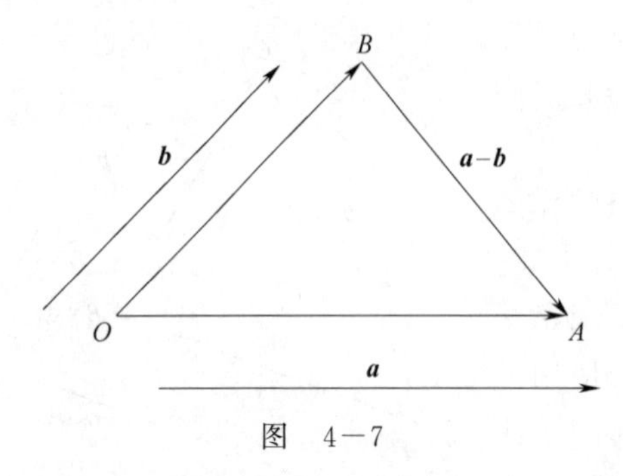

图 4-7

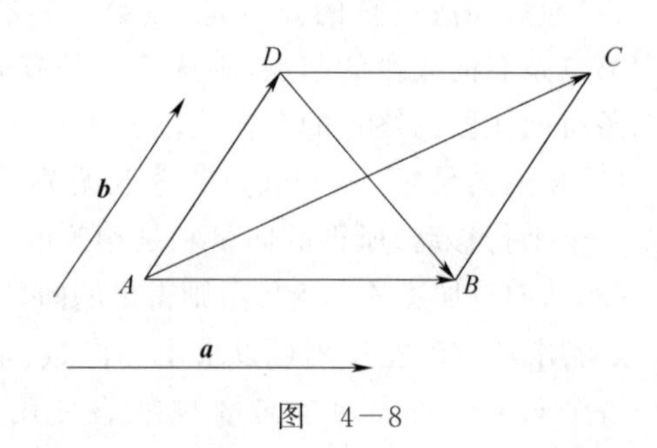

图 4-8

解 由平行四边形法则，得 $\boldsymbol{AC}=\boldsymbol{a}+\boldsymbol{b}$.

由作向量差的方法，知 $\boldsymbol{DB}=\boldsymbol{AB}-\boldsymbol{AD}=\boldsymbol{a}-\boldsymbol{b}$.

3. 数乘向量

尽管数量和向量是两类不同的量，但却可以定义数量与向量的乘积，即**数乘向量**.如向量 $\boldsymbol{a}$ 与向量 $\boldsymbol{b}$ 方向相同，且有 $|\boldsymbol{a}|=3|\boldsymbol{b}|$，显然向量 $\boldsymbol{a}$ 是 $\boldsymbol{b}$ 的 3 倍，并记作 $\boldsymbol{a}=3\boldsymbol{b}$.

实数 λ 与向量 $\boldsymbol{a}$ 的乘积仍是一个向量，把这个向量记作 $\lambda\boldsymbol{a}$，它的长度是 $|\lambda\boldsymbol{a}|=|\lambda||\boldsymbol{a}|$，当 $\lambda>0$ 时，$\lambda\boldsymbol{a}$ 与 $\boldsymbol{a}$ 方向相同；当 $\lambda<0$ 时，$\lambda\boldsymbol{a}$ 与 $\boldsymbol{a}$ 方向相反.

向量 $\boldsymbol{a}$ 与 $\boldsymbol{b}(\boldsymbol{b}\neq0)$ 平行的充分必要条件是有且仅有一个实数 λ，使得 $\boldsymbol{b}=\lambda\boldsymbol{a}$.

设 λ，$\boldsymbol{\mu}$ 为实数，则数乘向量满足如下运算规律.

(1)$\lambda(\mu\boldsymbol{a})=(\lambda\mu)\boldsymbol{a}$；

(2)$(\lambda+\mu)\boldsymbol{a}=\lambda\boldsymbol{a}+\mu\boldsymbol{a}$；

(3)$\lambda(\boldsymbol{a}+\boldsymbol{b})=\lambda\boldsymbol{a}+\lambda\boldsymbol{b}$.

从数乘向量的定义还可以推出：$(-1)a=-a$，$\lambda\boldsymbol{a}=\boldsymbol{0}\Rightarrow\lambda=0$ 或 $\boldsymbol{a}=\boldsymbol{0}$.

向量的加法与数乘向量满足的运算法则，在形式上很像实数加法与乘法满足的运算法则(但是它们的本质是不同的，实数没有方向可以比较大小，向量有方向不可以比较大小，而向量的长度可以比较大小)，因此，实数运算中的去括号、合并同类项，移项等法则，在形式上可以搬到向量运算中来.例如 $-(3\boldsymbol{a}-\boldsymbol{b})=-3\boldsymbol{a}+\boldsymbol{b}$.

例 4 化简下列各式.

(1)$(-3)\times4\boldsymbol{a}$；

(2)$3(\boldsymbol{a}+\boldsymbol{b})-2(\boldsymbol{a}-\boldsymbol{b})-\boldsymbol{a}$；

(3)$(2\boldsymbol{a}+3\boldsymbol{b}-\boldsymbol{c})-(3\boldsymbol{a}-2\boldsymbol{b}+\boldsymbol{c})$.

解 (1)$(-3)\times4\boldsymbol{a}=(-3\times4)\boldsymbol{a}=-12\boldsymbol{a}$.

(2)$3(\boldsymbol{a}+\boldsymbol{b})-2(\boldsymbol{a}-\boldsymbol{b})-\boldsymbol{a}=3\boldsymbol{a}+3\boldsymbol{b}-2\boldsymbol{a}+2\boldsymbol{b}-\boldsymbol{a}=5\boldsymbol{b}$.

(3)$(2\boldsymbol{a}+3\boldsymbol{b}-\boldsymbol{c})-(3\boldsymbol{a}-2\boldsymbol{b}+\boldsymbol{c})=2\boldsymbol{a}+3\boldsymbol{b}-\boldsymbol{c}-3\boldsymbol{a}+2\boldsymbol{b}-\boldsymbol{c}=-\boldsymbol{a}+5\boldsymbol{b}-2\boldsymbol{c}$.

例 5 如图 4-9 所示，已知 $\boldsymbol{AD}=3\boldsymbol{AB}$，$\boldsymbol{DE}=3\boldsymbol{BC}$，试判断 $\boldsymbol{AC}$ 与 $\boldsymbol{AE}$ 是否共线.

解 由于 $\boldsymbol{AE}=\boldsymbol{AD}+\boldsymbol{DE}=3\boldsymbol{AB}+3\boldsymbol{BC}=3(\boldsymbol{AB}+\boldsymbol{BC})=3\boldsymbol{AC}$，因此向量 $\boldsymbol{AC}$ 与 $\boldsymbol{AE}$ 共线.

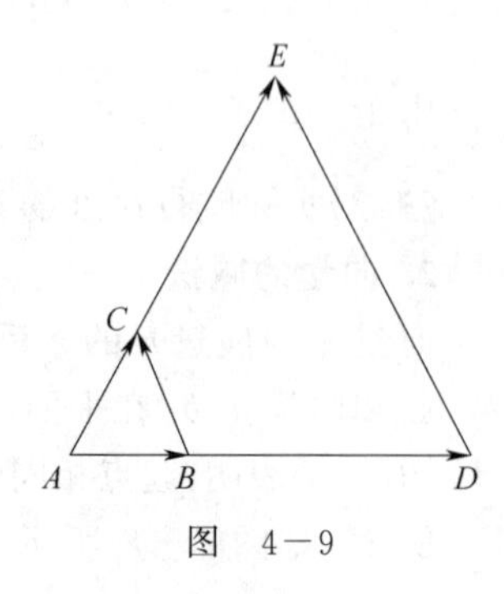

图 4-9

习 题 4-1

1. 下列说法不正确的是(　　).

(1)零向量是没有方向的向量　　(2)零向量的方向是任意的

(3)零向量与任一向量共线　　(4)零向量只能与零向量相等

2. 下列各量中是向量的有(　　).

(1)密度　(2)体积　(3)位移　(4)重力　(5)功　(6)温度　(7)风速

3. 小船由 A 地向西北方向航行 15 海里到达 B 地,小船的位移如何表示?用 1 cm 表示 5 海里.

4. 如图 4-10 所示,已知向量 $\boldsymbol{a}$ 与 $\boldsymbol{b}$,用向量加法的三角形法则作出 $\boldsymbol{a}+\boldsymbol{b}$.

5. 看图 4-11 填空.

$\boldsymbol{AB}-\boldsymbol{AD}=$________;　$\boldsymbol{BA}-\boldsymbol{BC}=$________;$\boldsymbol{BC}-\boldsymbol{BA}=$________;

$\boldsymbol{OD}-\boldsymbol{OA}=$________;　$\boldsymbol{OA}-\boldsymbol{OB}=$________.

6. 如图 4-12 所示,已知 $\boldsymbol{a}$ 与 $\boldsymbol{b}$,用向量加法的平行四边形法则作出 $\boldsymbol{a}+\boldsymbol{b}$.

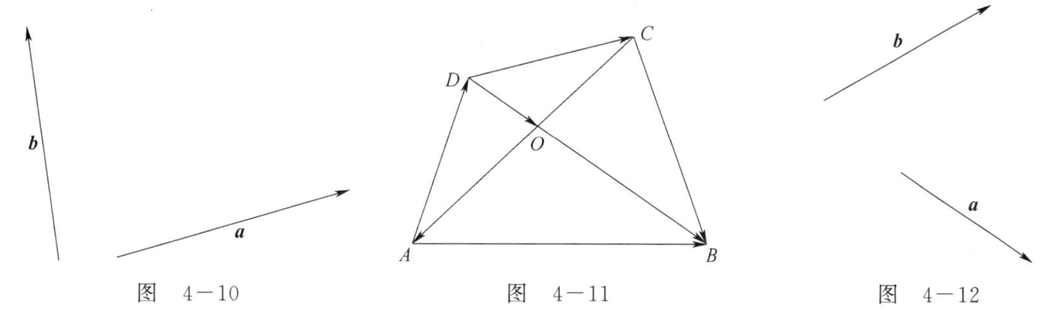

图 4-10　　图 4-11　　图 4-12

7. 任画一向量 $\boldsymbol{e}$,求作向量 $\boldsymbol{a}=3\boldsymbol{e}$,$\boldsymbol{b}=-4\boldsymbol{e}$.

8. 把下列各小题中的向量 $\boldsymbol{b}$ 表示为实数与向量 $\boldsymbol{a}$ 的积.

(1)$\boldsymbol{a}=3\boldsymbol{e}$,$\boldsymbol{b}=6\boldsymbol{e}$;　(2)$\boldsymbol{a}=8\boldsymbol{e}$,$\boldsymbol{b}=-14\boldsymbol{e}$;　(3)$\boldsymbol{a}=-\dfrac{3}{4}\boldsymbol{e}$,$\boldsymbol{b}=-\dfrac{2}{3}\boldsymbol{e}$.

第二节　向量的坐标表示及其运算

一、向量的坐标表示

在平面直角坐标系下,将向量 $\boldsymbol{a}$ 的起点移至坐标原点 O,向量 $\boldsymbol{a}$ 在两坐标轴上的投影长度分别为 x,y,则向量 $\boldsymbol{a}$ 的终点为 $M(x,y)$,如图 4-13(a)所示.那么也可以用有序数对(x,y)来表示向量 $\boldsymbol{a}$,其中 x 为 $\boldsymbol{a}$ 在 x 轴上的坐标,y 为 $\boldsymbol{a}$ 在 y 轴上的坐标,把这种表示方法称为**向量的坐标表示**.

设向量 $\boldsymbol{i}$,$\boldsymbol{j}$ 分别表示与 x 轴、y 轴具有相同方向的单位向量,这两个向量称为直角坐标系 xOy 的**基本单位向量**.如果向量 $\boldsymbol{a}$ 的终点 M 在两个坐标轴上的投影点分别为 P 和 Q,把向量 $\boldsymbol{OP}$,$\boldsymbol{OQ}$ 称为向量 $\boldsymbol{a}$ 在两个坐标轴上的分向量,则有 $\boldsymbol{OP}=x\boldsymbol{i}$,$\boldsymbol{OQ}=y\boldsymbol{j}$.根据向量加法的平行四

边形法则有 $\boldsymbol{a}=x\boldsymbol{i}+y\boldsymbol{j}$，于是向量 $\boldsymbol{a}$ 就与平面内的点 M 以及坐标 (x,y) 之间，建立了一种一一对应的关系.

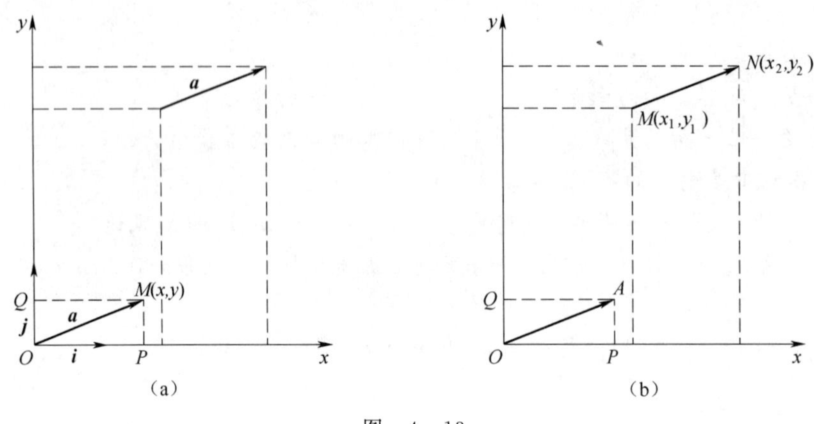

图 4－13

将以 $M(x_1,y_1)$ 为起点，$N(x_2,y_2)$ 为终点的向量 $\boldsymbol{MN}$（见图 4－13(b)）平行移动到 $\boldsymbol{OA}$ 的位置，则 A 点的坐标为 (x_2-x_1,y_2-y_1)，即任一向量的横坐标等于其终点的横坐标减去其起点的横坐标，纵坐标等于其终点的纵坐标减去其起点的纵坐标.

平面上取定一个直角坐标系后，两个向量相等当且仅当它们的坐标相等.于是平面上所有向量组成的集合与所有有序实数对组成的集合之间是一一对应的（每个向量对应于它的坐标）.用坐标表示向量是向量的代数表示，用有向线段表示向量是向量的几何表示.

二、向量的坐标运算

1. 向量的线性运算

若向量 $\boldsymbol{a},\boldsymbol{b}$ 在平面直角坐标系 xOy 中的坐标分别为 (x_1,y_1)，(x_2,y_2)，则

$$\begin{aligned}\boldsymbol{a}\pm\boldsymbol{b}&=(x_1\boldsymbol{i}+y_1\boldsymbol{j})\pm(x_2\boldsymbol{i}+y_2\boldsymbol{j})=(x_1\pm x_2)\boldsymbol{i}+(y_1\pm y_2)\boldsymbol{j}\\&=(x_1\pm x_2,y_1\pm y_2),\end{aligned}$$

即两个向量之和(或差)的横坐标等于这两个向量的横坐标之和(或差)，纵坐标等于这两个向量的纵坐标之和(或差).

$$k\boldsymbol{a}=k(x_1\boldsymbol{i}+y_1\boldsymbol{j})=(kx_1)\boldsymbol{i}+(ky_1)\boldsymbol{j}=(kx_1,ky_1).$$

即数乘向量的坐标等于用这个数乘以向量的相应坐标.

向量的坐标求出后，这个向量就确定了.因此上述结论使我们可以利用向量的坐标进行向量的运算.

例 1 已知 $\boldsymbol{a}=(2,1)$，$\boldsymbol{b}=(-3,4)$，求 $\boldsymbol{a}+\boldsymbol{b}$，$\boldsymbol{a}-\boldsymbol{b}$，$3\boldsymbol{a}+4\boldsymbol{b}$ 的坐标.

解 $\boldsymbol{a}+\boldsymbol{b}=(2,1)+(-3,4)=(-1,5)$，

$\boldsymbol{a}-\boldsymbol{b}=(2,1)-(-3,4)=(5,-3)$，

$3\boldsymbol{a}+4\boldsymbol{b}=3(2,1)+4(-3,4)=(6,3)+(-12,16)=(-6,19)$.

设 $\boldsymbol{a}=(x_1,y_1)$，$\boldsymbol{b}=(x_2,y_2)$，则向量 $\boldsymbol{a}/\!/\boldsymbol{b}$ 的充要条件是存在唯一实数 λ，使得 $(x_1,y_1)=\lambda(x_2,y_2)$，消去 λ，得 $x_1y_2-x_2y_1=0$，即 $\boldsymbol{a}/\!/\boldsymbol{b}(\boldsymbol{b}\neq\boldsymbol{0})$ 的充要条件是 $x_1y_2-x_2y_1=0$.

例 2 已知 $\boldsymbol{a}=(4,2)$，$\boldsymbol{b}=(6,y)$，且 $\boldsymbol{a}/\!/\boldsymbol{b}$，求 y.

解 由于 $\boldsymbol{a}/\!/\boldsymbol{b}$，所以有 $4y-2\times6=0$，解得 $y=3$.

2. 向量的数量积

设一物体在常力 $\boldsymbol{F}$ 作用下沿直线从点 A 移动到点 B，以 $\boldsymbol{s}$ 表示位移 $\boldsymbol{AB}$.由物理学功的定义可知，力 $\boldsymbol{F}$ 所作的功为

$$W=|\boldsymbol{F}||\boldsymbol{s}|\cos\theta,$$

其中，θ 为 $\boldsymbol{F}$ 与 $\boldsymbol{s}$ 的夹角，如图 4－14 所示.

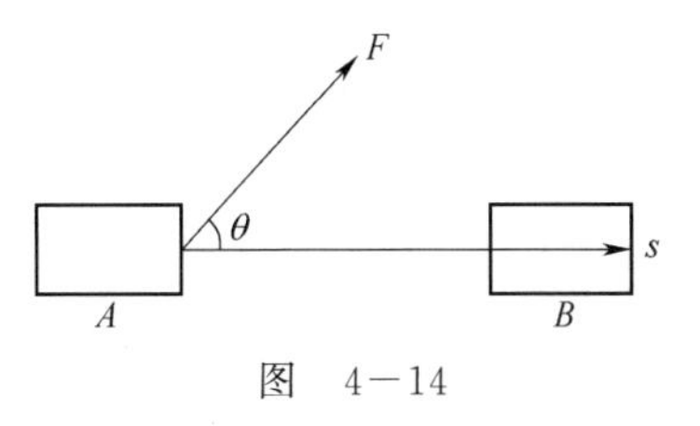

图 4－14

从上述问题可以看出，两个向量 $\boldsymbol{a}$ 和 $\boldsymbol{b}$ 作这样的运算，其结果是一个数，它等于 $|\boldsymbol{a}|$，$|\boldsymbol{b}|$ 及它们的夹角 θ 余弦的乘积.把这个乘积称为向量 $\boldsymbol{a}$ 和 $\boldsymbol{b}$ 的**数量积**（或**内积**、**点积**），记作 $\boldsymbol{a}\cdot\boldsymbol{b}$.即

$$\boldsymbol{a}\cdot\boldsymbol{b}=|\boldsymbol{a}||\boldsymbol{b}|\cos\theta.$$

特别的，当 $\boldsymbol{a}=\boldsymbol{b}$ 时，$\boldsymbol{a}\cdot\boldsymbol{b}=\boldsymbol{a}\cdot\boldsymbol{a}=\boldsymbol{a}^2$，

由定义可知，$\qquad \boldsymbol{i}^2=\boldsymbol{j}^2=1,\quad \boldsymbol{i}\cdot\boldsymbol{j}=\boldsymbol{j}\cdot\boldsymbol{i}=0.$

根据这个定义，上述问题中力所作的功 W 是力 $\boldsymbol{F}$ 与位移 $\boldsymbol{s}$ 的数量积，即 $W=\boldsymbol{F}\cdot\boldsymbol{s}$.

例 3 已知 $|\boldsymbol{a}|=5$，$|\boldsymbol{b}|=4$，$\boldsymbol{a}$ 与 $\boldsymbol{b}$ 的夹角为 $120°$，求 $\boldsymbol{a}\cdot\boldsymbol{b}$.

解 $\boldsymbol{a}\cdot\boldsymbol{b}=|\boldsymbol{a}||\boldsymbol{b}|\cos\theta=5\cdot4\cdot\left(-\dfrac{1}{2}\right)=-10.$

向量数量积的几何意义：$\boldsymbol{a}$ 的模 $|\boldsymbol{a}|$ 与 $\boldsymbol{b}$ 在 $\boldsymbol{a}$ 的方向上的投影 $|\boldsymbol{b}|\cos\theta$ 的乘积.如图 4－15 所示，设 $\boldsymbol{OA}=\boldsymbol{a}$，$\boldsymbol{OB}=\boldsymbol{b}$，过点 B 作 BC 垂直于直线 OA，垂足为 C，则 $|\boldsymbol{OC}|=|\boldsymbol{b}|\cos\theta$，$|\boldsymbol{b}|\cos\theta$ 称为向量 $\boldsymbol{b}$ 在 $\boldsymbol{a}$ 方向上的**投影**.

当 θ 为锐角时，$\boldsymbol{a}\cdot\boldsymbol{b}>0$；

当 θ 为钝角时，$\boldsymbol{a}\cdot\boldsymbol{b}<0$；

当 $\theta=90°$ 时，$\boldsymbol{a}\cdot\boldsymbol{b}=0$.

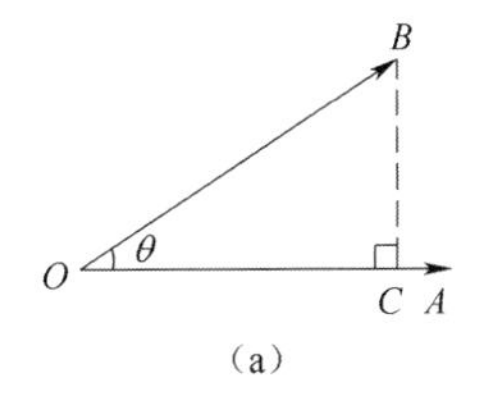

(a)

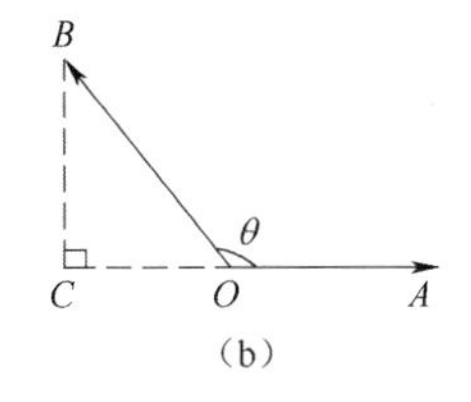

(b)

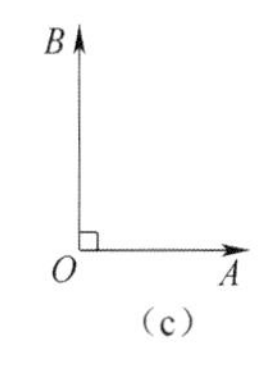

(c)

图 4－15

向量的内积定义中，包含了向量的长度、两个向量的夹角这些度量概念，因此可以利用向量的内积来计算向量的长度、两个非零向量的夹角，即从定义 $\boldsymbol{a}\cdot\boldsymbol{b}=|\boldsymbol{a}||\boldsymbol{b}|\cos\theta$ 可以得出：

(1)对任意向量 $\boldsymbol{a}$，有 $|\boldsymbol{a}|=\sqrt{\boldsymbol{a}\cdot\boldsymbol{a}}$（$\boldsymbol{a}$ 与 $\boldsymbol{a}$ 的夹角为零）；

(2)当 $\boldsymbol{a}\neq0$，$\boldsymbol{b}\neq0$ 时，有 $\cos\theta=\dfrac{\boldsymbol{a}\cdot\boldsymbol{b}}{|\boldsymbol{a}||\boldsymbol{b}|}$；

(3)两个非零向量 $\boldsymbol{a}$，$\boldsymbol{b}$ 垂直（计作 $\boldsymbol{a}\perp\boldsymbol{b}$）当且仅当 $\theta=\dfrac{\pi}{2}$，即 $\boldsymbol{a}\perp\boldsymbol{b}\Leftrightarrow\boldsymbol{a}\cdot\boldsymbol{b}=0$；

(4)由于零向量的方向不确定，因此 $\boldsymbol{0}$ 与每一个向量 $\boldsymbol{a}$ 的夹角可以是任意一个角，当然也可以是 $\dfrac{\pi}{2}$，因此可以认为 $\boldsymbol{0}$ 与任意向量都垂直.

上面几个式子表明，利用向量的内积可以计算向量的长度、两个非零向量的夹角，以及判断两个向量是否垂直.因此，向量的内积在解决有关长度、角度、垂直等度量问题时发挥着重要作用.

例 4 已知 $\boldsymbol{a}\cdot\boldsymbol{b}=-2$，$|\boldsymbol{a}|=1$，$|\boldsymbol{b}|=4$，求夹角 θ.

解 $\cos\theta=\frac{-2}{1\times 4}=-\frac{1}{2}$，因此 $\theta=\pi-\frac{\pi}{3}=\frac{2\pi}{3}$.

已知向量 $\boldsymbol{a},\boldsymbol{b},\boldsymbol{c}$ 和实数 λ，则向量的数量积满足下列运算律.

(1) $\boldsymbol{a}\cdot\boldsymbol{b}=\boldsymbol{b}\cdot\boldsymbol{a}$（交换律）；

(2) $(\lambda\boldsymbol{a})\cdot\boldsymbol{b}=\lambda(\boldsymbol{a}\cdot\boldsymbol{b})$（结合律）；

(3) $(\boldsymbol{a}+\boldsymbol{b})\cdot\boldsymbol{c}=\boldsymbol{a}\cdot\boldsymbol{c}+\boldsymbol{b}\cdot\boldsymbol{c}$（分配律）.

例 5 计算.

(1) $(\boldsymbol{a}+\boldsymbol{b})^2$；　　(2) $(\boldsymbol{a}+\boldsymbol{b})\cdot(\boldsymbol{a}-\boldsymbol{b})$

解 (1) $(\boldsymbol{a}+\boldsymbol{b})^2=(\boldsymbol{a}+\boldsymbol{b})\cdot(\boldsymbol{a}+\boldsymbol{b})=\boldsymbol{a}\cdot\boldsymbol{a}+\boldsymbol{a}\cdot\boldsymbol{b}+\boldsymbol{b}\cdot\boldsymbol{a}+\boldsymbol{b}\cdot\boldsymbol{b}=\boldsymbol{a}^2+2\boldsymbol{a}\cdot\boldsymbol{b}+\boldsymbol{b}^2$.

(2) $(\boldsymbol{a}+\boldsymbol{b})\cdot(\boldsymbol{a}-\boldsymbol{b})=\boldsymbol{a}\cdot\boldsymbol{a}-\boldsymbol{a}\cdot\boldsymbol{b}+\boldsymbol{b}\cdot\boldsymbol{a}-\boldsymbol{b}\cdot\boldsymbol{b}=\boldsymbol{a}^2-\boldsymbol{b}^2$.

设两个非零向量 $\boldsymbol{a}=(x_1,y_1)$，$\boldsymbol{b}=(x_2,y_2)$，则

$$\begin{aligned}\boldsymbol{a}\cdot\boldsymbol{b}&=(x_1\boldsymbol{i}+y_1\boldsymbol{j})\cdot(x_2\boldsymbol{i}+y_2\boldsymbol{j})=x_1x_2\boldsymbol{i}^2+x_1y_2\boldsymbol{ij}+x_2y_1\boldsymbol{ij}+y_1y_2\boldsymbol{j}^2\\&=x_1x_2+y_1y_2,\end{aligned}$$

所以
$$\boldsymbol{a}\cdot\boldsymbol{b}=x_1x_2+y_1y_2,$$
即两个向量的数量积等于它们横坐标的乘积与纵坐标的乘积之和.

由数量积的几何意义知：$\boldsymbol{a}\perp\boldsymbol{b}$ 的充分必要条件是 $x_1x_2+y_1y_2=0$.

例 6 已知 $\boldsymbol{a}=(5,-7)$，$\boldsymbol{b}=(-6,-4)$，求 $\boldsymbol{a}\cdot\boldsymbol{b}$.

解 $\boldsymbol{a}\cdot\boldsymbol{b}=5\times(-6)+(-7)\times(-4)=-30+28=-2$.

习　题　4－2

1. 如图 4－16 所示，试用单位向量 $\boldsymbol{i},\boldsymbol{j}$ 分别表示向量 $\boldsymbol{a},\boldsymbol{b},\boldsymbol{c}$，求出它们的坐标.

2. 已知向量 $\boldsymbol{a},\boldsymbol{b}$ 的坐标，求 $\boldsymbol{a}+\boldsymbol{b}$，$\boldsymbol{a}-\boldsymbol{b}$ 的坐标.

(1) $\boldsymbol{a}=(-2,4)$，$\boldsymbol{b}=(5,2)$；

(2) $\boldsymbol{a}=(4,3)$，$\boldsymbol{b}=(-3,8)$.

3. 已知两点 A，B 的坐标，求 $\boldsymbol{AB}$，$\boldsymbol{BA}$ 的坐标.

(1) $A(3,5)$，$B(6,9)$；　　(2) $A(0,3)$，$B(0,5)$.

4. 已知 $|\boldsymbol{a}|=4$，$|\boldsymbol{b}|=5$，向量 $\boldsymbol{a}$ 与 $\boldsymbol{b}$ 的夹角为 $\frac{\pi}{3}$，求 $\boldsymbol{a}\cdot\boldsymbol{b}$.

5. 已知 $\boldsymbol{a}=(3,2)$，$\boldsymbol{b}=(0,-1)$，求 $-2\boldsymbol{a}+4\boldsymbol{b}$，$4\boldsymbol{a}+3\boldsymbol{b}$ 的坐标.

6. 已知 $\boldsymbol{a}+\boldsymbol{b}$，$\boldsymbol{a}-\boldsymbol{b}$ 坐标分别为 $(2,-7)$，$(6,1)$，求 $\boldsymbol{a},\boldsymbol{b}$ 的坐标.

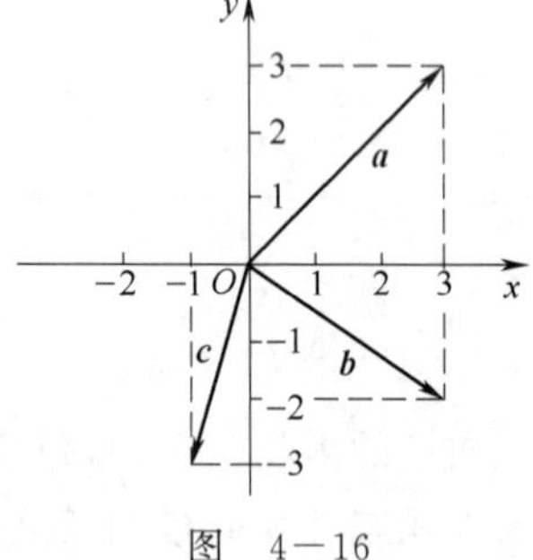

图 4－16

7. 已知 $\boldsymbol{a}=(-3,4)$，$\boldsymbol{b}=(5,2)$，求 $\boldsymbol{a}\cdot\boldsymbol{b}$，$|\boldsymbol{a}|$，$|\boldsymbol{b}|$.

8. 已知 $\boldsymbol{a}=(2,3)$，$\boldsymbol{b}=(-2,4)$，$\boldsymbol{c}=(-1,-2)$，求 $\boldsymbol{a}\cdot\boldsymbol{b}$，$\boldsymbol{a}\cdot(\boldsymbol{b}+\boldsymbol{c})$.

第三节　复数的概念

一、复数的概念

1. 虚数单位 i

因为任何实数的平方都不会是负数，因此方程 $x^2+1=0$ 在实数范围内没有解，为了使这

个方程有解，不妨引进一个新的数 i，使数 i 具有如下性质：

(1) $i^2=-1$；

(2)它和实数在一起，可以按照实数运算法则进行运算.

我们把数 i 称为**虚数单位**.

由此可知 i 就是 -1 的一个平方根，又因为 $(-i)^2=i^2=-1$，所以 $-i$ 也是 -1 的一个平方根，因此，$x^2=-1$ 就有两个解，分别为 $x_1=i$ 和 $x_2=-i$.

虚数单位 i 具有以下特性.

$$i^1=i,\quad i^2=-1,\quad i^3=i\cdot i^2=-i,\quad i^4=i^2i^2=1,$$

$$i^5=i^4i=i,\quad i^6=i^4i^2=-1,\quad i^7=i^4i^3=-i,\quad i^8=i^4i^4=1,$$

……

一般地，如果 n 是正整数，那么

$$i^{4n}=1,\quad i^{4n+1}=i,\quad i^{4n+2}=-1,\quad i^{4n+3}=-i.$$

不妨规定：$i^0=1$，$i^{-m}=\dfrac{1}{i^m}\ (m\in \mathbf{Z}_+)$.

例 1 计算.

(1) i^{2006}； (2) i^{-7}； (3) $(1+i)^{10}$.

解 (1) $i^{2006}=i^{501\times4+2}=i^2=-1$；

(2) $i^{-7}=\dfrac{1}{i^7}=\dfrac{1}{i^4i^3}=\dfrac{1}{1\cdot(-i)}=-\dfrac{1}{i}=-\dfrac{i}{i\cdot i}=i$；

(3) $(1+i)^{10}=[(1+i)^2]^5=(1+2i+i^2)^5=(2i)^5=32i$.

2. 复数

形如 $a+bi$（其中 $a,b\in\mathbf{R}$）的数称为**复数**，其中 a 称为复数 $a+bi$ 的**实部**，b 称为复数 $a+bi$ 的**虚部**.通常用小写英文字母 z，w 等表示复数.

所有复数组成的集合称为**复数集**，用 **C** 表示，$\mathbf{C}=\{(a+bi)\mid a,b\in\mathbf{R}\}$.

当 $b=0$ 时，复数 $a+bi=a+0i$ 就是**实数** a.

当 $b\neq0$ 时，复数 $a+bi$ 为**虚数**.

当 $a=0$ 且 $b\neq0$ 时，复数 $a+bi=bi$ 为**纯虚数**.

全体虚数构成的集合称为**虚数集**，记作 **I**.

例如，$2+3i$ 是虚数，它的实部是 2，虚部是 3；$3i$ 是纯虚数，它的实部是 0，虚部是 3；i 是纯虚数，它的实部是 0，虚部是 1.

因此，实数集 **R** 和虚数集 **I** 都是复数集 **C** 的真子集.

引进复数后，数的范围得到了扩充，复数的分类系统如下：

- 复数 $a+bi$
  - 实数 $a\ (b=0)$
    - 有理数
      - 正有理数
        - 正整数
        - 正分数
      - 零
      - 负有理数
        - 负整数
        - 负分数
    - 无理数
      - 正无理数
      - 负无理数
  - 虚数 $a+bi\ (b\neq0)$…………纯虚数 $bi\ (a=0)$

例 2 求实数 m 取何值时，复数 $z=(m^2-3m-4)+(m^2-5m-6)\mathrm{i}$ 是实数，纯虚数，零.

解 由 $m^2-3m-4=0$，解得 $m=4$ 或 $m=-1$；由 $m^2-5m-6=0$，解得 $m=6$ 或 $m=-1$.

从而当 $m=6$ 或 $m=-1$ 时，由于 $m^2-5m-6=0$，z 是实数；

当 $m=4$ 时，由于 $m^2-3m-4=0$，且 $m^2-5m-6\neq 0$，z 是纯虚数；

当 $m=-1$ 时，由于 $m^2-3m-4=0$，且 $m^2-5m-6=0$，z 是零.

如果两个复数 $a_1+b_1\mathrm{i}$ 和 $a_2+b_2\mathrm{i}$ 的实部相等，虚部也相等，那么这两个**复数相等**，反之，如果两个复数相等，那么它们的实部和虚部也分别相等，即 $a_1+b_1\mathrm{i}=a_2+b_2\mathrm{i}$ 的充要条件为 $a_1=a_2$ 且 $b_1=b_2$.

例 3 已知 $(2x-1)+\mathrm{i}=1-(3-y)\mathrm{i}$，$x$ 和 y 是实数，求 x 和 y.

解 根据复数相等的条件，得 $\begin{cases}2x-1=1\\1=-(3-y)\end{cases}$，解方程组得 $x=1,y=4$.

两个实数可以比较大小，而两个复数，只要不全是实数，则无法比较大小.

二、复数的几何表示

1. 用复平面内的点表示复数

平面直角坐标的横轴与纵轴都是实数轴，单位都是 1，一对有序实数 (a,b) 可以与坐标平面内的点 $M(a,b)$ 一一对应.复数 $a+b\mathrm{i}$ 也是由一对有序实数 a 和 b 构成，但 a 和 b 单位不同，a 的单位是 1，b 的单位是 i，所以不能用这个平面内的点来表示.如果规定，直角坐标平面内的横轴 x 为**实轴**，单位是 1，纵轴 y（不包括原点）为**虚轴**，单位是 i，那么复数 $a+b\mathrm{i}$ 就可以用这个平面内的点 $M(a,b)$ 来表示，其中复数的实部 a 和虚部 b 分别是点 $M(a,b)$ 的横坐标和纵坐标，如图 4－17 所示.表示复数的平面称为**复数直角坐标平面**，简称**复平面**.显然，复数集 **C** 内的复数与复平面内的点之间确立了一一对应关系.实轴上的点对应实数，虚轴上的点（原点除外）对应纯虚数.

例 4 用复平面内的点表示复数.

$1+2\mathrm{i}$；　$1-2\mathrm{i}$；　3；　$2\mathrm{i}$；　0.

解 如图 4－18 所示，复数 $1+2\mathrm{i}$，$1-2\mathrm{i}$，3，$2\mathrm{i}$，0 分别由复平面内的点 $A(1,2)$，$B(1,-2)$，$C(3,0)$，$D(0,2)$，$O(0,0)$ 表示.

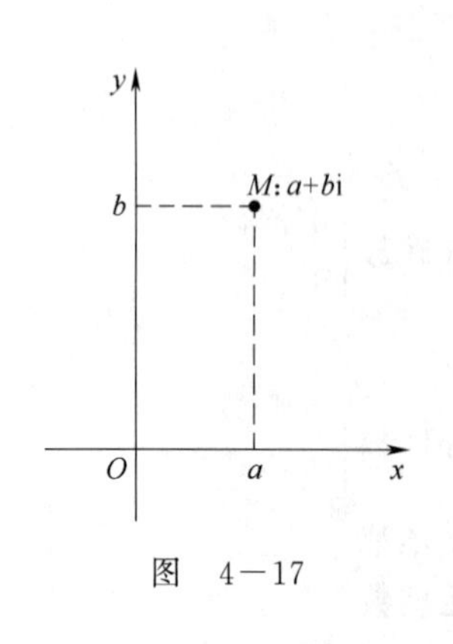

图 4－17

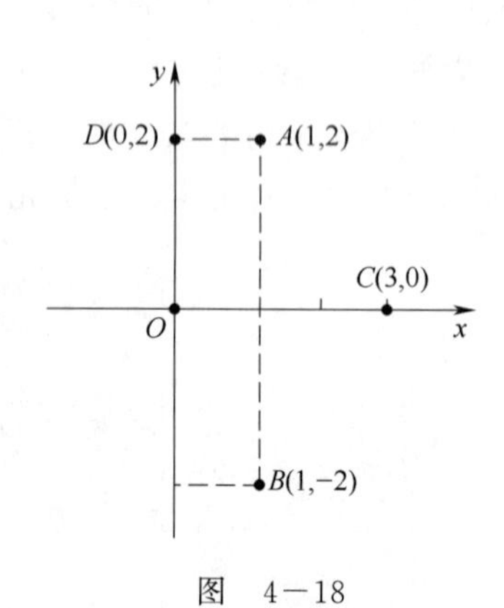

图 4－18

设 $z=a+bi$，把复数 $a-bi$ 称为 $z=a+bi$ 的**共轭复数**，记作 $\bar{z}$，z 与 $\bar{z}$ 互为共轭复数.如 $3+2i$ 和 $3-2i$，$-\sqrt{2}i$ 和 $\sqrt{2}i$ 都是共轭复数.在复平面内互为共轭复数的点关于实轴对称，它们的实部相等，虚部互为相反数.如图 4－18 中所示的点 A 与 B.

2. 用向量表示复数

由于复数集 **C** 内的复数与复平面内的点之间确立了一一对应关系，又由于坐标平面内点与以原点为起点的向量之间存在着一一对应的关系，因而复平面的点和以原点为起点的向量之间也可以建立一一对应关系，因此复数也可以用向量来表示，即复数 $z=a+bi$ ↔ 点 $z(a,b)$ ↔ 向量 $\boldsymbol{OZ}$，如图 4－19 所示.因此，复数 $z=a+bi$、点 $Z(a,b)$、向量 $\boldsymbol{OZ}$ 三者之间具有一一对应的关系.

复数 $z=a+bi$ 对应的向量 $\boldsymbol{OZ}$ 的长度称为**复数的模**.记作 $|z|$.显然 $|z|=\sqrt{a^2+b^2}$，由于 $|\bar{z}|=|a-bi|=\sqrt{a^2+(-b)^2}=\sqrt{a^2+b^2}=|z|$，所以复数与它的共轭复数的模相等.

如果 $b=0$，则 $a+bi$ 是实数 a，它的模等于 $|a|$.

从 x 轴的正半轴到向量 $\boldsymbol{OZ}$ 的夹角 θ 称为**复数 z 的幅角**.不为 0 的复数 $z=a+bi$ 幅角有无数多个，它们分别相差 2π 的整数倍，如 i 的幅角是 $2k\pi+\frac{\pi}{2}$ $(k\in\mathbf{Z})$.把满足 $0\leqslant\theta<2\pi$ 的幅角称为**幅角的主值**，记作 $\arg z$.复数 $z=a+bi(a\neq 0)$ 的幅角 θ 可由

$$\tan\theta=\frac{b}{a}(a\neq 0)$$

来确定，其中 θ 所在的象限就是复数对应的点 $Z(a,b)$ 所在的象限.

当复数 $z=0$ 时，它的模为 0，因为它没有确定的方向，从而没有确定的幅角.

每一个非零复数有唯一的模和唯一的幅角主值，因而如果两个非零复数相等，那么它们的模与幅角的主值分别相等.

容易看出：$\arg a=0$，$\arg(-a)=\pi$，$\arg bi=\frac{\pi}{2}$，$\arg(-bi)=\frac{3\pi}{2}$.

例 5　用向量表示下列复数，并求其模和幅角的主值.

(1) $z_1=-1+i$；　　　　(2) $z_2=1+\sqrt{3}i$.

解　(1)如图 4－20 所示，向量 $\boldsymbol{OZ}_1$ 表示复数 $z_1=-1+i$，其模为 $|z_1|=\sqrt{(-1)^2+1}=\sqrt{2}$，幅角满足 $\tan\theta=\frac{1}{-1}=-1$，并且点 Z_1 在第二象限，所以 $\arg z_1=\frac{3\pi}{4}$.

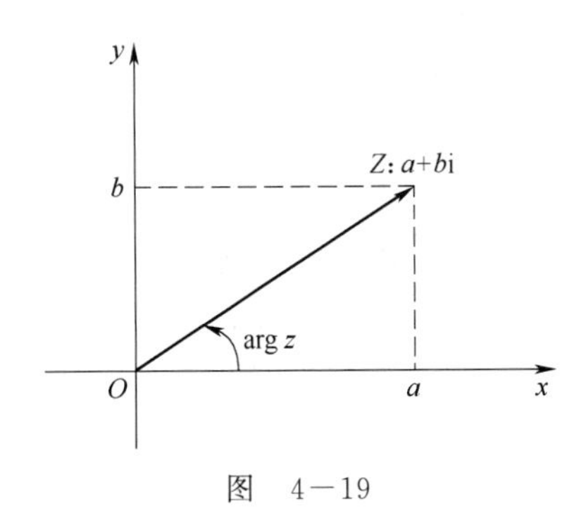

图　4－19

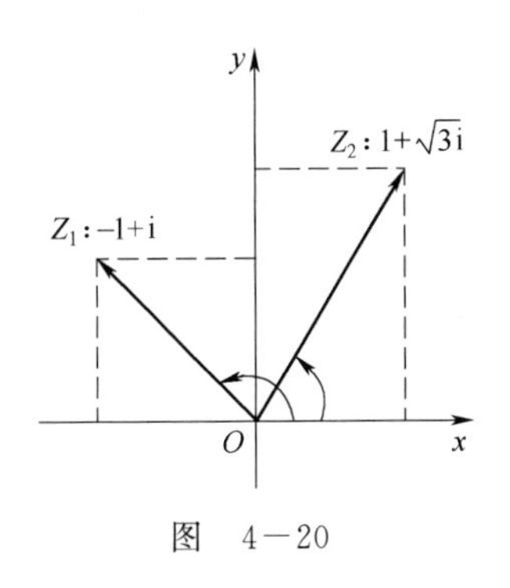

图　4－20

(2)如图 4－20 所示,向量 $\boldsymbol{OZ}_2$ 表示复数 $z_2=1+\sqrt{3}\mathrm{i}$,其模为 $|z_2|=\sqrt{1+3}=2$,幅角满足 $\tan\theta=\dfrac{\sqrt{3}}{1}=\sqrt{3}$,并且点 Z_2 在第一象限,所以 $\arg z_2=\dfrac{\pi}{3}$.

习　题　4－3

1. 如果 a,b 是实数,那么在什么情况下 $a+b\mathrm{i}$ 是实数?是纯虚数?是虚数?

2. 求 i^{2008},i^{1949},i^{-2},i^{-65} 的值.

3. 已知 $(x^2-2x-1)-2\mathrm{i}=2-(y^2+y)\mathrm{i}$,$x$ 和 y 是实数,求 x 和 y.

4. 已知复数 $4-3\mathrm{i}$;$-1+\mathrm{i}$;$4\mathrm{i}$.

(1)用向量表示这些复数;

(2)求这些复数的模;

(3)求这些复数的共轭复数并用向量表示出来.

5. 在复平面内用向量表示下列复数,并求出它们的模和幅角.

(1) $z_1=4$;　(2) $z_2=-4\mathrm{i}$;　(3) $z_3=-\dfrac{\sqrt{2}}{2}+\dfrac{\sqrt{2}}{2}\mathrm{i}$;　(4) $z_4=-\sqrt{3}-\mathrm{i}$;

(5) $z_1=5$;　(6) $z_2=2-4\mathrm{i}$;　(7) $z_3=-\dfrac{1}{2}+\dfrac{\sqrt{3}}{2}\mathrm{i}$;　(8) $z_4=-\sqrt{2}+\mathrm{i}$.

6. a 为什么数时,$\dfrac{a^2+a-6}{a+5}+(a^2+8a+15)\mathrm{i}$ 是实数?纯虚数?虚数?

7. 计算.

(1) $\mathrm{i}^2\cdot\mathrm{i}^3\cdot\mathrm{i}^4\cdot\mathrm{i}^5$;　(2) $3\mathrm{i}\cdot 4\mathrm{i}\cdot(-2\mathrm{i})$.

第四节　复数的四则运算

一、复数的加法、减法

复数相加减,就是复数的实部与实部相加减,虚部与虚部相加减.

设 $z_1=a+b\mathrm{i}$,$z_2=c+d\mathrm{i}$,则有

$$z_1\pm z_2=(a+b\mathrm{i})\pm(c+d\mathrm{i})=(a\pm c)+(b\pm d)\mathrm{i}.$$

两个共轭复数的和是一个实数,两个共轭复数的差是一个纯虚数.

$$z_1+z_2=(a+b\mathrm{i})+(a-b\mathrm{i})=2a,$$

$$z_1-z_2=(a+b\mathrm{i})-(a-b\mathrm{i})=2b\mathrm{i}.$$

例 1　已知 $z_1=6+8\mathrm{i}$,$z_2=4+3\mathrm{i}$,求 z_1+z_2,z_1-z_2.

解　$z_1+z_2=(6+8\mathrm{i})+(4+3\mathrm{i})=(6+4)+(8+3)\mathrm{i}=10+11\mathrm{i}$,

$z_1-z_2=(6+8\mathrm{i})-(4+3\mathrm{i})=(6-4)+(8-3)\mathrm{i}=2+5\mathrm{i}$.

例 2　已知 $(x+2y\mathrm{i})+(y-3x\mathrm{i})-(5-5\mathrm{i})=0$,求实数 x 和 y 的值.

解　原式可化为 $(x+y-5)+(2y-3x+5)i=0$.

根据复数相等的条件,有 $\begin{cases}x+y-5=0\\2y-3x+5=0\end{cases}$,解得 $x=3$, $y=2$.

例 3 已知 $z_1=2+5i$，$z_2=2-5i$，求 z_1+z_2，z_1-z_2.

解 $z_1+z_2=(2+5i)+(2-5i)=4$，

$$z_1-z_2=(2+5i)-(2-5i)=10i.$$

可以证明，复数的加法、减法满足交换律和结合律，设 $z_1=a_1+b_1i$，$z_2=a_2+b_2i$，$z_3=a_3+b_3i$，则

交换律：$z_1+z_2=z_2+z_1$；

结合律：$(z_1+z_2)+z_3=z_1+(z_2+z_3)$.

二、复数的乘法、除法

我们运用多项式的乘法法则来规定复数的乘法，即两个复数的乘积仍为一个复数，相乘时按多项式乘法展开，并将结果中的 i^2 换成-1，将实部与虚部分别合并.

设 $z_1=a+bi$，$z_2=c+di$，则它们的乘积 z_1z_2 为

$$z_1z_2=(a+bi)(c+di)=ac+adi+bci+bdi^2=(ac-bd)+(ad+bc)i,$$

即
$$z_1z_2=(ac-bd)+(ad+bc)i.$$

例 4 已知 $z_1=3+5i$，$z_2=2+4i$，求 z_1z_2.

解 $z_1z_2=(3+5i)(2+4i)=6+12i+10i+20i^2=6+12i+10i-20=-14+22i.$

例 5 已知 $z_1=4+3i$，$z_2=4-3i$，求 z_1z_2.

解 $z_1z_2=(4+3i)(4-3i)=16+9=25.$

共轭复数 $a+bi$ 与 $a-bi$ 的积，$(a+bi)(a-bi)=a^2-(bi)^2=a^2+b^2$，即一对共轭复数的乘积是一个实数.

可以证明，复数的乘法满足交换律、结合律和乘法对加法的分配率.

设 $z_1=a_1+b_1i$，$z_2=a_2+b_2i$，$z_3=a_3+b_3i$，则

交换律：$z_1\cdot z_2=z_2\cdot z_1$；

结合律：$(z_1\cdot z_2)\cdot z_3=z_1\cdot(z_2\cdot z_3)$；

分配率：$z_1(z_2+z_3)=z_1\cdot z_2+z_1\cdot z_3$.

两个复数相除（除数不为零）仍为一个复数，相除时可以先用分式表示它们的商，然后将分子分母同时乘以分母的共轭复数，再将结果化简，写成复数的一般形式.

设 $z_1=a+bi$，$z_2=c+di\neq 0$，则它们的商 $z_1\div z_2$ 为

$$z_1\div z_2=\frac{z_1}{z_2}=\frac{a+bi}{c+di}=\frac{(a+bi)(c-di)}{(c+di)(c-di)}=\frac{(ac+bd)+(bc-ad)i}{c^2+d^2}=\frac{ac+bd}{c^2+d^2}+\frac{bc-ad}{c^2+d^2}i,$$

即
$$\frac{z_1}{z_2}=\frac{ac+bd}{c^2+d^2}+\frac{bc-ad}{c^2+d^2}i.$$

例 6 设 $z_1=1+2i$，$z_2=2+3i$，求 $\frac{z_1}{z_2}$.

解 $\frac{z_1}{z_2}=\frac{1+2i}{2+3i}=\frac{(1+2i)(2-3i)}{(2+3i)(2-3i)}=\frac{2-3i+4i-6i^2}{4+9}=\frac{8+i}{13}=\frac{8}{13}+\frac{1}{13}i.$

例 7 计算 $\left(\frac{1-i}{1+i}\right)^{100}$.

解 $\left(\frac{1-i}{1+i}\right)^{100}=\left[\frac{(1-i)(1-i)}{(1+i)((1-i)}\right]^{100}=\left(\frac{-2i}{2}\right)^{100}=(-i)^{100}=1.$

三、判别式小于零的实系数一元二次方程的根

在实数范围内，对于一元二次方程 $ax^2+bx+c=0(a\neq 0)$，

当 $\Delta=b^2-4ac>0$ 时，有两个不相等的实根 $x_{1,2}=\dfrac{-b\pm\sqrt{b^2-4ac}}{2a}$；

当 $\Delta=b^2-4ac=0$ 时，有两个相等的实根 $x_{1,2}=-\dfrac{b}{2a}$；

当 $\Delta=b^2-4ac<0$ 时，没有实根.

当 $\Delta=b^2-4ac<0$ 时，方程 $ax^2+bx+c=0$ 虽然在实数范围内无解，但由于 $(\pm\sqrt{4ac-b^2}\mathrm{i})^2=b^2-4ac$，所以 $x_{1,2}=\dfrac{-b\pm\sqrt{4ac-b^2}\mathrm{i}}{2a}$ 为方程在复数范围内的解，它们是一对共轭复数.经过计算得出

$$x_1+x_2=-\frac{b}{a},\quad x_1x_2=\frac{c}{a}$$

由此看出，实系数一元二次方程的根与系数的关系式在判别式 $\Delta<0$ 时仍能成立.

例 8 在复数范围内解方程 $2x^2+x+3=0$.

解 因为 $\Delta=1^2-4\times 2\times 3=-23<0$，所以得方程的解为

$$x_{1,2}=\frac{-1\pm\sqrt{23}\mathrm{i}}{4}=-\frac{1}{4}\pm\frac{\sqrt{23}}{4}\mathrm{i}.$$

例 9 在复数范围内分解因式.

(1) x^2+a^2；　(2) x^2+4x+5；

解 (1) $x^2+a^2=x^2-(-a^2)=x^2-(a\mathrm{i})^2=(x+a\mathrm{i})(x-a\mathrm{i})$.

(2)令 $x^2+4x+5=0$，由求根公式，得 $x_1=-2+\mathrm{i}$，$x_2=-2-\mathrm{i}$，从而

$$x^2+4x+5=[x-(-2+\mathrm{i})][x-(-2-\mathrm{i})]=(x+2-\mathrm{i})(x+2+\mathrm{i}).$$

习　题　4－4

1. 计算.

(1) $(5-3\mathrm{i})+(2+\mathrm{i})$；　(2) $6\mathrm{i}+(-7+4\mathrm{i})$；　(3) $\left(\dfrac{\sqrt{2}}{2}-\dfrac{1}{\sqrt{2}}\mathrm{i}\right)+\left(-\dfrac{\sqrt{2}}{2}+\dfrac{\sqrt{2}}{2}\mathrm{i}\right)$；

(4) $(2+\mathrm{i})+(3-\mathrm{i})$；　(5) $(9-\mathrm{i})-(4-\mathrm{i})$；　(6) $-2\mathrm{i}+(2+5\mathrm{i})-(4-3\mathrm{i})$；

(7) $\dfrac{3+\mathrm{i}}{2-\mathrm{i}}$；　(8) $(9+\mathrm{i})(9-\mathrm{i})$；　(9) $\dfrac{1}{4+\mathrm{i}}$.

2. 在复数范围内解方程.

(1) $x^2+3=0$；　(2) $x^2=9$；　(3) $x^2+x+2=0$；

(4) $x^2+2x+10=0$；　(5) $4x^2+2x+1=0$.

3. 在复数范围内分解因式.

(1) $4x^2+3$；　(2) x^4-4.

第五节　复数的三角形式与指数形式

前面学过的复数 $z=a+bi$ 的形式，称为复数的**代数形式**.它在乘除运算及某些应用中有诸多不便，为此下面介绍复数的三角形式与指数形式.

一、复数的三角形式

设复数 $z=a+bi$，它的模为 r，幅角为 θ，在复平面内的对应点为 $Z(a,b)$，如图 4－21 所示，由于 $a=r\cos\theta$，$b=r\sin\theta$，因此

$$a+bi=r\cos\theta+(r\sin\theta)i=r(\cos\theta+i\sin\theta).$$

把 $z=r(\cos\theta+i\sin\theta)$ 的形式，称为复数的**三角形式**.其中，$r=\sqrt{a^2+b^2}$，$\cos\theta=\dfrac{a}{r}$，$\sin\theta=\dfrac{b}{r}$，$\tan\theta=\dfrac{b}{a}(a\neq 0)$，$\theta$ 所在的象限就是与复数相对应的点 $Z(a,b)$ 所在的象限.

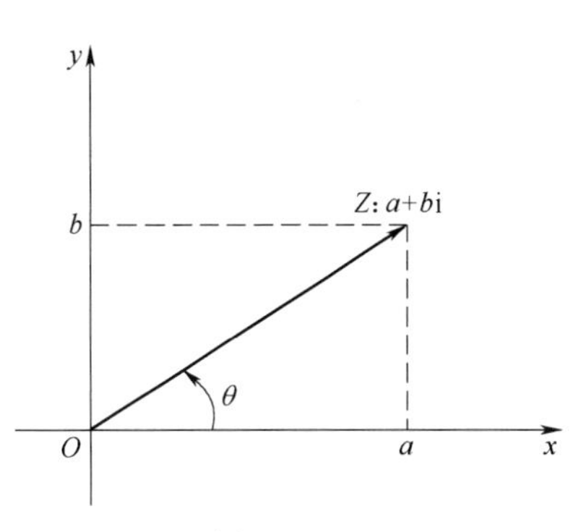

图　4－21

为了与复数的三角形式有所区别，把 $a+bi$ 称为复数的**代数形式**.

特别地，当 $z=0$ 时，复数的模为 0，所以复数 $z=0$ 的三角形式为 0.

在复数的三角形式中，幅角 θ 可用弧度表示，也可用角度表示，可取主值，也可不取主值.但为简便起见，在将复数的代数形式化为三角形式时，一般幅角 θ 取主值.

例 1　将下列复数化成三角形式.

(1) $z=1-\sqrt{3}i$；　　(2) $z=4i$；　　(3) $z=3$.

解(1) 因为 $a=1$，$b=-\sqrt{3}$，所以

$$r=\sqrt{1^2+(-\sqrt{3})^2}=2,\ \tan\theta=\frac{-\sqrt{3}}{1}=-\sqrt{3},$$

由于点 $(1,-\sqrt{3})$ 在第四象限，所以

$$\theta=\frac{5\pi}{3},$$

从而

$$z=2\left(\cos\frac{5\pi}{3}+i\sin\frac{5\pi}{3}\right).$$

(2) 因为 $a=0$，$b=4$，所以

$$r=\sqrt{0^2+4^2}=4,$$

由于点(0,4)在虚轴的正半轴上，所以

$$\theta=\frac{\pi}{2},$$

从而

$$z=4\left(\cos\frac{\pi}{2}+i\sin\frac{\pi}{2}\right).$$

(3) 因为 $a=3$，$b=0$，所以

$$r=\sqrt{3^2+0^2}=3,$$

由于点(3,0)在实轴的正半轴上,所以

$$\theta=0.$$

从而

$$z=3(\cos 0+\mathrm{i}\sin 0).$$

例 2 将下列复数化成代数形式.

(1) $z=2\left(\cos\frac{\pi}{3}+\mathrm{i}\sin\frac{\pi}{3}\right)$;　　(2) $z=\cos\frac{\pi}{2}-\mathrm{i}\sin\frac{\pi}{2}$;

(3) $z=-\sqrt{2}\left(\cos\frac{3\pi}{4}+\mathrm{i}\sin\frac{3\pi}{4}\right)$.

解(1) $z=2\left(\cos\frac{\pi}{3}+\mathrm{i}\sin\frac{\pi}{3}\right)=2\left(\frac{1}{2}+\frac{\sqrt{3}}{2}\mathrm{i}\right)=1+\sqrt{3}\mathrm{i}$.

(2) $z=\cos\frac{\pi}{2}-\mathrm{i}\sin\frac{\pi}{2}=0-\mathrm{i}=-\mathrm{i}$.

(3) $z=-\sqrt{2}\left(\cos\frac{3\pi}{4}+\mathrm{i}\sin\frac{3\pi}{4}\right)=-\sqrt{2}\left(-\frac{\sqrt{2}}{2}+\frac{\sqrt{2}}{2}\mathrm{i}\right)=1-\mathrm{i}$.

对于复数的三角形式 $z=r(\cos\theta+\mathrm{i}\sin\theta)$,要注意:

(1) $r\geqslant 0$;

(2) θ 为幅角(同角);

(3)括号中的实部为 $\cos\theta$,虚部为 $\sin\theta$;

(4)连接符号为"+".

如 $-r(\cos\theta+\mathrm{i}\sin\theta)$, $r(\cos\theta-\mathrm{i}\sin\theta)$, $r(\sin\theta+\mathrm{i}\cos\theta)$ 都不是复数的三角形式.

例 3 下列复数是不是复数的三角形式?如果不是,把它们表示成三角形式.

(1) $z_1=-2\left(\cos\frac{\pi}{4}+\mathrm{i}\sin\frac{\pi}{4}\right)$;(2) $z_2=\cos\frac{\pi}{6}-\mathrm{i}\sin\frac{\pi}{6}$

解 (1) z_1 不是三角形式,表示成三角形式:

$$\begin{aligned}z_1&=-2\left(\cos\frac{\pi}{4}+\mathrm{i}\sin\frac{\pi}{4}\right)=2\left(-\cos\frac{\pi}{4}-\mathrm{i}\sin\frac{\pi}{4}\right)\\&=2\left[\cos\left(\pi+\frac{\pi}{4}\right)+\mathrm{i}\sin\left(\pi+\frac{\pi}{4}\right)\right]=2\left(\cos\frac{5\pi}{4}+\mathrm{i}\sin\frac{5\pi}{4}\right).\end{aligned}$$

(2) z_2 不是三角形式,表示成三角形式:

$$z_2=\cos\frac{\pi}{6}-\mathrm{i}\sin\frac{\pi}{6}=\cos\left(-\frac{\pi}{6}\right)+\mathrm{i}\sin\left(-\frac{\pi}{6}\right),$$

或

$$z_2=\cos\frac{\pi}{6}-\mathrm{i}\sin\frac{\pi}{6}=\cos\left(2\pi-\frac{\pi}{6}\right)+\mathrm{i}\sin\left(2\pi-\frac{\pi}{6}\right)=\cos\frac{11\pi}{6}+\mathrm{i}\sin\frac{11\pi}{6}.$$

再如,$z=a+b\mathrm{i}=r(\cos\theta+\mathrm{i}\sin\theta)$ 的共轭复数的三角形式为

$$\bar{z}=a-b\mathrm{i}=r(\cos\theta-\mathrm{i}\sin\theta)=r[\cos(-\theta)+\mathrm{i}\sin(-\theta)].$$

二、复数三角形式的运算

1. 复数的乘法

设复数 $z_1=r_1(\cos\theta_1+\mathrm{i}\sin\theta_1)$, $z_2=r_2(\cos\theta_2+\mathrm{i}\sin\theta_2)$,则

$$z_1z_2=r_1r_2[\cos(\theta_1+\theta_2)+\mathrm{i}\sin(\theta_1+\theta_2)],$$

即两个复数相乘,其积的模等于两复数模的积,积的幅角等于两复数幅角的和,即两个复数相

乘就是把模相乘,幅角相加.

例 4 计算下列各组复数的积.

(1) $z_1=\sqrt{3}\left(\cos\frac{\pi}{4}+\mathrm{i}\sin\frac{\pi}{4}\right)$, $z_2=4\left(\cos\frac{\pi}{2}+\mathrm{i}\sin\frac{\pi}{2}\right)$;

(2) $z_1=\sqrt{5}\left(\cos\frac{7\pi}{4}+\mathrm{i}\sin\frac{7\pi}{4}\right)$, $z_2=2$.

解(1) $z_1z_2=4\sqrt{3}\left[\cos\left(\frac{\pi}{4}+\frac{\pi}{2}\right)+\mathrm{i}\sin\left(\frac{\pi}{4}+\frac{\pi}{2}\right)\right]$

$$=4\sqrt{3}\left(\cos\frac{3\pi}{4}+\mathrm{i}\sin\frac{3\pi}{4}\right)=4\sqrt{3}\left(-\frac{\sqrt{2}}{2}+\frac{\sqrt{2}}{2}\mathrm{i}\right)=-2\sqrt{6}+2\sqrt{6}\mathrm{i}.$$

(2)由于 $z_2=2$ 的三角形式为 $z_2=2(\cos 0+\mathrm{i}\sin 0)$,因此

$$z_1z_2=2\sqrt{5}\left[\cos\left(\frac{7\pi}{4}+0\right)+\mathrm{i}\sin\left(\frac{7\pi}{4}+0\right)\right]$$

$$=2\sqrt{5}\left(\cos\frac{7\pi}{4}+\mathrm{i}\sin\frac{7\pi}{4}\right)=2\sqrt{5}\left(\frac{\sqrt{2}}{2}-\frac{\sqrt{2}}{2}\mathrm{i}\right)=\sqrt{10}-\sqrt{10}\mathrm{i}.$$

上述乘法可推广到有限个复数三角形式相乘,即 $z_k=r_k(\cos\theta_k+\mathrm{i}\sin\theta_k)$ ($k=1,2,\cdots,n$),则

$$z_1z_2\cdots z_n=r_1r_2\cdots r_n[\cos(\theta_1+\theta_2+\cdots+\theta_n)+\mathrm{i}\sin(\theta_1+\theta_2+\cdots+\theta_n)].$$

当 $z_1=z_2=\cdots=z_n=z$ 时,有

$$z^n=r^n(\cos n\theta+\mathrm{i}\sin n\theta)\quad(n\in\mathbf{Z}_+).$$

这就是说,复数的 n 次幂(n 是正整数)的模等于这个复数的模的 n 次幂,幅角等于这个复数的幅角的 n 倍.这个结论称为**棣莫佛(de Moivre)定理**.特别的,当 $r=1$ 时 $(\cos\theta+\mathrm{i}\sin\theta)^n=\cos n\theta+\mathrm{i}\sin n\theta\quad(n\in\mathbf{Z}_+)$.

例 5 计算.

(1) $\left[\sqrt{3}\left(\cos\frac{\pi}{4}+\mathrm{i}\sin\frac{\pi}{4}\right)\right]^7$　　　(2) $(\sqrt{3}+\mathrm{i})^5$

解(1) $\left[\sqrt{3}\left(\cos\frac{\pi}{4}+\mathrm{i}\sin\frac{\pi}{4}\right)\right]^7=(\sqrt{3})^7\left(\cos\frac{7\pi}{4}+\mathrm{i}\sin\frac{7\pi}{4}\right)=\frac{27}{2}\sqrt{6}-\frac{27}{2}\sqrt{6}\mathrm{i}.$

(2) 因为 $\sqrt{3}+\mathrm{i}=2\left(\cos\frac{\pi}{6}+\mathrm{i}\sin\frac{\pi}{6}\right)$,所以

$$(\sqrt{3}+\mathrm{i})^5=2^5\left(\cos\frac{5\pi}{6}+\mathrm{i}\sin\frac{5\pi}{6}\right)=32\left(-\frac{\sqrt{3}}{2}+\frac{1}{2}\mathrm{i}\right)=-16\sqrt{3}+16\mathrm{i}.$$

2. 复数的除法

设复数 $z_1=r_1(\cos\theta_1+\mathrm{i}\sin\theta_1)$, $z_2=r_2(\cos\theta_2+\mathrm{i}\sin\theta_2)$,则

$$\frac{z_1}{z_2}=\frac{r_1}{r_2}[(\cos(\theta_1-\theta_2)+\mathrm{i}\sin(\theta_1-\theta_2)].$$

即两个复数相除(分母不为零),商的模等于被除数的模与除数的模的商,幅角等于被除数的幅角与除数的幅角的差,即两个复数相除就是把模相除,幅角相减.

例 6 计算下列各组复数的商.

(1) $z_1=6\left(\cos\frac{\pi}{4}+\mathrm{i}\sin\frac{\pi}{4}\right)$, $z_2=7\left(\cos\frac{\pi}{3}+\mathrm{i}\sin\frac{\pi}{3}\right)$;

(2) $z_1=\cos\frac{7\pi}{4}+\mathrm{i}\sin\frac{7\pi}{4}$，$z_2=2\mathrm{i}$.

解(1) $\frac{z_1}{z_2}=\frac{6}{7}\left[\cos\left(\frac{\pi}{4}-\frac{\pi}{3}\right)+\mathrm{i}\sin\left(\frac{\pi}{4}-\frac{\pi}{3}\right)\right]=\frac{6}{7}\left[\cos\left(-\frac{\pi}{12}\right)+\mathrm{i}\sin\left(-\frac{\pi}{12}\right)\right]$.

(2)因为 $z_2=2\mathrm{i}$ 的三角形式为 $z_2=2\left(\cos\frac{\pi}{2}+\mathrm{i}\sin\frac{\pi}{2}\right)$，所以

$$\begin{aligned}\frac{z_1}{z_2}&=\frac{1}{2}\left[\cos\left(\frac{7\pi}{4}-\frac{\pi}{2}\right)+\mathrm{i}\sin\left(\frac{7\pi}{4}-\frac{\pi}{2}\right)\right]\\&=\frac{1}{2}\left(\cos\frac{5\pi}{4}+\mathrm{i}\sin\frac{5\pi}{4}\right)=\frac{1}{2}\left(-\frac{\sqrt{2}}{2}-\frac{\sqrt{2}}{2}\mathrm{i}\right)=-\frac{\sqrt{2}}{4}-\frac{\sqrt{2}}{4}\mathrm{i}.\end{aligned}$$

可以证明棣莫佛定理对于负整数指数幂也成立.

$$(\cos\theta+\mathrm{i}\sin\theta)^{-1}=\frac{1}{\cos\theta+\mathrm{i}\sin\theta}=\frac{\cos 0+\mathrm{i}\sin 0}{\cos\theta+\mathrm{i}\sin\theta}=\cos(-\theta)+\mathrm{i}\sin(-\theta),$$

即
$$(\cos\theta+\mathrm{i}\sin\theta)^{-n}=\cos(-n\theta)+\mathrm{i}\sin(-n\theta).$$

也就是说对于所有整数指数幂棣莫佛定理恒成立.

例 7 计算 $\left[\cos\left(-\frac{\pi}{3}\right)+\mathrm{i}\sin\left(-\frac{\pi}{3}\right)\right]^{-9}$.

解 $$\begin{aligned}\left[\cos\left(-\frac{\pi}{3}\right)+\mathrm{i}\sin\left(-\frac{\pi}{3}\right)\right]^{-9}&=\cos(-9)\left(-\frac{\pi}{3}\right)+\mathrm{i}\sin(-9)\left(-\frac{\pi}{3}\right)\\&=\cos 3\pi+\mathrm{i}\sin 3\pi=-1.\end{aligned}$$

三、复数的指数形式

1. 复数指数形式的定义

复数除了三角形式与代数形式外，在科学技术中特别是在电学中还需要用到复数的另外一种形式.

由于 $\cos\theta+\mathrm{i}\sin\theta=\mathrm{e}^{\mathrm{i}\theta}$（欧拉公式）成立，$\theta$ 取弧度制，于是有

$$z=r(\cos\theta+\mathrm{i}\sin\theta)=r\mathrm{e}^{\mathrm{i}\theta},$$

把 $r\mathrm{e}^{\mathrm{i}\theta}$ 称为**复数的指数形式**，其中 r 是复数的**模**，θ 是复数的**幅角**，θ 的单位只能取弧度.

例 8 把下列复数化成指数形式.

(1) $\sqrt{5}\mathrm{i}$；　　　　(2) $-1+\mathrm{i}$.

解(1) $\sqrt{5}\mathrm{i}=\sqrt{5}\left(\cos\frac{\pi}{2}+\mathrm{i}\sin\frac{\pi}{2}\right)=\sqrt{5}\mathrm{e}^{\mathrm{i}\frac{\pi}{2}}$；

(2) $-1+\mathrm{i}=\sqrt{2}\left(\cos\frac{3\pi}{4}+\mathrm{i}\sin\frac{3\pi}{4}\right)=\sqrt{2}\mathrm{e}^{\mathrm{i}\frac{3\pi}{4}}$.

例 9 把下列指数形式化成代数形式.

(1) $\sqrt{3}\mathrm{e}^{-\mathrm{i}\frac{\pi}{4}}$；　　　　(2) $\sqrt{6}\mathrm{e}^{\mathrm{i}\frac{2\pi}{3}}$.

解(1) $\sqrt{3}\mathrm{e}^{-\mathrm{i}\frac{\pi}{4}}=\sqrt{3}\left[\cos\left(-\frac{\pi}{4}\right)+\mathrm{i}\sin\left(-\frac{\pi}{4}\right)\right]=\sqrt{3}\left(\frac{\sqrt{2}}{2}-\frac{\sqrt{2}}{2}\mathrm{i}\right)=\frac{\sqrt{6}}{2}-\frac{\sqrt{6}}{2}\mathrm{i}$；

(2) $\sqrt{6}\mathrm{e}^{\mathrm{i}\frac{2\pi}{3}}=\sqrt{6}\left(\cos\frac{2\pi}{3}+\mathrm{i}\sin\frac{2\pi}{3}\right)=\sqrt{6}\left(-\frac{1}{2}+\frac{\sqrt{3}}{2}\mathrm{i}\right)=-\frac{\sqrt{6}}{2}+\frac{3\sqrt{2}}{2}\mathrm{i}$.

2. 复数指数形式的运算

(1) $r_1 e^{i\theta_1} \cdot r_2 e^{i\theta_2} = r_1 \cdot r_2 e^{i(\theta_1+\theta_2)}$；

(2) $(re^{i\theta})^n = r^n e^{in\theta} \quad (n \in \mathbf{Z}_+)$；

(3) $\dfrac{r_1 e^{i\theta_1}}{r_2 e^{i\theta_2}} = \dfrac{r_1}{r_2} e^{i(\theta_1-\theta_2)} (r_2 \neq 0)$.

利用复数的指数形式进行乘法、除法运算更为方便.

例 10 计算.

(1) $2e^{-i\frac{\pi}{6}} \cdot 4e^{i\frac{5\pi}{3}}$；　(2) $60e^{i\frac{\pi}{2}} \div 15e^{-i\frac{7\pi}{6}}$；　(3) $(\sqrt{2}e^{i\frac{\pi}{4}})^4$.

解(1) $2e^{-i\frac{\pi}{6}} \cdot 4e^{i\frac{5\pi}{3}} = (2\times 4)e^{i\left(-\frac{\pi}{6}+\frac{5\pi}{3}\right)} = 8e^{i\frac{3\pi}{2}} = 8\left(\cos\dfrac{3\pi}{2} + i\sin\dfrac{3\pi}{2}\right) = -8i$；

(2) $60e^{i\frac{\pi}{2}} \div 15e^{-i\frac{7\pi}{6}} = 4e^{i\left(\frac{\pi}{2}+\frac{7\pi}{6}\right)} = 4e^{i\frac{5\pi}{3}} = 4\left(\cos\dfrac{5\pi}{3} + i\sin\dfrac{5\pi}{3}\right) = 4\left(\dfrac{1}{2} - \dfrac{\sqrt{3}}{2}i\right) = 2-2\sqrt{3}i$；

(3) $\left(\sqrt{2}e^{i\frac{\pi}{4}}\right)^4 = 4e^{i\pi} = 4(\cos\pi + i\sin\pi) = -4$.

习　题　4-5

1. 将下列复数化成三角形式.

(1) $\dfrac{\sqrt{2}}{2} + \dfrac{\sqrt{2}}{2}i$；　(2) $-1-i$；　(3) $\dfrac{\sqrt{3}}{2} - \dfrac{1}{2}i$；　(4) $-6i$；

(5) $-\dfrac{1}{2} - \dfrac{\sqrt{3}}{2}i$；　(6) $1+i$；　(7) $3i$.

2. 将下列复数化成代数形式.

(1) $z = \sqrt{2}\left(\cos\dfrac{\pi}{4} + i\sin\dfrac{\pi}{4}\right)$；　(2) $z = -2\left(\cos\dfrac{2\pi}{3} - i\sin\dfrac{2\pi}{3}\right)$

(3) $z = 4\left(\cos\dfrac{5\pi}{4} + i\sin\dfrac{5\pi}{4}\right)$　(4) $z = 4\left(\cos\dfrac{3\pi}{2} + i\sin\dfrac{3\pi}{2}\right)$

3. 计算下列各组复数的乘积.

(1) $z_1 = \sqrt{2}\left(\cos\dfrac{\pi}{2} + i\sin\dfrac{\pi}{2}\right)$，$z_2 = -4\left(\cos\dfrac{\pi}{6} + i\sin\dfrac{\pi}{6}\right)$；

(2) $z_1 = \sqrt{3}\left(\cos\dfrac{\pi}{3} + i\sin\dfrac{\pi}{3}\right)$，$z_2 = 3\left(\cos\dfrac{5\pi}{6} + i\sin\dfrac{5\pi}{6}\right)$；

(3) $z_1 = -\sqrt{2}\left(\cos\dfrac{\pi}{2} - i\sin\dfrac{\pi}{2}\right)$，$z_2 = 3\left(\cos\dfrac{\pi}{6} - i\sin\dfrac{\pi}{6}\right)$.

4. 计算下列各组复数的商.

(1) $z_1 = \left(\cos\dfrac{\pi}{3} + i\sin\dfrac{\pi}{3}\right)$，$z_2 = 6\left(\cos\dfrac{\pi}{6} + i\sin\dfrac{\pi}{6}\right)$；

(2) $z_1 = \sqrt{3}\left(\cos\dfrac{2\pi}{3} + i\sin\dfrac{2\pi}{3}\right)$，$z_2 = \cos\dfrac{5\pi}{6} + i\sin\dfrac{5\pi}{6}$.

5.将下列复数化成指数形式.

(1) $\sqrt{2}(\cos 135°+\mathrm{i}\sin 135°)$； (2) $-\frac{1}{2}+\frac{\sqrt{3}}{2}\mathrm{i}$； (3) $\frac{1}{2}+\frac{\sqrt{3}}{2}\mathrm{i}$； (4) $-4\mathrm{i}$.

6.将下列复数指数形式化成代数形式.

(1) $4\mathrm{e}^{-\mathrm{i}\frac{\pi}{3}}$； (2) $5\mathrm{e}^{\mathrm{i}6\pi}$； (3) $\frac{1}{3}\mathrm{e}^{\mathrm{i}\frac{\pi}{2}}$； (4) $2\sqrt{3}\mathrm{e}^{-\mathrm{i}\frac{5\pi}{6}}$.

7.计算.

(1) $\sqrt{2}\mathrm{e}^{-\mathrm{i}\frac{\pi}{2}}\cdot 3\mathrm{e}^{\mathrm{i}\frac{\pi}{4}}$；(2) $\sqrt{3}\mathrm{e}^{\mathrm{i}\frac{\pi}{3}}\div \mathrm{e}^{-\mathrm{i}\frac{\pi}{6}}$；(3) $1\div \mathrm{e}^{\mathrm{i}\frac{\pi}{6}}$；(4) $(5\mathrm{e}^{\mathrm{i}\frac{\pi}{4}})^6$.

第六节　复数的简单应用

一、复数在电工学中的表示

复数在电工学中有着广泛的应用，所以我们要了解复数在电工学中的习惯表示方法.

由于电工学中电流强度的记号为 i，所以为避免混淆，将虚数单位习惯记作 j.根据实际需要，在电工学中复数的幅角主值习惯取为 $-\pi<\arg z\leqslant\pi$.

在电工学中常将复数 $z=r(\cos\theta+\mathrm{j}\sin\theta)$ 表示为 $z=r\mathrm{e}^{\mathrm{j}\theta}$ 或 $z=r\angle\theta$，即

$$z=r(\cos\theta+\mathrm{j}\sin\theta)=r\mathrm{e}^{\mathrm{j}\theta}=r\angle\theta,$$

$z=r\mathrm{e}^{\mathrm{j}\theta}$ 是复数的指数形式，而称 $z=r\angle\theta$ 的形式为**复数的极坐标形式**，简称**极式**，其中 r 为复数的**模**，θ 为复数的**幅角**，在极式中 θ 即可以用弧度表示，也可以用角度表示.

例 1　将复数 $z=\sqrt{3}\left(\cos\frac{5\pi}{7}+\mathrm{j}\sin\frac{5\pi}{7}\right)$ 分别用指数形式和极式表示.

解　复数 $z=\sqrt{3}\left(\cos\frac{5\pi}{7}+\mathrm{j}\sin\frac{5\pi}{7}\right)$ 用指数形式表示为 $\sqrt{3}\mathrm{e}^{\mathrm{j}\frac{5\pi}{7}}$，用极式表示为 $\sqrt{3}\angle\frac{5\pi}{7}$.

例 2　将复数的极式 $z=\frac{2}{3}\angle 135°$ 分别用三角形式和指数形式表示.

解　复数 $z=\frac{2}{3}\angle 135°$ 用三角形式表示为 $z=\frac{2}{3}(\cos 135°+\mathrm{j}\sin 135°)$，用指数形式表示为 $\frac{2}{3}\mathrm{e}^{\mathrm{j}\frac{3\pi}{4}}$.

二、复数在电工学中的应用(符号法)

1.正弦量和相量的转换

在电工学中，约定一个正弦量对应于一个复数，正弦量的最大值(或有效值)对应复数的模，正弦量的初相位对应复数的幅角，这个复数常称为相量，即

$$\text{正弦量 } a\sin(\omega t+\varphi_0)\leftrightarrow \text{相量 } \dot{A}=a\angle\varphi_0.$$

字母 A 上的小圆点表示相量.

例如：
$$i=10\sin(\omega t+60°)\leftrightarrow \dot{I}=10\angle 60°;$$
$$u=220\sin(\omega t+135°)\leftrightarrow \dot{U}=220\angle 135°.$$

于是，描述正弦电流电路的方程就转化为复数形式的代数方程，从而极大地简化了计算，

也使分析简单化.

2.用复数法计算相量

相量的加、减运算可按复数的运算法则进行.

例 3　频率相同的两个正弦电流 $i_1=6\sin(\omega t+30°)$，和 $i_2=4\sin(\omega t+60°)$ 叠加，求 $i=i_1+i_2$.

解　由 $i_1=6\sin(\omega t+30°)\leftrightarrow \dot{I}_1=6\angle 30°$，$i_2=4\sin(\omega t+60°)\leftrightarrow \dot{I}_2=4\angle 60°$，从而有

$$\begin{aligned}\dot{I}&=\dot{I}_1+\dot{I}_2\\&=6\angle 30°+4\angle 60°\\&=6(\cos 30°+j\sin 30°)+4(\cos 60°+j\sin 60°)\\&\approx(5.19+3j)+(2+3.46j)\\&=7.19+6.46j,\end{aligned}$$

即
$$\dot{I}\approx 7.19+6.46j,$$

$\dot{I}=7.19+6.46j$ 是复数的代数形式，只要计算出模和幅角就可以写出它的极式.

因为 $a=7.19$，$b=6.46$，则 $r=\sqrt{7.19^2+6.46^2}\approx 9.67$.

又因为 $\tan\varphi=\dfrac{b}{a}=\dfrac{6.46}{7.19}\approx 0.898$，所以 $\varphi\approx 41.9°$，所以

$$\dot{I}=7.19+6.46j=9.67\angle 41.9°,$$

于是
$$\dot{I}\leftrightarrow i=9.67\sin(\omega t+41.9°).$$

总之，计算几个相同频率正弦量的和或差时，把解析式写成相量再按复数的运算法则进行.通常是把相量化成三角形式进行运算，然后把结果用复数的极式表示，最后写出解析式.

习　题　4－6

1.将下列复数化为极式.

(1) $z=3\sqrt{3}+3j$；　(2) $z=\dfrac{3}{2}-\dfrac{\sqrt{3}}{2}j$；　(3) $z=-\sqrt{2}-\sqrt{2}j$；　(4) $z=-j$.

2.将下列复数的极式化为代数形式.

(1) $\sqrt{2}\angle\dfrac{\pi}{4}$；(2) $\sqrt{3}\angle\dfrac{2\pi}{3}$；(3) $2\sqrt{3}\angle-\dfrac{5\pi}{6}$；(4) $\dfrac{3}{4}\angle\dfrac{\pi}{2}$.

3.频率相同的两个正弦电流 $i_1=3\sqrt{2}\sin(314t+60°)$ 和 $i_2=3\sqrt{2}\sin(314t-60°)$ 叠加，求 $i=i_1+i_2$.

复习题四

1.选择题.

(1)平行四边形 $ABCD$ 的对角线 BD，AC 相交于点 M，且 $\boldsymbol{AB}=\boldsymbol{a}$，$\boldsymbol{AD}=\boldsymbol{b}$，则 $\boldsymbol{MB}=$ (　　).

A. $\dfrac{1}{2}(\boldsymbol{a}-\boldsymbol{b})$　　B. $-\dfrac{1}{2}(\boldsymbol{a}-\boldsymbol{b})$　　C. $\dfrac{1}{2}(\boldsymbol{a}+\boldsymbol{b})$　　D. $-\dfrac{1}{2}(\boldsymbol{a}+\boldsymbol{b})$

(2)设 $\boldsymbol{a}$,$\boldsymbol{b}$ 都是单位向量,下列命题中正确的是(　　).

A.$\boldsymbol{a}=\boldsymbol{b}$　　B.若 $\boldsymbol{a}//\boldsymbol{b}$,则 $\boldsymbol{a}=\boldsymbol{b}$　　C. $\boldsymbol{a}^2=\boldsymbol{b}^2$　　D. $\boldsymbol{ab}=1$

(3)若 $\boldsymbol{a}=(-2,y)$,$\boldsymbol{b}=(8,y)$,且 $a\perp \boldsymbol{b}$,则 $y=$(　　).

A. 12　　B. 16　　C. ± 2　　D. ± 4

(4)若 $|\boldsymbol{a}|=6$, $|\boldsymbol{b}|=2$,$\boldsymbol{a}$,$\boldsymbol{b}$ 的夹角为 $120°$,则 $\boldsymbol{a}\cdot\boldsymbol{b}=$(　　).

A. 6　　B. -6　　C. 8　　D. $6\sqrt{3}$

2.化简.

(1) $\frac{1}{2}(2\boldsymbol{a}-4\boldsymbol{b})-3(\boldsymbol{a}-\boldsymbol{b})$;　　(2) $\boldsymbol{NQ}+\boldsymbol{QP}+\boldsymbol{MN}-\boldsymbol{MP}$.

3.在平面直角坐标系中,已知 $\boldsymbol{a}=(2m-n,m+2n)$, $\boldsymbol{b}=(-1,3)$,且 $\boldsymbol{a}=\boldsymbol{b}$,求 m 和 n 的值.

4.在平面直角坐标系中,已知点 $A(-5,4)$, $B(10,-1)$, $C(4,1)$,证明:A, B, C 三点共线.

5.已知两点 $A(-3,4)$、$B(5,6)$,分别求 $\boldsymbol{AB}$ 和 $\boldsymbol{BA}$ 的坐标.

6.已知 $A(-2,-3)$, $B(2,1)$, $C(1,4)$, $D(-7,-4)$,问 $\boldsymbol{AB}$ 与 $\boldsymbol{CD}$ 是否共线?

7.写出下列复数的实部与虚部.

(1) $-2+3\mathrm{i}$;　　(2) $4\left(\cos\frac{5\pi}{3}+\mathrm{i}\sin\frac{5\pi}{3}\right)$;　　(3) $-9\mathrm{i}$;　　(4) 12.

8.已知实数 x,y 分别满足下列各式,求 x 和 y.

(1) $(2x+y)+(3x+y)\mathrm{i}=-1+3\mathrm{i}$;

(2) $(2x+4)+(3x-y)\mathrm{i}=4\mathrm{i}$.

9.实数 m 为何值时,复数 $(m^2+m-2)+(m^2+2m-3)\mathrm{i}$ 是(1)实数?(2)虚数?(3)纯虚数?

10.已知 $z+\bar{z}=8$, $z\bar{z}=64$,求 z.

11.求下列复数幅角主值.

(1) $z_1=\cos\frac{\pi}{7}-\mathrm{i}\sin\frac{\pi}{7}$;　　(2) $z_2=-\sqrt{2}+\sqrt{2}\ \mathrm{i}$.

12.计算.

(1) $3e^{\mathrm{i}\frac{4\pi}{3}}\cdot 5e^{\mathrm{i}\frac{5\pi}{6}}\cdot 6e^{\mathrm{i}\frac{3\pi}{5}}$;　　(2) $24\left(\sin\frac{3\pi}{2}+\mathrm{i}\cos\frac{3\pi}{2}\right)\div 6\left(\cos\frac{\pi}{6}+\mathrm{i}\sin\frac{\pi}{6}\right)$;

(3) $\left(1+\sqrt{3}\mathrm{i}\right)^{10}$;　　(4) $(1+\mathrm{i})^{20}+(1-\mathrm{i})^{20}$;　　(5) $\frac{3}{\left(\sqrt{3}-\mathrm{i}\right)^2}$;　　(6) $6e^{\mathrm{i}\frac{5\pi}{12}}\cdot 3e^{\mathrm{i}\frac{2\pi}{3}}\div 9e^{\mathrm{i}\frac{\pi}{12}}$.

阅读材料

复数发展简史

16 世纪中叶,意大利数学家卡当(Jerome Cardan,1501—1576)发表的《重要的艺术》一书中,公布了三次方程的一般解法,被后人称为“卡当公式”,他是第一个把负数的平方根写到公式中的数学家.他基于自己将负数开平方的设想,给出了表达式

$$40=(5+\sqrt{-15})(5-\sqrt{-15}).$$

给出“虚数”这一名称的是法国数学家笛卡儿（1596—1650），他在《几何学》（1637 年发表）中使“虚的数”与“实的数”相对应，从此，虚数流传开来。

数系中发现了一颗新星“虚数”，于是引起了数学界的一片困惑，很多大数学家都不承认虚数.德国数学家莱布尼茨（1646—1716）在 1702 年称道：圣灵在分析的奇观中找到了超凡的显示，也就是那个理想世界的端兆，那个介于存在与不存在之间的两栖物，那个我们称之为虚的 -1 的平方根.

瑞士数学大师欧拉（1707—1783）说：“对于这类数，我们只能断言，它们既不是什么都不是，也不比什么都不是多些什么，更不比什么都不是少些什么，它们纯属虚幻.”

卡当

然而，真理性的东西一定可以经得住时间和空间的考验，最终占有自己的一席之地.欧拉在 1748 年发现了有名的关系式，并且是他在《微分公式》（1777 年）一文中第一次用 i 来表示 -1 的平方根，首创了虚数单位符号 i ，他发现了负指数函数与三角函数之间的关系，并得到了 $e^{i\pi}+1=0$（这里 e 是“自然对数”的底，e=2.718 28…），这一公式被认为是世界上最美的数学公式.棣莫佛（Abraham de Moivre）也发现了一个漂亮的恒等式

$$(\cos\theta+\mathrm{i}\sin\theta)^n=\cos n\theta+\mathrm{i}\sin n\theta.$$

1797 年，挪威测量员维塞尔在论文《关于方向的分析表示：一个尝试》中引入了虚轴，建立了向量与复数的一一对应关系.

高斯于 1811 年明确了复数 $a+bi$ 与复平面内点 (a,b) 的一一对应关系.并建立了复数的某些运算，使得复数的某些运算也像实数一样“代数化”. 高斯不仅把复数看作平面上的点，而且还看作是一种向量，并利用复数与向量之间一一对应的关系，阐述了复数的几何加法与乘法.至此，复数理论才比较完整和系统地建立起来了.

经过许多数学家长期不懈的努力，深刻探讨并发展了复数理论，才使得在数学领域游荡了 200 年的幽灵——虚数揭去了神秘的面纱，显现出它的本来面目，原来虚数不虚呵！虚数成为了数系大家庭中一员，从而实数集才扩充到了复数集.

在 19 世纪，经过柯西、黎曼、魏尔斯脱拉斯的工作，形成了复变函数的系统理论，并将它渗透到代数、数论、微分方程等数学分支，在流体力学和热力学等领域也取得了可喜的应用.到 20 世纪，俄国的茹可夫斯基以复变函数为工具创立了机翼理论.进一步，复变函数在物理学、弹性理论、天体力学等诸多学科和技术领域得到了广泛的应用，形成了数学的一个强大分支.

第五章　函数、极限与连续

函数是刻画运动变化中变量相依关系的数学模型，是工科数学的主要研究对象.极限方法是微积分的基本分析方法，是学习微积分的基础.本章主要介绍函数的基本知识，极限及其运算、函数的连续性，为今后的学习打下基础.

第一节　函　　数

一、函数的概念

1.函数的定义

定义 1　设 D 是一个给定的非空数集，如果对属于 D 中的每一个 x 的值，按照某个对应法则 f，都有唯一确定的数值 y 与它相对应，那么 y 就称为定义在数集 D 上的 x 的**函数**.记作

$$y=f(x)\ ,\ x\in D\ ,$$

x 称为**自变量**，数集 D 称为函数 $f(x)$ 的**定义域**.

对于 $x_0\in D$，按照对应法则 f，总有确定的值 y_0（记为 $f(x_0)$）与之对应，称 $f(x_0)$ 为函数在点 x_0 的**函数值**.当自变量 x 遍取 D 中所有数值时，对应的函数值的全体构成的集合称为函数 $f(x)$ 的**值域**，记为 M，$M=\{y\mid y=f(x),x\in D\}$.

2.函数的两个要素

定义域和对应法则是函数的两个要素.两个函数相同是指它们的定义域和对应法则均相同.

在实际问题中，函数的定义域应根据问题的实际意义具体确定.如果是纯数学问题，则取使函数的表达式有意义的一切实数所组成的集合.

例 1　求函数 $y=\dfrac{2}{x-2}-\sqrt{3x-5}$ 的定义域.

解　只有当 $x-2\neq 0$，且 $3x-5\geqslant 0$ 同时成立，即 $x\geqslant\dfrac{5}{3}$，且 $x\neq 2$ 时，函数 $y=\dfrac{2}{x-2}-\sqrt{3x-5}$ 才有意义.所以函数的定义域为 $\left[\dfrac{5}{3},2\right)\cup(2,+\infty)$.

例 2　下列函数是否相同？为什么？

(1) $y=\ln x^2$ 与 $y=2\ln x$；(2) $y=\sqrt{u}$ 与 $y=\sqrt{x}$；(3) $y=x$ 和 $y=\sqrt{x^2}$.

解(1) $y=\ln x^2$ 与 $y=2\ln x$ 不是相同的函数，因为定义域不同.

(2) $y=\sqrt{u}$ 与 $y=\sqrt{x}$ 是相同的函数，因为定义域与对应法则均相同.

(3) $y=\sqrt{x^2}=|x|$ 与 $y=x$ 不是相同的函数,因为对应法则不同.

3.函数的表示方法

常用的表示函数的方法有表格法、图像法和解析法(或公式法)三种方法.

(1)表格法

用表格形式表示函数的方法称为表格法.其优点是查找函数值方便,但数据有限、不直观、不便于作理论研究.

(2)图像法

用图形来表示函数的方法称为函数的**图像法**.其优点是直观性强并可观察函数的变化趋势,但根据函数图形所求出的函数值准确度不高且不便于作理论研究.

(3)解析法(公式法)

用一个(或几个)数学式子表示函数的方法称为**解析法(公式法)**.其优点是形式简明,便于作理论研究与数值计算,但不如图像法直观.

在自变量的不同取值范围内,用不同的解析式表示的函数,称为**分段函数**.

例如,符号函数

$$f(x)=\operatorname{sgn} x=\begin{cases}1 & \text{当 } x>0\\ 0 & \text{当 } x=0\\ -1 & \text{当 } x<0\end{cases}$$

是一个分段函数.

4.反函数

定义 2 给定函数 $y=f(x)$, $x\in D$, $y\in M$.如果对于 M 中的每一个 y 值,都可以从关系式 $y=f(x)$ 中确定唯一的 x 值与之相对应,那么所确定的以 y 为自变量的函数 $x=\varphi(y)$ 或 $x=f^{-1}(y)$ 就称为函数 $y=f(x)$ 的**反函数**.

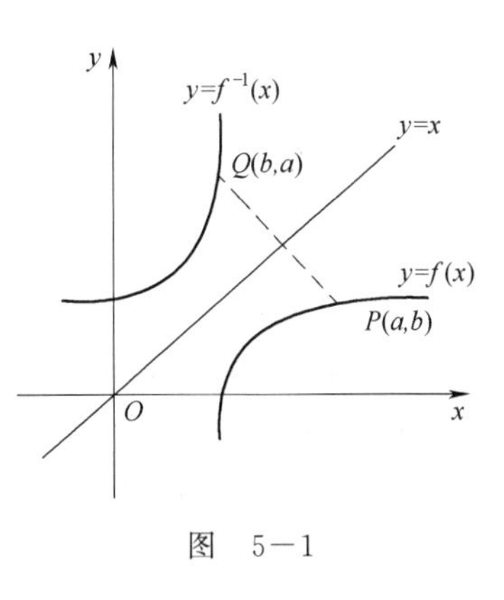

图 5-1

习惯上总是用 x 来表示自变量,而用 y 来表示函数,因此,$y=f(x)$ 的反函数 $x=f^{-1}(y)$ 通常记作 $y=f^{-1}(x)$.

如图 5-1 所示,在同一坐标平面内,在横纵坐标单位取得一致的情况下,函数 $y=f(x)$ 与其反函数 $y=f^{-1}(x)$ 的图像关于直线 $y=x$ 对称.例如 $y=a^x$ ($a>0$ 且 $a\neq 1$) 与 $y=\log_a x$ ($a>0$ 且 $a\neq 1$) 互为反函数,如图 5-2(a)所示;$y=x^3$ 与 $y=x^{\frac{1}{3}}$ 互为反函数,如图 5-2(b)所示.

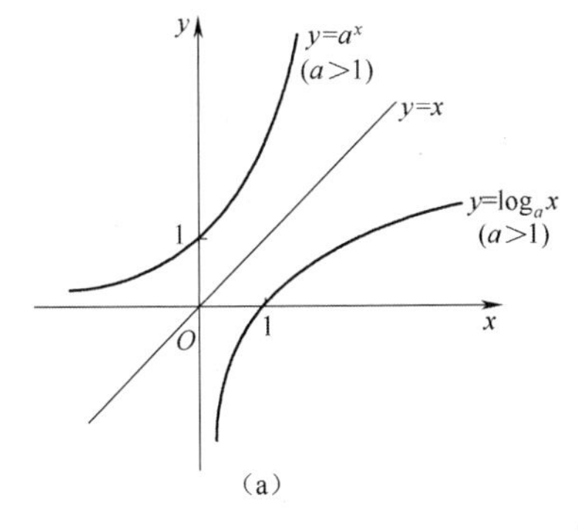

(a)

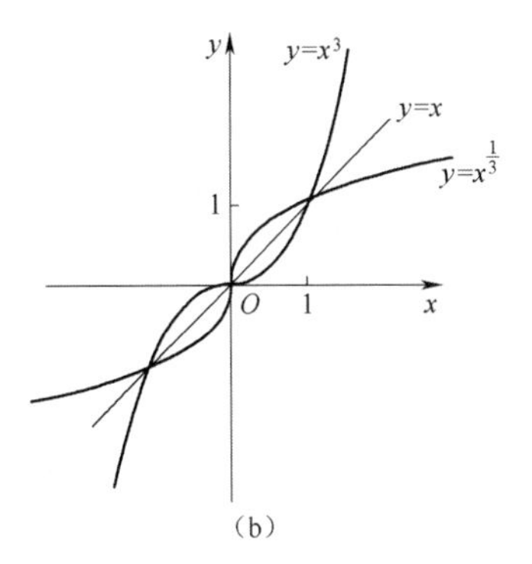

(b)

图 5-2

5.函数的几种特征

(1)函数的单调性

对于给定区间 I 上的函数 $y=f(x)$，若对于该区间 I 内的任意两点 x_1，x_2，当 $x_1<x_2$ 时，都有 $f(x_1)<f(x_2)$ 成立，则称函数 $y=f(x)$ 在区间 I 上是**单调增加函数**，简称**增函数**.若对于该区间 I 内的任意两点 x_1，x_2，当 $x_1<x_2$ 时，都有 $f(x_1)>f(x_2)$ 成立，则称函数 $y=f(x)$ 在区间 I 上是**单调减少函数**，简称**减函数**.单调增加函数与单调减少函数统称为**单调函数**，区间 I 称为函数的**单调区间**.

单调增加函数的图像表现为自左至右是逐渐上升的曲线，单调减少函数的图像表现为自左至右是逐渐下降的曲线. 例如，$y=x^2$ 在 $[0,+\infty)$ 内是单调增加的，在 $(-\infty,0]$ 内是单调减少的，在 $(-\infty,+\infty)$ 内不是单调的，如图 5－3 所示；而 $y=x^3$ 在 $(-\infty,+\infty)$ 内是单调增加的，如图 5－4 所示.

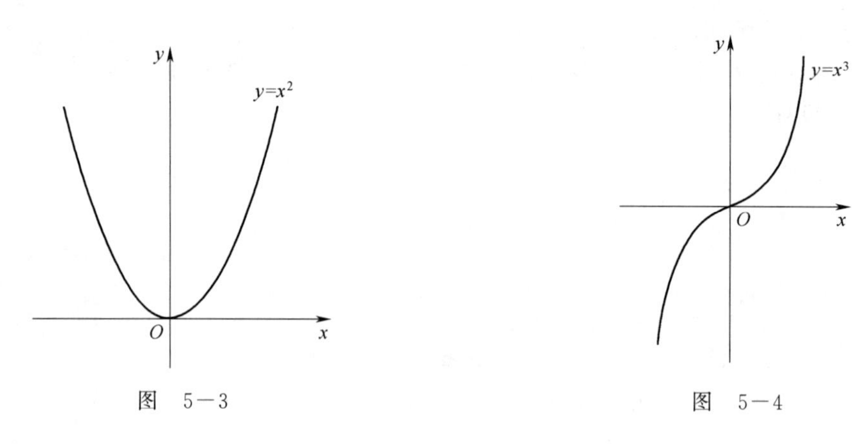

图 5－3　　图 5－4

(2)函数的奇偶性

设函数 $y=f(x)$ 的定义域 D 关于原点对称，若对于 D 内任意的 x，都有 $f(-x)=f(x)$，则称函数 $f(x)$ 为**偶函数**；若对于 D 中任意的 x，都有 $f(-x)=-f(x)$，则称函数 $f(x)$ 为**奇函数**.若函数 $f(x)$ 既不是奇函数，也不是偶函数，则称函数 $f(x)$ 为**非奇非偶函数**.

偶函数的图像关于 y 轴对称，如图 5－5 所示，奇函数的图像关于原点对称，如图 5－6 所示.但一定要注意只有当函数 $y=f(x)$ 的定义域关于原点对称时，函数才有可能具有奇偶性.

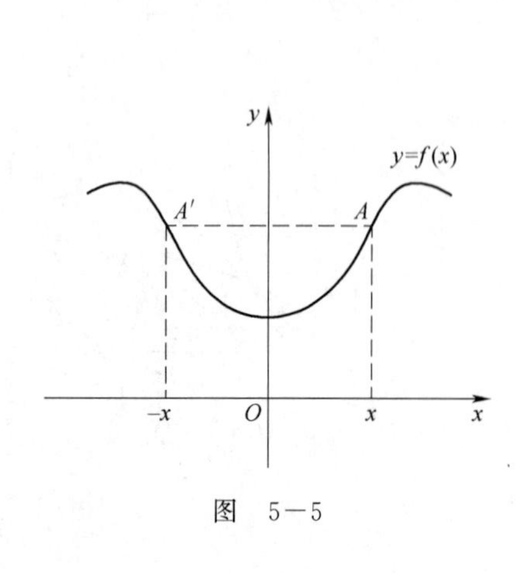

图 5－5

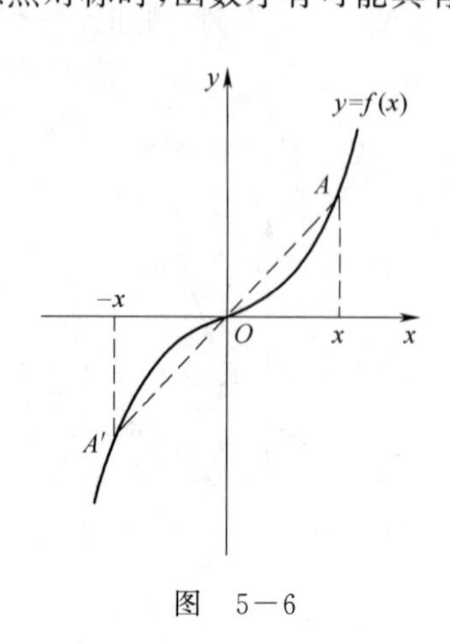

图 5－6

例3 判断函数 $f(x)=x^4\sin x^3$ 的奇偶性.

解 因为函数 $f(x)=x^4\sin x^3$ 的定义域为 $(-\infty,+\infty)$，且有

$$f(-x)=(-x)^4\sin(-x)^3=-x^4\sin x^3=-f(x),$$

所以该函数为奇函数.

(3)函数的有界性

设函数 $y=f(x)$ 的定义域为 D，区间 $I\subset D$，如果存在正数 M，使得对于一切 $x\in I$，都有 $|f(x)|\leqslant M$，则称函数 $y=f(x)$ 在区间 I 内是**有界的**；如果这样的 M 不存在，则称函数 $y=f(x)$ 在区间 I 内是**无界的**.在定义域内有界的函数称为**有界函数**.

如函数 $f(x)=\sin x$ 在定义域 $(-\infty,+\infty)$ 内有界，因为对于一切 $x\in\mathbf{R}$，$|\sin x|\leqslant 1$ 都成立，这里 $M=1$；而函数 $g(x)=\dfrac{1}{x}$ 在 $(0,1)$ 内无界.

如果函数 $y=f(x)$ 在区间 (a,b) 内有界，那么它的图像在 (a,b) 内介于两平行直线 $y=-M$ 与 $y=M$ 之间.

(4)函数的周期性

设函数 $y=f(x)$ 的定义域为 D，如果存在常数 T（$T\neq 0$），使得对于任一 $x\in D$，有 $x\pm T\in D$，且恒有 $f(x+T)=f(x)$ 成立，则把 $f(x)$ 称为**周期函数**. T 为函数的**周期**.一般周期函数的周期是指函数的**最小正周期**.

周期函数在每一个周期内的图像是相同的.

例如，$y=\sin x$，$y=\cos x$ 都是以 2π 为周期的周期函数，$y=\tan x$，$y=\cot x$ 都是以 π 为周期的周期函数.

注：函数的奇偶性和周期性是函数在整个定义域上的性质.函数的单调性和有界性是函数在某个区间上的性质，这个区间可以是函数的定义域，也可以是定义域的子集.

二、基本初等函数

常数函数、幂函数、指数函数、对数函数、三角函数和反三角函数统称**基本初等函数**.现将其列出如下：

(1)常数函数：$y=C$（C 为常数）；

(2)幂函数：$y=x^u$（u 为实数）；

(3)指数函数：$y=a^x$（$a>0$，$a\neq 1$，a 为常数）；

(4)对数函数：$y=\log_a x$（$a>0$，$a\neq 1$，a 为常数）；

当 $a=10$ 时，记为 $y=\lg x$，称为**常用对数**；当 $a=\mathrm{e}$ 时，记为 $y=\ln x$，称为**自然对数**；

(5)三角函数：$y=\sin x$，$y=\cos x$，$y=\tan x$，$y=\cot x$，$y=\sec x$，$y=\csc x$；

(6)反三角函数：$y=\arcsin x$，$y=\arccos x$，$y=\arctan x$，$y=\operatorname{arccot} x$.

三、复合函数

质量为 m 的物体，自由下落时的动能为 $E=\dfrac{1}{2}mv^2$，而 $v=gt$，故 $E=\dfrac{1}{2}m(gt)^2$，E 是 t 的函数.该函数是把函数 $v=gt$ 套入函数 $E=\dfrac{1}{2}mv^2$ 得到的，像这种由函数套函数而得到的函

数就是复合函数.一般地,有

定义 3 设函数 $y=f(u)$,$u\in U$,$u=\varphi(x)$,$x\in X$,且由 $x\in X$ 确定的函数值 $u=\varphi(x)$ 落在函数 $y=f(u)$ 的定义域 U 内,则 $y=f[\varphi(x)]$ 称为**复合函数**.其中 x 是**自变量**,u 称为**中间变量**. $u=\varphi(x)$ 称为**里层函数**,$y=f(u)$ 称为**外层函数**.

复合函数是刻画变量相依关系的更为复杂的一种数学模型,它的结构如下所示。

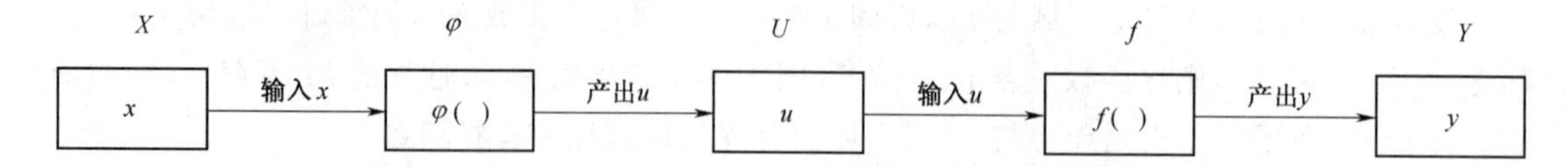

注:(1)复合函数可以由两个或两个以上的函数复合而成.如 $y=e^{\tan x^2}$ 是由 $y=e^u$,$u=\tan v$,$v=x^2$ 复合而成.

(2)不是任何两个函数都能构成复合函数,$u=\varphi(x)$ 的值域必须含在 $y=f(u)$ 的定义域内.如函数 $y=\sqrt{1-u^2}$,$u=x^2+2$ 是无法复合的,因为对应于任何 x 值,u 的值都不在函数 $y=\sqrt{1-u^2}$ 的定义域内.

例 4 将函数 y 表示成 x 的复合函数.

(1)设 $y=\sqrt{u}$,$u=1-x^2$;　　(2) $y=\cos u$,$u=\sqrt{v}$,$v=x^2+1$;

解(1) $y=\sqrt{1-x^2}$,$x\in[-1,1]$.

(2) $y=\cos\sqrt{x^2+1}$,$x\in(-\infty,+\infty)$.

例 5 说明下列函数的复合过程.

(1) $y=\arcsin(\ln x)$;(2) $y=e^{\tan\sqrt{x}}$;(3) $y=\left(\arctan\dfrac{x+1}{x-1}\right)^2$.

解(1) $y=\arcsin(\ln x)$ 是由 $y=\arcsin u$,$u=\ln x$ 复合而成的.

(2) $y=e^{\tan\sqrt{x}}$ 是由 $y=e^u$,$u=\tan v$ 和 $v=\sqrt{x}$ 复合而成的.

(3) $y=\left(\arctan\dfrac{x+1}{x-1}\right)^2$ 由 $y=u^2$,$u=\arctan v$,$v=\dfrac{x+1}{x-1}$ 复合而成.

复合函数的分解,是采取“由外到内,层层分解”的办法,从而拆成若干基本初等函数或基本初等函数的四则运算的形式.

四、初等函数

基本初等函数,以及对基本初等函数作有限次四则运算与有限次函数复合运算而得到的用一个解析式表示的函数叫作**初等函数**.

如 $\operatorname{sh} x=\dfrac{e^x-e^{-x}}{2}$(双曲正弦函数),$\operatorname{ch} x=\dfrac{e^x+e^{-x}}{2}$(双曲余弦函数),$y=(e^{\frac{1}{2}x})\tan x$,$y=\dfrac{\ln 4x+3}{\arctan x}$ 等都是初等函数,而 $f(x)=\begin{cases}x+1 & \text{当 } x>1\\ 0 & \text{当 } x=1\\ x-1 & \text{当 } x<1\end{cases}$ 不是初等函数(在定义域内不能用一个解析式表示).

习　题　5－1

1.求下列函数的定义域.

(1) $y=\sqrt{2x+1}$；(2) $y=\dfrac{2}{x-1}$；(3) $y=e^{\ln x}$；(4) $y=\sqrt{x+1}+\arccos\dfrac{2x+1}{5}$.

2.判断函数的奇偶性.

(1) $f(x)=\ln(x+\sqrt{x^2+1})$；　　(2) $y=x^2+\cos 2x$.

3.下列函数可以看成由哪些函数复合而成？

(1) $y=e^{\sin x}$；　(2) $y=\sin x^2$；　(3) $y=\arccos\sqrt{x-1}$；　(4) $y=\lg(\arccos x^3)$；

(5) $y=(x+2)^7$；(6) $y=\dfrac{1}{\sqrt[3]{4-x^2}}$；(7) $y=\ln(x^2+\sqrt{x})$；(8) $y=(1+\arccos x^2)^3$.

4.将 y 表示为 x 的函数.

(1) $y=\sqrt{u}, u=4x+3$；　　(2) $y=\ln u, u=\cos v, v=x^3-1$；

(3) $y=e^u, u=v^4, v=\tan x$；　　(4) $y=\arcsin u, u=\sqrt[3]{v}, v=\dfrac{x-a}{x-b}$；

第二节　极　　限

极限是研究变量的变化趋势的基本工具，微积分中许多基本概念，例如连续、导数、定积分等都是建立在极限的基础上的.极限方法又是研究函数的一种最基本的方法.本节将介绍函数的极限概念及无穷大、无穷小的概念.

一、函数极限的概念

1. $x\to\infty$ 时，函数的极限

先看下面的例子：

观察函数 $f(x)=\dfrac{1}{x}$ 的变化趋势，如图 5－7 所示，当 x 的绝对值无限增大时，$f(x)=\dfrac{1}{x}$ 无限接近于常数 0.

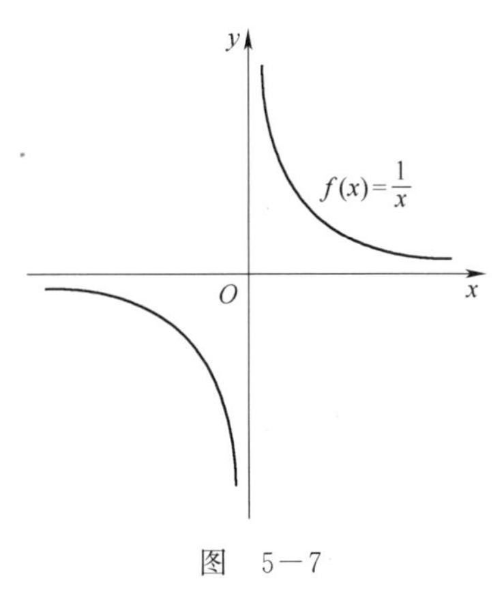

图　5－7

定义 1　对于函数 $f(x)$，如果当 x 的绝对值无限增大（记作 $x\to\infty$）时，函数 $f(x)$ 无限接近于一个确定的常数 A，那么就称 A 为函数 $f(x)$ 当 $x\to\infty$ **时的极限**，记作 $\lim\limits_{x\to\infty}f(x)=A$ 或 $f(x)\to A(x\to\infty)$.

由定义 1 可知，$\lim\limits_{x\to\infty}\dfrac{1}{x}=0$.

若在上述定义中，限制 x 只取正值或只取负值，记作 $x\to+\infty$ 或 $x\to-\infty$，函数的极限分别记作 $\lim\limits_{x\to+\infty}f(x)=A$ 或 $f(x)\to A(x\to+\infty)$，以及 $\lim\limits_{x\to-\infty}f(x)=A$ 或 $f(x)\to A(x\to-\infty)$.

注："$x\to\infty$"意味着同时考虑 $x\to+\infty$ 与 $x\to-\infty$ 两个方面.

例 1 考查函数 $f(x)=\mathrm{e}^x$ 与 $g(x)=\mathrm{e}^{-x}$ 当 $x\to+\infty$ 时的极限.

解 如图 5-8 所示,当 $x\to+\infty$ 时,e^x 的值无限增大,所以 e^x 当 $x\to+\infty$ 时没有极限.当 $x\to+\infty$ 时,e^{-x} 的值无限接近于常数 0,因此有 $\lim\limits_{x\to+\infty}\mathrm{e}^{-x}=0$.

例 2 讨论当 $x\to\infty$ 时函数 $y=\arctan x$ 的极限.

解 如图 5-9 所示,$\lim\limits_{x\to-\infty}\arctan x=-\dfrac{\pi}{2}$,$\lim\limits_{x\to+\infty}\arctan x=\dfrac{\pi}{2}$,所以 $x\to\infty$ 时,函数 $y=\arctan x$ 的极限不存在.

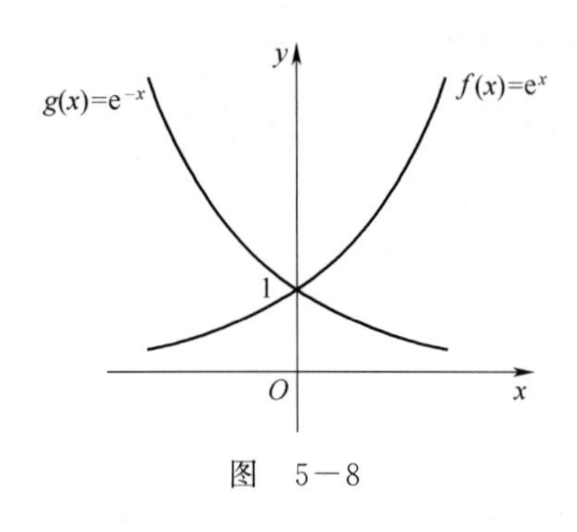

图 5-8

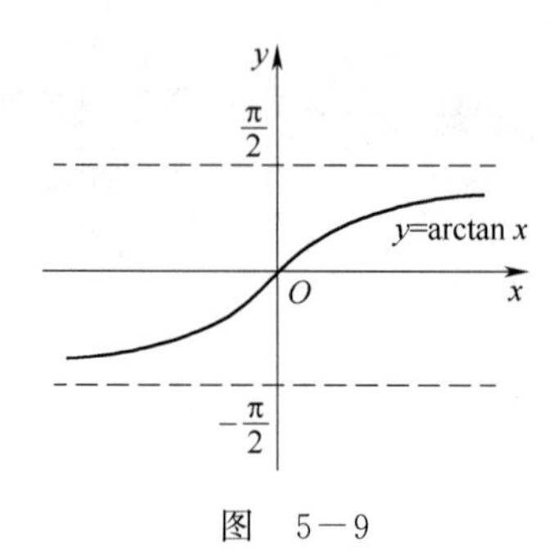

图 5-9

定理 1 极限 $\lim\limits_{x\to\infty}f(x)=A$ 的充要条件是 $\lim\limits_{x\to-\infty}f(x)=\lim\limits_{x\to+\infty}f(x)=A$.

在函数的极限中,下面一些极限经常用到,应记住.

(1) $\lim\limits_{x\to+\infty}q^x=0(0<q<1)$ 或 $\lim\limits_{x\to-\infty}q^x=0(q>1)$;

(2) $\lim\limits_{x\to\infty}C=C$;

(3) $\lim\limits_{x\to+\infty}\dfrac{1}{x^\alpha}=0(\alpha>0)$.

注:根据函数的定义,数列 $\{x_n\}$ 可以看作定义在正整数集上的一个函数,即

$$y=f(x),\quad x\in\mathbf{Z}_+$$

所以数列 $\{x_n\}$ 的极限可以理解为 $x\to+\infty$ 时函数极限的特殊情况.即当自变量以“跳跃”的方式(只取正整数)趋于正无穷大时,函数 $f(x)$ 的变化趋势.

定义 2 如果数列 $\{x_n\}$ 随着 n 无限增大(记为 $n\to\infty$),通项 x_n 无限接近于某一确定的常数 A ,就说 A 是数列 $\{x_n\}$ 当 $n\to\infty$ 时的极限,记作 $\lim\limits_{n\to\infty}x_n=A$ 或 $x_n\to A$ ($n\to\infty$).

由定义 2,可得 $\lim\limits_{n\to\infty}\dfrac{1}{2^n}=0$,$\lim\limits_{n\to\infty}\dfrac{n+(-1)^{n-1}}{n}=1$,$\lim\limits_{n\to\infty}\dfrac{n}{n+1}=1$.

2.$x\to x_0$ 时函数的极限

考察函数 $f(x)=x+1$ 和 $g(x)=\dfrac{x^2-1}{x-1}$ 在 $x\to1$ 时的值,并作图进行比较.

如图 5-10 所示,不难看出,当 $x\to1$ 时,$f(x)=x+1$ 和 $g(x)=\dfrac{x^2-1}{x-1}$ 都无限接近于 2,但这两个函数是不同的,前者在点 $x=1$ 处有定义,后者在点 $x=1$ 处无定义.

定义 3 设函数 $f(x)$ 在点 x_0 的某一去心邻域内有定义,如果当 x 无限接近于定值 x_0(记为 $x\to x_0$)时,函数 $f(x)$ 无限接近于一个确定的常数 A ,那么就称 A 为**函数** $f(x)$ **当** $x\to x_0$ **时的**

极限，记作 $\lim\limits_{x \to x_0} f(x) = A$ 或 $f(x) \to A \ (x \to x_0)$.

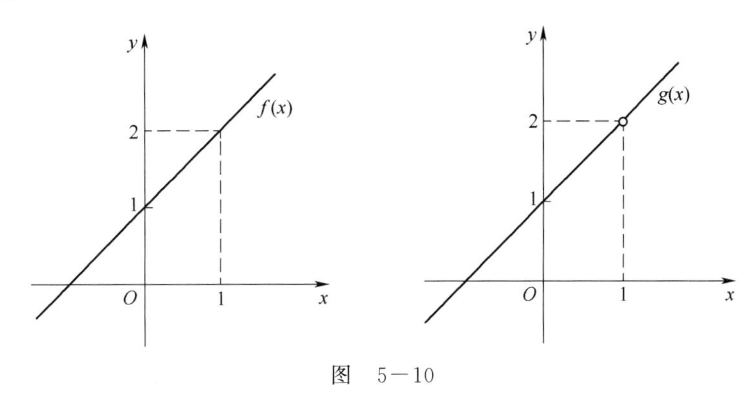

图 5－10

注：$x \to x_0$ 表示 x 与 x_0 无限接近，但 $x \neq x_0$，所以函数在 $x \to x_0$ 时的极限与函数在 x_0 点是否有定义无关.

如上例，可表示为 $\lim\limits_{x \to 1}(x+1) = 2$，$\lim\limits_{x \to 1} \dfrac{x^2-1}{x-1} = 2$.

由定义可得到以下两个常用极限式子：

(1) $\lim\limits_{x \to x_0} C = C$ ；

(2) $\lim\limits_{x \to x_0} x = x_0$.

“$x \to x_0$ 时，x 是从 x_0 的左右两侧同时趋近于 x_0，有时只需讨论 x 从 x_0 的左侧无限趋近于 x_0（记为 $x \to x_0^-$），或从 x_0 的右侧无限趋近于 x_0（记为 $x \to x_0^+$）时函数的极限，分别记作 $\lim\limits_{x \to x_0^-} f(x) = A$ 或 $f(x) \to A (x \to x_0^-)$ 和 $\lim\limits_{x \to x_0^+} f(x) = A$ 或 $f(x) \to A (x \to x_0^+)$.前者称为**左极限**，后者称为**右极限**.

定理 2 $\lim\limits_{x \to x_0} f(x) = A$ 的充分必要条件是 $\lim\limits_{x \to x_0^-} f(x) = \lim\limits_{x \to x_0^+} f(x) = A$.

例 3 试求函数 $f(x) = \begin{cases} x+1 & \text{当} -\infty < x < 0 \\ x^2 & \text{当} \ 0 \leqslant x \leqslant 1 \\ 1 & \text{当} \ x > 1 \end{cases}$ 在 $x=0$ 和 $x=1$ 处的极限.

解 因为 $\lim\limits_{x \to 0^-} f(x) = \lim\limits_{x \to 0^-}(x+1) = 1$ ，$\lim\limits_{x \to 0^+} f(x) = \lim\limits_{x \to 0^+} x^2 = 0$，
函数 $f(x)$ 在 $x=0$ 处左、右极限存在但不相等，所以，当 $x \to 0$ 时，函数 $f(x)$ 的极限不存在.

因为 $\lim\limits_{x \to 1^-} f(x) = \lim\limits_{x \to 1^-} x^2 = 1$ ，$\lim\limits_{x \to 1^+} f(x) = \lim\limits_{x \to 1^+} 1 = 1$ ，
函数 $f(x)$ 在 $x=1$ 处左、右极限存在而且相等，所以，当 $x \to 1$ 时，函数 $f(x)$ 的极限存在且 $\lim\limits_{x \to 1} f(x) = 1$.

注：(1)在一个变量前加上记号“lim”，就表示对这个变量进行了取极限运算，若变量极限存在，所指的不再是这个变量本身，而是它的极限，即变量无限接近的那个值.

(2)在过程 $x \to x_0$ 中考察 $f(x)$ 的极限时，只要求 x 充分接近 x_0 时 $f(x)$ 存在，与 $x = x_0$ 时或远离 x_0 时 $f(x)$ 取值如何无关，这一点在求分段函数的极限时尤为重要.

(3) 若 $\lim\limits_{x \to x_0} f(x)$ 存在，则极限唯一.

二、无穷小量与无穷大量

在研究函数的变化趋势时，经常遇到函数的绝对值"无限变小"或"无限变大"的情况，这就是无穷小量与无穷大量.

1.无穷小量的定义和性质

定义 4 如果当 $x \to x_0$（或 $x \to \infty$）时，函数 $f(x)$ 的极限为零，即 $\lim\limits_{x \to x_0} f(x) = 0$（或 $\lim\limits_{x \to \infty} f(x) = 0$），那么称函数 $f(x)$ 为当 $x \to x_0$（或 $x \to \infty$）时的**无穷小量**，简称**无穷小.**

简言之，极限为零的变量称为无穷小量.

例如，因为 $\lim\limits_{x \to \infty} \dfrac{1}{x} = 0$，所以 $f(x) = \dfrac{1}{x}$ 是当 $x \to \infty$ 时的无穷小量.又如 $\lim\limits_{x \to 0} x^2 = 0$，所以 $f(x) = x^2$ 是当 $x \to 0$ 时的无穷小量.

在自变量的同一变化过程中，无穷小量具有如下性质：

性质 1 有限个无穷小量的代数和仍是无穷小量.

性质 2 有限个无穷小量的乘积仍是无穷小量.

性质 3 有界函数与无穷小量的乘积仍是无穷小量.

例 4 自变量 x 在怎样的变化过程中，下列函数为无穷小.

(1) $y = \dfrac{1}{x-1}$；　　　　(2) $y = 2x - 1$.

解 (1)因为 $\lim\limits_{x \to \infty} \dfrac{1}{x-1} = 0$，所以 $\dfrac{1}{x-1}$ 是当 $x \to \infty$ 时的无穷小.

(2)因为 $\lim\limits_{x \to \frac{1}{2}} (2x-1) = 0$，所以 $2x-1$ 是当 $x \to \dfrac{1}{2}$ 时的无穷小.

例 5 求 $\lim\limits_{x \to \infty} \dfrac{\cos x}{x}$.

解 因为当 $x \to \infty$ 时，$\dfrac{1}{x}$ 是无穷小量，而 $\cos x$ 是有界函数，所以由性质 3，得

$$\lim_{x \to \infty} \frac{\cos x}{x} = 0.$$

2.无穷大量的定义

定义 5 如果当 $x \to x_0$（或 $x \to \infty$）时，函数 $f(x)$ 的绝对值无限增大，那么称函数 $f(x)$ 为当 $x \to x_0$（或 $x \to \infty$）时的**无穷大量**，简称**无穷大.**

注：一个函数 $f(x)$ 当 $x \to x_0$（或 $x \to \infty$）时为无穷大，按极限的概念，$f(x)$ 的极限是不存在的.为了描述函数的这一性态，也称函数 $f(x)$ 的极限为无穷大，记为 $\lim\limits_{x \to x_0} f(x) = \infty$（或 $\lim\limits_{x \to \infty} f(x) = \infty$）.

3.无穷小与无穷大的关系

当 $x \to 0$ 时，$\dfrac{1}{x^2}$ 是无穷大，而 x^2 是无穷小，这说明无穷大与无穷小存在着**倒数关系.**

定理 3 在自变量的同一变化过程中，如果 $f(x)$ 为无穷大，则 $\dfrac{1}{f(x)}$ 为无穷小；反之，如

果 $f(x)$ 为无穷小,且 $f(x) \neq 0$,则 $\dfrac{1}{f(x)}$ 为无穷大.

例 6　自变量 x 在怎样的变化过程中,函数 $y=\dfrac{1}{x-1}$ 为无穷大?

解　因为 $\lim\limits_{x \to 1}(x-1)=0$,由定理 3 得知,$\dfrac{1}{x-1}$ 是当 $x \to 1$ 时的无穷大.

习　题　5-2

1.判断下列命题是否正确.

(1)若 $\lim\limits_{x \to x_0} f(x)$ 存在,则 $f(x_0)$ 有意义.　(　　)

(2)若 $\lim\limits_{x \to x_0^-} f(x)$ 和 $\lim\limits_{x \to x_0^+} f(x)$ 都存在,则极限 $\lim\limits_{x \to x_0} f(x)$ 一定存在.　(　　)

(3)若 $f(x)=\dfrac{1}{\sqrt{x}}$,那么 $\lim\limits_{x \to +\infty} f(x)=0$.　(　　)

(4)若 $f(x)=\dfrac{x^2+3x}{x+3}$,那么 $\lim\limits_{x \to -3} f(x)$ 不存在.　(　　)

(5)无穷大与有界变量之积是无穷大.　(　　)

(6)无穷小的倒数是无穷大.　(　　)

(7)绝对值非常小的量是无穷小量.　(　　)

2.观察并写出下列函数极限.

(1) $\lim\limits_{x \to \infty} \dfrac{1}{x}$;　(2) $\lim\limits_{x \to -\infty} 2^x$;　(3) $\lim\limits_{x \to \frac{\pi}{4}} \tan x$;　(4) $\lim\limits_{x \to 2}(3x+2)$;

(5) $\lim\limits_{x \to 1} \ln x$;　(6) $\lim\limits_{x \to +\infty} \arctan x$;　(7) $\lim\limits_{x \to \infty}\left(2+\dfrac{1}{x}\right)$;　(8) $\lim\limits_{x \to 1} \dfrac{x^2-1}{x-1}$;

(9) $\lim\limits_{x \to \infty} \dfrac{\sin x}{x}$;　(10) $\lim\limits_{x \to 0} x\cos\dfrac{1}{x}$;　(11) $\lim\limits_{x \to 1}(x-1)\arctan\dfrac{1}{x-1}$.

3.当 $x \to 0$ 时,下列函数哪些是无穷小,哪些是无穷大?

(1) $10x^2$;　(2) $\dfrac{1}{x}$;　(3) $\ln x\ (x>0)$;　(4) $\dfrac{x}{3}-x$;

(5) $\tan x$;　(6) $7x^3-x$;　(7) $\dfrac{x}{x^2}$;　(8) $\dfrac{2}{x}$.

4.设 $f(x)=\begin{cases} x^2-1 & 当\ x>0 \\ x+2 & 当\ x<0 \end{cases}$,求 $\lim\limits_{x \to 0^-} f(x)$,$\lim\limits_{x \to 0^+} f(x)$,并判断 $\lim\limits_{x \to 0} f(x)$ 是否存在.

5.设 $f(x)=\begin{cases} x & 当\ x>0 \\ x^3 & 当\ x<0 \end{cases}$,求 $\lim\limits_{x \to 0^-} f(x)$,$\lim\limits_{x \to 0^+} f(x)$,并判断 $\lim\limits_{x \to 0} f(x)$ 是否存在.

第三节　极限的运算

极限的求法是微积分课程的基本运算之一,这种运算包含的类型多,方法技巧性强.本节通过介绍极限的运算法则、两个重要极限、无穷小的阶,初步给出一些求极限的方法.

一、极限的四则运算法则

在下面的讨论中，记号 lim 下面没有标明自变量的变化过程，是指对 $x \to x_0$ 和 $x \to \infty$ 以及单侧极限均成立.

设极限 $\lim f(x)=A$ 与 $\lim g(x)=B$ 存在，则

法则 1 两个函数的代数和的极限等于这两个函数的极限的代数和，即

$$\lim[f(x)\pm g(x)]=\lim f(x)\pm \lim g(x)=A\pm B .$$

法则 2 两个函数的乘积的极限等于这两个函数极限的乘积，即

$$\lim[f(x)g(x)]=\lim f(x)\lim g(x)=AB .$$

法则 1 和法则 2 可以推广到有限多个函数的情形.

特别地，$\lim[f(x)]^n=[\lim f(x)]^n=A^n \ (n\in \mathbf{Z}_+)$.

法则 3 常数因子可以提到极限符号的外边.

$$\lim Cf(x)=C\cdot \lim f(x)=C\cdot A \quad (C \text{ 是常数}).$$

法则 4 两个具有极限的函数的商的极限，当分母的极限不为 0 时，等于这两个函数的极限的商，即

$$\lim \frac{f(x)}{g(x)}=\frac{\lim f(x)}{\lim g(x)}=\frac{A}{B} \quad (B\neq 0).$$

例 1 求下列极限.

(1) $\lim\limits_{x\to 1}(4x^3+3x^2+x-5)$；(2) $\lim\limits_{x\to 2}(x^2-3)(x+1)$；(3) $\lim\limits_{x\to 2}\dfrac{3x^2+2x-4}{x^2-x}$.

解 (1) $\lim\limits_{x\to 1}(4x^3+3x^2+x-5)=4(\lim\limits_{x\to 1}x)^3+3(\lim\limits_{x\to 1}x)^2+\lim\limits_{x\to 1}x-\lim\limits_{x\to 1}5$

$=4\times 1^3+3\times 1^2+1-5=3.$

(2) $\lim\limits_{x\to 2}(x^2-3)(x+1)=\lim\limits_{x\to 2}(x^2-3)\lim\limits_{x\to 2}(x+1)=(\lim\limits_{x\to 2}x^2-3)(\lim\limits_{x\to 2}x+1)$

$=(4-3)\cdot(2+1)=3.$

(3) $\lim\limits_{x\to 2}\dfrac{3x^2+2x-4}{x^2-x}=\dfrac{\lim\limits_{x\to 2}(3x^2+2x-4)}{\lim\limits_{x\to 2}(x^2-x)}=\dfrac{3\lim\limits_{x\to 2}x^2+2\lim\limits_{x\to 2}x-4}{\lim\limits_{x\to 2}x^2-\lim\limits_{x\to 2}x}=\dfrac{12}{2}=6.$

例 2 求下列极限.

(1) $\lim\limits_{x\to 2}\dfrac{x^2-4}{x-2}$；(2) $\lim\limits_{x\to -1}\left(\dfrac{1}{x+1}-\dfrac{3}{x^3+1}\right)$；(3) $\lim\limits_{x\to 4}\dfrac{x-4}{\sqrt{x-3}-1}$.

解 (1)由于 $\lim\limits_{x\to 2}(x-2)=0$，所以商的运算法则不能用，但是当 $x\to 2$ 时，$x\neq 2$，因此 $x-2\neq 0$，可以先约掉 $x-2$ 这个因子，再求极限.

$$\lim_{x\to 2}\frac{x^2-4}{x-2}=\lim_{x\to 2}\frac{(x-2)(x+2)}{x-2}=\lim_{x\to 2}(x+2)=4 .$$

(2)当 $x+1\neq 0$ 时，有

$$\frac{1}{x+1}-\frac{3}{x^3+1}=\frac{x^2-x-2}{(x+1)(x^2-x+1)}=\frac{(x+1)(x-2)}{(x+1)(x^2-x+1)}=\frac{x-2}{x^2-x+1},$$

故有 $\lim\limits_{x\to -1}\left(\dfrac{1}{x+1}-\dfrac{3}{x^3+1}\right)=\lim\limits_{x\to -1}\dfrac{x-2}{x^2-x+1}=\dfrac{-1-2}{(-1)^2-(-1)+1}=-1.$

(3) $\lim\limits_{x\to4}\dfrac{x-4}{\sqrt{x-3}-1}=\lim\limits_{x\to4}\dfrac{(x-4)(\sqrt{x-3}+1)}{x-4}=\lim\limits_{x\to4}(\sqrt{x-3}+1)=\lim\limits_{x\to4}\sqrt{x-3}+1=2.$

在求分式的极限时，如果分子、分母有极限为零的因子，先约掉极限为零的因子，再求极限.

例 3　求下列极限.

(1) $\lim\limits_{x\to\infty}\dfrac{2x^2-3x-4}{x^2-x-2}$；　(2) $\lim\limits_{x\to\infty}\dfrac{3x^2-2x-1}{2x^3-x^2+5}$；　(3) $\lim\limits_{x\to\infty}\dfrac{5x^3+2x-4}{5x^2+2}$.

解　(1)因为当 $x\to\infty$ 时，分式的分子、分母都趋于无穷大，因此不能直接利用商的极限的运算法则，可以先把分子、分母同除以 x^2，再求极限.

$$\lim_{x\to\infty}\frac{2x^2-3x-4}{x^2-x-2}=\lim_{x\to\infty}\frac{2-\dfrac{3}{x}-\dfrac{4}{x^2}}{1-\dfrac{1}{x}-\dfrac{2}{x^2}}=\frac{\lim\limits_{x\to\infty}2-\lim\limits_{x\to\infty}\dfrac{3}{x}-\lim\limits_{x\to\infty}\dfrac{4}{x^2}}{\lim\limits_{x\to\infty}1-\lim\limits_{x\to\infty}\dfrac{1}{x}-\lim\limits_{x\to\infty}\dfrac{2}{x^2}}$$

$$=\frac{2-3\lim\limits_{x\to\infty}\dfrac{1}{x}-4\left(\lim\limits_{x\to\infty}\dfrac{1}{x}\right)^2}{1-\lim\limits_{x\to\infty}\dfrac{1}{x}-2\left(\lim\limits_{x\to\infty}\dfrac{1}{x}\right)^2}=\frac{2-0-0}{1-0-0}=2.$$

$$(2)\ \lim_{x\to\infty}\frac{3x^2-2x-1}{2x^3-x^2+5}=\lim_{x\to\infty}\frac{\dfrac{3}{x}-\dfrac{2}{x^2}-\dfrac{1}{x^3}}{2-\dfrac{1}{x}+\dfrac{5}{x^3}}=\frac{0}{2}=0.$$

(3)因为　$$\lim_{x\to\infty}\frac{5x^2+2}{5x^3+2x-4}=\lim_{x\to\infty}\frac{\dfrac{5}{x}+\dfrac{2}{x^3}}{5+\dfrac{2}{x^2}-\dfrac{4}{x^3}}=\frac{0}{5}=0.$$

由无穷大与无穷小的关系，得 $\lim\limits_{x\to\infty}\dfrac{5x^3+2x-4}{5x^2+2}=\infty$.

当 $a_n\neq0$，$b_m\neq0$，$m,n\in\mathbf{Z}_+$ 时，有如下结论：

$$\lim_{x\to\infty}\frac{a_nx^n+a_{n-1}x^{n-1}+\dots+a_0}{b_mx^m+b_{m-1}x^{m-1}+\dots+b_0}=\begin{cases}0 & \text{当 } m>n\\ \dfrac{a_n}{b_m} & \text{当 } m=n.\\ \infty & \text{当 } m<n\end{cases}$$

二、两个重要极限

1. $\lim\limits_{x\to0}\dfrac{\sin x}{x}=1$(或 $\lim\limits_{x\to0}\dfrac{x}{\sin x}=1$)

先列表考察当 $x\to0$ 时 $\dfrac{\sin x}{x}$ 的变化趋势，如表 5－1 所示.

由表 5－1 可以看出，当 $x\to0$ 时，$\dfrac{\sin x}{x}\to1$，即

$$\lim_{x\to0}\frac{\sin x}{x}=1\ (\text{或}\ \lim_{x\to0}\frac{x}{\sin x}=1)$$

表　5—1

x	$\pm\frac{\pi}{8}$	$\pm\frac{\pi}{16}$	$\pm\frac{\pi}{32}$	$\pm\frac{\pi}{64}$	$\pm\frac{\pi}{128}$	$\pm\frac{\pi}{512}$	$\cdots\to 0$
$\frac{\sin x}{x}$	0.974 495	0.993 586	0.998 394	0.999 598	0.999 899	0.999 993	$\cdots\to 1$

我们称之为**第一个重要极限**.

为了强调其形式,我们将其形象地记为

$$\lim_{\square\to 0}\frac{\sin\square}{\square}=1\quad(\text{或}\lim_{\square\to 0}\frac{\square}{\sin\square}=1)(\text{方框}\square\text{代表同一变量}).$$

例 4　求 $\lim\limits_{x\to 0}\frac{\sin 3x}{2x}$.

解　$\lim\limits_{x\to 0}\frac{\sin 3x}{2x}=\lim\limits_{3x\to 0}\frac{3}{2}\cdot\frac{\sin 3x}{3x}=\frac{3}{2}\lim\limits_{3x\to 0}\frac{\sin 3x}{3x}=\frac{3}{2}\times 1=\frac{3}{2}$.

一般地,有 $\lim\limits_{x\to 0}\frac{\sin mx}{nx}=\frac{m}{n}$.

例 5　求 $\lim\limits_{x\to 0}\frac{\tan x}{x}$.

解　$\lim\limits_{x\to 0}\frac{\tan x}{x}=\lim\limits_{x\to 0}\left(\frac{\sin x}{x}\cdot\frac{1}{\cos x}\right)=\lim\limits_{x\to 0}\frac{\sin x}{x}\cdot\lim\limits_{x\to 0}\frac{1}{\cos x}=1$.

例 6　求 $\lim\limits_{x\to 0}\frac{1-\cos x}{x^2}$.

解　$\lim\limits_{x\to 0}\frac{1-\cos x}{x^2}=\lim\limits_{x\to 0}\frac{2\sin^2\frac{x}{2}}{x^2}=\frac{1}{2}\lim\limits_{x\to 0}\left(\frac{\sin\frac{x}{2}}{\frac{x}{2}}\right)^2=\frac{1}{2}$.

2. $\lim\limits_{x\to\infty}\left(1+\frac{1}{x}\right)^x=\mathrm{e}$ (或 $\lim\limits_{u\to 0}(1+u)^{\frac{1}{u}}=\mathrm{e}$)

先列表考察当 $x\to+\infty$ 及 $x\to-\infty$ 时 $\left(1+\frac{1}{x}\right)^x$ 的变化趋势,如表 5—2 和表 5—3 所示.

表　5—2

x	10^2	10^3	10^4	10^5	10^6	$\cdots\to+\infty$
$\left(1+\frac{1}{x}\right)^x$	2.704 81	2.716 92	2.718 15	2.718 27	2.718 28	$\cdots\to\mathrm{e}$

表　5—3

x	-10^2	-10^3	-10^4	-10^5	-10^6	$\cdots\to-\infty$
$\left(1+\frac{1}{x}\right)^x$	2.732 00	2.719 64	2.718 41	2.718 30	2.718 28	$\cdots\to\mathrm{e}$

由表 5—2 和表 5—3 可以看出,当 $|x|$ 无限增大时,$\left(1+\frac{1}{x}\right)^x$ 的对应值就会无限地趋近于无理数 e(e 是数学中的一个重要常数,其值 e=2.718 281 828 459 045…),即

$$\lim_{x\to\infty}\left(1+\frac{1}{x}\right)^x=\mathrm{e}\ (\text{或}\lim_{u\to 0}(1+u)^{\frac{1}{u}}=\mathrm{e}),$$

我们称之为**第二个重要极限.**

这个极限常用于求一些幂指函数(形如 $y=f(x)^{g(x)}$ 的函数)的极限.为了强调其形式,我们将其形象地记为

$$\lim_{\square\to\infty}\left(1+\frac{1}{\square}\right)^{\square}=\mathrm{e}\quad(\text{或}\lim_{\square\to 0}(1+\square)^{\frac{1}{\square}}=\mathrm{e}).$$

例 7 求 $\lim\limits_{x\to\infty}\left(1+\frac{2}{x}\right)^{x}$.

解 $\lim\limits_{x\to\infty}\left(1+\frac{2}{x}\right)^{x}=\lim\limits_{x\to\infty}\left(1+\frac{2}{x}\right)^{\frac{x}{2}\cdot 2}=\lim\limits_{x\to\infty}\left[\left(1+\frac{2}{x}\right)^{\frac{x}{2}}\right]^{2}=\mathrm{e}^{2}.$

例 8 求 $\lim\limits_{x\to 0}(1-x)^{\frac{1}{x}}$.

解
$$\lim_{x\to 0}(1-x)^{\frac{1}{x}}=\lim_{x\to 0}[1+(-x)]^{\frac{1}{x}}=\lim_{x\to 0}([1+(-x)]^{-\frac{1}{x}})^{-1}$$
$$=(\lim_{x\to 0}[1+(-x)]^{-\frac{1}{x}})^{-1}=\mathrm{e}^{-1}.$$

三、无穷小的阶

定义 设 α,β 是同一变化过程中的两个无穷小,且 $\alpha\neq 0$.

(1)如果 $\lim\frac{\beta}{\alpha}=0$,那么称 β 是比 α **高阶的无穷小**,记为 $\beta=o(\alpha)$;

(2)如果 $\lim\frac{\beta}{\alpha}=\infty$,那么称 β 是比 α **低阶的无穷小**;

(3)如果 $\lim\frac{\beta}{\alpha}=C$($C$ 为非零常数),那么称 β 与 α 为**同阶的无穷小**.

特别地,当常数 $C=1$ 时,称 β 与 α 为**等价的无穷小**,记作 $\alpha\sim\beta$.

例如,当 $x\to 0$ 时,$x,2x,x^2$ 都是无穷小,有

$$\lim_{x\to 0}\frac{x^2}{x}=\lim_{x\to 0}x=0,\ \lim_{x\to 0}\frac{2x}{x^2}=\lim_{x\to 0}\frac{2}{x}=\infty,\ \lim_{x\to 0}\frac{2x}{x}=\lim_{x\to 0}2=2,$$

说明 x^2 是比 x 高阶的无穷小,$2x$ 是比 x^2 低阶的无穷小,$2x$ 与 x 是同阶的无穷小.

定理(无穷小量的替换定理) 若 $\alpha\sim\alpha'$,$\beta\sim\beta'$ 且 $\lim\frac{\beta'}{\alpha'}$ 存在,则

$$\lim\frac{\beta}{\alpha}=\lim\frac{\beta'}{\alpha'}.$$

这个定理表明,求两个无穷小之比的极限时,分子、分母均可用其等价无穷小来代替.因此,如果用来代替的无穷小选取适当,则可使计算简化.下面是常用的几个等价无穷小.

当 $x\to 0$ 时,有:

$\sin x\sim x$, $\tan x\sim x$, $\arcsin x\sim x$, $\arctan x\sim x$, $1-\cos x\sim\frac{x^2}{2}$, $\sin ax\sim ax$, $\tan ax\sim ax$, $\ln(1+x)\sim x$, $\mathrm{e}^x-1\sim x$, $\sqrt{1+x}-1\sim\frac{1}{2}x$, $\sqrt[n]{1+x}-1\sim\frac{x}{n}$.

注:(1)等价代换是对分子或分母的整体替换(或对分子、分母的因式进行替换),而对分子或分母中的“+”“-”号连接的各部分不能分别作替换.如 $\lim\limits_{x\to 0}\frac{\tan x-\sin x}{x^3}$,若 $\tan x$ 与 $\sin x$

分别用其等价无穷小 x 代换，则有 $\lim\limits_{x\to 0}\dfrac{\tan x-\sin x}{x^3}=\lim\limits_{x\to 0}\dfrac{x-x}{x^3}=0$，这样就错了.

(2)等价代换时必须写明等价无穷小这个前提条件.

例 9 求 $\lim\limits_{x\to 0}\dfrac{\tan 2x}{\sin 5x}$.

解 当 $x\to 0$ 时，$\tan 2x\sim 2x$，$\sin 5x\sim 5x$，所以

$$\lim_{x\to 0}\frac{\tan 2x}{\sin 5x}=\lim_{x\to 0}\frac{2x}{5x}=\frac{2}{5}.$$

习 题 5－3

1.求下列极限.

(1) $\lim\limits_{x\to 2}(3x-1)$； (2) $\lim\limits_{x\to 3}\dfrac{x^2-2x-3}{x^2-4x+3}$； (3) $\lim\limits_{x\to\infty}\dfrac{x^3-2x+3}{2x^3+x^2-4}$；

(4) $\lim\limits_{x\to\infty}\dfrac{3x^2-2}{2x^4+x^2-9}$； (5) $\lim\limits_{x\to 3}\dfrac{x-3}{x^2-9}$； (6) $\lim\limits_{x\to\infty}\dfrac{x-\cos x}{x}$.

2.求下列极限.

(1) $\lim\limits_{x\to 0}\dfrac{\sin 5x}{\sin 3x}$； (2) $\lim\limits_{x\to 0}\dfrac{\sin 2x}{x}$； (3) $\lim\limits_{x\to 0}\dfrac{\tan 2x}{x}$；

(4) $\lim\limits_{x\to 0}x\cot x$； (5) $\lim\limits_{x\to\infty}\left(1-\dfrac{3}{x}\right)^x$； (6) $\lim\limits_{x\to 0}(1+2x)^{\frac{1}{x}}$.

3.用等价无穷小代换求下列极限.

(1) $\lim\limits_{x\to 0}\dfrac{\arcsin x}{\tan 3x}$； (2) $\lim\limits_{x\to 0}\dfrac{\sin x^5}{\sin^3 x}$； (3) $\lim\limits_{x\to 0}\dfrac{\ln(1+x)}{\sin 3x}$； (4) $\lim\limits_{x\to 0}\dfrac{\sin x}{2x^3+x}$.

第四节 函数的连续性

在现实生活中，有许多连续变化的现象.如植物的生长、气温的升降等，这些现象在数学上反映的就是函数的连续性.本节将要引入的连续函数，就是刻画变量连续变化的数学模型.

一、函数的连续性

1.函数的增量

如果变量 u 从初值 u_1 变到终值 u_2，那么把终值与初值的差 u_2-u_1 称为变量 u 的增量(或改变量)，记为 Δu，即

$$\Delta u=u_2-u_1.$$

增量 Δu 可以是正值，也可以是负值.当 Δu 是正值时，变量 u 是增加的，当 Δu 是负值时，变量 u 是减少的.

假定函数 $y=f(x)$ 在点 x_0 的某个邻域内有定义.当自变量 x 在这个邻域内从 x_0 变到 $x_0+\Delta x$ 时，函数 y 相应地从 $f(x_0)$ 变到 $f(x_0+\Delta x)$，如图 5－11 所示.因此，函数 y 的对应增量为

$$\Delta y=f(x_0+\Delta x)-f(x_0).$$

2.函数在一点 x_0 处的连续性

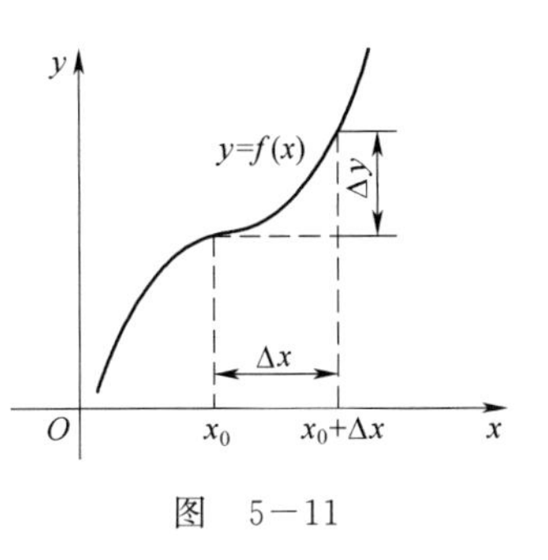

图　5－11

定义 1　设函数 $y=f(x)$ 在点 x_0 的某一邻域内有定义，自变量的增量 Δx 趋于零时，对应函数 y 的增量

$$\Delta y = f(x_0+\Delta x)-f(x_0)$$

也趋于零，即

$$\lim_{\Delta x\to 0}\Delta y=\lim_{\Delta x\to 0}[f(x_0+\Delta x)-f(x_0)]=0,$$

那么就称函数 $y=f(x)$ 在点 x_0 处连续，点 x_0 称为函数 $y=f(x)$ 的**连续点**.

由定义 1，可知函数在一点处连续的本质特征：**自变量变化很小时，函数值的变化也很小.**

令 $x=x_0+\Delta x$，则 $\Delta x=x-x_0$，$\Delta y=f(x)-f(x_0)$.

显然，$\Delta x\to 0$ 时，$x\to x_0$，$\Delta y\to 0$ 时，$f(x)\to f(x_0)$，所以函数 $y=f(x)$ 在点 x_0 处连续又可叙述为：

定义 2　设函数 $y=f(x)$ 在点 x_0 的某一邻域内有定义，若 $\lim\limits_{x\to x_0}f(x)=f(x_0)$，则称**函数 $y=f(x)$ 在点 x_0 处连续**.

由定义 2 可知，若 $f(x)$ 在点 x_0 连续，必须满足以下三个条件：

(1) $f(x)$ 在点 x_0 及其邻域内有定义；

(2) $\lim\limits_{x\to x_0}f(x)$ 存在；

(3) $\lim\limits_{x\to x_0}f(x)=f(x_0)$.

上面三个条件缺一不可，只要有一个条件不能满足，就称**函数 $f(x)$ 在点 x_0 处间断**（即不连续），点 x_0 就是函数的**间断点**.

例 1　试证函数 $f(x)=\begin{cases}x\sin\dfrac{1}{x} & 当\ x\neq 0\\ 0 & 当\ x=0\end{cases}$ 在点 $x=0$ 处连续.

证明　因为函数 $f(x)$ 在点 $x=0$ 处及其邻域内有定义，$\lim\limits_{x\to 0}x\sin\dfrac{1}{x}=0$，且 $f(0)=0$，即有 $\lim\limits_{x\to 0}f(x)=f(0)$，由定义 2 可知，函数在点 $x=0$ 处连续.

若函数 $f(x)$ 在 $(a,x_0]$ 内有定义，且 $\lim\limits_{x\to x_0^-}f(x)=f(x_0)$，则称函数 $f(x)$ 在点 x_0 处**左连续**.

若函数 $f(x)$ 在 $[x_0,b)$ 内有定义，且 $\lim\limits_{x\to x_0^+}f(x)=f(x_0)$，则称函数 $f(x)$ 在点 x_0 处**右连续**.

定理 1　函数 $f(x)$ 在点 x_0 处连续的充要条件是函数 $f(x)$ 在点 x_0 处既左连续又右连续.

例 2　已知函数 $f(x)=\begin{cases}x^2+1 & 当\ x<0\\ 2x+b & 当\ x\geqslant 0\end{cases}$ 在点 $x=0$ 处连续，求 b 的值.

解　$\lim\limits_{x\to 0^-}f(x)=\lim\limits_{x\to 0^-}(x^2+1)=1$；

$$\lim_{x\to 0^+}f(x)=\lim_{x\to 0^+}(2x+b)=b=f(0).$$

因为函数 $f(x)$ 在点 $x=0$ 处连续,则

$$\lim_{x\to0^-}f(x)=\lim_{x\to0^+}f(x)=f(0),$$

即 $b=1$.

3.函数在区间上的连续性

如果函数 $f(x)$ 在区间 (a,b) 内每一点都是连续的,则称函数 $f(x)$ **在区间 (a,b) 内连续**,(a,b) **称为函数 $f(x)$ 的连续区间.**

如果函数 $f(x)$ 在区间 (a,b) 内连续,并且在左端点 $x=a$ 处右连续,在右端点 $x=b$ 处左连续,则称函数 $f(x)$ **在闭区间 $[a,b]$ 上连续.**

连续函数在连续区间内的图形是一条连续不断的曲线.

二、初等函数的连续性

定理 2 基本初等函数在其定义区间内是连续的.

定理 3 一切初等函数在其定义区间内都是连续的.

注:这里"定义区间"是指包含在定义域内的区间,初等函数仅在其定义区间内连续,在其定义域内不一定连续.例如,函数 $y=\sqrt{x^2(x-1)^3}$ 的定义域为 $\{0\}\cup[1,+\infty)$,函数在点 0 的邻域内没有定义,因而函数 y 在 0 点不连续,但函数在定义区间 $[1,+\infty)$ 上连续.

关于分段函数的连续性,除按上述结论考虑每一段函数的连续性外,还必须讨论分段点处的连续性.

求初等函数在其定义区间内趋向于某点 x_0 的极限,只需求该点的函数值,即 $\lim\limits_{x\to x_0}f(x)=f(x_0)$($x_0\in$ 定义区间).

例 3 求下列极限.

(1) $\lim\limits_{x\to0}\sqrt{1-x^2}$; (2) $\lim\limits_{x\to\frac{\pi}{2}}\ln\sin x$; (3) $\lim\limits_{x\to0}\dfrac{\sqrt{1+x^2}-1}{x}$.

解 (1)初等函数 $f(x)=\sqrt{1-x^2}$ 在点 $x_0=0$ 处连续,所以

$$\lim_{x\to0}\sqrt{1-x^2}=\sqrt{1}=1.$$

(2)初等函数 $f(x)=\ln\sin x$ 在点 $x_0=\dfrac{\pi}{2}$ 处连续,所以

$$\lim_{x\to\frac{\pi}{2}}\ln\sin x=\ln\sin\frac{\pi}{2}=0.$$

(3) $$\lim_{x\to0}\frac{\sqrt{1+x^2}-1}{x}=\lim_{x\to0}\frac{(\sqrt{1+x^2}-1)(\sqrt{1+x^2}+1)}{x(\sqrt{1+x^2}+1)}=\lim_{x\to0}\frac{x}{\sqrt{1+x^2}+1}=0.$$

习 题 5-4

1.求下列极限.

(1) $\lim\limits_{x\to\frac{\pi}{2}}\sin\cos^2x$;(2) $\lim\limits_{x\to1}\dfrac{e^{2x}+x^2\ln x}{2x-1}$;(3) $\lim\limits_{x\to0}\sqrt{x^2-2x+5}$;(4) $\lim\limits_{x\to2}\ln(5-2x)$.

2.讨论函数在给定点的连续性.

(1)正切函数 $y=\tan x$,在 $x=\frac{\pi}{2}$ 处.

(2)函数 $f(x)=\begin{cases}x^2 & 当\ x\neq 1\\ \frac{1}{4} & 当\ x=1\end{cases}$,在 $x=1$ 处.

(3)函数 $f(x)=\begin{cases}x-1 & 当\ -\infty<x<0\\ x^2 & 当\ 0\leqslant x\leqslant 1\\ 1 & 当\ x>1\end{cases}$,在 $x=0$, $x=1$ 处.

复习题五

1.选择题.

(1)函数 $f(x)=x+\sin x$ 是(　　).

A.有界奇函数　　B.无界偶函数

C.非奇非偶函数　　D.无界奇函数

(2)函数 $y=e^x-1$ 的反函数是(　　).

A. $y=\ln x-1$　　B. $y=\ln x+1$　　C. $y=\ln(x+1)$　　D. $y=\ln(x-1)$

(3)下列 y 能成为 x 的复合函数的是(　　).

A. $y=\ln u, u=-x^2$　　B. $y=\sin u, u=-x^2$

C. $y=\frac{1}{\sqrt{u}}, u=2x-x^2-1$　　D. $y=\arcsin u, u=3+x^2$

(4) $\lim\limits_{x\to\infty}\frac{\sin x}{x}=$(　　)

A. 1　　B. 0　　C. 2　　D. -1

(5)函数 $f(x)=x\sin\frac{1}{x}$ 在点 $x=0$ 处(　　)

A.有定义且有极限　　B.有定义但无极限

C.无定义但有极限　　D.无定义且无极限

2.填空题.

(1)函数 $y=\sqrt{16-x^2}+\ln\sin x$ 的定义域为________________.

(2)函数 $y=\frac{1}{\sqrt{3-x^2}}+\arcsin\left(\frac{x}{2}-1\right)$ 的定义域为________________.

(3)函数 $f(x)=[\arcsin(3x^5-1)]^2$ 的复合过程是________________,函数 $y=\sin^2\frac{1}{\sqrt{x^2+1}}$ 的复合过程是________________,函数 $y=\ln(\tan e^{x^2+2\sin x})$ 的复合过程是________________,

(4)当 $x\to x_0$ 时, $f(x)$ 的左右极限存在并且相等,是 $\lim\limits_{x\to x_0}f(x)$ 存在的________________条件.

3.求下列极限.

(1) $\lim\limits_{x\to 1}\dfrac{2x^2-3}{x+1}$； (2) $\lim\limits_{x\to 3}\dfrac{x^2-9}{x^2-5x+6}$； (3) $\lim\limits_{x\to 1}\left(\dfrac{2}{1-x^2}-\dfrac{1}{1-x}\right)$；

(4) $\lim\limits_{x\to +\infty}\dfrac{\sqrt{5x}-1}{\sqrt{x+2}}$； (5) $\lim\limits_{x\to 1}\dfrac{x^2+1}{x-1}$； (6) $\lim\limits_{x\to +\infty}\dfrac{x\sin x}{\sqrt{1+x^3}}$；

(7) $\lim\limits_{x\to\infty}\left(1+\dfrac{1}{x}\right)^{\frac{x}{2}}$； (8) $\lim\limits_{x\to 0}\dfrac{1-\cos x}{3x^2}$； (9) $\lim\limits_{x\to 0}\dfrac{\tan 8x}{\sin 9x}$.

4.设 $f(x)=\begin{cases} e^{\frac{1}{x-1}} & 当\ x>0 \\ \ln(1+x) & 当\ -1<x\leqslant 0 \end{cases}$，求 $f(x)$ 的间断点.

5.设 $\lim\limits_{x\to\infty}\left(\dfrac{x^2+1}{x+1}-ax-b\right)=1$，试求常数 a 与 b 的值.

阅读材料

函数符号与双目失明的数学家——欧拉

每引入一个新的数学概念，就需要创设一种新的数学符号.数学符号是否简明、科学，对数学的发展有着深远影响.德国数学家莱布尼茨(1646—1716)被称为“符号大师”，他首次使用“函数”术语，但他所创设的函数符号并非尽善尽美，后来瑞士大数学家欧拉将函数的符号改进为“$f(\ )$”.

函数符号 f 表示数集 X 中的元素 x 到数集 Y 中的元素 y 的对应法则，或者因变量 y 与自变量 x 的依赖关系，即函数关系，有时也把函数 $y=f(x)$ 写作 $f(x)$.

欧拉是世界著名的数学家，物理学家.他于1707年出生在瑞士的巴塞尔城，13岁进入巴塞尔大学读书.如果从创造的数学业绩、数学思想方法对以后对整个数学的发展所引起的深远影响来评选世界最有名的三位数学家，通常是指阿基米德、牛顿和高斯，但也有人推崇欧拉为第三.欧拉位居第几无关紧要，他是18世纪数学界的中心人物，被那个时代的所有数学家尊称为“大家的老师”.

欧拉

欧拉的父亲爱好数学，欧拉自幼受到家庭的良好熏陶.上大学时又结识了数学世家贝努利家族的成员.16岁便以优异的成绩获得硕士学位.先后担任过科学院院士，柏林科学院物理数学所所长等职.欧拉是数学界最多产的科学家，从19岁开始写作，直到76岁逝世为止，共发表论文和专著500多种，还有400余篇未发表的手稿，其中分析、代数、数论占40%，物理和力学占28%，几何占18%，天文学占11%，弹道学、航海学、建筑学等占3%.1909年瑞士科学院开始出版《欧拉全集》，共74卷，到20世纪80年代尚未出齐.欧拉著述浩瀚，不仅包含科学创见，而且行文流畅，一气呵成，妙笔生花，富有文采，因而被誉为“数学界的莎士比亚”.欧拉知识渊博，涉猎极广，在许多学科中都可见到用他的名字命名的公式、定理和方程.他为数学和科学的发展作出了卓越的贡献.

在天文研究中，由于长期观测太阳，积劳成疾，28岁的欧拉于1735年右目失明，此后他依然勤奋不辍，目力逐日渐衰，58岁时左目也失明.年近花甲的科学老人虽然失去了自然界的光明，但他又重新点燃了精神世界的灯塔，他发誓："如果是块陨石，我将化作大铁锤，将它砸得粉碎！"然而福无双至，祸不单行.1771年，一场大火把欧拉的大部分书稿和手稿化为灰烬.1776年，欧拉的妻子病故.重重打击，并没有使欧拉沮丧退缩，他凭借非凡的毅力，超人的才智，雄厚的知识，惊人的毅力和自如的心算能力，进行由他口述、儿女笔录的心智创造，从事"前无古人，后无来者"的特殊科学研究活动.欧拉坚忍不拔的顽强毅力和旷古稀有的记忆力令世人倾倒，他晚年尚能复述青年时期的笔记内容.有一次，他的两个学生分别计算同一道由17项组成的数字之和，结果不一致，欧拉通过心算，判明了他们的正误.天才的欧拉在失明的17年中，竟发表了400余篇论文和专著，几乎达到了他一生著作的半数.难怪纽曼称欧拉是"数学家之英雄".

另外，欧拉非常重视人才.当欧拉48岁时，拉格朗日只有19岁.拉格朗日与欧拉通信讨论"等周问题"，欧拉也在研究这个问题.后来，拉格朗日获得成果，欧拉就压下自己的论文，让拉格朗日首先发表，使他一举成名.欧拉第二次返回彼得堡时推荐拉格朗日继任柏林科学院物理数学所的所长职位.

作为这样一位科学巨匠，欧拉在生活中也并不是一个呆板的人，他性情温和而又开朗，喜欢交际.欧拉结过两次婚，有13个孩子，他热爱家庭生活，常常和孩子们一起做科学游戏，讲故事.欧拉旺盛的精力和钻研精神一直坚持到生命的最后一刻.1783年9月18日下午，欧拉一边和小孙女逗着玩，一边思考着计算天王星的轨迹，忽然，他从椅子上滑下来，嘴里轻声说："我死了."一位科学巨人就这样停止了生命.

由于欧拉出色的工作，后世的著名数学家都极度推崇欧拉.大数学家拉普拉斯曾说过："读读欧拉，他是我们一切人的老师."数学王子高斯也曾经说过："研究欧拉的著作永远是了解数学的最好方法."

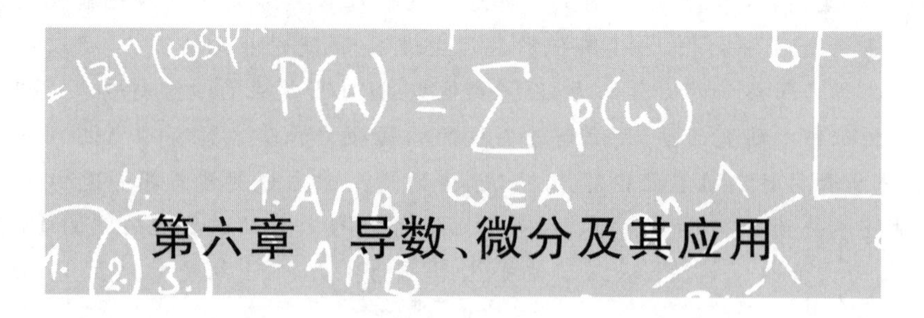

第六章　导数、微分及其应用

微分学是微积分最重要的组成部分，它的基本内容是导数、微分及其应用.本章主要讨论导数与微分的概念、计算方法及应用导数判定函数和曲线的某些性态.

第一节　导数的概念

导数的概念是在极限的基础上建立起来的，它刻画的是函数相对于自变量的变化率，是学习微积分的基础.

一、两个典型问题

导数概念的产生来源于许多实际问题中的变化率，下面讨论两个典型问题.

问题1　变速直线运动的瞬时速度

速度是描述物体运动快慢的概念.从物理学中可知，物体作匀速直线运动时，它在任何时刻的速度可以用公式 $v=\frac{s}{t}$ 来计算，其中 s 为物体经过的路程，t 为时间.但物体所作的运动往往是变速的，而上述公式只能反映物体在一段时间内经过某段路程的平均速度，不能反映物体在某一时刻的速度.

设物体沿某方向作变速直线运动，其运动规律为 $s=s(t)$，考察物体在 $t=t_0$ 时刻的速度 $v(t_0)$.

如图 6－1 所示，从时刻 t_0 到 $t_0+\Delta t$ 的时间间隔 Δt 内，物体移动了

$$\Delta s=s(t_0+\Delta t)-s(t_0),$$

则物体在这段时间内的平均速度为

$$\bar{v}=\frac{\Delta s}{\Delta t}=\frac{s(t_0+\Delta t)-s(t_0)}{\Delta t}.$$

Δs　O　$s(t_0)$　$s(t_0+\Delta t)$　s

图　6－1

在匀速运动中，这个比值是常数.但在变速运动中，它不仅与 t_0 有关，也与 Δt 有关.显然，当 $|\Delta t|$ 很小时，$\frac{\Delta s}{\Delta t}$ 与 t_0 时刻的瞬时速度近似，且 $|\Delta t|$ 越小，近似程度越好.因此，当 $\Delta t\to 0$ 时，如果平均速度 $\frac{\Delta s}{\Delta t}$ 的极限存在，那么，就把这个极限值称为物体在时刻 t_0 的瞬时速度，即

$$v(t_0)=\lim_{\Delta t\to 0}\bar{v}=\lim_{\Delta t\to 0}\frac{s(t_0+\Delta t)-s(t_0)}{\Delta t}.$$

问题 2 平面曲线的切线斜率

在平面几何里，圆的切线被定义为“与圆相交于一点的直线”，对于一般曲线，用“与曲线相交于一点的直线”作为切线定义就不合适了.

下面给出一般曲线的切线定义.设有曲线 C 及 C 上的一点 M_0，如图 6－2 所示，在点 M_0 附近另取 C 上一点 M_1，作割线 M_0M_1.当点 M_1 沿曲线 C 趋向于点 M_0 时，如果割线 M_0M_1 绕点 M_0 旋转而趋于极限位置 M_0T，直线 M_0T 就称为曲线 C 在点 M_0 处的**切线**.这里极限位置的含义是只要弦长 $|M_0M_1|$ 趋于零，$\angle M_1M_0T$ 也趋于零.

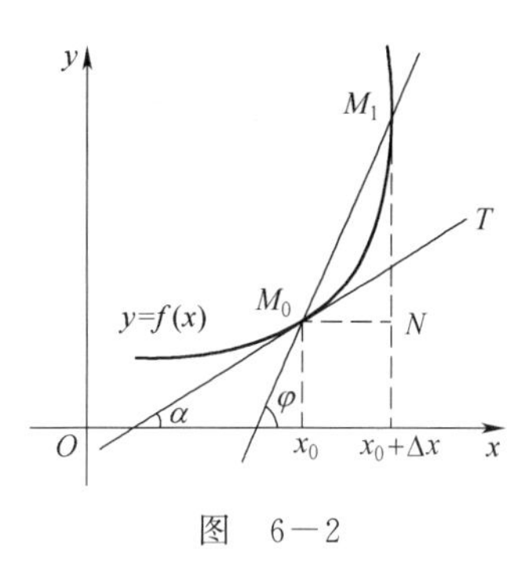

图 6－2

设曲线 C 的方程为函数 $y=f(x)$，M_0 的坐标为 $M_0(x_0,y_0)$，则 $y_0=f(x_0)$，M_1 的坐标为 $M_1(x_0+\Delta x,y_0+\Delta y)$，于是割线 M_0M_1 的斜率为

$$\tan\varphi=\frac{\Delta y}{\Delta x}=\frac{f(x_0+\Delta x)-f(x_0)}{\Delta x}.$$

其中，φ 为割线 M_0M_1 的倾斜角.当点 M_1 沿曲线 C 趋于点 M_0 时，$\Delta x\to 0$.如果当 $\Delta x\to 0$ 时，上式的极限存在，并设为 k，则此极限 k 就是切线的斜率，即

$$k=\tan\alpha=\lim_{\Delta x\to 0}\frac{\Delta y}{\Delta x}=\lim_{x\to x_0}\frac{f(x_0+\Delta x)-f(x_0)}{\Delta x},$$

其中，α 是切线 M_0T 的倾斜角.

二、导数的定义

上述两个问题，虽然它们的实际意义各不相同，但从数学结构上看，却有着相同的形式，即函数增量与自变量增量之比当自变量增量趋于零时的极限，数学上将其抽象为函数的导数.其定义如下：

定义 设函数 $y=f(x)$ 在点 x_0 的某个邻域内有定义，当自变量 x 在点 x_0 处有增量 Δx（$\Delta x\neq 0$，点 $x_0+\Delta x$ 仍在该邻域内）时，函数 $f(x)$ 有相应的增量 $\Delta y=f(x_0+\Delta x)-f(x_0)$.如果当 $\Delta x\to 0$ 时，极限

$$\lim_{\Delta x\to 0}\frac{\Delta y}{\Delta x}=\lim_{\Delta x\to 0}\frac{f(x_0+\Delta x)-f(x_0)}{\Delta x}$$

存在，则称函数 $y=f(x)$ 在点 x_0 处**可导**，并称此极限为函数 $y=f(x)$ 在点 x_0 的**导数**，记作 $f'(x_0)$，也可记作 $y'|_{x=x_0}$，$\frac{\mathrm{d}y}{\mathrm{d}x}\Big|_{x=x_0}$ 或 $\frac{\mathrm{d}f(x)}{\mathrm{d}x}\Big|_{x=x_0}$，即

$$f'(x_0)=\lim_{\Delta x\to 0}\frac{\Delta y}{\Delta x}=\lim_{\Delta x\to 0}\frac{f(x_0+\Delta x)-f(x_0)}{\Delta x},$$

如果上述极限不存在，则称函数 $f(x)$ 在点 x_0 处**不可导**.

例 1 根据导数定义求函数 $f(x)=2x+1$ 在 $x_0=1$ 的导数值.

解 因为

$$\Delta y=f(1+\Delta x)-f(1)=[2(1+\Delta x)+1]-(2\times 1+1)=2\Delta x,$$

所以
$$\frac{\Delta y}{\Delta x}=\frac{2\Delta x}{\Delta x}=2\,.$$

由导数定义得
$$f'(1)=\lim_{\Delta x\to 0}\frac{\Delta y}{\Delta x}=\lim_{\Delta x\to 0}2=2\,.$$

若函数 $y=f(x)$ 在区间 (a,b) 内任意一点处都可导,则称函数 $y=f(x)$ **在区间** (a,b) **内可导.**

若 $f(x)$ 在区间 (a,b) 内可导,则对于 (a,b) 内每一个 x,都有唯一确定的导数值 $f'(x)$ 与之对应.所以 $f'(x)$ 也是 x 的函数,称为函数 $f(x)$ 的**导函数**,简称**导数**,记为

$$f'(x)\,,\ y'\,,\ \frac{\mathrm{d}y}{\mathrm{d}x}\ \text{或}\ \frac{\mathrm{d}f(x)}{\mathrm{d}x}\,,$$

即

$$f'(x)=\lim_{\Delta x\to 0}\frac{\Delta y}{\Delta x}=\lim_{\Delta x\to 0}\frac{f(x+\Delta x)-f(x)}{\Delta x}\,.$$

注:函数的导数 $f'(x)$ 与函数在一点 x_0 的导数值 $f'(x_0)$ 是两个不同的概念.前者是函数,后者是数值,且函数在点 x_0 的导数值 $f'(x_0)$ 正是其导函数 $f'(x)$ 在点 x_0 的函数值,即

$$f'(x_0)=f'(x)\big|_{x=x_0}\,.$$

前面我们从实际问题中抽象出了导数的概念,在实际应用中常把导数称为**变化率**.因为,对于一般函数 $y=f(x)$ 来说,$\dfrac{\Delta y}{\Delta x}=\dfrac{f(x_0+\Delta x)-f(x_0)}{\Delta x}$ 表示自变量 x 在区间 $[x_0,x_0+\Delta x]$ 内每改变一个单位时,函数 y 的平均变化量.所以把 $\dfrac{\Delta y}{\Delta x}$ 称为函数 $y=f(x)$ 在该区间的**平均变化率**;把平均变化率当 $\Delta x\to 0$ 时的极限 $f'(x_0)$ 或 $\left.\dfrac{\mathrm{d}y}{\mathrm{d}x}\right|_{x=x_0}$ 称为函数在点 x_0 处的变化率,即**瞬时变化率**.变化率反映了函数 y 随着自变量 x 在 x_0 处的变化而变化的快慢程度.显然,当函数有不同实际含义时,变化率的含义也不同.如电流强度、边际成本、比热容、化学反应速度、生物繁殖率等.

三、根据定义求导数

根据导数定义,求函数 $f(x)$ 的导数的步骤如下:

(1)求函数的增量:$\Delta y=f(x+\Delta x)-f(x)$;

(2)求比值:$\dfrac{\Delta y}{\Delta x}=\dfrac{f(x+\Delta x)-f(x)}{\Delta x}$;

(3)取极限:$\displaystyle\lim_{\Delta x\to 0}\frac{\Delta y}{\Delta x}=\lim_{\Delta x\to 0}\frac{f(x+\Delta x)-f(x)}{\Delta x}$.

例 2 求幂函数 $y=x^2$ 在任意点 x 处的导数.

解 (1)求函数的增量:因为 $f(x)=x^2$,$f(x+\Delta x)=(x+\Delta x)^2$,所以

$$\Delta y=f(x+\Delta x)-f(x)=(x+\Delta x)^2-x^2=2x\Delta x+(\Delta x)^2\,;$$

(2)求比值:
$$\frac{\Delta y}{\Delta x}=2x+\Delta x\,;$$

(3)取极限:
$$y'=\lim_{\Delta x\to 0}\frac{\Delta y}{\Delta x}=\lim_{\Delta x\to 0}(2x+\Delta x)=2x\,,$$

即
$$(x^2)'=2x.$$

一般地，对于幂函数 $y=x^{\mu}$（μ 为常数），有
$$(x^{\mu})'=\mu x^{\mu-1}.$$
这就是幂函数的导数公式.

利用幂函数公式 $(x^{\mu})'=\mu x^{\mu-1}$，可以很方便地求出幂函数的导数.例如：
$$(x)'=1x^0=1,$$
$$(\sqrt{x})'=(x^{\frac{1}{2}})'=\frac{1}{2}x^{-\frac{1}{2}}=\frac{1}{2\sqrt{x}},$$
$$\left(\frac{1}{x}\right)'=(x^{-1})'=-x^{-2}=-\frac{1}{x^2}.$$

按照以上方法，可求出一些基本初等函数的导数，现将基本初等函数的导数公式列出如下，今后可以直接使用.

基本初等函数的导数公式

(1) $(C)'=0$（C 为常数）；　(2) $(x^{\mu})'=\mu x^{\mu-1}$（μ 为实数）；

(3) $(a^x)'=a^x\ln a$；　(4) $(e^x)'=e^x$；

(5) $(\log_a x)'=\dfrac{1}{x\ln a}$；　(6) $(\ln x)'=\dfrac{1}{x}$；

(7) $(\sin x)'=\cos x$；　(8) $(\cos x)'=-\sin x$；

(9) $(\tan x)'=\sec^2 x=\dfrac{1}{\cos^2 x}$；　(10) $(\cot x)'=-\csc^2 x=-\dfrac{1}{\sin^2 x}$；

(11) $(\sec x)'=\sec x\cdot\tan x$；　(12) $(\csc x)'=-\csc x\cdot\cot x$；

(13) $(\arcsin x)'=\dfrac{1}{\sqrt{1-x^2}}$；　(14) $(\arccos x)'=-\dfrac{1}{\sqrt{1-x^2}}$；

(15) $(\arctan x)'=\dfrac{1}{1+x^2}$；　(16) $(\text{arccot}\, x)'=-\dfrac{1}{1+x^2}$.

例 3　求下列函数的导数.

(1) $y=x\cdot\sqrt[3]{x}$；　(2) $y=\dfrac{\sqrt[3]{x}}{\sqrt{x}}$；　(3) $\log_2 x$.

解　(1)因为 $y=x\cdot\sqrt[3]{x}=x^{\frac{4}{3}}$，所以 $y'=\dfrac{4}{3}x^{\frac{4}{3}-1}=\dfrac{4}{3}x^{\frac{1}{3}}=\dfrac{4}{3}\sqrt[3]{x}$.

(2)因为 $y=\dfrac{\sqrt[3]{x}}{\sqrt{x}}=x^{-\frac{1}{6}}$，所以 $y'=-\dfrac{1}{6}x^{-\frac{1}{6}-1}=-\dfrac{1}{6}x^{-\frac{7}{6}}=-\dfrac{1}{6}\dfrac{1}{x\sqrt[6]{x}}$.

(3)因为 $(\log_a x)'=\dfrac{1}{x\ln a}$，所以 $(\log_2 x)'=\dfrac{1}{x\ln 2}$.

四、导数的力学意义和几何意义

由两个典型问题的处理过程可知，导数有两个典型实际意义.

(1)力学意义

变速直线运动在 t_0 时刻的速度 $v(t_0)$，就是路程 $s(t)$ 在 t_0 处对时间 t 的导数，即

$$v(t_0)=s'(t_0)=\left.\frac{\mathrm{d}s}{\mathrm{d}t}\right|_{t=t_0}.$$

这就是**导数的力学意义**.

(2)几何意义

函数 $f(x)$ 在点 x_0 处的导数 $f'(x_0)$ 在几何上表示曲线 $y=f(x)$ 在点 $(x_0,f(x_0))$ 处切线的斜率,称此为**导数的几何意义**,即

$$k=f'(x_0)=\left.\frac{\mathrm{d}y}{\mathrm{d}x}\right|_{x=x_0}.$$

根据导数的几何意义及解析几何中直线的点斜式方程,得到曲线 $y=f(x)$ 在给定点 $M_0(x_0,y_0)$ 处的切线方程为

$$y-y_0=f'(x_0)(x-x_0).$$

特别地,当 $f'(x_0)=0$ 时,在点 x_0 处的切线平行于 x 轴,切线方程为 $y=f(x_0)$.

如果函数 $y=f(x)$ 在点 x_0 处的导数为无穷大(即 $\lim\limits_{\Delta x\to 0}\frac{\Delta y}{\Delta x}=\infty$,此时 $f(x)$ 在 x_0 处不可导),则曲线 $y=f(x)$ 上点 $(x_0,\ y_0)$ 处的切线垂直于 x 轴,切线方程为 $x=x_0$.

过切点 $M_0(x_0,y_0)$ 且与切线垂直的直线称为曲线 $y=f(x)$ 在点 M_0 处的**法线**.如果 $f'(x_0)\neq 0$,法线的斜率为 $-\frac{1}{f'(x_0)}$,从而**法线方程**为

$$y-y_0=-\frac{1}{f'(x_0)}(x-x_0).$$

例 4 求 $y=x^3$ 在 $x=2$ 处的切线方程和法线方程.

解 因为 $(x^3)'=3x^2$,所以在 $x=2$ 处的切线斜率为 $k=y'|_{x=2}=3x^2|_{x=2}=12$,法线斜率为 $k'=-\frac{1}{12}$,且当 $x=2$ 时,$f(2)=2^3=8$,切点为 $(2,8)$,所以 $y=x^3$ 在 $x=2$ 处的切线方程为 $y-8=12(x-2)$,整理得

$$12x-y-16=0.$$

法线方程为 $y-8=-\frac{1}{12}(x-2)$,整理得

$$x+12y-98=0.$$

习 题 6-1

1.填空题.

(1)设 $y=\mathrm{e}^3$,则 $y'=$________.

(2)设 $f(x)=\sin x$,则 $f'(x)=$________,$f'\left(\frac{\pi}{2}\right)=$________.

(3)设 $f(x)=\ln x$,则 $f'(x)=$________,$f'(2)=$________.

2.求下列函数的导数.

(1) $y=x^4$;　　(2) $y=\sqrt[3]{x^2}$;　　(3) $y=x^{1.6}$;　　(4) $y=\frac{1}{\sqrt{x}}$;

(5) $y=\frac{1}{x^3}$；　(6) $y=x^3\sqrt[5]{x}$；　(7) $y=\frac{x^2\sqrt[3]{x^2}}{\sqrt{x^5}}$；(8) $y=\log_5 x$.

3.求曲线 $y=\cos x$ 在点 $\left(\frac{\pi}{3},\frac{1}{2}\right)$ 处的切线方程.

4.求曲线 $y=e^x$ 在点 $(0,1)$ 处的切线方程和法线方程.

5.求曲线 $y=\sqrt{x}$ 在 $x=4$ 处的切线方程和法线方程.

第二节　函数的求导法则、二阶导数

根据定义可求一些简单函数的导数，但计算过程很麻烦，有时甚至是很困难的.这一节我们介绍求导数的基本法则.借助这些法则和基本初等函数的导数公式，就能比较方便地求出初等函数的导数.

一、函数的和、差、积、商的求导法则

定理1　设 $u=u(x)$，$v=v(x)$ 在点 x 处可导，则函数 $u\pm v$，uv，$\frac{u}{v}(v\neq 0)$ 在点 x 处也可导，且

(1) $(u\pm v)'=u'\pm v'$.

(2) $(uv)'=u'v+uv'$.

(3) $(Cu)'=Cu'$（C 为常数）.

(4) $\left(\frac{u}{v}\right)'=\frac{u'v-uv'}{v^2}$.特别地，$\left(\frac{C}{v}\right)'=-\frac{Cv'}{v^2}$（$C$ 为常数）.

推论1　设 $u_1,u_2,\cdots,u_n$ 为有限个可导函数，则

$$(u_1\pm u_2\pm\cdots\pm u_n)'=u_1'\pm u_2'\pm\cdots\pm u_n'.$$

推论2　设 u,v,w 为可导函数，则

$$(uvw)'=u'vw+uv'w+uvw'.$$

例1　求下列函数的导数.

(1) $y=4x^3-\log_3 x+3\ln 2$；　(2) $y=x^5\sin x$；　(3) $y=\frac{2-3x}{2+x}$.

解(1) $y'=(4x^3-\log_3 x+3\ln 2)'=4(x^3)'-(\log_3 x)'+(3\ln 2)'=12x^2-\frac{1}{x\ln 3}$.

(2) $y'=(x^5\sin x)'=(x^5)'\sin x+x^5(\sin x)'=5x^4\sin x+x^5\cos x$.

(3) $y'=\frac{(2-3x)'(2+x)-(2-3x)(2+x)'}{(2+x)^2}=\frac{-3(2+x)-(2-3x)}{(2+x)^2}$

$=-\frac{8}{(2+x)^2}$.

例2　设函数 $f(x)=(1+x^2)\left(3-\frac{1}{x^3}\right)$，求 $f'(1)$ 和 $f'(-1)$.

解　因为 $f'(x)=(1+x^2)'\left(3-\frac{1}{x^3}\right)+(1+x^2)\left(3-\frac{1}{x^3}\right)'$

$$=2x\left(3-\frac{1}{x^3}\right)+(1+x^2)(3x^{-4})$$

$$=6x-\frac{2}{x^2}+\frac{3}{x^4}+\frac{3}{x^2}$$

$$=6x+\frac{1}{x^2}+\frac{3}{x^4},$$

所以 $f'(1)=10$，$f'(-1)=-2$.

二、复合函数的求导法则

定理 2（链式法则） 设函数 $u=\varphi(x)$ 在点 x 处可导，函数 $y=f(u)$ 在对应点 $u=\varphi(x)$ 处也可导，则复合函数 $y=f[\varphi(x)]$ 在点 x 处也可导，且有

$$\frac{\mathrm{d}y}{\mathrm{d}x}=\frac{\mathrm{d}y}{\mathrm{d}u}\cdot\frac{\mathrm{d}u}{\mathrm{d}x}.$$

上式也可写成 $y'_x=y'_u\cdot u'_x$ 或 $y'(x)=f'(u)\cdot\varphi'(x)$ 的形式.

此定理说明，复合函数的导数等于函数对中间变量的导数乘以中间变量对自变量的导数.

显然以上法则也可用于多次复合的情形.

推论 3 设 $y=f(u)$，$u=\psi(v)$，$v=\varphi(x)$ 都可导，则复合函数 $y=f\{\psi[\varphi(x)]\}$ 对 x 的导数为

$$\frac{\mathrm{d}y}{\mathrm{d}x}=\frac{\mathrm{d}y}{\mathrm{d}u}\cdot\frac{\mathrm{d}u}{\mathrm{d}v}\cdot\frac{\mathrm{d}v}{\mathrm{d}x} \text{ 或 } y'_x=y'_u\cdot u'_v\cdot v'_x.$$

例 3 $y=\sin x^2$，求 $\frac{\mathrm{d}y}{\mathrm{d}x}$.

解 将 $y=\sin x^2$ 看成是 $y=\sin u$，$u=x^2$ 复合而成，则

$$\frac{\mathrm{d}y}{\mathrm{d}x}=\frac{\mathrm{d}y}{\mathrm{d}u}\cdot\frac{\mathrm{d}u}{\mathrm{d}x}=\cos u\cdot 2x=2x\cos x^2.$$

例 4 求 $y=\ln\sin x$ 的导数.

解 将 $y=\ln\sin x$ 看成是由 $y=\ln u$，$u=\sin x$ 复合而成，则

$$\frac{\mathrm{d}y}{\mathrm{d}x}=\frac{\mathrm{d}y}{\mathrm{d}u}\cdot\frac{\mathrm{d}u}{\mathrm{d}x}=\frac{1}{u}\cos x=\frac{1}{\sin x}\cos x=\cot x.$$

对复合函数的分解比较熟练后，就不必再写出中间变量，只要把中间变量所代替的式子记在心里，直接由外往里、逐层求导即可.由外往里是指从式子的最后一次运算程序开始往里分解.逐层求导是指每次只对一个中间变量求导.

例 5 求 $y=(1+2x)^4$ 的导数.

解 $y'=[(1+2x)^4]'=4(1+2x)^3\cdot(1+2x)'=4(1+2x)^3\cdot 2=8(1+2x)^3$.

例 6 求 $y=\cos\sqrt{x}$ 的导数.

解 $y'=(\cos\sqrt{x})'=-\sin\sqrt{x}(\sqrt{x})'=-\dfrac{\sin\sqrt{x}}{2\sqrt{x}}$.

例 7 求 $y=\tan^2\frac{x}{2}$ 的导数.

解 $y'=\left(\tan^2\dfrac{x}{2}\right)'=2\tan\dfrac{x}{2}\left(\tan\dfrac{x}{2}\right)'=2\tan\dfrac{x}{2}\sec^2\dfrac{x}{2}\left(\dfrac{x}{2}\right)'=\tan\dfrac{x}{2}\sec^2\dfrac{x}{2}$.

注：$y'=\left(\tan^2\dfrac{x}{2}\right)'\neq 2\tan\dfrac{x}{2}\left(\tan\dfrac{x}{2}\right)'\left(\dfrac{1}{2}x\right)'$（每次只对一个中间变量求导）.

例 8 求 $y=\ln\sin 2x$ 的导数.

解 $y'=(\ln\sin 2x)'=\dfrac{1}{\sin 2x}(\sin 2x)'=\dfrac{1}{\sin 2x}(\cos 2x)(2x)'=2\cot 2x$.

例 9 求 $y=\ln|x|$ 的导数.

解 因为
$$y=\ln|x|=\ln\sqrt{x^2}=\frac{1}{2}\ln x^2,$$
所以
$$y'=\frac{1}{2}\frac{1}{x^2}(x^2)'=\frac{2x}{2x^2}=\frac{1}{x}.$$
因而有公式
$$(\ln|x|)'=\frac{1}{x}.$$

对函数求导时，能对函数化简尽量先化简，然后再求导，这样可以使求导过程简化.有些函数求导需要综合各种求导法则进行求导.

三、二阶导数

1. 二阶导数的概念

定义 一般来说，函数 $y=f(x)$ 的导数 $y'=f'(x)$ 仍然是 x 的函数，有时可以对 x 再求导数.把 $y'=f'(x)$ 的导数称为函数 $y=f(x)$ 的**二阶导数**，记作 y''，$f''(x)$ 或 $\dfrac{\mathrm{d}^2y}{\mathrm{d}x^2}$，即
$$y''=(y')',\ f''(x)=[f'(x)]',\ \frac{\mathrm{d}^2y}{\mathrm{d}x^2}=\frac{\mathrm{d}}{\mathrm{d}x}\left(\frac{\mathrm{d}y}{\mathrm{d}x}\right).$$
相应地，把 $y=f(x)$ 的导数 $f'(x)$ 称为函数 $y=f(x)$ 的**一阶导数**.

例 10 求 $y=x^4-2x^3+5x^2+2x-9$ 的二阶导数.

解 $y'=4x^3-6x^2+10x+2$，$y''=12x^2-12x+10$.

例 11 设 $f(x)=2x\ln x$，求 $f''(1)$.

解 因为 $f'(x)=2[(x)'\ln x+x(\ln x)']=2(\ln x+x\cdot\dfrac{1}{x})=2(\ln x+1)$，
$$f''(x)=2\left(\frac{1}{x}\right)=\frac{2}{x},$$
所以
$$f''(1)=\frac{2}{x}\Big|_{x=1}=2.$$

2. 二阶导数的力学意义

在力学中，设物体作变速直线运动，其运动规律为 $s=s(t)$，则物体运动的速度 $v(t)$ 为位移 $s(t)$ 对时间 t 的导数，即
$$v(t)=s'(t)=\frac{\mathrm{d}s}{\mathrm{d}t}.$$
物体运动的加速度 a 为速度 v 对时间 t 的导数，即
$$a=v'(t)=[s'(t)]'=s''(t)=\frac{\mathrm{d}^2s}{\mathrm{d}t^2}.$$

所以物体运动的加速度 a 为路程 $s(t)$ 对时间 t 的二阶导数，这就是**二阶导数的力学意义**.

例 12 已知挂在一弹簧下端的物体作变速直线运动，其运动方程为 $s=A\sin(\omega t+\varphi)$ (A,ω,φ 为常数)，求物体运动的速度和加速度.

解 因为 $s=A\sin(\omega t+\varphi)$，所以速度为

$$v=s'=A\cos(\omega t+\varphi)(\omega t+\varphi)'=A\omega\cos(\omega t+\varphi),$$

加速度为

$$a=s''=[A\omega\cos(\omega t+\varphi)]'=-A\omega\sin(\omega t+\varphi)(\omega t+\varphi)'=-A\omega^2\sin(\omega t+\varphi).$$

习 题 6-2

1.求下列函数的导数.

(1) $y=x^3+\dfrac{7}{x^4}-\dfrac{2}{x}+12$；(2) $y=x^7+7^x-e^7$；(3) $y=5x^7-\sqrt{x}-3\arcsin x$；

(4) $y=\sin x\cdot\cos x$；(5) $y=\cot x\ln x$；(6) $y=3e^x\cos x$；

(7) $y=e^x(\sin x-2)$；(8) $y=\dfrac{\ln x}{x}$；(9) $y=\dfrac{e^x}{x^2}+\ln 3$；

(10) $y=x^2\ln x\cos x$.

2.求下列函数的导数.

(1) $y=\sin^5 x+\cos x^5$；(2) $y=x\sin\dfrac{1}{x}$；(3) $y=e^{-x}\sin 3x$；(4) $y=x\arctan 2x$；

(5) $y=\sin^3 2x$；(6) $y=\left(\arcsin\dfrac{x}{2}\right)^2$；(7) $y=\ln\tan\dfrac{x}{2}$；

(8) $y=\sqrt{1+\ln^2 x}$；(9) $y=e^{\arctan\sqrt{x}}$；(10) $y=\arctan\dfrac{x+1}{x-1}$.

3.求下列函数在给定点的导数.

(1)设 $f(x)=\dfrac{x^3}{3}+\dfrac{x^2}{2}$，求 $f'(0)$ 和 $f'(2)$；

(2)设 $y=x^2\ln x$，求 $y'|_{x=e}$.

4.求下列函数的二阶导数.

(1) $y=x^4-\sqrt{x}$；(2) $y=2x^2+\ln x$；(3) $y=\cos 5x$；

(4) $y=(2x-1)^5$；(5) $y=e^{2x-1}$；(6) $y=x\cos x$.

5.以初速度 v_0 竖直上抛的物体，其上升高度 s 与时间 t 的关系是 $s(t)=v_0t-\dfrac{1}{2}gt^2$.求：

(1)该物体的速度 $v(t)$；

(2)该物体到达最高点的时刻.

6.已知质点作直线运动，运动方程为 $s(t)=9\sin\dfrac{\pi t}{3}+2t$，求质点运动的速度和加速度.

第三节 函数的微分

有许多实际问题，都需要计算当自变量 x 在某点 x_0 处有微小增量 Δx 时，函数 $y=f(x)$

的增量 Δy 大致是多少？如何求？该问题的解决产生了微分的概念.

一、函数微分的概念

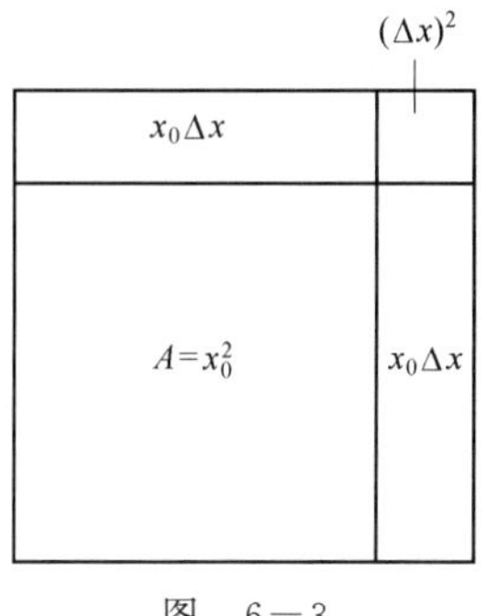

图 6—3

引例 一块正方形金属薄片受温度变化的影响，其边长由 x_0 变到 $x_0+\Delta x$，如图 6—3 所示，问此薄片的面积改变了多少？

正方形的面积 A 与边长 x 的关系为 $A=x^2$.边长由 x_0 变到 $x_0+\Delta x$ 时，面积改变了 ΔA，则

$$\Delta A=(x_0+\Delta x)^2-x_0^2=2x_0\Delta x+(\Delta x)^2 .$$

如图 6—3 所示，ΔA 由两部分组成，第一部分 $2x_0\Delta x$ 是图中两个矩形的面积之和，是 Δx 的线性函数，第二部分 $(\Delta x)^2$ 在图中是一个小的正方形面积，当 $\Delta x\to 0$ 时，第二部分 $(\Delta x)^2$ 是比 Δx 高阶的无穷小，即 $(\Delta x)^2=o(\Delta x)$.由此可见，如果边长改变很微小，即 $|\Delta x|$ 很小时，$(\Delta x)^2$ 比 $2x_0\Delta x$ 小得多，所以 $(\Delta x)^2$ 可忽略不计，第一部分就成了 ΔA 的主要部分，面积的增量 ΔA 可用第一部分来近似代替，即 $\Delta A\approx 2x_0\Delta x$.而 $A'(x_0)=(x^2)'|_{x=x_0}=2x_0$，所以 $\Delta A\approx A'(x_0)\Delta x$.

为此引入微分的概念.

定义 设函数 $y=f(x)$ 在点 x 处可导，那么 $f'(x)\Delta x$ 叫作函数 $y=f(x)$ 在点 x 处的**微分**，记作 $\mathrm{d}y$ 或 $\mathrm{d}f(x)$，即

$$\mathrm{d}y=f'(x)\Delta x .$$

此时，称 $y=f(x)$ 在点 x 处是**可微**的.

在 $|\Delta x|$ 很小时，有近似公式 $\Delta y\approx \mathrm{d}y$.

设 $f(x)=x$，所以 $\mathrm{d}f(x)=\mathrm{d}x=(x)'\Delta x=\Delta x$.因此把自变量的增量又称为自变量的微分，记作 $\mathrm{d}x$，即 $\Delta x=\mathrm{d}x$.因此，函数 $y=f(x)$ 在点 x 处的微分可记作 $\mathrm{d}y=f'(x)\Delta x=f'(x)\mathrm{d}x$.从而有 $f'(x)=\dfrac{\mathrm{d}y}{\mathrm{d}x}$，函数 $f(x)$ 的导数等于函数的微分与自变量的微分之商，因而，导数也称为**微商**.

函数 $y=f(x)$ 在点 x_0 处可微的充分必要条件是函数 $y=f(x)$ 在 x_0 处可导.

例 1 求函数 $y=x^3$ 的微分.

解 $\mathrm{d}y=\mathrm{d}(x^3)=(x^3)'\mathrm{d}x=3x^2\mathrm{d}x$.

例 2 求函数 $y=x^2$ 在 $x=3$，$\Delta x=0.01$ 时的 Δy 和 $\mathrm{d}y$，并加以比较.

解(1)由于 $\Delta y=(x+\Delta x)^2-x^2=2x\Delta x+(\Delta x)^2$，所以当 $x=3$，$\Delta x=0.01$ 时，

$$\Delta y\Big|_{\substack{x=3\\ \Delta x=0.01}}=2\times 3\times 0.01+(0.01)^2=0.0601 .$$

(2)由于 $\mathrm{d}y=\mathrm{d}(x^2)=2x\mathrm{d}x$，所以当 $x=3$，$\Delta x=\mathrm{d}x=0.01$ 时，

$$\mathrm{d}y\Big|_{\substack{x=3\\ \Delta x=0.01}}=2\times 3\times 0.01=0.06 .$$

通过以上计算可以看出，当 $|\Delta x|$ 较小时，$\Delta y\approx \mathrm{d}y$.

二、微分的几何意义

为了对微分有比较直观的了解，我们来说明微分的几何意义.

在直角坐标系中，函数 $y=f(x)$ 的图形是一条曲线.设 $M_0(x_0,y_0)$ 是该曲线上的一个定点，当自变量在点 x_0 处取得微小改变量 Δx 时，就得到曲线上另一点 $M(x_0+\Delta x,y_0+\Delta y)$.

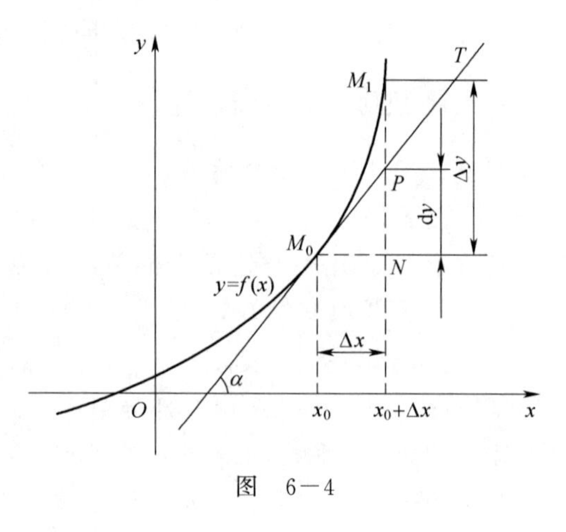

图 6—4

由图 6—4 可知

$$M_0N=\Delta x,\ NM=\Delta y,$$

过点 M_0 作曲线的切线 M_0T，它的倾斜角为 α，则

$$NP=M_0N\cdot\tan\alpha=\Delta x\cdot f'(x_0),$$

即

$$\mathrm{d}y=NP.$$

由此可见，对于可微函数 $y=f(x)$ 而言，当 Δy 是曲线 $y=f(x)$ 上的点的纵坐标的增量时，$\mathrm{d}y$ 就是曲线的切线上点的纵坐标的相应增量.由于当 $|\Delta x|$ 很小时，$|\Delta y-\mathrm{d}y|$ 比 $|\Delta x|$ 小得多，因此在点 M_0 的邻近，可以用切线段 M_0P 近似代替曲线段 M_0M.

设函数 $y=f(x)$ 在 x_0 处的导数为 $f'(x_0)\neq 0$，则当 $|\Delta x|$ 很小时，函数的增量近似等于函数的微分，即有近似公式

$$\Delta y\approx \mathrm{d}y=f'(x_0)\Delta x.$$

例 3 有一批半径为 1 cm 的球，为了提高球面的光洁度，要镀上一层铜，厚度定为 0.01 cm.估计一下每只球需用铜多少克(铜的密度是 8.9 g/cm^3)?

解 可先求出镀层的体积，再乘上密度就得到每只球需用铜的质量.

球的体积为 $V=\frac{4}{3}\pi R^3$，当半径 R 从 1 cm 增加到 1.01 cm 时，相应的体积增加了

$$\Delta V\approx \mathrm{d}V.$$

因为 $V'|_{R=R_0}=\left(\frac{4}{3}\pi R^3\right)'_{R=R_0}=4\pi R_0^2$，所以

$$\mathrm{d}V=4\pi\cdot R_0^2\mathrm{d}R.$$

将 $R_0=1$，$\mathrm{d}R=0.01$ 代入，得

$$\Delta V\approx 4\times 3.14\times 1^2\times 0.01\approx 0.13(\mathrm{cm}^3).$$

于是镀每只球需用铜约为

$$0.13\times 8.9\approx 1.16(\mathrm{g}).$$

三、微分的公式和法则

从微分的概念 $\mathrm{d}y=f'(x)\mathrm{d}x$ 可知，要计算函数的微分，只要求出函数的导数，再乘以自变量的微分就可以了，所以根据导数公式和导数运算法则，就能得到相应的微分公式和微分运算法则.

1.基本初等函数的微分公式

(1) $\mathrm{d}(C)=0$(C 为常数)；

(2) $\mathrm{d}(x^\mu)=\mu x^{\mu-1}\mathrm{d}x$ (μ 为实数)；

(3) $\mathrm{d}(a^x)=a^x\ln a\,\mathrm{d}x$；

(4) $\mathrm{d}(\mathrm{e}^x)=\mathrm{e}^x\mathrm{d}x$；

(5) $\mathrm{d}(\log_a x)=\frac{1}{x\ln a}\mathrm{d}x$；

(6) $\mathrm{d}(\ln x)=\frac{1}{x}\mathrm{d}x$；

(7) $\mathrm{d}(\sin x)=\cos x\,\mathrm{d}x$；

(8) $\mathrm{d}(\cos x)=-\sin x\,\mathrm{d}x$；

(9) $d(\tan x)=\sec^2 x dx=\dfrac{1}{\cos^2 x}dx$；(10) $d(\cot x)=-\csc^2 x dx=-\dfrac{1}{\sin^2 x}dx$；

(11) $d(\sec x)=\sec x\cdot\tan x dx$；(12) $d(\csc x)=-\csc x\cdot\cot x dx$；

(13) $d(\arcsin x)=\dfrac{1}{\sqrt{1-x^2}}dx$；(14) $d(\arccos x)=-\dfrac{1}{\sqrt{1-x^2}}dx$；

(15) $d(\arctan x)=\dfrac{1}{1+x^2}dx$；(16) $d(\text{arccot}\, x)=-\dfrac{1}{1+x^2}dx$.

2.函数和、差、积、商的微分法则

设 $u=u(x)$ 和 $v=v(x)$ 都可导，C 为常数，则

(1) $d(u\pm v)=du\pm dv$；(2) $d(uv)=vdu+udv$；

(3) $d(Cu)=Cdu$；(4) $d\left(\dfrac{u}{v}\right)=\dfrac{vdu-udv}{v^2}\quad(v\neq 0)$；

(5) $d\left(\dfrac{C}{v}\right)=-\dfrac{Cdv}{v^2}\ (v\neq 0)$.

3.复合函数的微分法则

设函数 $y=f(u)$ 对 u 可导，当 u 是自变量时，根据微分的定义，函数 $f(u)$ 的微分为 $dy=f'(u)du$；当 u 是中间变量，且 $u=\varphi(x)$ 也可导时，y 是 x 的复合函数 $y=f[\varphi(x)]$，根据复合函数求导法则，函数 $y=f[\varphi(x)]$ 的微分为

$$dy=y'dx=f'(u)\cdot\varphi'(x)dx=f'(u)\cdot[\varphi'(x)dx]=f'(u)du$$

由此可见，对于函数 $y=f(u)$ 来说，不论 u 是自变量还是中间变量，$y=f(u)$ 的微分总可以用 $f'(u)du$ 的形式来表示.函数微分的这个性质称为**微分形式的不变性**.

例 4 求 $y=\sin(2x+1)$ 的微分 dy.

解法 1 利用微分定义：

因为 $$y'=\cos(2x+1)\cdot(2x+1)'=2\cos(2x+1),$$

所以 $$dy=y'dx=2\cos(2x+1)dx.$$

解法 2 利用微分形式不变性：

$$dy=d\sin(2x+1)=\cos(2x+1)d(2x+1)=2\cos(2x+1)dx.$$

例 5 求 $y=\ln\sin 2x$ 的微分.

解 $dy=d(\ln\sin 2x)=\dfrac{1}{\sin 2x}d(\sin 2x)=\dfrac{1}{\sin 2x}(\cos 2x)d(2x)=2\cot 2x dx$.

习题 6－3

1. 填空题.

(1) $d\cos x=(\quad)dx$，$d\left(\dfrac{1}{x}\right)=(\quad)dx$，$d(\sqrt{x})=(\quad)dx$；

(2) $d(\quad)=3dx$，$d(\quad)=2xdx$，$d(\quad)=x^2dx$；

(3) $d(\quad)=\dfrac{1}{x+1}dx$，$de^{3x}=(\quad)dx$，$d(\quad)=e^{-x}dx$；

(4) $d[\ln(2x+1)]=(\quad)d(2x+1)=(\quad)dx$.

2. 求出函数 $y=x^3-x$，在 $x=2$ 处，当 $\Delta x=0.1$ 时的改变量 Δy 和微分 $\mathrm{d}y$，并加以比较.

3. 求下列函数的微分.

(1) $y=5x^7+4x^4-1$；　(2) $y=\sqrt{3x-4}$；　(3) $y=\ln\sqrt{x^2-1}$；

(4) $y=\arcsin x^2$；　(5) $y=\sin x\cdot \mathrm{e}^x$；　(6) $y=\dfrac{x}{x-1}$；

(7) $y=\mathrm{e}^{\tan x}$；　(8) $y=(\mathrm{e}^x+\mathrm{e}^{-x})^2$.

第四节　函数的单调性、极值、最值

函数的单调性是函数的重要性态之一，本节我们将给出利用导数判定函数单调性和极值的方法，然后讨论函数最值的求法及应用.

一、函数的单调性

从直观上看，单调增加函数的图形为从左到右上升的曲线.这时曲线上各点处的切线斜率是正的(个别点可为零)，即 $y'=f'(x)>0$，如图 6—5 所示.单调减少函数的图形为从左到右下降的曲线.这时曲线上各点处的切线斜率是负的(个别点可为零)，即 $y'=f'(x)<0$，如图 6—6所示.

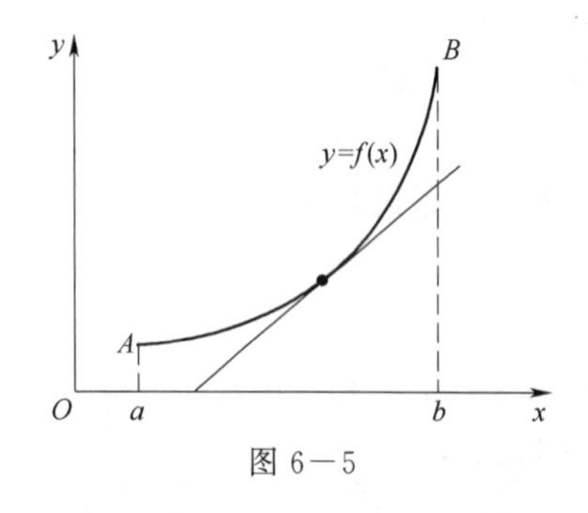

图 6—5

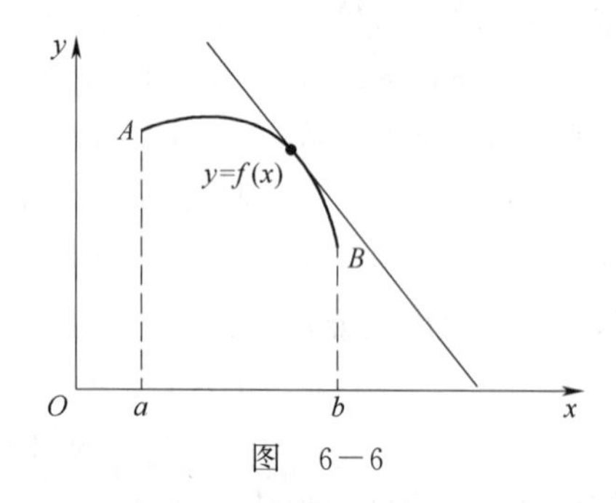

图　6—6

由此可见，函数的单调性与导数的符号有着密切的联系.它们有下面的定理：

定理 1　设函数 $y=f(x)$ 在 $[a,b]$ 上连续，在 (a,b) 内可导，则有：

(1)如果在 (a,b) 内，$f'(x)>0$，则函数 $f(x)$ 在 $[a,b]$ 上单调增加；

(2)如果在 (a,b) 内，$f'(x)<0$，则函数 $f(x)$ 在 $[a,b]$ 上单调减少.

把定理 1 中的闭区间换成其他各种区间(包括无穷区间)，结论仍然成立.

例 1　利用导数判断函数 $y=x^3$ 的增减性.

解　函数的定义域为 $(-\infty,+\infty)$，由于 $y'=3x^2>0\ (x\neq 0)$，据定理 1 可知，函数 $y=x^3$ 在 $(-\infty,0)$ 和 $(0,+\infty)$ 内均单调增加.而 $y=x^3$ 在点 $x=0$ 处连续，故函数 $y=x^3$ 在 $(-\infty,+\infty)$ 内是单调增加的，如图 6—7 所示.

由例 1 可知，若可导函数仅在有限个点处导数为零，在其余点处导数均为正(或负)，则函数在该区间内仍然单调增加(或单调减少).

有时，函数在其整个定义域内并不具有单调性，但在其部分区间却具有单调性.

对于连续函数 $y=f(x)$，使 $f'(x)=0$ 的点 $x=x_0$ 可能是函数的递增区间和递减区间的分界点.使 $f'(x)=0$ 的点 x 称为函数 $f(x)$ 的**驻点**.

除此之外，$f'(x)$ 不存在的点也可能是单调增加区间和单调减少区间的分界点.如 $y=\sqrt[3]{x^2}$，$f'(x)=\dfrac{2}{3\sqrt[3]{x}}$，$x=0$ 时 $f'(x)$ 不存在，但 $x=0$ 是函数 $y=\sqrt[3]{x^2}$ 单调增加区间和单调减少区间的分界点，如图 6－8 所示.

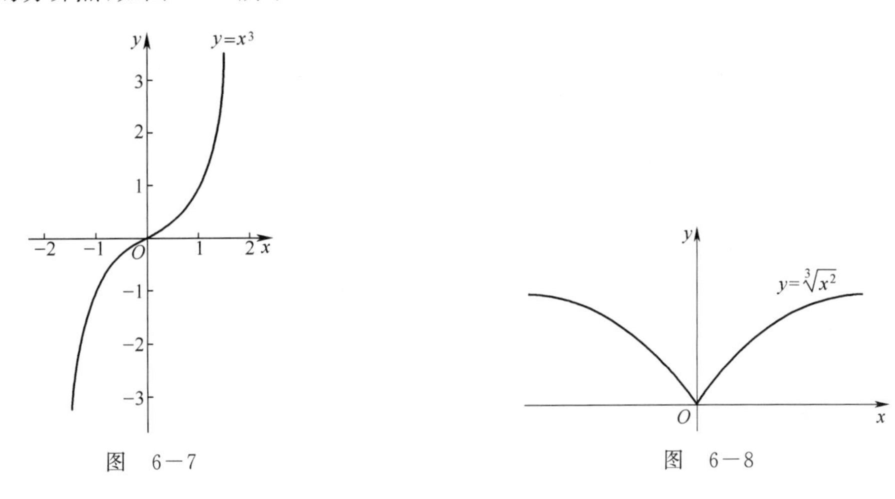

图　6－7　　　　图　6－8

通过求 $f'(x)=0$ 和 $f'(x)$ 不存在的点，可以找到连续函数单调区间可能的分界点.利用这些点，就可以将函数的定义域划分出若干个区间，在每个区间上，根据判定函数单调性的定理，由 $f'(x)$ 的符号来确定函数的单调区间.

总结上述分析，归纳求单调区间的具体步骤如下：

(1)确定函数的定义域；

(2)求出函数的驻点和使 y' 不存在的点；

(3)用上述点将函数的定义域划分成若干个小区间；

(4)在每个小区间上，判定 $f'(x)$ 的符号，根据 $f'(x)$ 符号判断函数 $y=f(x)$ 在各区间上的单调性.

例 2　确定函数 $f(x)=2x^3-9x^2+12x-3$ 的单调区间.

解　函数 $f(x)$ 的定义域是 $(-\infty,+\infty)$，$f'(x)=6x^2-18x+12=6(x-1)(x-2)$，令 $f'(x)=0$，得驻点 $x_1=1$，$x_2=2$，没有导数不存在的点，$x_1=1$，$x_2=2$ 把定义域 $(-\infty,+\infty)$ 分为三个区间 $(-\infty,1)$，$(1,2)$，$(2,+\infty)$，列表 6－1 讨论函数 $f(x)$ 的单调性.

表　6－1

x	$(-\infty,1)$	1	$(1,2)$	2	$(2,+\infty)$
$f'(x)$	$+$	0	$-$	0	$+$
$f(x)$	↗		↘		↗

由表 6－1 可知，函数 $f(x)$ 在区间 $(-\infty,1)$ 和 $(2,+\infty)$ 内单调增加，在 $(1,2)$ 内单调减少.

二、函数的极值

利用导数可以求出函数的单调区间，对于函数的增减区间的分界点，在应用上具有典型的实际意义.反映在曲线上，就是曲线在定义区间内的波峰和波谷.为此给出下面的定义.

定义 设函数 $y=f(x)$ 在点 x_0 的某个邻域内有定义，

(1)如果对于该邻域内任意的点 $x(x\neq x_0)$ 总有 $f(x)<f(x_0)$，则称 $f(x_0)$ 为函数 $f(x)$ 的**极大值**,并称点 x_0 是 $f(x)$ 的**极大值点**.

(2)如果对于该邻域内任意的点 $x(x\neq x_0)$ 总有 $f(x)>f(x_0)$，则称 $f(x_0)$ 为函数 $f(x)$ 的**极小值**,并称点 x_0 是 $f(x)$ 的**极小值点**.

函数的极大值和极小值统称为**函数的极值**,极大值点和极小值点统称为**函数的极值点**.

注:极值是一个局部性的概念,它只是与极值点附近点的函数值相比是较大或较小,并不意味着整个定义区间内为最大或最小.函数在定义域内的极值不唯一,可能有多个极大值和极小值,其中有的极大值甚至比极小值还小,如图 6－9 所示,函数在 x_1,x_3 处取得极大值,在 x_2,x_4 处取得极小值,而极大值 $f(x_1)$ 就比极小值 $f(x_4)$ 还小.

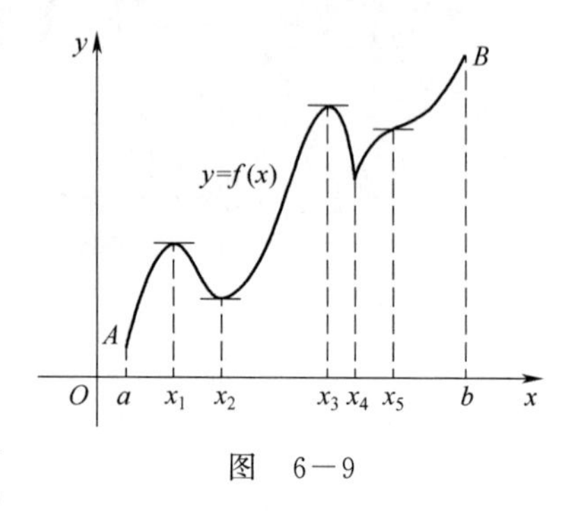

图 6－9

极值点处如果有切线,则一定是水平方向的.但反之则不然,即具有水平切线的点并一定是极值点.如图 6－9 所示，x_5 处切线是水平的,但 x_5 却不是极值点.

定理 2(极值存在的必要条件) 如果函数 $f(x)$ 在 x_0 处有极值 $f(x_0)$，且 $f'(x_0)$ 存在,则 $f'(x_0)=0$.

由定理 2 知,可导函数的极值点一定是驻点.但驻点并不一定是极值点,如图 6－9 中 x_5 是驻点但却不是极值点.而导数不存在的点有可能是极值点,如图 6－9 中的 x_4.

连续函数的极值点正是其单调区间的分界点,因此若 $f(x)$ 在 x_0 处取得极值,则 $f'(x_0)=0$,或 $f'(x_0)$ 不存在.那么如何判断这些点是否为极值点呢? 有下面的定理:

定理 3 设函数 $f(x)$ 在点 x_0 的近旁可导,且 $f'(x_0)=0$ 或 $f'(x_0)$ 不存在，x 为点 x_0 近旁的任意一点($x\neq x_0$).

(1)如果 $x<x_0$ 时，$f'(x)>0$,而 $x>x_0$ 时，$f'(x)<0$,那么 $f(x)$ 在点 x_0 处取得极大值.

(2)如果 $x<x_0$ 时，$f'(x)<0$,而 $x>x_0$ 时，$f'(x)>0$,那么 $f(x)$ 在点 x_0 处取得极小值.

(3)如果在点 x_0 左、右两侧 $f'(x)$ 不变号,那么 $f(x)$ 在点 x_0 处不取得极值.

因此求极值的步骤可归纳如下:

(1)确定函数的定义域;

(2)在定义域内求出函数的驻点和 $f'(x)$ 不存在的点,即定义域内所有可能的极值点;

(3)根据定理 3 对可能的极值点进行判别(可列表);

(4)求出函数在极值点处的函数值,得到全部极值.

例 3 求函数 $f(x)=\frac{1}{3}x^3-x^2-3x+3$ 的极值.

解 函数 $f(x)$ 的定义域为$(-\infty,+\infty)$,且

$$f'(x)=x^2-2x-3=(x+1)(x-3),$$

令 $f'(x)=0$,得驻点 $x_1=-1$,$x_2=3$.列表 6－2.

表 6—2

x	$(-\infty,-1)$	-1	$(-1,3)$	3	$(3,+\infty)$
$f'(x)$	+	0	−	0	+
$f(x)$	↗	极大值 $\frac{14}{3}$	↘	极小值 -6	↗

由表可知,函数的极大值为 $f(-1)=\frac{14}{3}$,极小值为 $f(3)=-6$.

例 4 求函数 $f(x)=(x^2-1)^3+1$ 的极值.

解 函数 $f(x)$ 的定义域为 $(-\infty,+\infty)$,且

$$f'(x)=3(x^2-1)^2 2x=6x(x+1)^2(x-1)^2,$$

令 $f'(x)=0$,得驻点 $x_1=-1,x_2=0,x_3=1$.列表 6—3.

表 6—3

x	$(-\infty,-1)$	-1	$(-1,0)$	0	$(0,1)$	1	$(1,+\infty)$
$f'(x)$	−	0	−	0	+	0	+
$f(x)$	↘		↘	极小值 0	↗		↗

由表可知,函数的极小值为 $f(0)=0$.驻点 $x_1=-1$ 和 $x_3=1$ 不是极值点.

三、函数的最值

在实际生活中,经常会遇到诸如在什么条件下"用料最省""产量最高""成本最低""利润最大"等问题,这类问题在数学上可以归结为求某个函数的最大值和最小值问题.

假定函数 $f(x)$ 在 $[a,b]$ 上连续,则函数在该区间上必取得最大(小)值.函数的最大(小)值与函数的极值是有区别的,前者是指整个闭区间 $[a,b]$ 上的所有函数值中最大(小)的,因而最大(小)值是全局性的概念.但是如果函数的最大(小)值在 (a,b) 内达到,则最大(小)值同时也是极大(小)值.此外,函数的最大(小)值也可能在区间的端点处达到.因此,求连续函数 $f(x)$ 的最值的步骤如下:

(1)求出一切可能的极值点,包括驻点及导数不存在的点;

(2)计算出驻点、导数不存在的点、端点的函数值.

(3)比较这些函数值的大小,其中最大的就是最大值,最小的就是最小值.

例 5 求函数 $f(x)=x^3-3x^2-9x+1$ 在 $[-2,6]$ 上的最大值及最小值.

解 因为 $f'(x)=3x^2-6x-9=3(x+1)(x-3)$,

令 $f'(x)=0$, 得驻点 $x_1=-1,x_2=3$,

相应的函数值为 $f(-1)=6,f(3)=-26$,

$f(x)$ 在 $[-2,6]$ 端点处的函数值为 $f(-2)=-1,f(6)=55$,比较以上各函数值可知在 $[-2,6]$ 上,函数的最大值为 $f(6)=55$,最小值为 $f(3)=-26$.

如果连续函数 $f(x)$ 在某区间内部只有一个极值点 x_0,则当 x_0 为极大(小)值点时,$f(x_0)$ 就是该函数在此区间上的最大(小)值,如图 6—10 所示.

在实际问题中,如果函数 $f(x)$ 在某区间内只有一个驻点 x_0,而且从实际问题本身又可

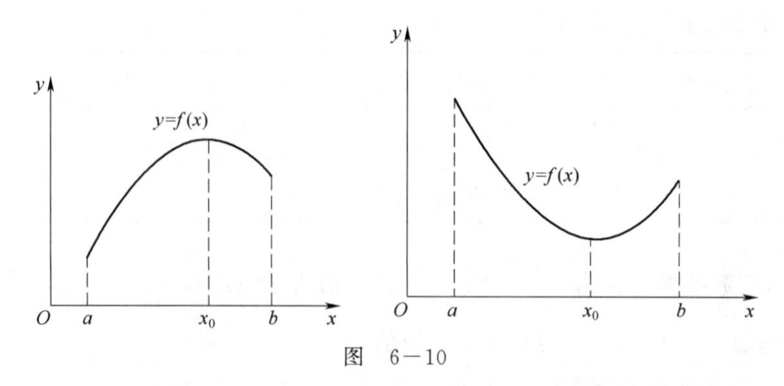

图 6－10

以知道函数 $f(x)$ 在此区间内必有最大值或最小值，那么 $f(x_0)$ 就是所要求的最大值或最小值.

例 6 传说古代迦太基人建造城市的时候，允许居民占有一天犁出的一条犁沟所围成的土地.假设一人一天犁出犁沟的长度是常数 l .问所围土地是怎样的矩形，面积最大？如果犁沟围成的土地是圆形，问矩形和圆形的土地哪种面积更大？

解 设矩形的长为 x ，宽为 y ，面积为 S ，则 $l=2(x+y)$ ，$S=xy$.

由 $l=2(x+y)$ ，得 $y=\frac{l}{2}-x$ ，代入 $S=xy$ 中，有

$$S=S(x)=-x^2+\frac{l}{2}x\ ,\ x\in\left(0,\frac{l}{2}\right).$$

由 $S'(x)=-2x+\frac{l}{2}=0$，得唯一驻点 $x=\frac{l}{4}$.由于在 $\left(0,\frac{l}{2}\right)$ 内只有一个驻点，而由实际意义知矩形土地存在最大面积，所以当 $x=\frac{l}{4}$ 时，面积最大，且最大值

$$S\left(\frac{l}{4}\right)=\frac{l^2}{16}.$$

可见，犁沟围成的矩形土地是正方形时，面积最大，最大面积是 $\frac{l^2}{16}$.

设周长为 l 的圆形土地的半径为 r ，面积为 S_1，由 $l=2\pi r$ ，得 $r=\frac{l}{2\pi}$ ，

$$S_1=\pi r^2=\pi\left(\frac{l}{2\pi}\right)^2=\frac{l^2}{4\pi},$$

由 $\frac{l^2}{16}<\frac{l^2}{4\pi}$ ，知 $S<S_1$，所以长为 l 的犁沟所围成的圆形土地比围成的正方形土地面积更大.

例 7 用一个边长为 48 cm 的正方形铁皮，在四角上各剪去一块面积相等的小正方形，做成无盖方盒，问剪去的小正方形边长为多大时，做出的无盖方盒容积最大？

解 如图 6－11 所示，设剪去的小正方形边长为 x cm（即铁盒的高），则铁盒底边长为 $48-2x$ cm，铁盒容积为

$$V=V(x)=x\ (48-2x)^2\ ,\ x\in(0,24)$$

可得

$$V'(x)=12(24-x)(8-x),$$

令 $V'(x)=0$，得驻点为

$$x_1=8\ ,\ x_2=24\ (\text{舍去}),$$

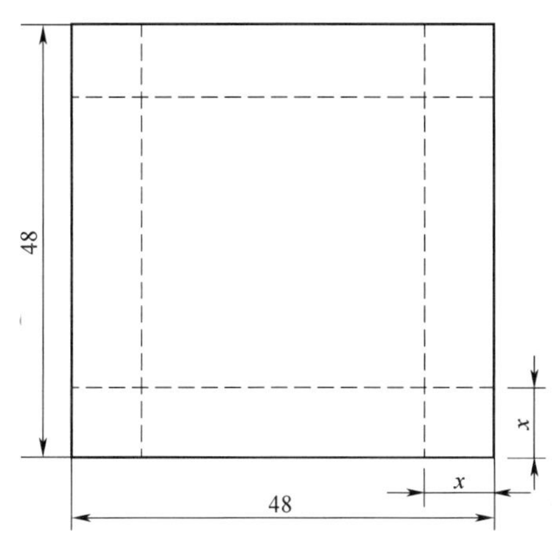

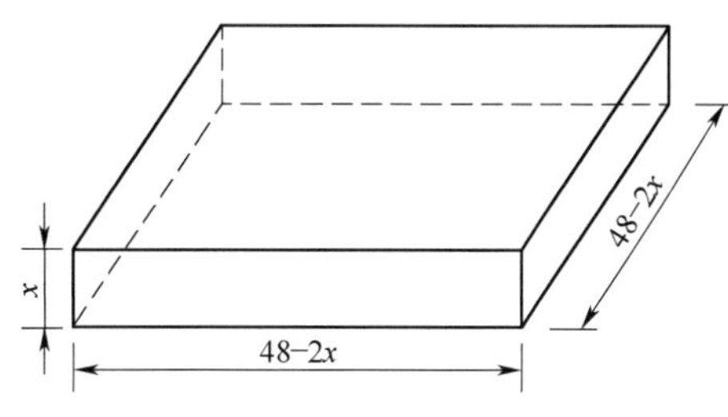

图　6－11

由于在 $(0,24)$ 内只有一个驻点，而由实际意义知铁盒必然存在最大容积，因此当 $x=8$ 时，函数有最大值.即剪去的小正方形边长为 8 cm 时，做出的无盖方盒容积最大.

例 8　如图 6－12 所示的电路中，已知电源电压为 E，内阻为 r，求负载电阻 R 为多大时，输出功率最大.

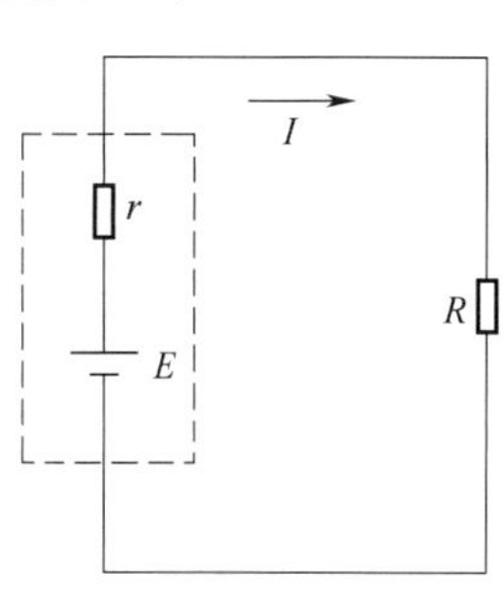

图　6－12

解　由电学知道，消耗在负载电阻 R 上的功率为 $P=I^2R$，其中 I 为回路中的电流.根据欧姆定律，有

$$I=\frac{E}{r+R},$$

得　$P=\left(\frac{E}{r+R}\right)^2R=\frac{E^2R}{(r+R)^2}, R\in(0,+\infty)$，

现在来求 R 在 $(0,+\infty)$ 内取何值时，输出功率 P 最大.

求导数 $\frac{\mathrm{d}P}{\mathrm{d}R}=E^2\frac{r-R}{(r+R)^3}$，令 $\frac{\mathrm{d}P}{\mathrm{d}R}=0$，得

$$R=r.$$

由于在区间 $(0,+\infty)$ 内函数 P 只有一个驻点 $R=r$，所以当 $R=r$ 时，输出功率最大.

例 9　某养猪场有固定成本 20 000 元，一年最多能养 400 头猪，已知每养一头猪，成本增加 100 元，并且总收益 R 是年养殖头数 Q 的函数，即

$$R=R(Q)=-\frac{1}{2}Q^2+400Q,\quad Q\in[0,400]$$

问一年养多少头猪时，总利润最大？此时总利润是多少？

解　由题意可知总成本函数

$$C=C(Q)=20\ 000+100Q,\quad Q\in[0,400],$$

从而得到总利润函数

$$L=L(Q)=R(Q)-C(Q)=-\frac{Q^2}{2}+300Q-20\ 000,$$

又 $L'(Q)=300-Q$，令 $L'(Q)=300-Q=0$，求得 $Q=300$.

由于在区间 $[0,400]$ 上，得到唯一驻点，又由于$\angle[0]=-20\ 000$，$\angle[400]=20\ 000$，所以 $Q=300$ 时 L 取最大值，最大值 $L(300)=25\ 000$，所以，该养猪场一年养殖 300 头猪时，总利润

最大，最大利润为 25 000 元.

通过上述例子可知，解决函数最大值或最小值的实际问题时，可采用以下步骤：

(1)根据题意建立函数关系式；

(2)确定函数的定义域；

(3)利用导数求出函数在定义域内的驻点；

(4)根据实际问题判断并求出函数的最大值或最小值.

习 题 6-4

1.确定下列函数的单调区间.

(1) $y=x-\sin x$, $[0,2\pi]$；　(2) $y=2x^3-6x^2-18x-7$；

(3) $y=2x^3+3x^2-12x$；　(4) $y=x-\frac{3}{2}\sqrt[3]{x^2}$.

2.求下列函数的单调区间、极值.

(1) $y=2x^3-3x^2$；　(2) $y=x-\frac{3}{2}(x-2)^{\frac{2}{3}}$；

(3) $y=(x-1)^2(x-2)^3$；　(4) $y=3x^{\frac{2}{3}}-x$.

3.求下列函数在指定区间上的最值.

(1) $y=x^5-5x^4+5x^3+1$, $[-1,2]$；　(2) $y=x^5+1$, $[-1,1]$；

(3) $y=\frac{1}{3}x^3-\frac{5}{2}x^2+4x$, $[-1,2]$；　(4) $y=x^3-3x^2-9x+8$, $[-2,5]$.

4.某房地产公司有 50 套公寓要出租，当租金定为每月 180 元时，公寓会全部租出去，当租金每月增加 10 元时，就有一套公寓租不出去，而租出去的房子每月需花费 20 元的整修维护费，试问租金定为多少可获得最高收入.

第五节　曲线的凹凸性与拐点

前面讨论了函数的单调性和极值，对函数的性态有了初步的了解.但只有这些还不能够准确地描述函数的性态，还应知道它的弯曲方向以及不同弯曲方向的分界点，这就是曲线的凹凸性与拐点.

一、曲线的凹凸定义及判定法

定义 1　若在某区间内连续且光滑的曲线段总位于其上任意一点处切线的上方，则称该曲线段在该区间内是凹的，如图 6－13(a)所示；若曲线段总位于其上任意一点处切线的下方，则称该曲线段在该区间内是凸的，如图 6－13(b)所示.

对于曲线的凹凸形状，还可以通过二阶导数来描述.下面给出曲线凹凸性的判定定理.

定理 1　设函数 $f(x)$ 在 (a,b) 内具有一阶导数和二阶导数.

(1)若在 (a,b) 内，恒有 $f''(x)>0$，则曲线 $f(x)$ 在该区间内是凹的.

(2)若在 (a,b) 内，恒有 $f''(x)<0$，则曲线 $f(x)$ 在该区间内是凸的.

例 1　讨论曲线 $y=e^x$ 的凹凸性.

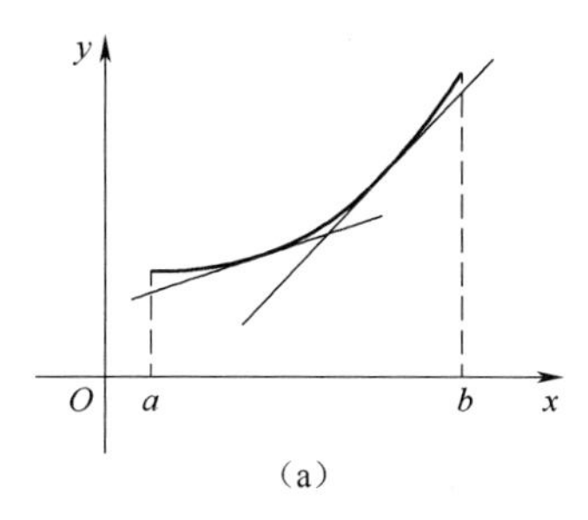

(a)

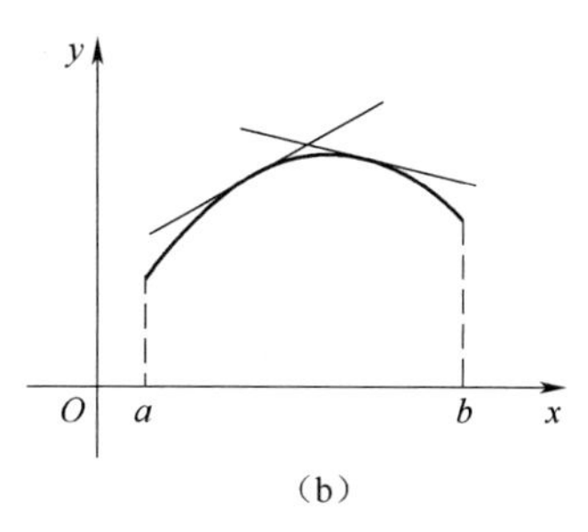

(b)

图　6－13

解　函数的定义域为 $(-\infty,+\infty)$，$y'=y''=e^x>0$，所以曲线在定义域 $(-\infty,+\infty)$ 内是凹的，如图 6－14 所示.

例 2　讨论曲线 $y=\frac{1}{x}$ 的凹凸性.

解　函数 $y=\frac{1}{x}$ 的定义域为 $(-\infty,0)\cup(0,+\infty)$，且 $y'=-\frac{1}{x^2}$，$y''=\frac{2}{x^3}$.

因为当 $x<0$ 时，$y''<0$；当 $x>0$ 时，$y''>0$. 所以曲线在 $(-\infty,0)$ 内是凸的，在 $(0,+\infty)$ 内是凹的，

例 3　讨论曲线 $y=x^3$ 的凹凸性.

解　函数的定义域为 $(-\infty,+\infty)$，$y'=3x^2$，$y''=6x$.

当 $x>0$ 时，$y''>0$；当 $x<0$ 时，$y''<0$，所以曲线 $y=x^3$ 在 $(0,+\infty)$ 内是凹的，在 $(-\infty,0)$ 内是凸的，如图 6－15 所示.

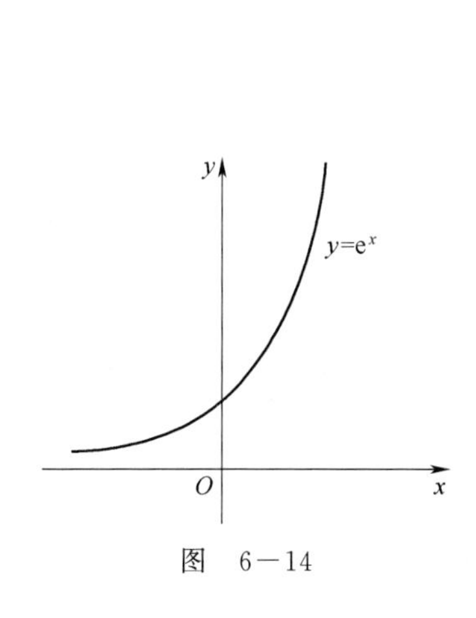

图　6－14

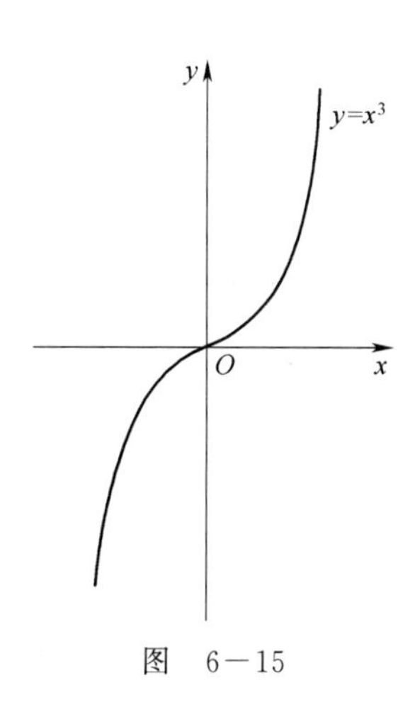

图　6－15

二、曲线的拐点及其求法

在例 3 中，点 $(0,0)$ 是使曲线由凸变凹的分界点，此类分界点称为曲线的拐点. 一般地，有：

定义 2　连续曲线上凹、凸部分的分界点称为**曲线的拐点**.

如何来求曲线的拐点呢？

由于拐点是连续曲线的凹凸部分的分界点,所以拐点左右两侧近旁的 $f''(x)$ 必然异号,因此,要寻找拐点,只要找出使 $f''(x)$ 符号发生变化的分界点即可.

定理 2(拐点的必要条件) 若函数 $y=f(x)$ 在 x_0 处的二阶导数 $f''(x_0)$ 存在,且点 $(x_0,f(x_0))$ 为曲线 $y=f(x)$ 的拐点,则 $f''(x_0)=0$.

函数二阶导数不存在的点,在曲线上相应的点也可能是拐点.如函数 $y=\sqrt[3]{x}$ 的二阶导数在 $x=0$ 处不存在,但点 $(0,0)$ 却是曲线的拐点.

综上所述,判定曲线的凹凸性与求曲线的拐点的一般步骤为:

(1)求函数定义域;

(2)求出 $f''(x)=0$ 的点或 $f''(x)$ 不存在的点;

(3)判断在这些点两侧 $f''(x)$ 的符号,确定曲线的凹凸区间和拐点.

例 4 讨论曲线 $y=6x-x^4$ 的拐点.

解(1)函数的定义域为 $(-\infty,+\infty)$.

(2) $y'=6-4x^3$, $y''=-12x^2$,令 $y''=0$,得 $x=0$.

(3)当 $x\neq 0$ 时恒有 $y''=-12x^2<0$,所以曲线在定义域 $(-\infty,+\infty)$ 内是凸的.

由于曲线 $y=6x-x^4$ 在 $x=0$ 两侧凹凸性没有改变,所以此曲线没有拐点.

注:由 $f''(x_0)=0$ 确定的点 $(x_0,f(x_0))$ 不一定是拐点,如例 4 中 $(0,0)$ 点,就不是拐点.

例 5 求曲线 $y=3x^4-4x^3+1$ 的凹凸区间和拐点.

解(1)函数的定义域为 $(-\infty,+\infty)$.

(2) $y'=12x^3-12x^2$, $y''=36x^2-24x=36x\left(x-\dfrac{2}{3}\right)$,令 $y''=0$,得 $x_1=0,x_2=\dfrac{2}{3}$.

(3)列表 6-4 来判断曲线的凹凸性及拐点的情况.

表 6-4

x	$(-\infty,0)$	0	$\left(0,\frac{2}{3}\right)$	$\frac{2}{3}$	$\left(\frac{2}{3},+\infty\right)$
y''	+	0	−	0	+
y	$\cup$	有拐点	$\cap$	有拐点	$\cup$

(4)由表 6-4 可知,曲线 $y=3x^4-4x^3+1$ 在区间 $(-\infty,0)$ 和 $\left(\dfrac{2}{3},+\infty\right)$ 内为凹的,在区间 $\left(0,\dfrac{2}{3}\right)$ 内为凸的,当 $x_1=0,x_2=\dfrac{2}{3}$ 时,曲线有拐点 $A(0,1)$ 和 $B\left(\dfrac{2}{3},\dfrac{11}{27}\right)$.

注:表中 $\cup$ 表示曲线是凹的,$\cap$ 表示曲线是凸的.

习 题 6-5

1.求下列曲线的凹凸区间与拐点.

(1) $y=\ln x$; (2) $y=2x^3+3x^2-12x+14$; (3) $y=3x^2-x^3$;

(4) $y=x^4-6x^2$; (5) $y=(x-1)\sqrt[3]{x^2}$; (6) $y=x^4-2x^3+1$.

2.已知曲线 $y=ax^3+bx^2+x+2$ 有一个拐点 $(-1,3)$,求 a, b 的值.

3.设三次曲线 $y=x^3+3ax^2+3bx+c$ 在点 $x=-1$ 处有极大值,点 $(0,3)$ 是拐点,试确定 a, b, c 的值.

复习题六

1.选择题.

(1)设 $f(x)$ 可导且下列各极限均存在,则下列各式中不成立的是(　　).

A. $\lim\limits_{x\to 0}\dfrac{f(x)-f(0)}{x}=f'(0)$　　B. $\lim\limits_{h\to 0}\dfrac{f(a+2h)-f(a)}{h}=f'(a)$

C. $\lim\limits_{\Delta x\to 0}\dfrac{f(x_0)-f(x_0-\Delta x)}{\Delta x}=f'(x_0)$　D. $\lim\limits_{\Delta x\to 0}\dfrac{f(x_0+\Delta x)-f(x_0-\Delta x)}{2\Delta x}=f'(x_0)$

(2)下面说法中正确的是(　　).

A.函数在 x_0 处不可导,则在 x_0 处必不存在切线

B.函数在 x_0 处不连续,则在 x_0 处必不可导

C.函数在 x_0 处不可导,则在 x_0 处必不连续

D.函数在 x_0 处不可导,则极限 $\lim\limits_{x\to x_0}f(x)$ 必不存在

(3)曲线 $y=1+\sqrt{x}$ 在 $x=4$ 处的切线方程是(　　).

A. $y=-\dfrac{1}{4}x+2$　B. $y=\dfrac{1}{4}x-2$　C. $y=\dfrac{1}{4}x+2$　D. $y=-\dfrac{1}{4}x-2$

(4)下列函数中导数为 $\dfrac{1}{2}\sin 2x$ 的是(　　).

A. $\dfrac{1}{2}\cos 2x$　B. $-\dfrac{1}{2}\sin^2 x$　C. $\dfrac{1}{2}\cos^2 x$　D. $-\dfrac{1}{4}\cos 2x$

(5)设 $y=\dfrac{3^x}{x^2}$,则 $y'=$(　　).

A. $\dfrac{3^x\ln x}{2x}$　B. $\dfrac{x^2\cdot 3^x\ln x-2x\cdot 3^x}{x^4}$

C. $\dfrac{2x\cdot 3^x-x^2\cdot 3^x\ln 3}{x^4}$　D. $\dfrac{x^2\cdot 3^x\ln 3-2x\cdot 3^x}{x^4}$

(6)设 $y=\log_2 3x$,则 $\mathrm{d}y=$(　　).

A. $\dfrac{1}{3x}\ln 2\mathrm{d}x$　B. $\dfrac{1}{x}\ln 2\mathrm{d}x$　C. $\dfrac{1}{3x\cdot\ln 2}\mathrm{d}x$　D. $\dfrac{1}{x\cdot\ln 2}\mathrm{d}x$

(7)下列命题中,正确的是(　　).

A.可导函数 $f(x)$ 的驻点一定是此函数的极值点

B.在 (a,b) 内,$f'(x)<0$ 是 $f(x)$ 在 (a,b) 内单调减少的充分条件

C.函数 $f(x)$ 的极值点一定是此函数的驻点

D.连续函数在 $[a,b]$ 上极大值必大于极小值

(8)函数 $y=x-\ln(1+x)$ 的单调减少区间是(　　).

A. $(-1,+\infty)$　B. $(-1,0)$　C. $(0,+\infty)$　D. $(-\infty,1)$

(9)点 $x=0$ 是函数 $y=x^4$ 的(　　).

A.驻点但非极值点　B.拐点

C.驻点且是拐点　　D.驻点且是极值点

2.填空题.

(1)如果函数 $f(x)$ 在 x_0 的导数 $f'(x_0)$ 存在,则 $\lim\limits_{x\to x_0} f(x)=$______.

(2)曲线 $y=\ln x+1$ 在点 $(e,2)$ 处切线的斜率为______.

(3)如果曲线 $y=x^2-x$ 上过点 M 的切线斜率为1,则 M 点的坐标为______.

(4)曲线 $y=6-2x^2$ 在点 $x=0$ 处切线方程为______.

(5)若 $f(x)=\cos(2x-1)$,则 $f'(x)=$______,$f''(x)=$______.

(6)设 $f(x)=e^{\tan^k x}$,且 $f'\left(\frac{\pi}{4}\right)=e$,则 $k=$______.

(7) $[\tan(3x-2)]'=$______,$[\ln(3-x)]'=$______,$(e^{\sqrt{x}})'=$______.

(8) $(2x+1)dx=d$(______),$-\frac{1}{x^2}dx=d$(______),$\frac{1}{1+x^2}dx=d$(______).

(9)对于函数 $f(x)$,若在 (a,b) 内有 $f'(x)<0$,则 $f(x)$ 在 (a,b) 内一定是单调______(增加/减少)的.

(10)函数 $y=x^3+4$ 的增加区间是______;凹区间是______.

(11)曲线 $y=-2x^3+1$,凸区间是______,凹区间是______,拐点是______.

(12)已知函数 $y=x^3+ax^2+bx+2$ 在 $x=1,x=2$ 处有极值,则 $a=$______,$b=$______,这时 $x=1$ 为极______值点,$x=2$ 为极______值点.

3.求下列函数的导数.

(1) $y=\frac{2x^3-x^2+5x-1}{x}$;　　(2) $y=\ln(x\sqrt{x})$;　　(3) $y=x^2-4\ln\frac{1}{x}$;

(4) $y=(3x-2)^5$;　　(5) $y=\ln(\ln x)$;　　(6) $y=e^{-3x^2}$;

(7) $y=\ln(1+x^2)$;　　(8) $y=\ln\left(x+\sqrt{x^2+a^2}\right)$.

4.求下列函数的二阶导数.

(1) $y=2x^4-9x^2-3x+7$;　　(2) $y=x^2+e^x$.

5.求下列函数的微分.

(1) $y=x\arcsin x$;　　(2) $y=\sin^3(2x+5)$.

6.求下列曲线在指定点处的切线方程.

(1) $y=x^3+2x-1$,在 $x=0$ 处;

(2)曲线 $y=\ln x+2$ 上的某点切线与直线 $y=x+1$ 平行,求该点的切线方程.

7.求下列曲线的单调区间和极值.

(1) $y=\frac{e^x}{1+x}$;　　(2) $y=x-\ln(x+1)$;　　(3) $y=x^3+x$;　　(4) $y=2x^2-\ln x$.

8.求下列曲线的凹凸区间和拐点.

(1) $y=x^3-3x+2$;　　(2) $y=x^2-\frac{1}{x}$;　　(3) $y=\ln(1+x^2)$.

9.求函数 $y=(2x-5)x^{\frac{2}{3}}$ 在区间 $[-1,2]$ 上的最大值与最小值.

10.用三块等宽的长方形木板,做成一个断面为梯形的槽,如图6-16所示,问斜角 φ 为多大时,水槽的截面积最大?并求此最大的面积.

11.某工厂每月生产 $q(t)$ 产品的总成本 C（千元）是产量 q 的函数，$C(q)=q^2-20q+30$，如果每吨产品销售价格为 1 万元，求达到最大利润时的月产量.

12.某车间靠墙壁需要盖一间长方形小屋，现有存砖只够砌 20 m 长的墙壁，问应该围成长宽各多少米的长方形，才能使这间屋子的面积最大.

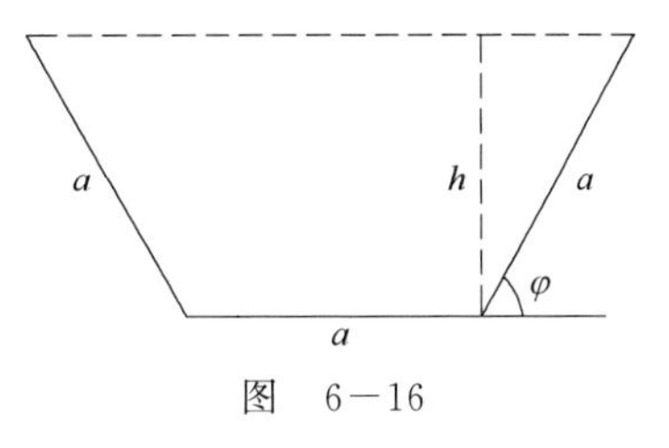

图 6—16

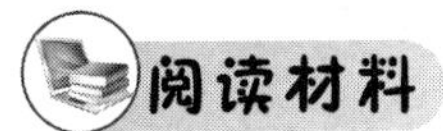

一个重要而又令人困惑的量

1. 想象无穷

无穷这个概念今天在数学中已是不可或缺的一个重要概念.我们能理解无穷这个概念吗?

在任何人的书里，无穷都是令人费解的.比如，你向一个数量是无穷多的苹果堆里再放几个苹果，得到的仍是一个数量是无穷多的苹果堆；如果你从这个苹果堆里取走若干苹果，剩下的仍是一个数量是无穷多的苹果堆，而且与先前那堆苹果的大小或数量没有什么区别.再如，如果你的银行金库里有无穷多的英镑，那么你再存进去一万英镑或你从银行取出一万英镑，你的账面不会有什么变化，它既没有增加，也没有减少，…….这些都是可能的吗？那么，我们是否可以放心地永远去吃那堆苹果，或我们随时都可以按照我们的需要去银行提款?

你是否感到困惑了？我们每一个人开始思考“无穷”这个概念时就已置身于烦恼之中.这不仅是个哲学问题，也是个数学难题.“无穷”之所以能长期盘踞在数学家的大脑里或数学教材中，就是因为这个概念的用处太大了，没有它不行！数学中随处可见它的身影.

那么，我们提到“无穷”究竟意味着什么？从非正式的、直观的角度讲，无穷的主要特点是庞大，非常庞大.不，比这要大得多，大得超乎你的想象.当孩子们开始学数数时，往往有一个阶段对非常大的数字着迷：一万，一百万，一亿，十万亿，…….大多数孩子还会经历这样一个阶段，他想知道最大的数目究竟有多大.但是很快他就会意识到不会有最大的数字.因为如果有这样一个数字的话，你只要再加上 1，就会得到更大的一个数.数可以永远数下去，永远没有头.在某种程度上，它们是无穷的.但问题是，这究竟意味着什么？无穷的意思并不是说，如果你不停地数下去，就会得到一个叫“无穷”的数.任何数，不管有多大，都是有限数.因此，至少可以说无穷是一种比喻，它传达的意思是永不终止的新数字产生的过程.

2. 对无穷的研究

公元 1665 年，瓦里斯发明了一个符号“∞”，用以表示一个无界的数量，就是我们现在所说的“无穷大”，这是一个重要的概念，如果没有这个概念，许多数学的思想都将失去意义，许多的数学方法将无从谈起，极限理论与微积分的思想方法也与无穷的概念紧密相连.

从 16 世纪下半叶开始，随着生产力的发展，使得对力学的研究越加突出，以力学的需要为中心，引出了大量的数学新问题，包括寻求长度、面积和体积计算的一般方法.这一工作开始于德国的天文学家开普勒(J.Kepler).据说开普勒对体积问题的兴趣，起因是怀疑啤酒商的酒桶体积.1615 年，开普勒发表了一篇文章《酒桶的新立体几何学》，研究求旋转体体积的问题，其基本思想就是把曲线看成边数无限增大时的折线.把曲线转化为直线，这个看起来不够严格的方法，在当时极富启发性.其方法的核心，就是用无限个无限小元素之和，来确定曲边形的面积和体积，这是开普勒对积分学的最大贡献.

开普勒

当人们考虑无穷的性质时，发现了它有趣的特性.

(1)无穷多的数量却无须占有一个无限的地方.

例如：每两个正整数之间都有无穷多个不是正整数的有理数，例如在1与2之间就还有1.1，1.2，1.3，…，1.9；1.11，1.12，1.13，…，1.19；1.21，1.22，1.23，…，1.29；…，1.91，1.92，1.93，…，1.99；…乃至于在1.911与1.912之间还有无穷多个不是正整数的有理数.又如，一条线段的长度是有限的，但线段上有无穷多个点.

(2)无穷多个数的和也未必是一个无限的量.例如：

$$\frac{1}{2}+\frac{1}{2^2}+\frac{1}{2^3}+\cdots+\frac{1}{2^n}+\cdots=1$$

$$\frac{3}{10}+\frac{3}{10^2}+\frac{3}{10^3}+\cdots+\frac{3}{10^n}+\cdots=0.\dot{3}=\frac{1}{3}$$

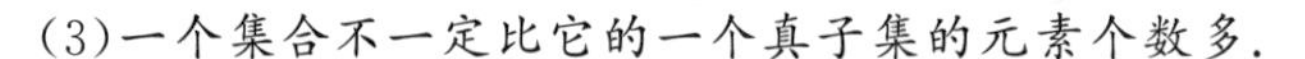

(3)一个集合不一定比它的一个真子集的元素个数多.

例如：正整数集$\{1,2,3,\cdots,m,\cdots\}$是无限集，有理数集也是无限集，这两个无限集的元素个数，谁多？有理数集包含了正整数集，当然是前者个数多吗？不一定！正整数集还是有理数集的真子集，因为除正整数外还有其他许多的非正整数.能够说一个集合比它的一个真子集元素个数多吗？在有限集的情形下，是肯定的，在无限集的情形下，就不一定了.平方数集$\{1,4,9,\cdots\}$是正整数集的一个真子集，但伽利略就知道，正整数集的元素个数并不比平方数集多.原因如下所述：你从正整数集的那个"荷包"里拿出1来，我就从平方数集的那个"袋子"里拿出1来；你拿2，3出来，我就分别拿4，9出来；一般来说，你拿出来，我拿出来，我平方数个数不比你正整数个数少啊！事实上，从无限集中去掉一两个元素，它的个数是不变的；甚至去掉千个、万个也不变；有时，按照某种方式去掉无限个也不变，例如，从正整数集中去掉所有奇数（无限个），剩下的偶数集元素个数并未变.

3. 龟兔赛跑

大家可能都读过古希腊数学家、哲学家芝诺的龟兔悖论，即龟兔赛跑问题：乌龟在兔子前面半英里处与兔子同时起跑，兔子跑的速度是乌龟速度的两倍，兔子能追上乌龟吗？芝诺是这样分析的：当兔子到达乌龟始点的半英里处时，乌龟已跑出$\frac{1}{4}$英里；当兔子赶到这个点（$\frac{3}{4}$英里处）时，乌龟又向前跑出$\frac{1}{8}$英里；当兔子赶到这个新点（$\frac{7}{8}$英里处）时，乌龟又向前跑出$\frac{1}{16}$英里；……芝诺的结论是兔子必须跑无穷多次才能赶上乌龟，或说，兔子在有限的时间内是不能追上乌龟的.显然，这是一个矛盾.

撇开深层的问题（能否在有限的时间内做无限的事情）不谈，这个悖论存在一个明显的漏洞：芝诺证明的是兔子在$\frac{1}{2}$英里处、$\frac{3}{4}$英里处、$\frac{7}{8}$英里处、……赶不上兔子，这是完全正确的.但这不是问题的关键所在.当你在追赶某物时，你在很多点处都没能追上目标，但重点在于，你追上目标的点在哪里？兔子追上乌龟的点在距离兔子起跑点整1英里处.当兔子跑1英里时，乌龟正好跑半英里，再联系到它们的起跑点差半英里，因此此时它们在同一个位置上.

从另一个角度思考，为了追上乌龟，兔子必须跑的距离是

$$\frac{1}{2}+\frac{1}{4}+\frac{1}{8}+\frac{1}{16}+\cdots+\frac{1}{2^n}+\cdots \text{（英里）}$$

这里事实上提出了一个无穷级数的和是多少的问题.这种解答也说明了数学离不开“无穷”的概念，无穷能帮助人们洞察数学与世界的联系.

第七章　积分及其应用

在微分学中,已经讨论了求一个已知函数的导数(或微分)的问题,本章将讨论与此相反的问题,即已知函数的导数(或微分),求原来的函数,这是积分学的基本问题之一——不定积分.与不定积分有着密切的联系的是积分学的另一基本问题——定积分,定积分是积分学中一个重要的概念,它是一种特殊和式的极限,在几何、物理和经济等领域都有着广泛的应用.

第一节　不定积分的概念与性质

一、原函数与不定积分

我们先看下面的例子.

引例　设曲线上任意一点 $M(x,y)$ 处,其切线的斜率为 $k=f(x)=2x$,又若这条曲线经过坐标原点,求这条曲线的方程.

解　设所求的曲线方程为

$$y=F(x),$$

则曲线上任意一点 $M(x,y)$ 的切线斜率为

$$y'=F'(x)=2x,$$

由于曲线经过坐标原点,所以

$$\text{当 } x=0 \text{ 时}, y=0.$$

由导数公式,不难知道所求曲线方程应为

$$y=x^2.$$

事实上, $y'=(x^2)'=2x$,且有 $x=0$ 时, $y=0$.因此, $y=x^2$ 即为所求的曲线方程.

以上问题,如果抽掉几何意义,可归结为这样一个问题,就是已知某函数的导数,求这个函数,即已知 $F'(x)=f(x)$,求 $F(x)$.

定义 1　设 $f(x)$ 是定义在区间 I 上的函数,若存在函数 $F(x)$,对该区间内的任一点,都有 $F'(x)=f(x)$ 或 $\mathrm{d}F(x)=f(x)\mathrm{d}x$,则称 $F(x)$ 为 $f(x)$ 在区间 I 上的**原函数**,简称为 $f(x)$ 的原函数.

对于函数 $f(x)=2x$,因为 $(x^2)'=2x$,所以 x^2 是 $f(x)=2x$ 的一个原函数.又因为 $(x^2+1)'=2x$, $(x^2-\sqrt{3})'=2x$, $(x^2+C)'=2x$ (C 为任意常数),所以 x^2+1, $x^2-\sqrt{3}$, x^2+C 都是 $f(x)=2x$ 的原函数.这说明原函数不是唯一的.

一般地,对于已知函数 $f(x)$,若 $F(x)$ 是 $f(x)$ 的一个原函数,则函数族 $F(x)+C$ (C

为任意常数)都是 $f(x)$ 的原函数,这是因为 $[F(x)+C]'=F'(x)=f(x)$.那么这个函数族 $F(x)+C$ 是否包含了 $f(x)$ 的全部原函数?下面的定理解答了这个问题.

定理1(原函数族定理)　如果 $F(x)$ 是 $f(x)$ 的一个原函数,那么 $F(x)+C$ 是 $f(x)$ 的全部原函数,其中 C 为任意常数.

由此定理可知,一个已知函数,如果有原函数,那么它就有无数多个原函数,那么具有什么性质的函数才具有原函数呢?下面的定理给出回答.

定理2(原函数存在定理)　如果函数 $f(x)$ 在某区间上连续,则函数 $f(x)$ 在该区间上一定存在原函数.

因为初等函数在它的定义区间内连续,所以初等函数的原函数一定存在.

定义2　如果函数 $F(x)$ 是函数 $f(x)$ 在区间 I 上的一个原函数,则称函数 $f(x)$ 的全部原函数 $F(x)+C$(C 是任意常数)为 $f(x)$ 在区间 I 上的**不定积分**,记为 $\int f(x)\mathrm{d}x$,即

$$\int f(x)\mathrm{d}x=F(x)+C\quad(C\text{ 为积分常数}),$$

其中,"$\int$"称为**积分号**,$f(x)$ 称为**被积函数**,$f(x)\mathrm{d}x$ 称为**被积表达式**,x 称为**积分变量**,C 称为**积分常数**.

因此,求函数 $f(x)$ 的不定积分,只需求出 $f(x)$ 的一个原函数再加上积分常数 C 即可.

例如,$\int 2x\,\mathrm{d}x=x^2+C$,　$\int gt\,\mathrm{d}t=\frac{1}{2}gt^2+C$.

例1　求下列不定积分.

(1) $\int x^2\mathrm{d}x$;　　(2) $\int \frac{1}{x}\mathrm{d}x$;　　(3) $\int 2^x\mathrm{d}x$.

解(1)因为 $\left(\frac{1}{3}x^3\right)'=x^2$,所以 $\int x^2\mathrm{d}x=\frac{1}{3}x^3+C$.

(2)因为 $x>0$ 时,$(\ln x)'=\frac{1}{x}$;$x<0$ 时,$[\ln(-x)]'=\frac{-1}{-x}=\frac{1}{x}$,所以 $\int\frac{1}{x}\mathrm{d}x=\ln|x|+C$.

(3)因为 $\left(\frac{2^x}{\ln 2}\right)'=2^x$,所以 $\int 2^x\mathrm{d}x=\frac{2^x}{\ln 2}+C$.

注:求不定积分时,积分常数 C 不能丢掉,否则就会出现概念性的错误.

二、不定积分的几何意义

若函数 $F(x)$ 是 $f(x)$ 的一个原函数,函数 $y=F(x)$ 在平面上表示一条曲线,这条曲线称为 $f(x)$ 的**积分曲线**.由于 $f(x)$ 的不定积分是 $\int f(x)\mathrm{d}x=F(x)+C$,所以,不定积分 $\int f(x)\mathrm{d}x$ 的几何意义是:曲线 $y=F(x)$ 沿 y 轴从 $-\infty$ 到 $+\infty$ 连续地平移所产生的一族积分曲线,如图 7-1 所示,而族中的每一条曲线在具有相同横坐标的 x 点处切线是平行的,它们的斜率都等于 $f(x)$.

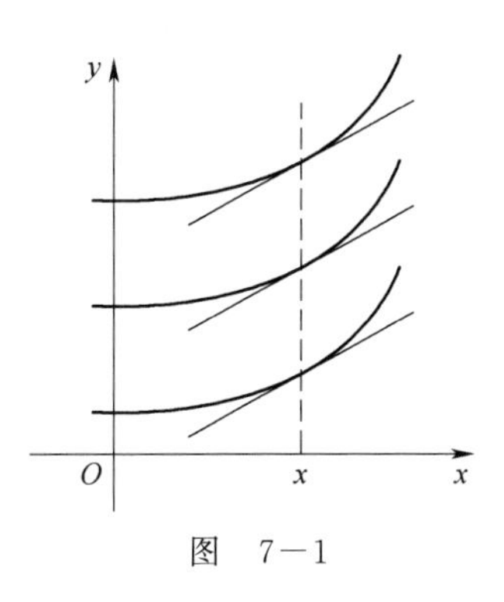

图　7-1

当需要从积分曲线族中求出过点 (x_0, y_0) 的一条积分曲线时,则只要把 x_0, y_0 代入 $y = F(x)+C$ 中解出 C 即可.

例 2 设某物体运动速度为 $v=3t^2$,且当 $t=0$ 时 $s=2$,求运动规律 $s=s(t)$.

解 由题意,得 $s'(t)=3t^2$,即

$$s(t)=\int 3t^2\,\mathrm{d}t=t^3+C,$$

将条件 $t=0$ 时 $s=2$ 代入,得 $C=2$,故所求运动规律为

$$s=t^3+2.$$

三、不定积分的基本公式

由不定积分的定义可得,不定积分与导数(或微分)具有如下的互逆关系:

(1) $\dfrac{\mathrm{d}}{\mathrm{d}x}\left[\int f(x)\mathrm{d}x\right]=f(x)$ 或 $\mathrm{d}\left[\int f(x)\mathrm{d}x\right]=f(x)\mathrm{d}x$;

(2) $\int F'(x)\mathrm{d}x=F(x)+C$ 或 $\int \mathrm{d}F(x)=F(x)+C$.

式(1)表明对一个函数先积分后微分,结果两种运算互相抵消,仍是那个函数.

式(2)表明如果对一个函数先微分后积分,结果只差一个积分常数 C.

因此,有一个导数公式,就相应地有一个不定积分公式.于是,由导数的基本公式,就可以直接得到不定积分的基本公式.

(1) $\int k\,\mathrm{d}x=kx+C$ (k 是常数);

(2) $\int \dfrac{1}{x}\mathrm{d}x=\ln|x|+C$;

(3) $\int x^{\mu}\mathrm{d}x=\dfrac{x^{\mu+1}}{\mu+1}+C$ ($\mu\neq-1$);

(4) $\int \mathrm{e}^x\mathrm{d}x=\mathrm{e}^x+C$;

(5) $\int a^x\mathrm{d}x=\dfrac{a^x}{\ln a}+C$;

(6) $\int \cos x\,\mathrm{d}x=\sin x+C$;

(7) $\int \sin x\,\mathrm{d}x=-\cos x+C$;

(8) $\int \dfrac{1}{\cos^2 x}\mathrm{d}x=\int \sec^2 x\,\mathrm{d}x=\tan x+C$;

(9) $\int \dfrac{1}{\sin^2 x}\mathrm{d}x=\int \csc^2 x\,\mathrm{d}x=-\cot x+C$;

(10) $\int \sec x\tan x\,\mathrm{d}x=\sec x+C$;

(11) $\int \csc x\cot x\,\mathrm{d}x=-\csc x+C$;

(12) $\int \dfrac{1}{1+x^2}\mathrm{d}x=\arctan x+C$;

(13) $\int \dfrac{1}{\sqrt{1-x^2}}\mathrm{d}x=\arcsin x+C$.

以上 13 个公式是求不定积分的基础,必须熟记,不仅要记右端的结果,还要熟悉左端被积函数的形式.

注:公式(3)中,当 $\mu=1,-2,-\dfrac{1}{2}$ 时,分别为

$$\int x\,\mathrm{d}x=\frac{1}{2}x^2+C,\ \int\frac{1}{x^2}\mathrm{d}x=-\frac{1}{x}+C,\ \int\frac{1}{\sqrt{x}}\mathrm{d}x=2\sqrt{x}+C.$$

这三个式子也可以作为公式使用.

四、不定积分的性质

性质 1　两个函数代数和的积分等于各个函数的积分的代数和，即

$$\int [f(x) \pm g(x)] \mathrm{d}x = \int f(x) \mathrm{d}x \pm \int g(x) \mathrm{d}x .$$

性质 2　被积函数中不为零的常数因子可提到积分号外，即

$$\int k f(x) \mathrm{d}x = k \int f(x) \mathrm{d}x \ (k \text{ 为常数，且 } k \neq 0).$$

特别地，$\int -f(x) \mathrm{d}x = -\int f(x) \mathrm{d}x$.

综合性质 1、性质 2，可以推广到有限多个函数代数和的情况，即

$$\int [k_1 f_1(x) \pm k_2 f_2(x) \pm \cdots \pm k_n f_n(x)] \mathrm{d}x = k_1 \int f_1(x) \mathrm{d}x \pm k_2 \int f_2(x) \mathrm{d}x \pm \cdots \pm k_n \int f_n(x) \mathrm{d}x$$

（设 $k_1, k_2, \cdots, k_n$ 均为不为零的常数）.

五、直接积分法

在求不定积分问题中，可以直接按不定积分基本公式和性质求出结果，或经过适当的恒等变形（包括代数和三角的恒等变形），再利用积分基本公式和性质求出结果.这样的积分方法称为**直接积分法**，用直接积分法可以求一些比较简单的函数的不定积分.

例 3　求下列不定积分.

(1) $\int \frac{1}{x^3} \mathrm{d}x$；　　(2) $\int x\sqrt{x} \mathrm{d}x$；　　(3) $\int 2^x \mathrm{e}^x \mathrm{d}x$.

解　(1) $\int \frac{1}{x^3} \mathrm{d}x = \int x^{-3} \mathrm{d}x = \frac{x^{-3+1}}{-3+1} + C = -\frac{1}{2x^2} + C$；

(2) $\int x\sqrt{x} \mathrm{d}x = \int x^{\frac{3}{2}} \mathrm{d}x = \frac{2}{5} x^{\frac{5}{2}} + C$；

(3) $\int 2^x \mathrm{e}^x \mathrm{d}x = \int (2\mathrm{e})^x \mathrm{d}x = \frac{(2\mathrm{e})^x}{\ln (2\mathrm{e})} + C = \frac{2^x \mathrm{e}^x}{\ln 2 + 1} + C$.

例 4　求不定积分 $\int (3\mathrm{e}^x + 2\cos x) \mathrm{d}x$.

解　$\int (3\mathrm{e}^x + 2\cos x) \mathrm{d}x = 3\int \mathrm{e}^x \mathrm{d}x + 2\int \cos x \mathrm{d}x = 3\mathrm{e}^x + 2\sin x + C$.

注：(1)在例 4 中每一项的不定积分都应当有一个积分常数，但是这里并不需要在每一项后面都加上一个积分常数，因为任意常数之和还是任意常数，所以这里只把它们的和 C 写在末尾即可.

(2)检验积分的结果是否正确，只要把结果求导，看它的导数是否等于被积函数就行了.

例 5　求下列不定积分.

(1) $\int \frac{1+x-x^2+x^3}{x} \mathrm{d}x$；　　(2) $\int (\sqrt{x}+1)\left(x - \frac{1}{\sqrt{x}}\right) \mathrm{d}x$；　　(3) $\int \frac{x^2}{1+x^2} \mathrm{d}x$.

解　(1) $\int \frac{1+x-x^2+x^3}{x} \mathrm{d}x = \int \left(\frac{1}{x} + 1 - x + x^2\right) \mathrm{d}x$

$= \int \frac{1}{x} \mathrm{d}x + \int \mathrm{d}x - \int x \mathrm{d}x + \int x^2 \mathrm{d}x = \ln |x| + x - \frac{1}{2}x^2 + \frac{1}{3}x^3 + C$；

(2) $\int(\sqrt{x}+1)\left(x-\dfrac{1}{\sqrt{x}}\right)dx=\int\left(x\sqrt{x}+x-1-\dfrac{1}{\sqrt{x}}\right)dx$

$=\int x\sqrt{x}\,dx+\int x\,dx-\int dx-\int\dfrac{1}{\sqrt{x}}dx=\dfrac{2}{5}x^{\frac{5}{2}}+\dfrac{1}{2}x^2-x-2\sqrt{x}+C$；

(3) $\int\dfrac{x^2}{1+x^2}dx=\int\dfrac{1+x^2-1}{1+x^2}dx=\int dx-\int\dfrac{1}{1+x^2}dx=x-\arctan x+C.$

例 5 的解题思路是设法化被积函数为和式,然后再逐项积分,这是一种重要的解题方法.

例 6 求下列不定积分.

(1) $\int\sin^2\dfrac{x}{2}dx$；　　(2) $\int\tan^2 x\,dx$.

解 (1) $\int\sin^2\dfrac{x}{2}dx=\int\dfrac{1-\cos x}{2}dx=\dfrac{1}{2}\left(\int dx-\int\cos x\,dx\right)=\dfrac{1}{2}(x-\sin x)+C$；

(2) $\int\tan^2 x\,dx=\int(\sec^2 x-1)dx=\int\sec^2 x\,dx-\int dx=\tan x-x+C.$

例 6 的解题思路也是设法化被积函数为和式,然后再逐项积分,不过它实现化和是利用三角函数式的恒等变形.

习　题　7－1

1.填空题.

(1)函数 x^2 的原函数是__________.

(2)函数 $\cos x$ 是函数__________的原函数.

(3) $d\int\arctan x\,dx=$__________.

(4) $\int(x^5)'dx=$__________.

2.求下列不定积分.

(1) $\int 3^x dx$；　(2) $\int\left(\dfrac{1}{x}+\sin x\right)dx$；　(3) $\int(6^x+x^6)dx$；　(4) $\int(2x^3-3e^x+1)dx$；

(5) $\int\dfrac{1}{\sqrt[3]{x}}dx$；　(6) $\int 3x^2dx$；　(7) $\int\left(1-2\sin x+\dfrac{2}{x}\right)dx$；　(8) $\int\left(\dfrac{1}{\cos^2 x}+\dfrac{2}{\sin^2 x}\right)dx$.

3.求下列不定积分.

(1) $\int\cot^2 x\,dx$；　(2) $\int\cos^2\dfrac{x}{2}dx$；　(3) $\int\dfrac{\cos 2x}{\cos x-\sin x}dx$；

(4) $\int\dfrac{(t+1)^2}{t}dt$；　(5) $\int\dfrac{x^4-1}{1-x^2}dx$；　(6) $\int\csc x(\csc x-\cot x)dx$；

(7) $\int\dfrac{\cos 2x}{\sin^2 x}dx$；　(8) $\int\left(\cos\dfrac{t}{2}+\sin\dfrac{t}{2}\right)^2dt$；(9) $\int(\tan^2 x-1)dx$；

(10) $\int e^x\left(3^x-\dfrac{2e^{-x}}{\sqrt{1-x^2}}\right)dx$；(11) $\int\dfrac{x^4}{1+x^2}dx$；　(12) $\int\dfrac{4e^x+2\cdot 3^{2x}}{3^x}dx$.

4.设曲线过点 $(1,-2)$，且在任意一点 (x,y) 处切线斜率为 $2x$，求曲线方程.

第二节 不定积分的常用积分方法

利用直接积分法所能计算的积分是非常有限的，因此，有必要进一步研究求不定积分的方法，本节将介绍凑微分法与分部积分法.

一、凑微分法

引例 求$\int \cos 2x\mathrm{d}x$.

解 由于被积函数 $\cos 2x$ 是复合函数，不能直接利用基本积分公式$\int \cos x\mathrm{d}x=\sin x+C$.可把原积分作下列变形后再计算.

$$\int \cos 2x\mathrm{d}x=\frac{1}{2}\int \cos 2x\mathrm{d}2x \xlongequal{令u=2x} \frac{1}{2}\int \cos u\mathrm{d}u=\frac{1}{2}\sin u+C \xlongequal{回代u=2x} \frac{1}{2}\sin 2x+C.$$

验证结果，由$\left(\frac{1}{2}\sin 2x\right)'=\cos 2x$，说明计算结果正确.

引例的解法特点是引入新变量 $u=2x$，从而把原函数化为积分变量为 u 的积分，再利用基本积分公式求解.这里由公式$\int \cos x\mathrm{d}x=\sin x+C$ 得到$\int \cos u\mathrm{d}u=\sin u+C$（$u=2x$）.这样做是否可行呢？下面的定理解答了这个问题.

定理 如果$\int f(x)\mathrm{d}x=F(x)+C$，则$\int f(u)\mathrm{d}u=F(u)+C$，其中 $u=\varphi(x)$ 是 x 的可导函数.

此定理表明在基本积分公式中，自变量 x 换成任一可导函数 $u=\varphi(x)$ 时，公式仍成立，这就扩充了基本公式的使用范围.

一般地，若有$\int f(x)\mathrm{d}x=F(x)+C$，当不定积分的被积表达式能够写成 $f[\varphi(x)]\varphi'(x)\mathrm{d}x$ 的形式时，则可用下列程序求不定积分：

$$\int f[\varphi(x)]\varphi'(x)\mathrm{d}x=\int f[\varphi(x)]\mathrm{d}\varphi(x)$$

$$\xlongequal{令u=\varphi(x)} \int f(u)\mathrm{d}u=F(u)+C$$

$$\xlongequal{回代u=\varphi(x)} F[\varphi(x)]+C.$$

这种先“凑”微分形式，再作变量置换求不定积分的方法称为凑微分法.其实质是将被积函数中的 $\varphi'(x)$ 与 $\mathrm{d}x$ 凑成微分 $\mathrm{d}\varphi(x)$，然后利用基本积分公式求解.

例1 求$\int \frac{1}{2x-1}\mathrm{d}x$.

解 令 $u=2x-1$，则 $\mathrm{d}u=\mathrm{d}(2x-1)=2\mathrm{d}x$，于是有

$$\int \frac{1}{2x-1}\mathrm{d}x=\frac{1}{2}\int \frac{1}{2x-1}\mathrm{d}(2x-1)$$

$$\xlongequal{令u=2x-1} \frac{1}{2}\int \frac{1}{u}\mathrm{d}u=\frac{1}{2}\ln|u|+C$$

$$\xlongequal{\text{回代 } u=2x-1} \frac{1}{2}\ln|2x-1|+C.$$

例 2 求$\int(3x-1)^{10}dx$.

解 令 $u=3x-1$,则 $du=3dx$,于是有

$$\int(3x-1)^{10}dx=\frac{1}{3}\int(3x-1)^{10}d(3x-1)$$

$$\xlongequal{\text{令 } u=3x-1} \frac{1}{3}\int u^{10}du=\frac{1}{33}u^{11}+C$$

$$\xlongequal{\text{回代 } u=3x-1} \frac{1}{33}(3x-1)^{11}+C.$$

例 3 求$\int\cos^2 x\sin x dx$.

解 令 $u=\cos x$,得 $du=-\sin x dx$,于是有

$$\int\cos^2 x\sin x dx=-\int u^2 du=-\frac{1}{3}u^3+C=-\frac{1}{3}\cos^3 x+C.$$

运用凑分法时,关键是凑微分,把被积函数凑成两部分,一部分为 $d\varphi(x)$,另一部分为 $\varphi(x)$ 的函数 $f[\varphi(x)]$.方法熟练后,可略去中间的换元步骤,凑成积分公式的形式后直接写出结果.

例 4 求$\int\frac{\ln x}{x}dx$.

解 $\int\frac{\ln x}{x}dx=\int\ln x\cdot\frac{1}{x}dx=\int\ln x d(\ln x)=\frac{1}{2}(\ln x)^2+C$.

例 5 求$\int x e^{x^2}dx$.

解 $\int x e^{x^2}dx=\frac{1}{2}\int e^{x^2}\cdot 2x dx=\frac{1}{2}\int e^{x^2}d(x^2)=\frac{1}{2}e^{x^2}+C$.

凑微分法运用时的难点在于题设中并未指明应把哪一部分凑成 $d\varphi(x)$,这里需要解题经验,灵活性比较大.如果能熟记下面这些微分式,解题时会给我们一些启发.

(1) $dx=\frac{1}{a}d(ax+b)\ (a\neq 0)$;

(2) $x dx=\frac{1}{2}d(x^2)$;

(3) $\frac{dx}{\sqrt{x}}=2d(\sqrt{x})$

(4) $e^x dx=d(e^x)$;

(5) $\frac{1}{x}dx=d(\ln|x|)$;

(6) $\sin x dx=-d(\cos x)$;

(7) $\cos x dx=d(\sin x)$;

(8) $\sec^2 x dx=d(\tan x)$;

(9) $\csc^2 x dx=-d(\cot x)$;

(10) $\frac{1}{\sqrt{1-x^2}}dx=d(\arcsin x)$;

(11) $\frac{1}{1+x^2}dx=d(\arctan x)$.

显然,微分式子绝非只有这些,解题时要根据具体问题具体分析.读者应在熟记基本微分公式和一些常用微分式子的基础上,通过大量的练习来积累经验,才能逐步掌握这一重要的积分方法.

例 6 求 $\int \frac{\arctan x}{1+x^2}dx$.

解 $\int \frac{\arctan x}{1+x^2}dx = \int \arctan x\, d(\arctan x) = \frac{1}{2}(\arctan x)^2 + C$.

例 7 求 $\int \frac{dx}{x\sqrt{1-\ln^2 x}}$.

解 $\int \frac{dx}{x\sqrt{1-\ln^2 x}} = \int \frac{1}{\sqrt{1-\ln^2 x}}\left(\frac{dx}{x}\right) = \int \frac{1}{\sqrt{1-\ln^2 x}}d(\ln x) = \arcsin(\ln x) + C$.

例 8 求 $\int \frac{\sin\sqrt{x}}{\sqrt{x}}dx$.

解 $\int \frac{\sin\sqrt{x}}{\sqrt{x}}dx = 2\int \sin\sqrt{x}\, d(\sqrt{x}) = -2\cos\sqrt{x} + C$.

例 9 求 $\int \tan x\, dx$.

解 $\int \tan x\, dx = \int \frac{\sin x}{\cos x}dx = -\int \frac{1}{\cos x}d\cos x = -\ln|\cos x| + C$.

类似可求得 $\int \cot x\, dx = \ln|\sin x| + C$.

例 10 $\int \cos^2 2x\, dx$.

解 $\int \cos^2 2x\, dx = \int \frac{1+\cos 4x}{2}dx = \frac{1}{2}x + \frac{1}{8}\int \cos 4x\, d(4x) = \frac{1}{2}x + \frac{1}{8}\sin 4x + C$.

例 11 求 $\int \sin 2x\, dx$.

解法 1 $\int \sin 2x\, dx = \frac{1}{2}\int \sin 2x\, d(2x) = -\frac{1}{2}\cos 2x + C$.

解法 2 $\int \sin 2x\, dx = \int 2\sin x\cos x\, dx = \int 2\sin x \cdot (\sin x)'dx$

$$= \int 2\sin x\, d(\sin x) = \sin^2 x + C.$$

解法 3 $\int \sin 2x\, dx = \int 2\cos x \cdot \sin x\, dx = -\int 2\cos x\, d(\cos x) = -\cos^2 x + C$.

本例说明同一个不定积分,选择不同的积分方法,得到的结果形式可能不同,这是完全正常的,实质是所得结果只差了一个常数 C,可以用求导来验证结果的正确性.

二、分部积分法

利用直接积分法和凑微分法可以求出许多函数的不定积分,但当被积函数是两种不同类型的函数乘积时,例如 $\int x \cdot \arcsin x\, dx$, $\int e^x \cdot \sin x\, dx$ 等,使用这两种方法往往不能求出积分, 对这类积分我们介绍另一种比较重要的积分方法——分部积分法.

设函数 $u=u(x)$,$v=v(x)$ 具有连续导数,根据乘积微分公式

$$d(uv) = u\,dv + v\,du,$$

移项得 $$u\mathrm{d}v=\mathrm{d}(uv)-v\mathrm{d}u,$$

两边积分得 $$\int u\mathrm{d}v=uv-\int v\mathrm{d}u.$$

上述公式称为**分部积分公式**.它将求积分 $\int u\mathrm{d}v$ 的问题转化为求积分 $\int v\mathrm{d}u$ 的问题.当 $\int v\mathrm{d}u$ 比 $\int u\mathrm{d}v$ 容易积时,分部积分公式就起到了化难为易的作用.

例 12 求 $\int x\cdot \mathrm{e}^x\mathrm{d}x$.

解 设 $u=x$, $\mathrm{d}v=\mathrm{e}^x\mathrm{d}x=\mathrm{d}(\mathrm{e}^x)$, $v=\mathrm{e}^x$,则

$$\int x\cdot \mathrm{e}^x\mathrm{d}x=\int x\,\mathrm{d}(\mathrm{e}^x)=x\cdot\mathrm{e}^x-\int \mathrm{e}^x\mathrm{d}x=x\cdot\mathrm{e}^x-\mathrm{e}^x+C.$$

本题如设 $u=\mathrm{e}^x$,$\mathrm{d}v=x\mathrm{d}x=\frac{1}{2}\mathrm{d}(x^2)$,则

$$\int \mathrm{e}^x\cdot x\mathrm{d}x=\int \mathrm{e}^x\mathrm{d}\left(\frac{1}{2}x^2\right)=\frac{1}{2}x^2\cdot\mathrm{e}^x-\int\frac{1}{2}x^2\,\mathrm{d}(\mathrm{e}^x)=\frac{1}{2}x^2\cdot\mathrm{e}^x-\frac{1}{2}\int x^2\mathrm{e}^x dx.$$

新得到的积分 $\frac{1}{2}\int x^2\mathrm{e}^x dx$ 反而比 $\int x\mathrm{e}^x\mathrm{d}x$ 更难求,说明这样设 u 和 $\mathrm{d}v$ 是不合适的.因此,用分部积分法求积分时,关键在于适当地选取 u 和 $\mathrm{d}v$.

对于如何选择 u 与 $\mathrm{d}v$,一般要考虑如下两点:

(1) v 要容易求得(可用凑微分法求出);

(2) $\int v\mathrm{d}u$ 要比 $\int u\mathrm{d}v$ 容易积出.

例 13 求 $\int x\sin x\mathrm{d}x$.

解 设 $u=x$, $\mathrm{d}v=\sin x\mathrm{d}x=(-\cos x)'\mathrm{d}x=\mathrm{d}(-\cos x)$, $v=-\cos x$,则

$$\begin{aligned}\int x\sin x\mathrm{d}x&=\int x\mathrm{d}(-\cos x)=x\cdot(-\cos x)-\int(-\cos x)\mathrm{d}x\\&=-x\cos x+\int\cos x\mathrm{d}x=-x\cos x+\sin x+C.\end{aligned}$$

例 14 求 $\int x\ln x\mathrm{d}x$.

解 设 $u=\ln x$, $\mathrm{d}v=x\mathrm{d}x=\mathrm{d}\left(\frac{1}{2}x^2\right)$, $v=\frac{1}{2}x^2$,则

$$\begin{aligned}\int x\ln x\mathrm{d}x&=\int\ln x\mathrm{d}\left(\frac{1}{2}x^2\right)\\&=\ln x\cdot\frac{1}{2}x^2-\int\frac{1}{2}x^2\mathrm{d}(\ln x)=\ln x\cdot\frac{1}{2}x^2-\int\frac{1}{2}x^2\cdot\frac{1}{x}\mathrm{d}x=\frac{1}{2}x^2\ln x-\frac{1}{2}\int x\mathrm{d}x\\&=\frac{1}{2}x^2\ln x-\frac{1}{4}x^2+C.\end{aligned}$$

在初步掌握分部积分法后,可以不必明确地设出 u 和 $\mathrm{d}v$,而直接应用公式.对一些较复杂的积分问题,有时需要连续使用几次分部积分公式.

例 15 求 $\int x^2\cos x\,dx$.

解 $\int x^2\cos x\,dx=\int x^2\,d(\sin x)=x^2\sin x-\int\sin x\,d(x^2)$

$$=x^2\sin x-2\int x\sin x\,dx=x^2\sin x+2\int x\,d(\cos x)$$

$$=x^2\sin x+2x\cos x-2\int\cos x\,dx=x^2\sin x+2x\cos x-2\sin x+C$$

$$=(x^2-2)\sin x+2x\cos x+C\ .$$

例 16 求 $\int x\arctan x\,dx$.

解 $\int x\arctan x\,dx=\int\arctan x\,d\left(\frac{1}{2}x^2\right)=\arctan x\cdot\frac{1}{2}x^2-\int\frac{1}{2}x^2\,d(\arctan x)$

$$=\frac{1}{2}x^2\cdot\arctan x-\frac{1}{2}\int\frac{x^2}{1+x^2}dx=\frac{1}{2}x^2\cdot\arctan x-\frac{1}{2}\int\frac{1+x^2-1}{1+x^2}dx$$

$$=\frac{1}{2}x^2\cdot\arctan x-\frac{1}{2}x+\frac{1}{2}\arctan x+C\ .$$

例 17 求 $\int e^x\sin x\,dx$.

解 $\int e^x\sin x\,dx=\int\sin x\,d(e^x)=\sin x\cdot e^x-\int e^x\,d(\sin x)$

$$=\sin x\cdot e^x-\int e^x\cdot\cos x\,dx=\sin x\cdot e^x-\int\cos x\,d(e^x)$$

$$=\sin x\cdot e^x-\cos x\cdot e^x+\int e^x\,d(\cos x)$$

$$=\sin x\cdot e^x-\cos x\cdot e^x-\int e^x\sin x\,dx\ ,$$

上式右端中出现的 $\int e^x\sin x\,dx$ 恰好是所求的不定积分,移项后,有

$$2\int e^x\sin x\,dx=\sin x\cdot e^x-\cos x\cdot e^x+C_0\ ,$$

所以

$$\int e^x\sin x\,dx=\frac{1}{2}e^x(\sin x-\cos x)+C\ .$$

这里应注意移项后,等式右端已不含积分项,必须加上任意常数 C_0,而最终结果中 $C=\frac{1}{2}C_0$.同时,在第二次应用分部积分法时,u 和 dv 的选取要和第一次保持一致,否则会出现循环往复又回到原积分的现象.

一般地,应用分部积分法求不定积分时,u 和 dv 的选取有如下规律:

(1) $\int x^n e^{ax}\,dx$,$\int x^n\sin bx\,dx$,$\int x^n\cos bx\,dx$ ($n>0$,n 为正整数),可设 $u=x^n$.

(2) $\int x^m\ln x\,dx$,$\int x^m\arcsin x\,dx$,$\int x^m\arctan x\,dx$($m\neq-1$,m 为整数),可设 $u=\arctan x$,$\arcsin x$,$\ln x$.

(3) $\int e^{ax}\sin bx\,dx$,$\int e^{ax}\cos bx\,dx$ 可设 $u=e^{ax}$,也可设 $u=\sin bx$,$u=\cos bx$,但一经选

定,第二次分部积分时要和第一次保持一致.

注:上述情况中,常数和多项式也可视为幂函数.前面所介绍的积分方法在于灵活运用,切忌死套公式,有的问题往往需要同时用凑微分法和分部积分法才能求得最终结果.

习 题 7-2

1.用凑微分法求下列不定积分.

(1) $\int \sin 3x\,dx$; (2) $\int \frac{1}{1+x}dx$; (3) $\int (1-3x)^9\,dx$; (4) $\int (3-2\sin x)^{\frac{1}{3}}\cos x\,dx$;

(5) $\int \frac{dx}{1+4x^2}$; (6) $\int x\sqrt{1+2x^2}\,dx$; (7) $\int \frac{x^2}{1+x^3}dx$; (8) $\int \frac{x}{x^4+1}dx$;

(9) $\int \frac{\ln x}{x}dx$; (10) $\int \frac{e^{2x}}{1+e^{2x}}dx$; (11) $\int e^x \sin e^x\,dx$; (12) $\int \cos\left(\frac{x}{3}-\frac{\pi}{6}\right)dx$;

(13) $\int \frac{e^{\sqrt{x}}}{\sqrt{x}}dx$; (14) $\int \frac{e^{\frac{1}{x}}}{x^2}dx$; (15) $\int x e^{-x^2}\,dx$; (16) $\int \cos^2 x\,dx$;

(17) $\int \frac{\sqrt{\arcsin x}}{\sqrt{1-x^2}}dx$; (18) $\int \frac{e^{\arctan x}}{1+x^2}dx$; (19) $\int \cos^2 x\sin x\,dx$; (20) $\int \frac{e^x\,dx}{\sqrt{1-e^{2x}}}$.

2. 求下列不定积分.

(1) $\int x e^{2x}\,dx$; (2) $\int x\cos 3x\,dx$; (3) $\int x e^{-x}\,dx$;

(4) $\int \ln x\,dx$; (5) $\int \arccos x\,dx$; (6) $\int e^x \cos x\,dx$.

第三节 定积分的概念与基本性质

一、两个典型实例

引例 1 求曲边梯形的面积.

把由三条直线(其中两条直线相互平行,另一条与它们垂直)和一条曲线围成的封闭图形称为**曲边梯形**,其中曲线弧称为**曲边梯形的曲边**.

在直角坐标系内,设 $y=f(x)\geqslant 0$ 在区间 $[a,b]$ 上连续.由直线 $x=a$, $x=b$, x 轴及 $y=f(x)$ 所围成的曲边梯形,如图 7-2 所示.其中,曲线 $y=f(x)$ 为曲边,区间 $[a,b]$ 为底边.

对于曲线围成的平面图形的面积,在适当选择坐标系后,往往可以转化为两个曲边梯形的面积的差.例如,图 7-3 中曲线 $MQNP$ 所围成的面积 A_{MQNP} 可以转化为两个曲边梯形面积 A_{MCDNP} 和 A_{MCDNQ} 的差,即

$$A_{MQNP}=A_{MCDNP}-A_{MCDNQ}.$$

由此可见,只要求出曲边梯形的面积,计算曲线围成的平面图形面积就迎刃而解了.

如何求曲边梯形的面积呢?

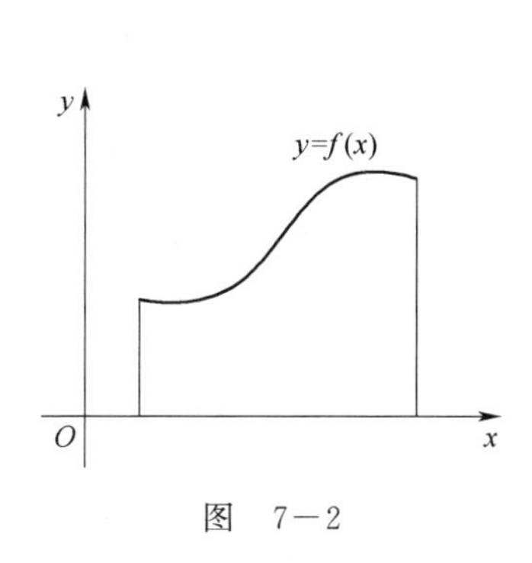

图 7-2

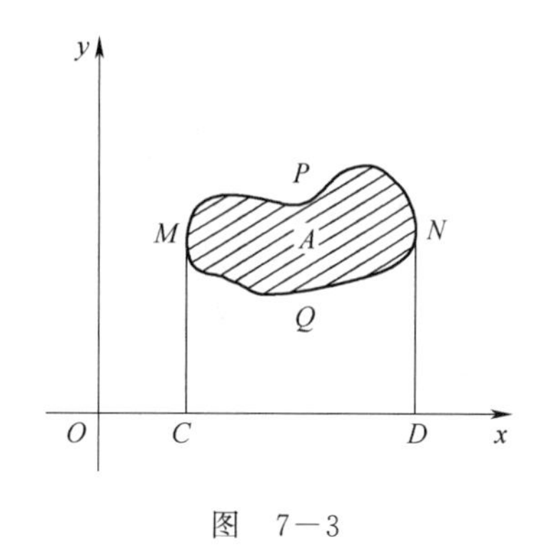

图 7-3

我们知道,矩形的面积=底×高,而曲边梯形在底边上各点的高 $f(x)$ 在区间 $[a,b]$ 上是变化的,故它的面积不能直接按矩形的面积公式来计算.然而,由于 $f(x)$ 在区间 $[a,b]$ 上是连续变化的,在很小一段区间上它的变化也很小.因此,若把区间 $[a,b]$ 划分为许多个小区间,在每个小区间上用其中某一点处的高来近似代替同一小区间上的小曲边梯形的高,则每个小曲边梯形就可以近似看成小矩形,我们就以所有这些小矩形的面积之和作为曲边梯形面积的近似值.当把区间无限细分,使得每个小区间的长度都趋于零,所有小矩形面积之和的极限就可以定义为曲边梯形的面积.

上述思路具体分为以下四步:(见图 7-4)

(1)分割:在区间 $[a,b]$ 中任意插入 $n-1$ 个分点

$$a=x_0<x_1<x_2<\cdots<x_{i-1}<x_i<\cdots<x_{n-1}<x_n=b,$$

把区间 $[a,b]$ 分成 n 个小区间 $[x_{i-1},x_i]$,($i=1,2,\cdots,n$),这些小区间长度记为 $\Delta x_i=x_i-x_{i-1}$ ($i=1,2,\cdots,n$).过每一个分点作平行于 y 轴的直线段,把曲边梯形分成 n 个小曲边梯形,小曲边梯形的面积记为 ΔA_i ($i=1,2,\cdots,n$).

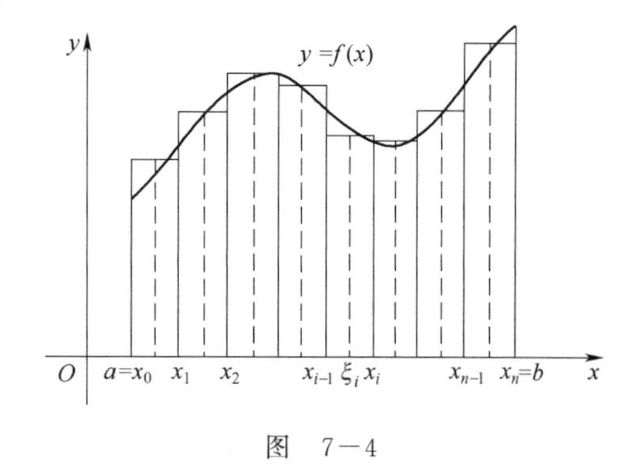

图 7-4

(2)取近似:在每个小区间 $[x_{i-1},x_i]$ 上任取一点 ξ_i,以 $f(\xi_i)$ 为高,Δx_i 为底作小矩形,则小矩形的面积为小曲边梯形面积的近似值,即 $\Delta A_i\approx f(\xi_i)\Delta x_i$ ($i=1,2,\cdots,n$).

(3)求和:把 n 个小矩形面积相加(即阶梯形面积)就得到曲边梯形面积 A 的近似值,即

$$A\approx f(\xi_1)\Delta x_1+f(\xi_2)\Delta x_2+\cdots+f(\xi_n)\Delta x_n=\sum_{i=1}^{n}f(\xi_i)\Delta x_i.$$

(4)取极限:为了保证所有小区间的长度 Δx_i 都无限缩小,我们要求小区间长度中的最大值 $\lambda=\max\limits_{1\leqslant i\leqslant n}\{\Delta x_i\}$ 趋向于零,这时和式 $\sum\limits_{i=1}^{n}f(\xi_i)\Delta x_i$ 的极限就是曲边梯形的面积 A 的精确值,即

$$A=\lim_{\lambda\to 0}\sum_{i=1}^{n}f(\xi_i)\Delta x_i.$$

引例 2 求变速直线运动的路程.

设某物体作直线运动,已知速度 $v = v(t)$ 是时间间隔 $[T_1, T_2]$ 上的连续函数,且 $v(t) \geqslant 0$,求物体在这段时间内所经过的路程 s.

如果是匀速运动,则路程 $s = v(T_2 - T_1)$,若 $v(t)$ 是变速,路程就不能用初等方法求得了.由于速度函数是连续变化的,在很短一段时间内速度可以认为变化很小,近似于匀速,故可采用与求曲边梯形面积相仿的四个步骤来计算路程.

(1)分割:在时间间隔 $[T_1, T_2]$ 内任意插入 $n-1$ 个分点

$$T_1 = t_0 < t_1 < t_2 < \cdots < t_{i-1} < t_i < \cdots < t_{n-1} < t_n = T_2 ,$$

把 $[T_1, T_2]$ 分成 n 个小时间段 $[t_{i-1}, t_i]$ ($i = 1,2,\cdots,n$),各小时间段的长度为 $\Delta t_i = t_i - t_{i-1}$ ($i = 1,2,\cdots,n$),物体在第 i 个时间段所走过的路程为 Δs_i ($i = 1,2,\cdots,n$).

(2)取近似:在每小时间段 $[t_{i-1}, t_i]$ 上任取 ξ_i,以 $v(\xi_i)$ 近似代替 $[t_{i-1}, t_i]$ 各时刻的速度,则这小时间段所走路程 Δs_i 可近似表示为 $\Delta s_i \approx v(\xi_i) \cdot \Delta t_i$ ($i = 1,2,\cdots,n$).

(3)求和:把 n 个小时间段上路程的近似值相加,就得到所求变速直线运动路程 s 的近似值,即

$$s \approx \sum_{i=1}^{n} v(\xi_i) \cdot \Delta t_i .$$

(4)取极限:当最大的小时间段的时间长度趋于零,即 $\lambda = \max\limits_{1 \leqslant i \leqslant n} \{\Delta t_i\} \to 0$ 时,上述和式的极限就是 s 的精确值,即

$$s = \lim_{\lambda \to 0} \sum_{i=1}^{n} v(\xi_i) \cdot \Delta t_i .$$

由上述两个具体问题可见,它们的实际意义虽然不同,但是解决问题的方法和步骤都是相同的,并且它们都归结为具有相同结构的一种特定和式的极限,即它们的数学模型是一致的.由此可抽象出定积分的定义.

二、定积分的定义

定义 设函数 $y = f(x)$ 在 $[a, b]$ 上有界,在 $[a, b]$ 内任意插入 $n-1$ 个分点

$$a = x_0 < x_1 < x_2 < \cdots < x_{i-1} < x_i < \cdots < x_{n-1} < x_n = b ,$$

把区间 $[a, b]$ 分割成 n 个小区间

$$[x_0, x_1], [x_1, x_2], \cdots, [x_{i-1}, x_i], \cdots, [x_{n-1}, x_n],$$

小区间的长度依次为

$$\Delta x_1 = x_1 - x_0 , \Delta x_2 = x_2 - x_1 , \cdots, \Delta x_i = x_i - x_{i-1} , \cdots, \Delta x_n = x_n - x_{n-1} .$$

在每个小区间 $[x_{i-1}, x_i]$ 上任取一点 ξ_i ($x_{i-1} \leqslant \xi_i \leqslant x_i$),作函数值 $f(\xi_i)$ 与小区间长度 Δx_i 的乘积 $f(\xi_i)\Delta x_i$ ($i = 1,2,\cdots,n$),并作出和式

$$\sum_{i=1}^{n} f(\xi_i) \Delta x_i .$$

记 $\lambda = \max\{\Delta x_1, \Delta x_2, \cdots, \Delta x_n\}$,如果不论对 $[a, b]$ 怎样分割,也不论在小区间 $[x_{i-1}, x_i]$ 内点 ξ_i 怎样选取,只要当 $\lambda \to 0$ 时,和式 $\sum\limits_{i=1}^{n} f(\xi_i)\Delta x_i$ 总趋于确定的极限值,那么称这个极限值为函数 $f(x)$ 在区间 $[a, b]$ 上的定积分,记为 $\int_a^b f(x)\mathrm{d}x$,即

$$\int_a^b f(x)\mathrm{d}x = \lim_{\lambda\to 0}\sum_{i=1}^{n} f(\xi_i)\Delta x_i .$$

其中,称 $f(x)$ 称为**被积函数**,$f(x)\mathrm{d}x$ 称为**被积表达式**,x 称为**积分变量**,a 称为**积分下限**,b 称为**积分上限**,$[a,b]$ 称为**积分区间**.符号 $\int_a^b f(x)dx$ 读作函数 $f(x)$ 从 a 到 b 的**定积分**.

根据定积分的定义,本节两个引例可表述为:

由连续曲线 $y=f(x)$ ($f(x)\geqslant 0$)、直线 $x=a$,$x=b$ 及 x 轴所围成的曲边梯形的面积 A 等于 $f(x)$ 在区间 $[a,b]$ 上的定积分,即 $A=\int_a^b f(x)\mathrm{d}x$.

以变速 $v=v(t)$ ($v(t)\geqslant 0$)作直线运动的物体,从时刻 $t=T_1$ 到时刻 $t=T_2$ 所经过的路程 s 等于函数 $v(t)$ 在时间间隔 $[T_1,T_2]$ 上的定积分,即

$$s=\int_{T_1}^{T_2} v(t)\mathrm{d}t .$$

注:(1)定积分 $\int_a^b f(x)\mathrm{d}x$ 是一个和式的极限,是一个确定的数值,它取决于被积函数与积分上下限,而与积分变量采用什么字母无关,即有

$$\int_a^b f(x)\mathrm{d}x=\int_a^b f(t)\mathrm{d}t=\int_a^b f(u)\mathrm{d}u .$$

(2)在定积分的定义中,总假定 $a<b$,为了以后计算方便对于 $a>b$ 及 $a=b$ 的情况,给出以下补充定义:当 $a=b$ 时,$\int_a^b f(x)\mathrm{d}x=0$;当 $a>b$ 时,$\int_a^b f(x)\mathrm{d}x=-\int_b^a f(x)\mathrm{d}x$.

(3)初等函数在定义区间内的定积分存在.

(4)当积分区间为无穷区间 $[a,+\infty)$ 时,定义 $\int_a^{+\infty} f(x)\mathrm{d}x=\lim\limits_{b\to+\infty}\int_a^b f(x)\mathrm{d}x$,称它为 $f(x)$ 在区间 $[a,+\infty)$ 上的**广义积分**.

三、定积分的几何意义

当 $f(x)$ 在 $[a,b]$ 上连续时,其定积分 $\int_a^b f(x)\mathrm{d}x$ 可分为三种情形:

(1)在 $[a,b]$ 上,如果 $f(x)>0$,那么曲边梯形位于 x 轴之上,积分值为正,定积分 $\int_a^b f(x)\mathrm{d}x$ 表示曲线 $y=f(x)$,直线 $x=a$,$x=b$,x 轴所围成的曲边梯形的面积 A ,即

$$\int_a^b f(x)\mathrm{d}x=A .$$

(2)在 $[a,b]$ 上,如果 $f(x)<0$,那么曲边梯形位于 x 轴下方,积分值为负,则定积分 $\int_a^b f(x)\mathrm{d}x$ 表示曲线 $y=f(x)$,直线 $x=a$,$x=b$,x 轴所围成的曲边梯形的面积 A 的相反数,即 $\int_a^b f(x)\mathrm{d}x=-A$.

(3)如果 $f(x)$ 在 $[a,b]$ 上有正有负时,即 $f(x)$ 的图形某些部分在 x 轴上方,某些部分在 x 轴下方,如图 7—5 所示.这时定积分 $\int_a^b f(x)\mathrm{d}x$ 表示 x 轴上方面积与 x 轴下方面

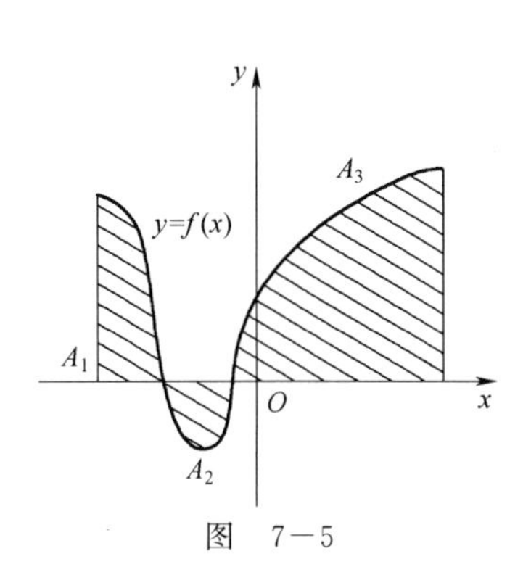

图　7—5

积之差，即

$$\int_a^b f(x)\mathrm{d}x = A_1 - A_2 + A_3 .$$

例 1 用定积分表示图 7－6 中三个图形阴影部分的面积.

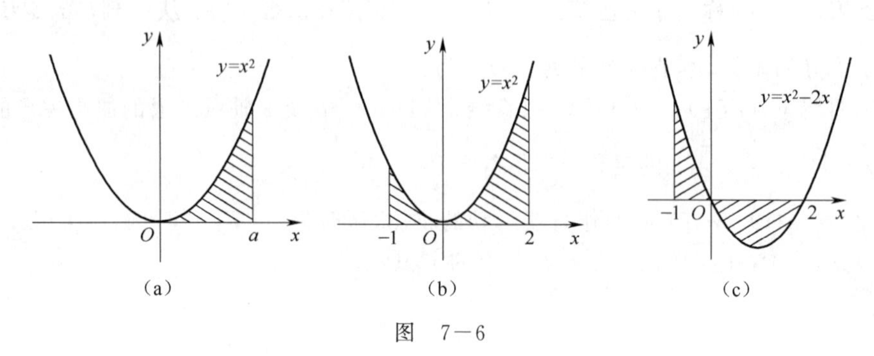

图 7－6

解(1)如图 7－6(c)所示，被积函数 $f(x)=x^2$ 在 $[0,a]$ 上连续，且 $f(x)\geqslant 0$，根据定积分的几何意义可得阴影部分的面积为 $A=\int_0^a x^2\mathrm{d}x$.

(2)如图 7－6(b)所示，被积函数 $f(x)=x^2$ 在$[-1,2]$上连续，且 $f(x)\geqslant 0$，根据定积分的几何意义可得阴影部分的面积为 $A=\int_{-1}^2 x^2\mathrm{d}x$.

(3)如图 7－6(c)所示，被积函数 $f(x)=x^2-2x$ 在$[-1,2]$上连续，且在$[-1,0]$上，$f(x)\geqslant 0$，在$[0,2]$上 $f(x)\leqslant 0$，根据定积分的几何意义可得阴影部分的面积为

$$A=\int_{-1}^0 (x^2-2x)\mathrm{d}x - \int_0^2 (x^2-2x)\mathrm{d}x .$$

四、定积分的基本性质

假设下面各性质中的函数都是可积的.

性质 1 如果在积分区间$[a,b]$上，被积函数 $f(x)=1$，如图 7－7 所示，那么

$$\int_a^b 1\mathrm{d}x = \int_a^b \mathrm{d}x = b-a .$$

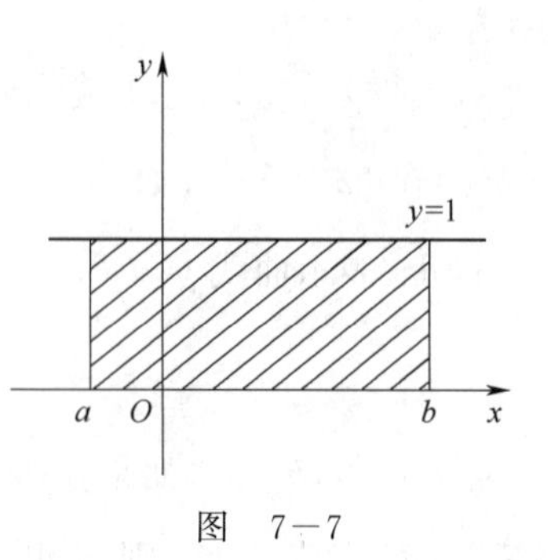

图 7－7

显然定积分 $\int_a^b \mathrm{d}x$ 在几何上表示以 $[a,b]$ 为底，$f(x)=1$ 为高的矩形的面积.

一般地 $\int_a^b C\mathrm{d}x = C(b-a)$（$C$ 为常数）.

性质 2 被积函数中的常数因子可提到定积分记号前面，即

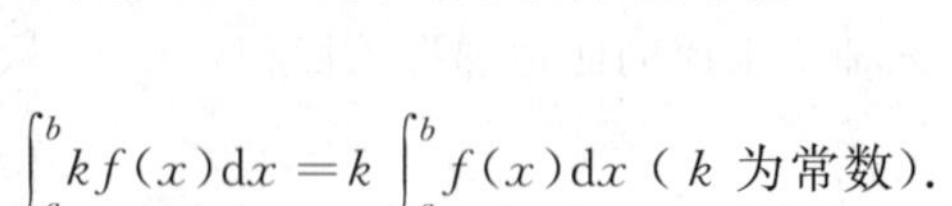

$$\int_a^b kf(x)\mathrm{d}x = k\int_a^b f(x)\mathrm{d}x \text{（}k\text{ 为常数）}.$$

性质 3 函数的代数和的定积分等于它们的定积分的代数和，即

$$\int_a^b [f(x)\pm g(x)]\mathrm{d}x = \int_a^b f(x)\mathrm{d}x \pm \int_a^b g(x)\mathrm{d}x .$$

这个性质可以推广到有限多个函数的代数和的情况.

性质 4（积分对区间的可加性）如果积分区间 $[a,b]$ 被点 c 分成两个区间 $[a,c]$ 和 $[c,b]$，那么

$$\int_a^b f(x)\mathrm{d}x=\int_a^c f(x)\mathrm{d}x+\int_c^b f(x)\mathrm{d}x .$$

值得注意的是：不论 c 在 $[a,b]$ 内还是 $[a,b]$ 外，性质总成立.

利用性质 4 和定积分的几何意义，可以看出奇函数和偶函数在对称于原点的区间（简称为对称区间）上的定积分有以下计算公式：

(1)如果 $f(x)$ 在 $[-a,a]$ 上连续且为奇函数（见图 7—8），那么 $\int_{-a}^a f(x)\mathrm{d}x=0$.

(2)如果 $f(x)$ 在 $[-a,a]$ 上连续且为偶函数（见图 7—9），那么 $\int_{-a}^a f(x)\mathrm{d}x=2\int_0^a f(x)\mathrm{d}x$.

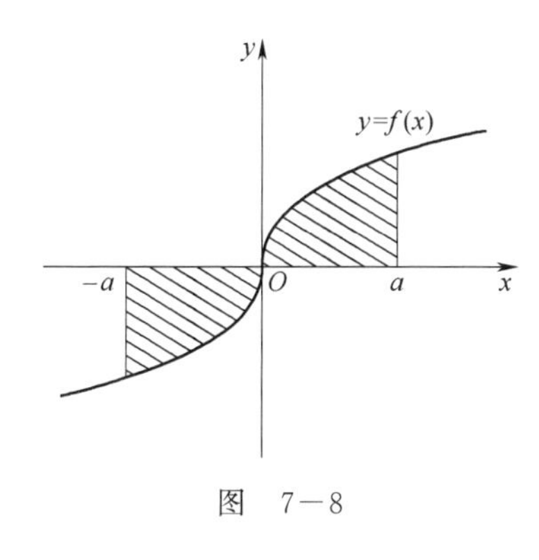

图　7—8

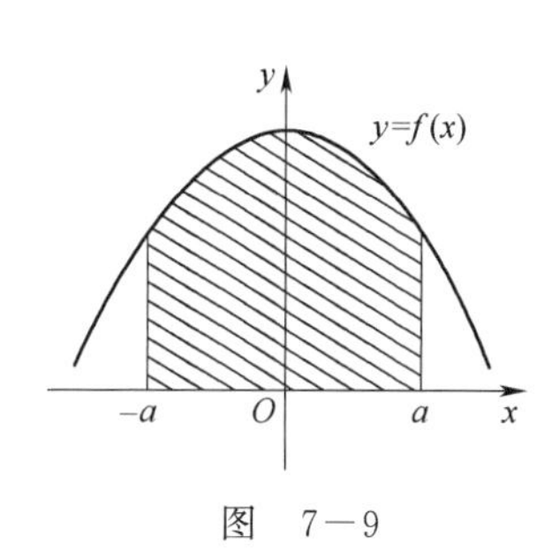

图　7—9

例 2　利用函数奇偶性计算下列定积分.

(1) $\int_{-\frac{\pi}{2}}^{\frac{\pi}{2}}\sin^7 x\mathrm{d}x$；　　　　(2) $\int_{-1}^1 |x|\mathrm{d}x$.

解　(1)令 $f(x)=\sin^7 x$.

因为 $f(-x)=\sin^7(-x)=-\sin^7 x=-f(x)$，所以 $f(x)$ 为奇函数.

又因为 $\left[-\frac{\pi}{2},\frac{\pi}{2}\right]$ 为对称区间，于是 $\int_{-\frac{\pi}{2}}^{\frac{\pi}{2}}\sin^7 x\mathrm{d}x=0$.

(2)令 $f(x)=|x|$.

因为 $f(-x)=|-x|=|x|=f(x)$，所以 $f(x)$ 为偶函数.

又因为 $[-1,1]$ 为对称区间，所以 $\int_{-1}^1 |x|\mathrm{d}x=2\int_0^1 x\mathrm{d}x$.

由定积分的几何意义可知，$\int_0^1 x\mathrm{d}x=\frac{1}{2}$，于是 $\int_{-1}^1 |x|\mathrm{d}x=2\int_0^1 |x|\mathrm{d}x=1$.

性质 5（积分中值定理）　设 $f(x)$ 在闭区间 $[a,b]$ 上连续，则至少存在一点 $\xi\in(a,b)$，使

$$\int_a^b f(x)\mathrm{d}x=f(\xi)(b-a) .$$

如图 7—10 所示，当 $f(x)\geqslant 0$ 时，性质 5 的几何意义就是在区间 $[a,b]$ 上至少存在一点 ξ，使得以 $f(\xi)$ 为高，区间 $[a,b]$ 的长为底的矩形的面积，等于以 $f(x)$ 为曲边以区间 $[a,b]$

为底边的曲边梯形的面积.

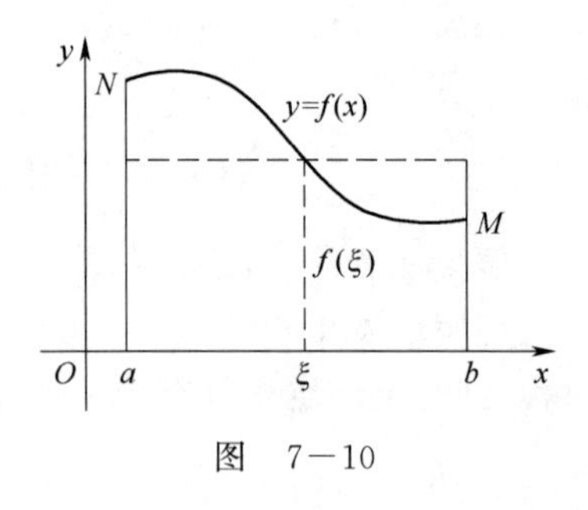

图 7—10

从几何角度可以看出,数值 $\frac{1}{(b-a)}\int_a^b f(x)\mathrm{d}x$ 表示连续曲线 $f(x)$ 在区间 $[a,b]$ 上的平均高度,我们称其为函数 $f(x)$ 在区间 $[a,b]$ 上的平均值.这一概念是对有限个数的平均值概念的拓广.

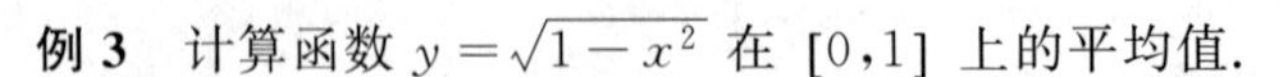

例 3 计算函数 $y=\sqrt{1-x^2}$ 在 $[0,1]$ 上的平均值.

解 由于在 $[0,1]$ 上以 $y=\sqrt{1-x^2}$ 为曲边的曲边梯形就是圆 $x^2+y^2=1$ 在第一象限的部分,其面积为 $\frac{\pi}{4}$,所以,根据定积分的几何意义,$\int_0^1\sqrt{1-x^2}\mathrm{d}x=\frac{\pi}{4}$.

根据性质 5 得,$\bar{y}=\frac{1}{1-0}\int_0^1\sqrt{1-x^2}\mathrm{d}x=\int_0^1\sqrt{1-x^2}\mathrm{d}x=\frac{\pi}{4}$.

习 题 7-3

1.用定积分表示下列各图阴影部分的面积(见图 7—11).

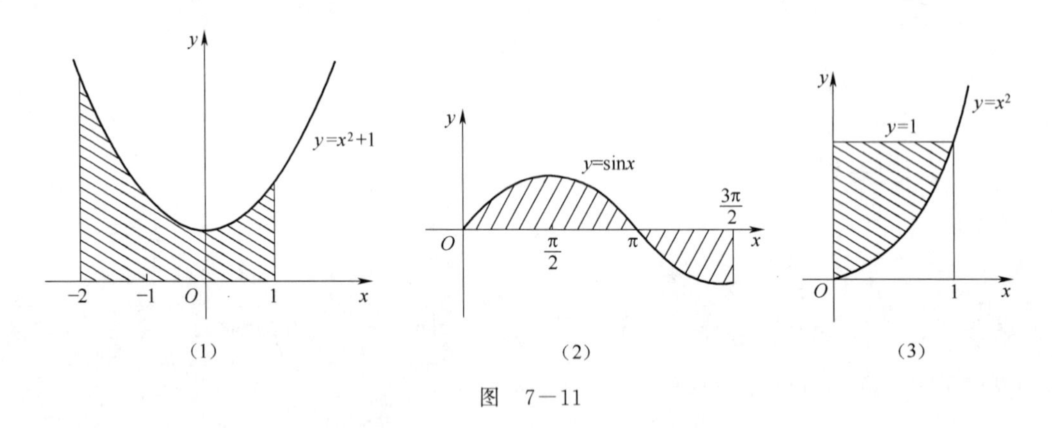

图 7—11

2.用定积分表示下列曲线所围成的图形面积(作图).

(1) $y=x^2+1$, $x=1$, $x=3$, x 轴; (2) $y=\sin x$, $y=\cos x$, $x=0$, $x=\frac{\pi}{2}$.

3.利用定积分的几何意义或性质计算下列定积分.

(1) $\int_{-1}^1 2\sqrt{1-x^2}\mathrm{d}x$; (2) $\int_2^2(x^2+1)\mathrm{d}x$; (3) $\int_{-\frac{\pi}{2}}^{\frac{\pi}{2}}\sin^5 x\cos^7 x\mathrm{d}x$.

第四节 定积分的计算

定积分是求总量的数学模型,实际应用非常广泛.但如果直接用定积分的定义来计算,其过程是非常复杂的,有时甚至无法计算,所以必须寻求计算定积分的简便方法.

一、牛顿—莱布尼茨公式

定理 1 如果函数 $f(x)$ 在 $[a,b]$ 上连续，且 $F(x)$ 是 $f(x)$ 在 $[a,b]$ 上的任一原函数，则

$$\int_a^b f(x)\mathrm{d}x = F(b) - F(a).$$

为了书写方便，通常用 $F(x)\big|_a^b$ 或 $[F(x)]_a^b$ 来表示 $F(b)-F(a)$，即

$$\int_a^b f(x)\mathrm{d}x = F(x)\big|_a^b = [F(x)]_a^b = F(b) - F(a).$$

公式 $\int_a^b f(x)\mathrm{d}x = F(b)-F(a)$ 称为**牛顿—莱布尼茨公式**，它不仅揭示了定积分与不定积分之间的联系，而且为定积分的计算提供了有效的方法.它表明一个连续函数在区间 $[a,b]$ 上的定积分，等于它的任一个原函数在 $[a,b]$ 上的增量.牛顿—莱布尼茨公式是整个积分学最重要的公式之一，也称为**微积分基本公式**.

例 1 利用牛顿—莱布尼茨公式计算下列定积分.

(1) $\int_0^1 x^2\mathrm{d}x$； (2) $\int_2^4 \frac{\mathrm{d}x}{x}$； (3) $\int_0^{\sqrt{2}} \frac{1}{\sqrt{4-x^2}}\mathrm{d}x$.

解(1)由于 $\frac{x^3}{3}$ 是 x^2 的一个原函数，按公式，有 $\int_0^1 x^2\mathrm{d}x = \left[\frac{x^3}{3}\right]_0^1 = \frac{1}{3} - 0 = \frac{1}{3}$.

(2) $\int_2^4 \frac{\mathrm{d}x}{x} = [\ln|x|]_2^4 = \ln 4 - \ln 2 = \ln 2$.

(3) $\int_0^{\sqrt{2}} \frac{1}{\sqrt{4-x^2}}\mathrm{d}x = \left[\arcsin\frac{x}{2}\right]_0^{\sqrt{2}} = \arcsin\frac{\sqrt{2}}{2} - \arcsin 0 = \frac{\pi}{4}$.

例 2 求曲线 $y=\sin x$ 和 x 轴在区间 $[0,\pi]$ 上所围成图形的面积 A（见图 7—12）.

解 这个图形的面积为

$$A = \int_0^{\pi} \sin x\mathrm{d}x = [-\cos x]_0^{\pi} = -\cos\pi + \cos 0 = 2.$$

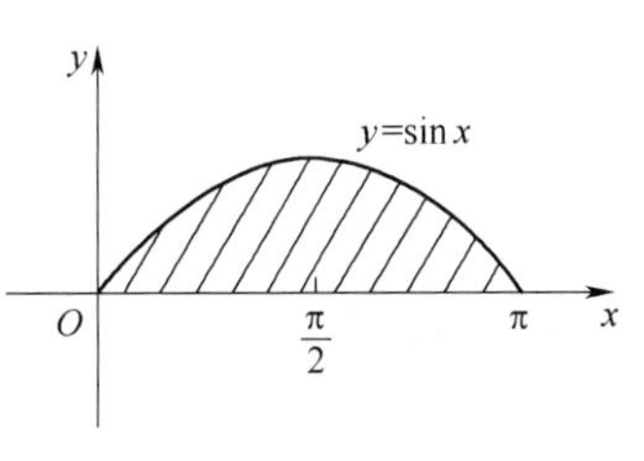

图 7—12

例 3 计算下列定积分.

(1) $\int_0^2 x\mathrm{e}^{x^2}\mathrm{d}x$； (2) $\int_0^{\frac{\pi}{2}} \cos^3\varphi\sin\varphi\mathrm{d}\varphi$.

解(1) $\int_0^2 x\mathrm{e}^{x^2}\mathrm{d}x = \frac{1}{2}\int_0^2 \mathrm{e}^{x^2}\mathrm{d}(x^2) = \left[\frac{1}{2}\mathrm{e}^{x^2}\right]_0^2 = \frac{1}{2}\mathrm{e}^4 - \frac{1}{2}\mathrm{e}^0 = \frac{1}{2}(\mathrm{e}^4 - 1)$.

(2) $\int_0^{\frac{\pi}{2}} \cos^3\varphi\sin\varphi\mathrm{d}\varphi = -\int_0^{\frac{\pi}{2}} \cos^3\varphi\mathrm{d}\cos\varphi = -\frac{1}{4}[\cos^4\varphi]_0^{\frac{\pi}{2}} = \frac{1}{4}$.

例 3 说明不定积分的凑微分法也适用于定积分.

例 4 汽车以 $v_0=10$ m/s 的速度匀速行驶，到某处需要减速停车.设汽车以等加速度 $a=-5$ m/s² 刹车.问从汽车开始刹车减速到停车，汽车驶过了多少距离.（提示：刹车过程中 $v(t)=v_0+at$）

解 首先要计算出从开始刹车到停车经过的时间.设开始刹车的时刻为 $t=0$，此时汽车速度为 $v_0=10$ m/s.

刹车后汽车减速行驶，其速度函数为

$$v(t)=v_0+at=10-5t\ .$$

当汽车停住时，速度 $v(t)=0$，代入上式，即 $v(t)=10-5t=0$，解得 $t=2(\mathrm{s})$.

于是这段时间内，汽车所驶过的距离为

$$S=\int_0^2 v(t)\mathrm{d}t=\int_0^2(10-5t)\mathrm{d}t=\left[10t-5\times\frac{t^2}{2}\right]_0^2=10(\mathrm{m})\ ,$$

即在刹车后，汽车需驶过 10 m 才能停住.

例 5 在纯电阻电路中，有一正弦交流电 $i(t)=I_{\mathrm{m}}\sin\omega t$ 经过电阻R，求 $i(t)$ 在一个周期上的平均功率(其中 I_{m},ω 为常数)

解 由电路知识得，电路中的电压和功率分别为

$$U=iR=RI_{\mathrm{m}}\sin\omega t\ ,\ P=iU=i^2R=R\ (I_{\mathrm{m}}\sin\omega t)^2\ ,$$

因此，功率在一个周期上的平均功率为

$$\begin{aligned}\overline{P}&=\frac{1}{\frac{2\pi}{\omega}-0}\int_0^{\frac{2\pi}{\omega}}RI_{\mathrm{m}}^2\sin^2\omega t\,\mathrm{d}t=\frac{\omega RI_{\mathrm{m}}^2}{2\pi}\int_0^{\frac{2\pi}{\omega}}\frac{1-\cos 2\omega t}{2}\mathrm{d}t\\&=\frac{RI_{\mathrm{m}}^2}{4\pi}\int_0^{\frac{2\pi}{\omega}}(1-\cos 2\omega t)\mathrm{d}\omega t\\&=\frac{RI_{\mathrm{m}}^2}{4\pi}\left[\omega t\Big|_0^{\frac{2\pi}{\omega}}-\frac{1}{2}\int_0^{\frac{2\pi}{\omega}}\cos 2\omega t\,\mathrm{d}(2\omega t)\right]=\frac{RI_{\mathrm{m}}^2}{4\pi}\left[2\pi-\frac{1}{2}\sin 2\omega t\Big|_0^{\frac{2\pi}{\omega}}\right]\\&=\frac{RI_{\mathrm{m}}^2}{4\pi}\left[2\pi-\frac{1}{2}(\sin 4\pi-\sin 0)\right]=\frac{RI_{\mathrm{m}}^2}{4\pi}\cdot 2\pi=\frac{RI_{\mathrm{m}}^2}{2}\\&=\frac{1}{2}I_{\mathrm{m}}U_{\mathrm{m}}\quad(U_{\mathrm{m}}=I_{\mathrm{m}}R)\end{aligned}$$

这说明纯电阻电路中正弦交流电的平均功率等于电流与电压峰值之积的一半.

二、求定积分的换元积分法与分部积分法

1.定积分的换元积分法

定理 2 设函数 $f(x)$ 在区间 $[a,b]$ 上连续，函数 $x=\varphi(t)$ 在区间 $[\alpha,\beta]$ 上单调且有连续导数 $\varphi'(t)$；当 t 在 $[\alpha,\beta]$ 上变化时，$x=\varphi(t)$ 在 $[a,b]$ 上变化，且 $a=\varphi(\alpha)$，$b=\varphi(\beta)$，则

$$\int_a^b f(x)\mathrm{d}x=\int_\alpha^\beta f[\varphi(t)]\varphi'(t)\mathrm{d}t\ .$$

特别注意：换元必换限.(原)上限对(新)上限，(原)下限对(新)下限.

例 6 计算 $\displaystyle\int_0^4\frac{\mathrm{d}x}{1+\sqrt{x}}$.

解 设 $\sqrt{x}=t$，即 $x=t^2(t>0)$，$\mathrm{d}x=2t\mathrm{d}t$.

当 $x=0$ 时，$t=0$；当 $x=4$ 时，$t=2$，代入原式得

$$\int_0^4\frac{\mathrm{d}x}{1+\sqrt{x}}=\int_0^2\frac{2t\,\mathrm{d}t}{1+t}=2\int_0^2\left(1-\frac{1}{1+t}\right)\mathrm{d}t=2\ [t-\ln|1+t|]_0^2=2(2-\ln 3)\ .$$

例 7 计算 $\displaystyle\int_0^3\frac{x}{\sqrt{1+x}}\mathrm{d}x$.

解　令 $\sqrt{1+x}=t$，则 $x=t^2-1$ $(t>0)$，$\mathrm{d}x=2t\,\mathrm{d}t$．
当 $x=0$ 时，$t=1$；当 $x=3$ 时，$t=2$.于是

$$\int_0^3 \frac{x}{\sqrt{1+x}}\mathrm{d}x=\int_1^2 \frac{t^2-1}{t}2t\,\mathrm{d}t=2\left[\frac{1}{3}t^3-t\right]_1^2=\frac{8}{3}.$$

2. 定积分的分部积分法

定理 3　设函数 $u(x)$，$v(x)$ 在区间 $[a,b]$ 上有连续的导数 $u'(x)$，$v'(x)$，则有

$$\int_a^b uv'\mathrm{d}x=\int_a^b u\,\mathrm{d}v=[uv]_a^b-\int_a^b v\,\mathrm{d}u.$$

上式称为**定积分的分部积分公式**.

例 8　计算 $\int_1^{\mathrm{e}}\ln x\,\mathrm{d}x$.

解　$\int_1^{\mathrm{e}}\ln x\,\mathrm{d}x=[x\ln x]_1^{\mathrm{e}}-\int_1^{\mathrm{e}}x\cdot\frac{1}{x}\mathrm{d}x=\mathrm{e}-x\big|_1^{\mathrm{e}}=1.$

例 9　求 $\int_0^{\frac{\pi}{2}}x^2\cos x\,\mathrm{d}x$.

解　
$$\begin{aligned}\int_0^{\frac{\pi}{2}}x^2\cos x\,\mathrm{d}x&=\int_0^{\frac{\pi}{2}}x^2\mathrm{d}(\sin x)=[x^2\sin x]_0^{\frac{\pi}{2}}-\int_0^{\frac{\pi}{2}}2x\sin x\,\mathrm{d}x\\&=\frac{\pi^2}{4}+2\int_0^{\frac{\pi}{2}}x\,\mathrm{d}(\cos x)=\frac{\pi^2}{4}+2\,[x\cos x]_0^{\frac{\pi}{2}}-2\int_0^{\frac{\pi}{2}}\cos x\,\mathrm{d}x\\&=\frac{\pi^2}{4}-2\,[\sin x]_0^{\frac{\pi}{2}}=\frac{\pi^2}{4}-2.\end{aligned}$$

例 10　计算 $\int_0^{\frac{1}{2}}\arcsin x\,\mathrm{d}x$.

解
$$\begin{aligned}\int_0^{\frac{1}{2}}\arcsin x\,\mathrm{d}x&=[x\arcsin x]_0^{\frac{1}{2}}-\int_0^{\frac{1}{2}}\frac{x}{\sqrt{1-x^2}}\mathrm{d}x\\&=\frac{1}{2}\cdot\frac{\pi}{6}+\frac{1}{2}\int_0^{\frac{1}{2}}(1-x^2)^{-\frac{1}{2}}\mathrm{d}(1-x^2)\\&=\frac{\pi}{12}+\left[\sqrt{1-x^2}\right]_0^{\frac{1}{2}}=\frac{\pi}{12}+\frac{\sqrt{3}}{2}-1.\end{aligned}$$

例 11　计算 $\int_0^1\mathrm{e}^{\sqrt{x}}\,\mathrm{d}x$.

解　先用换元法.令 $\sqrt{x}=t$，则 $x=t^2$，$\mathrm{d}x=2t\,\mathrm{d}t$，当 $x=0$ 时，$t=0$；当 $x=1$ 时，$t=1$，于是

$$\int_0^1\mathrm{e}^{\sqrt{x}}\,\mathrm{d}x=2\int_0^1 t\mathrm{e}^t\,\mathrm{d}t,$$

再用分部积分法计算上式右边的积分，得

$$\int_0^1\mathrm{e}^{\sqrt{x}}\,\mathrm{d}x=2\int_0^1 t\mathrm{e}^t\,\mathrm{d}t=2\int_0^1 t\,\mathrm{d}\mathrm{e}^t=[2t\mathrm{e}^t]_0^1-2\int_0^1\mathrm{e}^t\,\mathrm{d}t=2\mathrm{e}-[2\mathrm{e}^t]_0^1=2.$$

习　题　7－4

1. 计算下列定积分.

(1) $\int_1^2 x^3 \mathrm{d}x$；　(2) $\int_4^9 \sqrt{x}(1+\sqrt{x})\mathrm{d}x$；　(3) $\int_0^{\frac{\pi}{2}} \cos x \mathrm{d}x$；

(4) $\int_1^2 (1-x)\mathrm{d}x$；　(5) $\int_1^2 \left(x^2+x-1+\frac{1}{x^2}\right)\mathrm{d}x$；　(6) $\int_{-2}^{-1} \frac{1}{x}\mathrm{d}x$.

2.计算下列定积分.

(1) $\int_{-e-1}^{-2} \frac{1}{x+1}\mathrm{d}x$；　(2) $\int_0^1 \frac{\mathrm{d}x}{x^2-x-2}$；　(3) $\int_1^2 \frac{e^{\frac{1}{x}}}{x^2}\mathrm{d}x$；

(4) $\int_1^{e^2} \frac{1}{x\sqrt{1+\ln x}}\mathrm{d}x$；　(5) $\int_2^4 \frac{e^x}{1+e^x}\mathrm{d}x$；　(6) $\int_0^1 \frac{1}{e^x+e^{-x}}\mathrm{d}x$；

(7) $\int_0^{\frac{\pi}{2}} \cos^3 x \mathrm{d}x$；　(8) $\int_{-\frac{\pi}{2}}^{\frac{\pi}{2}} \cos x \cos 2x \mathrm{d}x$；　(9) $\int_0^{\frac{\pi}{4}} \sec^4 x \tan x \mathrm{d}x$.

3.计算下列定积分.

(1) $\int_1^9 \frac{\sqrt{x}}{\sqrt{x}+1}\mathrm{d}x$；　(2) $\int_1^5 \frac{x+2}{\sqrt{2x-1}}\mathrm{d}x$；

(3) $\int_{-1}^1 \frac{x}{\sqrt{5-4x}}\mathrm{d}x$；　(4) $\int_4^{12} \frac{1}{x\sqrt{x-3}}\mathrm{d}x$.

4.计算下列定积分.

(1) $\int_0^{\pi} x\sin x \mathrm{d}x$；　(2) $\int_0^1 x e^x \mathrm{d}x$；

(3) $\int_1^e x\ln x \mathrm{d}x$；　(4) $\int_1^e \ln^2 x \mathrm{d}x$；

(5) $\int_0^1 \arctan x \mathrm{d}x$；　(6) $\int_0^1 \arctan\sqrt{x}\mathrm{d}x$.

5.计算由下列曲线所围成的图形的面积.

(1) $y=x^2, y=2-x^2$；　(2) $y=x^3$ 与 $y=x$.

第五节　定积分的简单应用

定积分是求某种总量的数学模型，它在几何学、物理学、经济学、社会学等方面都有着广泛的应用，显示了它的巨大魅力，本节介绍微元法及平面图形的面积的求法.

一、定积分的微元法

在定积分定义中，先把整体量进行分割；然后在局部范围内“以不变代变”，求出整体量在局部范围内的近似值；再把所有这些近似值加起来，得到整体量的近似值，最后当分割无限加密时取极限得定积分(即整体量).在这四个步骤中，关键的是第二步局部量取近似.事实上，许多几何量都可以用这种方法计算.为了应用方便，下面把计算在区间$[a,b]$上的某个量Q的定积分的方法简化成两步：

(1)求微分：量Q在任一具有代表性的小区间$[x,x+\mathrm{d}x]$上的改变量ΔQ的近似值$\mathrm{d}Q$，称为Q的微元，$\mathrm{d}Q=f(x)\mathrm{d}x$；

(2)求积分：量Q就是$\mathrm{d}Q$在区间$[a,b]$上的定积分，$Q=\int_a^b f(x)\mathrm{d}x$.

这种方法称为**定积分的微元法**(**或元素法**),下面利用微元法讨论定积分在几何中的一些应用.

二、平面图形的面积

在直角坐标系下用微元法不难将下列图形面积表示成定积分:

(1)由上下两条曲线 $y=f(x)$, $y=g(x)$ ($f(x)\geqslant g(x)$),及 $x=a$,$x=b$ 所围成的图形的面积微元为 $\mathrm{d}A=[f(x)-g(x)]\mathrm{d}x$,面积为 $A=\int_a^b[f(x)-g(x)]\mathrm{d}x$,如图 7—13 所示.

(2)由左右两条曲线 $x=\varphi(y)$, $x=\psi(y)$ ($\varphi(y)\geqslant\psi(y)$),及 $y=c$,$y=d$ 所围成图形的面积微元为 $\mathrm{d}A=[\varphi(y)-\psi(y)]\mathrm{d}y$,面积为 $A=\int_c^b[\varphi(y)-\psi(y)]\mathrm{d}y$,如图 7—14 所示.

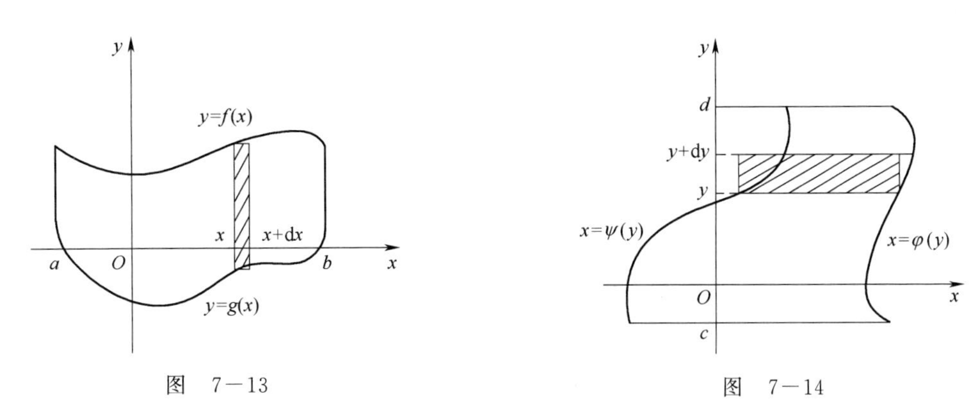

图　7—13　　　　图　7—14

例 1　求两条抛物线 $y^2=x$, $y=x^2$ 所围成的图形的面积.

解　画出图形如图 7—15 所示,求曲线交点以确定积分区间.

解方程组 $\begin{cases}y=x^2\\y^2=x\end{cases}$,得交点(0,0),(1,1).取 x 为积分变量,积分区间为[0,1].于是

$$\mathrm{d}A=(\sqrt{x}-x^2)\mathrm{d}x\ .$$

所求图形面积 A 为

$$A=\int_0^1(\sqrt{x}-x^2)\mathrm{d}x=\left[\frac{2}{3}x^{\frac{3}{2}}-\frac{1}{3}x^3\right]_0^1=\frac{1}{3}\ .$$

例 2　求抛物线 $y^2=2x$ 及直线 $y=x-4$ 所围成图形的面积.

解　如图 7—16 所示,取 y 为积分变量,解方程组 $\begin{cases}y=x-4\\y^2=2x\end{cases}$,得交点坐标 $A(2,-2)$, $B(8,4)$,即积分区间为[−2,4].于是

$$\mathrm{d}A=\left[(y+4)-\frac{1}{2}y^2\right]\mathrm{d}y\ .$$

所以

$$A=\int_{-2}^4\left[(y+4)-\frac{1}{2}y^2\right]\mathrm{d}y=\left[\frac{1}{2}y^2+4y-\frac{1}{6}y^3\right]_{-2}^4=18\ .$$

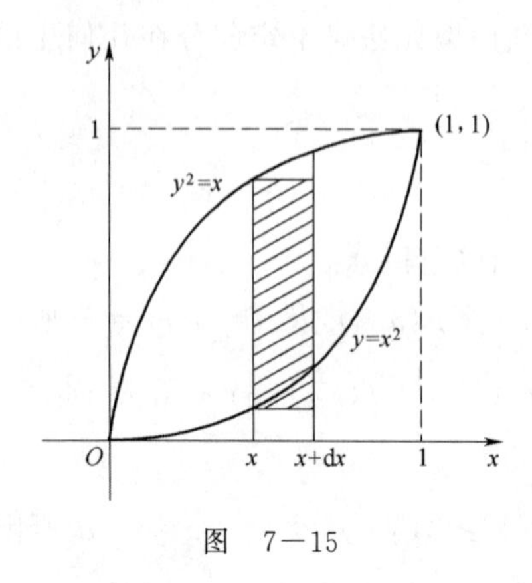

图　7—15

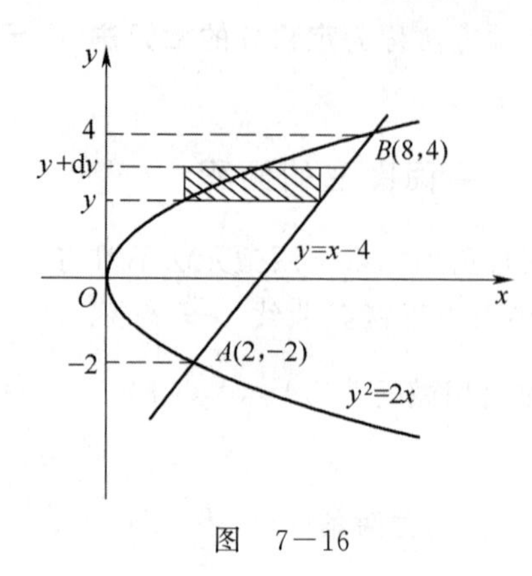

图　7—16

注：我们在学习过程中，不仅要掌握计算某些实际问题的公式，更重要的还在于深刻领会定积分解决实际问题的基本方法——微元法.

习　题　7－5

1.计算由下列曲线所围成的图形的面积.

(1) $y=2\sqrt{x}$ ，$x=4$，$x=9$，$y=6$；　(2) $y=x^3$，$y=\sqrt[3]{x}$.

2.计算由下列曲线所围成的图形的面积.

(1) $y=x^2$，$y=2x+3$；　(2) $y^2=2x$ ，$2x+y-2=0$.

复 习 题 七

1.填空题.

(1)函数 $f(x)=3^x$ 的一个原函数是________.

(2)设 $f(x)=\int\frac{1}{\sqrt{1-x^2}}dx$ ，则 $f'(0)=$________.

(3)设 $\int f(x)dx=\frac{1}{1+x^2}+C$ ，则 $f(x)=$________.

(4) $\int\frac{1}{1-2x}dx=$________.

(5) $\int\ln x\,d\ln x=$________.

(6) $\int 2^x e^x dx=$________.

(7) $\int_0^2 dx=$________.

(8) $\int_{-5}^{5}\frac{x^3\sin^2 x}{x^4+2x^2+1}dx=$________.

(9)若 $\int_0^k(2x-3x^2)dx=0$，则 $k=$________.

(10)由 $y=x^3$，$y=0$，$x=-2$，$x=1$ 所围成的图形的面积是________.

2.选择题.

(1)下列各式中正确的是(　　).

A. $\int 2^x\,dx=2^x\ln 2+C$　　B. $\int \frac{1}{1+x^2}dx=\arctan x$

C. $\int \sin(-t)\,dt=\cos t+C$　　D. $\int \arctan x\,dx=\frac{1}{1+x^2}+C$

(2)如果 $\int f(x)dx=F(x)+C$，那么 $\int f(ax+b)dx=$(　　).

A. $F(ax+b)+C$　　B. $aF(ax+b)+C$

C. $\frac{1}{a}F(ax+b)+C$　　D. $F\left(x+\frac{b}{a}\right)+C$

(3)如果 $\int f(x)dx=x\ln x+C$，那么 $\int xf(x)dx=$(　　).

A. $x^2\left(\frac{1}{x}\ln x+\frac{1}{2}\right)+C$　　B. $x^2\left(\frac{1}{x}\ln x+\frac{1}{4}\right)+C$

C. $x^2\left(\frac{1}{4}+\frac{1}{2}\ln x\right)+C$　　D. $x^2\left(\frac{1}{2}-\frac{1}{4}\ln x\right)+C$

(4)下列函数中(　　)是 $x\sin x^2$ 的原函数.

A. $\frac{1}{2}\cos x^2$　　B. $2\cos x^2$　　C. $-2\cos x^2$　　D. $-\frac{1}{2}\cos x^2$

(5)若 $F'(x)=f(x)$，则(　　)成立.

A. $\int F'(x)dx=f(x)+C$　　B. $\int f(x)dx=F(x)+C$

C. $\int F(x)dx=f(x)+C$　　D. $\int f'(x)dx=F(x)+C$

(6)若 $f(x)$ 满足 $\int f(x)dx=\sin 2x+C$，则 $f'(x)=$(　　).

A. $4\sin 2x$　　B. $2\cos 2x$　　C. $-4\sin 2x$　　D. $-2\cos 2x$

(7)下列积分不为零的是(　　).

A. $\int_{-\frac{\pi}{2}}^{\frac{3\pi}{2}}\cos x\,dx$　　B. $\int_{-\frac{\pi}{2}}^{\frac{\pi}{2}}\sin x\cos x\,dx$　　C. $\int_{-\frac{\pi}{4}}^{\frac{\pi}{4}}\frac{x}{1+\cos x}dx$　　D. $\int_{-\frac{\pi}{4}}^{\frac{\pi}{3}}\tan x\,dx$

(8)设 $y=f(x)$ 在 $[a,b]$ 上连续，则定积分 $\int_a^b f(x)dx$ 的值(　　).

A.与区间及被积函数有关　　B.与区间无关，与被积函数有关

C.与积分变量用何字母表示有关　　D.与被积函数的 $f(x)$ 的形式无关

(9)下列积分正确的有(　　).

A. $\int_{-1}^{1}\frac{dx}{x^2}=-2$　　B. $\int_{-\frac{\pi}{2}}^{\frac{\pi}{2}}\sin x\,dx=2$　　C. $\int_{-\frac{\pi}{2}}^{\frac{\pi}{2}}x\sin x\,dx=0$　　D. $\int_{-1}^{1}\sqrt{1-x^2}\,dx=\frac{\pi}{2}$

(10)下列等式中正确的有(　　).

A. $\frac{d}{dx}\int_a^b f(x)dx=f(x)+C$　　B. $\frac{d}{dx}\int_a^b f(x)dx=f(x)$

C. $\frac{d}{dx}\int_a^b f(x)dx=f'(x)$　　D. $\frac{d}{dx}\int_a^b f(x)dx=0$

(11)若 $\int_0^1(2x+k)dx=2$，则 $k=$(　　).

A. 0　　B. -1　　C. 1　　D. $\frac{3}{2}$

(12) $\int_{-1}^1 x^5\sqrt{1-x^2}\,dx=$(　　).

A. 1　　B. 0　　C. π　　D. -2

3.求下列不定积分.

(1) $\int 5^{-x}e^x dx$；　(2) $\int(\sqrt{x}+4)^2dx$；　(3) $\int(1-2x^2)dx$；

(4) $\int\frac{1}{(2x-3)^2}dx$；　(5) $\int\sin\frac{3}{2}x\,dx$；　(6) $\int\frac{e^x}{e^x+1}dx$；

(7) $\int\frac{(\ln x)^2}{x}dx$；　(8) $\int\frac{1+x}{1+x^2}dx$；　(9) $\int\sec x\tan x\sqrt{1+\sec x}\,dx$；

(10) $\int x(x^2+3)^{100}dx$；　(11) $\int\frac{6x+2}{3x^2+2x-5}dx$；　(12) $\int x\cos\frac{x}{3}dx$；

(13) $\int x^2e^{-x}dx$；　(14) $\int\ln(x+1)dx$；　(15) $\int\arcsin x\,dx$；

(16) $\int\ln^2 x\,dx$.

4.求下列定积分.

(1) $\int_{-1}^0\frac{3x^4+3x^2+1}{x^2+1}dx$；　(2) $\int_{-2}^{-1}\frac{1}{(11+5x)^3}dx$；

(3) $\int_0^{\frac{\pi}{2}}\cos^3 x\sin 2x\,dx$；　(4) $\int_1^e\frac{1+\ln x}{x}dx$；

(5) $\int_0^{\frac{\pi}{2}}\sin^3 x\,dx$；　(6) $\int_0^{\ln 2}e^x(1+e^x)^2dx$；

(7) $\int_0^1 x\sqrt{1-x^2}\,dx$；　(8) $\int_4^9\frac{\sqrt{x}}{\sqrt{x}-1}dx$.

5.求由曲线 $y=2x$，$y=3-x^2$ 所围成的图形的面积.

6.一质点由静止时自由落下.

(1)已知路程 $s=\frac{1}{2}gt^2$，求从 $s=0$ 到 $s=8g$ 这段路程的平均速度.

(2)已知速度 $v=gt$，求从 $t=0$ 到 $t=4$ 这段时间的平均速度.

阅读材料

微积分学的奠基人

微积分的发展是数学史上最壮丽的篇章，是数学史上划时代的里程碑.它凝聚了几千年来中外众多科学家的心血，成为众多数学分支的理论基础.17世纪的后半期，英国的牛顿和德国的莱布尼茨认识到了求积问题和作曲线切线问题的互逆关系，共同建立起了微积分基本定理——牛顿-莱布尼茨公式，及一套系统的无穷小算法，成为微积分奠基人.

1. 牛顿

1642年，在英国的一个偏僻的小村庄的农场里，不久前寡居的主妇生下了一个弱不禁风的早产儿.这个孩子，就是后来闻名于全世界的科学家艾萨克·牛顿(Isaac Newton,1642—1727).

真是天降大任于斯人也，必先苦其心志，劳其筋骨.牛顿未出娘胎，就先丧父，不到两岁，母亲又改嫁.在舅舅和外婆的照料下，体弱多病的牛顿长大了.1661年6月，牛顿(19岁)以“减费生”的身份考入剑桥大学三一学院.牛顿从小有一个好习惯，就是爱动手做一些小机械之类的玩意.入学后，牛顿遇到一位叫巴罗的好老师，在巴罗的悉心栽培下牛顿的学业进步很大.1665年，英国发生了一场大瘟疫，一个夏天英国就死亡3万多人.学校放了假，牛顿(23岁)又回到了老家，开始了科学研究。

牛顿

在故乡的3年间，牛顿(23～25岁)发现了万有引力定律；通过分解太阳光，揭开了光颜色的秘密；创立了微积分.如果牛顿向世界公布其中的任何一项，他立即会赢得巨大的荣誉，但牛顿却对此闭口不谈.

当伦敦地区的鼠疫结束后，为了获得硕士学位牛顿又回到了剑桥大学，随后成了一位研究员.27岁那年，他的导师巴罗意识到，牛顿至少是一位在数学方面认真研究、有潜力的学者，于是决定辞去他的教授席位，让牛顿来接替.牛顿成了教授，但他在教学方面却没有像在科研方面那样取得成功，有时甚至没有一个学生去听他的课.他提出的许多独到的见解甚至没有引起人们的注意，更不要说得到人们的赞誉了.

1672年2月，他终于发表了关于太阳光组成的论文，附带地谈了一些自然哲学的思想.但他的光学和哲学方面的工作都受到了严厉批评，有的科学家甚至对此全盘否定，腼腆的牛顿对此感到沮丧和气愤，并决定以后再也不发表任何论文了.七年以后(1684年12月)，他在天文学家哈雷的鼓励下又改变了自己的决定，发表了关于彗星轨迹的研究论文.但这一次，他又卷入了关于发明权的争论之中.这使他再一次发誓，决心将自己的研究秘而不宣.要不是因为哈雷的劝说和财力上的鼎力支持，集牛顿研究成果之大成的《自然哲学的数学原理》(简称《原理》)(*Mathematical Principles of Natural Philosophy*,1687)将永远不会公布于世.

这部著作问世后，牛顿终于得到了人们的普遍赞誉.《原理》一书一版再版，到1789年为止，英文出了40版，法文出了17版，拉丁文出了11版，德文出了3版，…….牛顿声名显赫，只有当代的爱因斯坦才可以与他媲美.

据他自述,牛顿于1664年开始对微积分问题的研究,并于1665年夏及1667年春在家乡躲避瘟疫期间取得突破性进展.从1665年开始到1691年,牛顿对微积分的创造性成果主要有:

1665年1月,建立"正流数术",讨论了微分方法;

1665年5月,建立"反流数术",讨论了积分方法,10月将其研究成果写成《流数简论》,虽未发表,但已在同事间传阅,是历史上第一篇系统的微积分文献;

1669年,写成《运用无限项方程的分析》(简称《分析学》,由此后人称以微积分为主要内容的相关学科为"数学分析");

1671年,写成《流数法与无穷级数》(简称《流数法》);

1687年,写成《自然哲学的数学原理》,这本巨著使牛顿成为当之无愧的数学领袖;

1691年,写成《曲线求积术》(简称《求积术》).

牛顿把那些"无限增加的量"称为"流量",用字母 $x,y,z,\cdots$ 来表示,把方程中"已知的确定的量"用字母 $a,b,c,\cdots$ 来表示,把每个流量由于产生它的运动而获得增加速度,叫作"流数"(或直接称之为速度),用带点的 $\dot{x},\dot{y},\dot{z}\cdots$ 字母来表示.

牛顿在《流数简论》中提出了以下两类微积分基本问题:已知各流数间的关系,试确定它们流数之比;已知一个包含一些流量的流数的方程,试求这些流量间的关系.这显然是两个互逆问题。

牛顿主要是从运动学来研究和建立微积分的.牛顿在《原理》一书中,运用他创立的微积分这一锐利的数学工具建立了经典力学的完整而严密的体系,把天体力学和地面上的力学统一起来,实现了物理学的第一次大的综合,成为整个物理和天文学的基础.

牛顿还有一段脍炙人口的名言表达了他的谦虚美德:"如果我看的要比笛卡儿远一点,那就是因为我站在巨人的肩上的缘故."

2. 莱布尼茨

莱布尼茨(G.W.Leibniz,1646—1716)是德国最重要的自然科学家、数学家、物理学家、历史学家和哲学家,和牛顿同为微积分的创建人.

1684年10月莱布尼茨在《教师学报》上发表了一篇《一种求极大值与极小值和切线的新方法,它也适用于分式和无理量,以及这种新方法的奇妙类型的计算》的文章,这是最早的微积分文献.文中对微分学的基本内容都作了初步的阐述,有应用微分法求极大值、极小值、拐点的方法.莱布尼茨设计了一套微积分的符号,如 $\mathrm{d}(uv)=u\mathrm{d}v+v\mathrm{d}u$ 和积分符号"$\int$"等,一直沿用至今,而牛顿使用的微积分符号,现在多数已淘汰.

莱布尼茨

1686年,莱布尼茨的第一篇关于积分学的论文发表,文中谈到了变量替换法、分步积分法、利用部分分式求有理数的积分等.

莱布尼茨的一些结果其实是下面这些我们熟知的结论的基础:一阶微分的形式不变性;复合函数求导数的链式法则;不定积分的换元法.1677年,莱布尼茨在他的手稿中表述了微积分基本定理,并明确指出积分表示曲线在区间$[a,b]$之间的面积.

人们公认牛顿和莱布尼茨是各自独立地创建微积分的.

牛顿从物理学出发,运用集合方法研究微积分,其应用上更多地结合了运动学,造诣高于莱布尼茨.莱布尼茨则从几何问题出发,运用分析学方法引进微积分概念、得出运算法则,其数学的严密性与系统性是牛顿所不及的.莱布尼茨认识到好的数学符号能节省思维劳动,运用符号的技巧是数学成功的关键之一,因此,他所创设的微积分符号远远优于牛顿的符号,这对微积分的发展有极大影响.

微积分是近代数学中最伟大的成就,对它的重要性无论作怎样的估计都不会过分.最后我们用牛顿在青少年时写的题为《三顶冠冕》的诗来结束本篇短文"……,我愉快地欢迎一项荆棘的冠冕,尽管刺得人痛,但味道主要是甜的;我看见光荣之冠在我的面前呈现,它充满着幸福,永恒无边."

第八章　微分方程初步和拉普拉斯变换

有许多问题不能直接找出所需要的函数关系，但是根据问题所提供的资料，有时可以建立起含有未知函数及其导数或微分的方程，即微分方程，通过求解微分方程便可以得到所求的函数关系.而拉普拉斯变换(简拉氏变换)是解常系数线性微分方程的一种常用方法.这种方法是通过广义积分把一种函数变换成另一种函数，从而使运算更为简捷.拉普拉斯变换在自动控制系统的分析和综合中起主要作用，本章将先介绍微分方程的一些基本概念和一阶微分方程的解法，然后介绍拉普拉斯变换的基本概念、主要性质、逆变换以及它在解常系数线性微分方程和实际中的应用.

第一节　微分方程初步

一、微分方程的基本概念

为了便于叙述微分方程的基本概念，先看下面的例子.

引例 1　某曲线通过点 $(1,2)$，且该曲线上任意点处的切线斜率均为 $2x$，求该曲线的方程.

解　设所求的曲线方程为 $y=f(x)$.根据导数的几何意义可知，曲线的方程 $y=f(x)$ 应该满足关系式

$$\frac{\mathrm{d}y}{\mathrm{d}x}=2x\ , \tag{1}$$

此外，曲线的方程 $y=f(x)$ 还应该满足条件

$$x=1\text{ 时}，y=2\ , \tag{2}$$

将式(1)两端积分，得 $y=\int 2x\,\mathrm{d}x$，即

$$y=x^2+C, \tag{3}$$

其中，C 为任意常数.

将式(2)代入式(3)解得 $C=1$，因此所求的曲线方程为

$$y=x^2+1\ . \tag{4}$$

引例 2　列车在直线轨道上以 40 m/s 的速度行驶，制动后列车的加速度为 $-0.8\ \mathrm{m/s^2}$，求开始制动后列车继续向前行驶的路程 s 关于时间 t 的函数.

解　根据题意可知，制动阶段火车运动规律的函数 $s=s(t)$ 应满足关系式

$$\frac{d^2s}{dt^2}=-0.8\ ,\tag{5}$$

此外，运动规律函数 $s=s(t)$ 还应满足条件

$$t=0\text{ 时},\ s=0\ ,\ v=\frac{ds}{dt}=40\ ,\tag{6}$$

将式(5)两端积分得

$$v=\frac{ds}{dt}=-0.8t+C_1\ ,\tag{7}$$

将式(7)两端积分得

$$s=-0.4t^2+C_1t+C_2\ ,\tag{8}$$

其中，C_1,C_2 为任意常数.

将条件(6)分别代入式(7)、式(8)解得 $C_1=40$， $C_2=0$，于是

$$v=-0.8t+40\ ,\tag{9}$$

路程 s 与时间 t 的函数关系为

$$s=-0.4t^2+40t\ .\tag{10}$$

上述实例中，方程 $\frac{dy}{dx}=2x$，方程 $\frac{d^2s}{dt^2}=-0.8$ 中都含有未知函数的导数，由此我们引入微分方程的一些基本概念.

含有未知函数的导数(或微分)的方程，称为**微分方程**，有时也简称为**方程**.

注：微分方程中可以不含有自变量及自变量的未知函数，但必须含有未知函数的导数(或微分).

如

$$\frac{d^2y}{dx^2}=3;\tag{11}$$

$$y'''-2xy'+3x=0;\tag{12}$$

$$\frac{d^2y}{dx^2}+\left(\frac{dy}{dx}\right)^2=2x;\tag{13}$$

$$y'''-xyy'+2y^2=0\tag{14}$$

都是微分方程.

方程中未知函数的最高阶导数的阶数称为**微分方程的阶**.如方程(1)是一阶微分方程，方程(5)、(11)是二阶微分方程，方程(12)、(14)是三阶微分方程.

方程中所含的未知函数是一元函数的微分方程称为**常微分方程**(本章后面所提到的方程都是常微分方程).

方程中所含未知函数及其各阶导数都是一次幂时，称为**线性微分方程**.方程(1)、(5)、(11)、(12)都是线性微分方程.

在线性微分方程中，若未知函数及其各阶导数的系数都是常数，则称为**常系数线性微分方程**.方程(1)、(5)、(11)是常系数线性微分方程.

如果把一个已知函数及其导数代入微分方程，能使方程成为恒等式，则称该函数为这个**微分方程的解**.

求出微分方程解的过程就是**解微分方程**.

方程的解中含有任意常数,且独立的任意常数的个数与微分方程的阶数相同,称这样的解为**微分方程的通解**.如函数(3)是方程(1)的通解.

由于通解中含有任意常数,还不能完全反映某一客观事物的规律性,要解决这一问题,就必须确定这些常数的具体值.

确定了通解中的常数后所得到的解称为**微分方程的特解**.如关系式(4)是方程(1)的特解.

用未知函数及其各阶导数在某个特定点的值作为确定通解中任意常数的条件,称为**初始条件**,如关系式(2)、(6).求微分方程满足初始条件的解的问题,称为**初值问题**.

一阶微分方程的初始条件为

$$y(x_0)=y_0,$$

其中,x_0 和 y_0 是两个已知数.

二阶微分方程的初始条件为

$$\begin{cases}y(x_0)=y_0\\y'(x_0)=y'_0\end{cases},$$

其中,x_0,y_0 和 y'_0 是三个已知数.

二、可分离变量的微分方程

形如

$$\frac{\mathrm{d}y}{\mathrm{d}x}=f(x)g(y)$$

的一阶微分方程,称为**可分离变量的微分方程**.

可分离变量的微分方程的特点是:能把方程写成一端只含 y 的函数和 $\mathrm{d}y$,另一端只含 x 的函数和 $\mathrm{d}x$.

若 $g(y)=0$,即 $\frac{\mathrm{d}y}{\mathrm{d}x}=0$,则 $y=y_0$ 为微分方程 $\frac{\mathrm{d}y}{\mathrm{d}x}=0$ 的一个特解.

若 $g(y)\neq 0$,微分方程 $\frac{\mathrm{d}y}{\mathrm{d}x}=f(x)g(y)$ 的求解步骤为:

(1)分离变量

$$\frac{\mathrm{d}y}{g(y)}=f(x)\mathrm{d}x,$$

(2)两边积分,假设 $f(x)$ 与 $\frac{1}{g(y)}$ 连续,得

$$\int\frac{\mathrm{d}y}{g(y)}=\int f(x)\mathrm{d}x,$$

(3)求积分,得通解

$$G(y)=F(x)+C,$$

其中,$G(y)$,$F(x)$ 分别是 $\frac{1}{g(y)}$,$f(x)$ 的一个原函数.

例 1 求方程 $\frac{\mathrm{d}y}{\mathrm{d}x}=\frac{x}{y}$ 的通解.

解 分离变量,得

$$y\mathrm{d}y=x\mathrm{d}x,$$

两边积分得　$$\int y\,\mathrm{d}y=\int x\,\mathrm{d}x,$$

因此　$$\frac{1}{2}y^2=\frac{1}{2}x^2+C_1,$$

所以原方程的通解为

$$y^2=x^2+C\ (C\text{ 为任意常数}).$$

例 2　求 $y'-2xy=0$ 的通解.

解　方程变形为　$$\frac{\mathrm{d}y}{\mathrm{d}x}=2xy,$$

分离变量得　$$\frac{\mathrm{d}y}{y}=2x\,\mathrm{d}x\quad(y\neq 0),$$

两边积分得　$$\int\frac{\mathrm{d}y}{y}=2\int x\,\mathrm{d}x,$$

因此　$$\ln|y|=x^2+C_1,$$

于是　$$|y|=\mathrm{e}^{x^2+C_1}=\mathrm{e}^{C_1}\mathrm{e}^{x^2},$$

即　$$y=\pm\mathrm{e}^{C_1}\mathrm{e}^{x^2}=C\mathrm{e}^{x^2}\ (C=\pm\mathrm{e}^{C_1}),$$

所以方程的通解为

$$y=C\mathrm{e}^{x^2}\ (C\text{ 为任意常数}).$$

以后为了方便起见,可把式中的 $\ln|y|$ 写成 $\ln y$,又因为 $y=0$ 也是方程的解,所以方程通解中的 C 为任意常数.

例 3　求微分方程 $y'=\mathrm{e}^{2x-y}$ 满足初始条件 $y|_{x=0}=0$ 的特解.

解　分离变量得　$$\mathrm{e}^y\,\mathrm{d}y=\mathrm{e}^{2x}\,\mathrm{d}x,$$

两边积分得　$$\int\mathrm{e}^y\,\mathrm{d}y=\int\mathrm{e}^{2x}\,\mathrm{d}x,$$

所以原方程的通解　$$\mathrm{e}^y=\frac{1}{2}\mathrm{e}^{2x}+C\ (C\text{ 为任意常数}).$$

将初始条件 $y|_{x=0}=0$ 代入上面的通解,有

$$\mathrm{e}^0=\frac{1}{2}\mathrm{e}^0+C,$$

解得　$$C=\frac{1}{2},$$

所以原方程的特解为

$$\mathrm{e}^y=\frac{1}{2}\mathrm{e}^{2x}+\frac{1}{2}.$$

三、一阶线性微分方程

形如

$$\frac{\mathrm{d}y}{\mathrm{d}x}+P(x)y=Q(x)$$

的方程,称为**一阶线性微分方程**,其中 $P(x)$,$Q(x)$ 为 x 的已知函数.

当 $Q(x)\neq 0$ 时,方程 $\frac{\mathrm{d}y}{\mathrm{d}x}+P(x)y=Q(x)$ 称为**一阶非齐次线性微分方程**.

当 $Q(x)\equiv 0$ 时,方程 $\frac{dy}{dx}+P(x)y=0$ 称为方程 $\frac{dy}{dx}+P(x)y=Q(x)$ 的**一阶齐次线性微分方程.**

为了求方程 $\frac{dy}{dx}+P(x)y=Q(x)$ 的解,先讨论对应的齐次方程 $\frac{dy}{dx}+P(x)y=0$ 的解.

显然该方程是可分离变量的微分方程.

分离变量得

$$\frac{dy}{y}=-P(x)dx,$$

两边积分得

$$\ln|y|=-\int P(x)dx+C_1,$$

$$|y|=e^{-\int P(x)dx+C_1}=e^{C_1}\cdot e^{-\int P(x)dx},$$

$$y=\pm e^{C_1}\cdot e^{-\int P(x)dx}=Ce^{-\int P(x)dx}\quad (C=\pm e^{C_1}).$$

在上式中,不定积分 $\int P(x)dx$ 内包含了积分常数,写出积分常数 C_1 只是为了方便写出齐次方程 $\frac{dy}{dx}+P(x)y=0$ 的求解公式.因此,用上式进行具体运算时,其中的不定积分 $\int P(x)dx$ 只表示 $P(x)$ 的一个原函数.在以下的推导过程中也做这样的规定.于是

$$y=Ce^{-\int P(x)dx},$$

这就是齐次微分方程 $\frac{dy}{dx}+P(x)y=0$ 的**通解.**

在通解公式 $y=Ce^{-\int P(x)dx}$ 中当 $C=0$ 时,得到 $y=0$,它仍是方程 $\frac{dy}{dx}+P(x)y=0$ 的一个解,因此任意常数 C 可以取零值.

设非齐次线性方程 $\frac{dy}{dx}+P(x)y=Q(x)$ 的通解为 $y=C(x)e^{-\int P(x)dx}$,把 y,y' 代入上述方程可求得

$$C(x)=\int Q(x)e^{\int P(x)dx}dx+C$$

因此,非齐次线性方程 $\frac{dy}{dx}+P(x)y=Q(x)$ 的通解为

$$y=\left[\int Q(x)e^{\int P(x)dx}dx+C\right]e^{-\int P(x)dx}.$$

上式称为**一阶非齐次线性微分方程的通解公式**,其中各个不定积分都只表示了对应的被积函数的一个原函数.

例 4 求方程 $x^2dy+(2xy-x+1)dx=0$ 的通解.

解 原方程可改写为 $\frac{dy}{dx}+\frac{2}{x}y=\frac{x-1}{x^2}$,这是一阶非齐次线性方程.

将 $P(x)=\frac{2}{x}$, $Q(x)=\frac{x-1}{x^2}$ 代入通解公式可得方程的通解为

$$y=e^{-\int\frac{2}{x}dx}\left(\int\frac{x-1}{x^2}e^{\int\frac{2}{x}dx}dx+C\right)=e^{-2\ln x}\left(\int\frac{x-1}{x^2}e^{2\ln x}dx+C\right)$$

$$=\frac{1}{x^2}\left[\int(x-1)dx+C\right]=\frac{1}{x^2}\left(\frac{1}{2}x^2-x+C\right)=\frac{1}{2}-\frac{1}{x}+\frac{C}{x^2}.$$

例 5 求方程 $(1+x^2)y'-2xy=(1+x^2)^2$ 满足初始条件 $y|_{x=1}=0$ 的特解.

解 将原方程改写成 $y'-\frac{2x}{1+x^2}y=1+x^2$,这是一阶非齐次线性方程.此时

$$P(x)=-\frac{2x}{1+x^2},\quad Q(x)=1+x^2,$$

因为

$$e^{\int P(x)dx}=e^{\int-\frac{2x}{1+x^2}dx}=e^{-\int\frac{1}{1+x^2}d(1+x^2)}=e^{-\ln(1+x^2)}=\frac{1}{1+x^2},$$

所以

$$e^{-\int P(x)dx}=1+x^2,$$

则由通解公式可得方程的通解为

$$y=\left[\int Q(x)e^{\int P(x)dx}dx+C\right]e^{-\int P(x)dx}=\left[\int(1+x^2)\cdot\frac{1}{1+x^2}dx+C\right](1+x^2)=(x+C)(1+x^2).$$

将 $y|_{x=1}=0$ 代入,求得 $C=-1$,所以微分方程的特解为

$$y=(1+x^2)(x-1).$$

现将一阶微分方程的几种类型和解法归纳如表 8-1 所示.

表 8-1

类型		方程	解法
可分离变量		$\frac{dy}{dx}=f(x)g(y)$	分离变量,两边积分
一阶线性	齐次	$\frac{dy}{dx}+P(x)y=0$	分离变量、两边积分或用公式 $y=Ce^{-\int P(x)dx}$
	非齐次	$\frac{dy}{dx}+P(x)y=Q(x)$	用公式 $y=e^{-\int P(x)dx}\left[\int Q(x)e^{\int P(x)dx}dx+C\right]$

下面介绍一些微分方程在实际问题中的应用.

例 6 如图 8-1 所示,电路在换路前已处于稳态,电感 L 的电流为 I_0, $t=0$ 时开关 K 闭合,它将 RL 串联电路短路,求短路后的 RL 电路中的零输入响应电流.

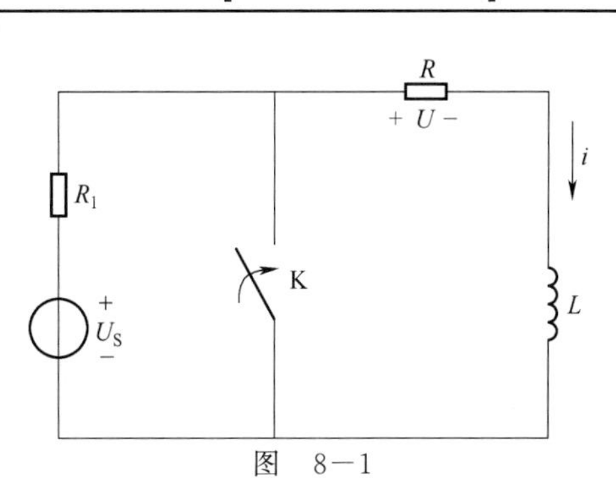

图 8-1

解 由电学知道,电流在电阻 R 上产生一个电压降 $U_R=Ri$,在电感 L 上产生的电压降是

$$U_L=L\frac{di}{dt},$$

在所选参考方向下,由 KVL 定律得换路后的电路方程为

$$U_L+U_R=0,$$

元件的电压电流关系为

$$U_L = L\frac{di}{dt},\quad U_R = Ri$$

代入方程,得

$$L\frac{di}{dt} + Ri = 0 \quad (t \geqslant 0),$$

它是一阶常系数线性齐次微分方程.

分离变量得

$$\frac{di}{dt} = -\frac{R}{L}i,$$

$$\frac{di}{i} = -\frac{R}{L}dt,$$

两边积分得

$$\int\frac{di}{i} = -\frac{R}{L}\int dt,\quad \ln i = -\frac{R}{L}t + A_1,$$

其通解为

$$i = Ae^{-\frac{R}{L}t} \quad (A = e^{A_1}),$$

由 $i|_{t=0} = I_0$ 得 $A = I_0$,解得电感的零输入响应电流为

$$i = I_0 e^{-\frac{R}{L}}t \quad (t \geqslant 0).$$

习　题　8－1

1. 指出下列微分方程的阶数,并说明是否为线性微分方程.

(1) $x(y')^2 + 2y' + y = 0$;　　(2) $x^2y'' + 2xy' + y = 0$;

(3) $(xy')^2 - 2y' + y = 0$;　　(4) $y'' - 2y' + y = x^3$;

(5) $x^2y''' - 2xy'' + y' = 0$;　　(6) $y^{(4)} - 2y' + 3y^3 = x^2$.

2. 用分离变量法求下列一阶微分方程的通解.

(1) $y' + xy = 0$;　　(2) $xy' = y\ln y$;　　(3) $y' = e^y\sin x$;

(4) $\cos x\,dx = 2y\,dy$;　　(5) $y' = \dfrac{x^2}{\cos 2y}$;　　(6) $3x^2 - 2x - 3y' = 0$.

3. 求下列一阶微分方程的特解.

(1) $\dfrac{dy}{dx} = 2xy$, $y|_{x=0} = 2$;　　(2) $y'\sin x = y\ln y$, $y|_{x=\frac{\pi}{2}} = e$;

(3) $x\,dy + 2y\,dx = 0$, $y|_{x=2} = 1$;　　(4) $\cos x\sin y\,dy = \cos y\sin x\,dx$, $y|_{x=0} = \dfrac{\pi}{4}$.

4. 求下列一阶微分方程的通解.

(1) $\dfrac{dy}{dx} + y = e^{-x}$;　　(2) $y' + y\cos x = e^{-\sin x}$;

(3) $y'\cos x + y\sin x = 1$.

5. 如图 8－2 所示,已知在 RC 电路中,电容 C 的初始电压为 U_0. 当开关 K 闭合时电容就开始放电,求开关 K 闭合后电路中电压 U_C 的变化规律.

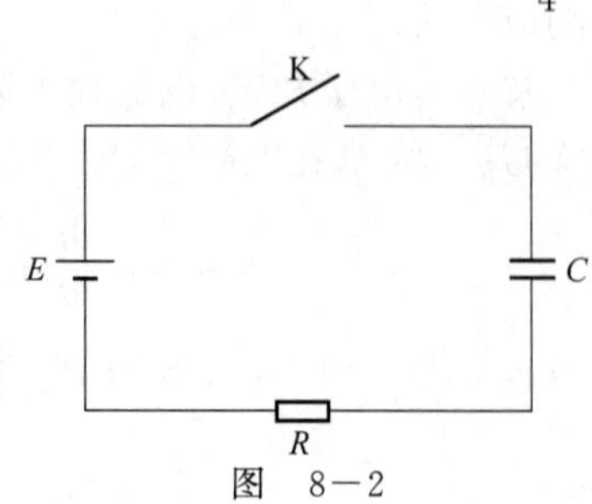

图　8－2

第二节 拉普拉斯变换的基本概念与性质

在数学中,为了把较复杂的运算转化为较简单的运算,常常采用一些变换手段,拉普拉斯变换是将较复杂的微积分等运算化为较简单的乘除等运算.

一、拉普拉斯变换的定义

定义 1 设函数 $f(t)$ 在 $[0,+\infty)$ 上有定义,若广义积分 $\int_0^{+\infty} f(t)\mathrm{e}^{-st}\mathrm{d}t$ 对于数 s 在某一范围内的值收敛,则此积分就确定了一个以 s 为参数的函数,记作 $F(s)$,即

$$F(s)=\int_0^{+\infty} f(t)\mathrm{e}^{-st}\mathrm{d}t.$$

函数 $F(s)$ 称为 $f(t)$ 的**拉普拉斯变换**,简称**拉氏变换**,用记号 $L[f(t)]$ 表示,即

$$F(s)=L[f(t)]=\int_0^{+\infty} f(t)\mathrm{e}^{-st}\mathrm{d}t.$$

若 $F(s)$ 是 $f(t)$ 的拉普拉斯变换,则称 $F(s)$ 为 $f(t)$ 的**像函数**,由于拉普拉斯变换是可逆的积分变换,因此称 $f(t)$ 为 $F(s)$ 的**像原函数**或**拉普拉斯逆变换**,记为

$$f(t)=L^{-1}[F(s)].$$

关于定义说明几点:

(1)定义中,只要求 $f(t)$ 在 $t\geqslant 0$ 时有定义,为了研究方便,假设在 $t<0$ 时,$f(t)\equiv 0$.

(2)拉普拉斯变换是将给定的函数 $f(t)$ 通过特定的广义积分 $\int_0^{+\infty} f(t)\mathrm{e}^{-st}\mathrm{d}t$ 转换成一个新函数 $F(s)$ 的过程,它是一种积分变换.

(3)符号"L"表示拉普拉斯变换,是一种运算符号,L 实施于 $f(t)$ 时便得出 $F(s)$.

例 1 求指数函数 $f(t)=\mathrm{e}^{at}$($t\geqslant 0$,a 是常数)的拉普拉斯变换.

解 根据拉普拉斯变换的定义有

$$L[\mathrm{e}^{at}]=\int_0^{+\infty}\mathrm{e}^{at}\mathrm{e}^{-st}\mathrm{d}t=\int_0^{+\infty}\mathrm{e}^{-(s-a)t}\mathrm{d}t=-\frac{1}{s-a}\mathrm{e}^{-(s-a)t}\Big|_0^{+\infty}=\frac{1}{s-a}\quad(s>a).$$

二、常用函数的拉普拉斯变换表

由前面的介绍可知,根据拉普拉斯变换的定义可以求出函数的拉普拉斯变换,但是,如果对每一个函数都按照拉普拉斯变换的定义来求其拉普拉斯变换,计算比较复杂,甚至比较困难.因此,为了运算方便起见,给出常用函数的拉普拉斯变换表(见表 8-2),在求函数的拉普拉斯变换时可查表辅助计算.

例 2 求下列函数的拉普拉斯变换.

(1) $f(t)=\mathrm{e}^{-4t}$; (2) $f(t)=t^2$; (3) $f(t)=\mathrm{e}^{-2t}-\mathrm{e}^{3t}$.

解 (1)由拉普拉斯变换表中 $L[\mathrm{e}^{at}]=\dfrac{1}{s-a}$ 可得

$$L[f(t)]=L[\mathrm{e}^{-4t}]=\frac{1}{s+4};$$

(2)由拉普拉斯变换表中 $L[t^n]=\dfrac{n!}{s^{n+1}}$ 可得

$$L[f(t)]=L[t^2]=\frac{2!}{s^3}=\frac{2}{s^3};$$

(3)由拉普拉斯变换表中 $L[e^{at}-e^{bt}]=\dfrac{a-b}{(s-a)(s-b)}$ 可得

$$L[f(t)]=L[e^{-2t}-e^{3t}]=\frac{-2-3}{(s+2)(s-3)}=\frac{-5}{(s+2)(s-3)}.$$

表 8-2 常用函数的拉普拉斯变换表

序号	$f(t)$	$F(s)$	序号	$f(t)$	$F(s)$
1	$\delta(t)$	1	13	$t\sin\omega t$	$\dfrac{2s\omega}{(s^2+\omega^2)^2}$
2	1	$\dfrac{1}{s}$	14	$t\cos\omega t$	$\dfrac{s^2-\omega^2}{(s^2+\omega^2)^2}$
3	t	$\dfrac{1}{s^2}$	15	$\sin\omega t-\omega t\cos\omega t$	$\dfrac{2\omega^3}{(s^2+\omega^2)^2}$
4	$t^n(n=1,2,\cdots)$	$\dfrac{n!}{s^{n+1}}$	16	$e^{-at}\sin\omega t$	$\dfrac{\omega}{(s+a)^2+\omega^2}$
5	e^{at}	$\dfrac{1}{s-a}$	17	$e^{-at}\cos\omega t$	$\dfrac{s+a}{(s+a)^2+\omega^2}$
6	$1-e^{-at}$	$\dfrac{a}{s(s+a)}$	18	$\dfrac{1}{a^2}(1-\cos\omega t)$	$\dfrac{1}{s(s^2+\omega^2)}$
7	te^{at}	$\dfrac{1}{(s-a)^2}$	19	$e^{at}-e^{bt}$	$\dfrac{a-b}{(s-a)(s-b)}$
8	$t^ne^{at}(n=1,2,\cdots)$	$\dfrac{n!}{(s-a)^{n+1}}$	20	$2\sqrt{\dfrac{t}{\pi}}$	$\dfrac{1}{s\sqrt{s}}$
9	$\sin\omega t$	$\dfrac{\omega}{s^2+\omega^2}$	21	$\dfrac{1}{\sqrt{\pi t}}$	$\dfrac{1}{\sqrt{s}}$
10	$\cos\omega t$	$\dfrac{s}{s^2+\omega^2}$	22	$\mathrm{sh}\,at$	$\dfrac{a}{s^2-a^2}$
11	$\sin(\omega t+\varphi)$	$\dfrac{s\sin\varphi+\omega\cos\varphi}{s^2+\omega^2}$	23	$\mathrm{ch}\,at$	$\dfrac{s}{s^2-a^2}$
12	$\cos(\omega t+\varphi)$	$\dfrac{s\cos\varphi+\omega\sin\varphi}{s^2+\omega^2}$			

三、两个重要函数

自动控制系统中,经常会用到下面两个函数.

1. 单位阶梯函数

$$U(t)=\begin{cases}0 & 当\ t<0\\ 1 & 当\ t\geqslant 0\end{cases}$$

$$L[U(t)]=\int_0^{+\infty}U(t)e^{-st}\,dt=\int_0^{+\infty}e^{-st}\,dt=\frac{1}{s}\quad(s>0),$$

即

$$L[U(t)]=\frac{1}{s}\quad(s>0),$$

由此可得
$$L[1]=\frac{1}{s}\quad(s>0).$$

2. 狄拉克函数(δ一函数)

在许多实际问题中,常会遇到具有冲击性质的量,也就是一种集中在极短时间内作用的量.例如,物理中的冲击运动、电路中的瞬时脉冲等,下面来考虑瞬时脉冲.设在原来电流为零的电路中,某一瞬时(设为 $t=0$)输入一单位电量的脉冲,求此时电路上的电流 $i(t)$.下面用 $Q(t)$ 表示上述电路中的电量,则

$$Q(t)=\begin{cases}0 & 当\ t\neq 0\\ 1 & 当\ t=0\end{cases}.$$

所以,当 $t\neq 0$ 时,$i(t)=0$;当 $t=0$ 时,由于电流是电量对时间的变化率,由变化率的定义有

$$i(0)=\frac{dQ(t)}{dt}\bigg|_{t=0}=\lim_{\Delta t\to 0}\frac{Q(0+\Delta t)-Q(0)}{\Delta t}=\lim_{\Delta t\to 0}\left(-\frac{1}{\Delta t}\right)=\infty.$$

上式说明,用通常意义下的函数不能表示上述电路的电流.为此,必须引进一个新的函数,下面给出它的定义.

定义 2　设

$$\delta_{\varepsilon}(t)=\begin{cases}0 & 当\ t<0\\ \dfrac{1}{\varepsilon} & 当\ 0\leqslant t\leqslant\varepsilon\\ 0 & 当\ t>\varepsilon\end{cases}.$$

其中,ε 是很小的正数,并认为当 $\varepsilon\to 0$ 时,$\delta_{\varepsilon}(t)$ 有极限,且称此极限

$$\delta(t)=\lim_{\varepsilon\to 0}\delta_{\varepsilon}(t)$$

为狄拉克(Dirac)函数或单位脉冲函数,简记为 **δ一函数.**

狄拉克函数的特点是:当 $t\neq 0$ 时 $\delta(t)=0$,而 $t=0$ 时,$\delta(t)$ 的值为无穷大,即

$$\delta(t)=\begin{cases}0 & 当\ t\neq 0\\ \infty & 当\ t=0\end{cases}.$$

$\delta_{\varepsilon}(t)$ 的图形如图 8－3 所示.显然,对任何 $\varepsilon>0$,有

$$\int_{-\infty}^{+\infty}\delta_{\varepsilon}(t)dt=\int_{0}^{\varepsilon}\frac{1}{\varepsilon}dt=1,$$

所以,规定
$$\int_{-\infty}^{+\infty}\delta(t)dt=1,$$

根据狄拉克函数的有关结论可以得到　$L[\delta(t)]=1$.

在工程中,常用一个长度等于 1 的有向线段来表示 δ 一函数(见图 8－4),该线段的长度表示 δ 一函数的积分值,称为 δ 一函数的脉冲强度.

四、拉普拉斯变换的基本性质

拉普拉斯变换有一系列重要的性质,这里我们只介绍最基本的几个,利用这些性质可以求一些较为复杂的函数的拉普拉斯变换.在以下性质中,都假定其函数满足拉普拉斯变换的存在条件.

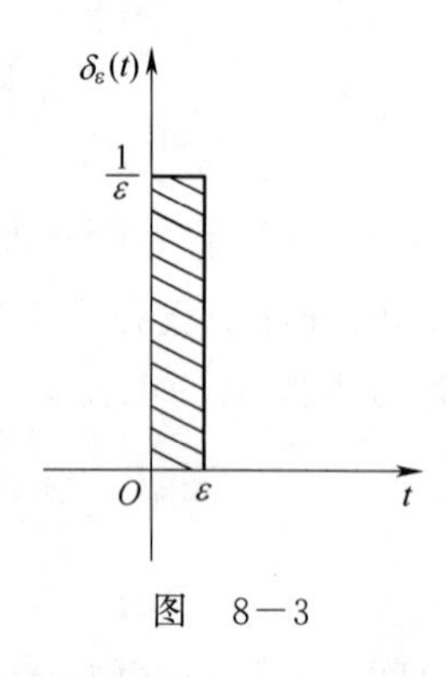

图 8-3

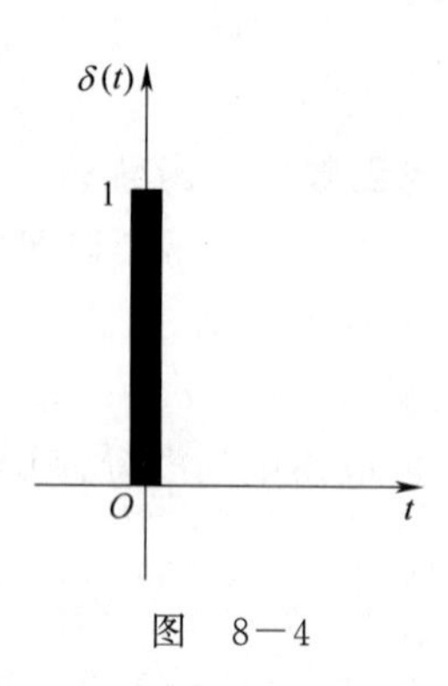

图 8-4

1. 线性性质

若 a_1, a_2 是常数,并设 $L[f_1(t)]=F_1(s), L[f_2(t)]=F_2(s)$,则

$$L[a_1 f_1(t)+a_2 f_2(t)]=a_1 L[f_1(t)]+a_2 L[f_2(t)]=a_1 F_1(s)+a_2 F_2(s).$$

该性质表明,各函数线性组合的拉普拉斯变换等于各个函数拉普拉斯变换的线性组合.

例 3 求函数 $f(t)=\frac{1}{a}(1-\mathrm{e}^{-at})$ 的拉普拉斯变换.

解 $L\left[\frac{1}{a}(1-\mathrm{e}^{-at})\right]=\frac{1}{a}L[(1-\mathrm{e}^{-at})]=\frac{1}{a}(L[1]-L[\mathrm{e}^{-at}])=\frac{1}{a}\left(\frac{1}{s}-\frac{1}{s+a}\right)=\frac{1}{s(s+a)}$.

2. 位移性质

若 $L[f(t)]=F(s)$,则

$$L[\mathrm{e}^{at}f(t)]=F(s-a) \quad (a \text{ 为常数}).$$

该性质表明,像原函数 $f(t)$ 乘以 e^{at} 的拉普拉斯变换等于 $f(t)$ 的像函数 $F(s)$ 作位移 a,因此这个性质称为位移性质.

例 4 求 $L[\mathrm{e}^{-at}\sin\omega t]$.

解 由 $L[\sin\omega t]=\frac{\omega}{s^2+\omega^2}$ 及位移性质可得

$$L[\mathrm{e}^{-at}\sin\omega t]=\frac{\omega}{(s+a)^2+\omega^2},$$

同样,还可以得到 $$L[\mathrm{e}^{-at}\cos\omega t]=\frac{s+a}{(s+a)^2+\omega^2}.$$

3. 延迟性质

若 $L[f(t)]=F(s)$,则

$$L[f(t-a)]=\mathrm{e}^{-sa}F(s) \quad (a>0).$$

该性质表明,像原函数 $f(t)$ 的变量 t 在时间轴向右位移 a 个单位,其像函数等于 $f(t)$ 的像函数 $F(s)$ 乘以指数因子 e^{-sa}.

例 5 求函数 $U(t-a)=\begin{cases}0 & \text{当 } t<a \\ 1 & \text{当 } t>a\end{cases}$ 的拉普拉斯变换.

解 由 $L[U(t)]=\frac{1}{s}$ 及延迟性质可得

$$L[U(t-a)]=e^{-sa}\frac{1}{s}.$$

4. 微分性质

若 $L[f(t)]=F(s)$，且 $f(t)$ 在 $(0,+\infty)$ 内可微，则

$$L[f'(t)]=sF(s)-f(0).$$

该性质表明，函数 $f(t)$ 求导后的拉普拉斯变换等于 $f(t)$ 的像函数 $F(s)$ 乘以参数 s，再减去这个函数的初值．

类似地，在相应条件成立时，还可推得二阶导数的拉普拉斯变换公式．

$$L[f''(t)]=sL[f'(t)]-f'(0)=s[sF(s)-f(0)]-f'(0)$$
$$=s^2F(s)-sf(0)-f'(0).$$

利用微分性质可将微分运算转化为代数运算，这为我们解微分方程提供了一种简便的方法．

例 6 利用微分性质求 $L[\sin\omega t]$ 和 $L[\cos\omega t]$（ω 为常数）.

解 设 $f(t)=\sin\omega t$，$F(s)=L[\sin\omega t]$. 因为

$$f'(t)=\omega\cos\omega t,\ f''(t)=-\omega^2\sin\omega t,$$

所以
$$L[f''(t)]=L[-\omega^2\sin\omega t]=-\omega^2F(s),$$

由微分性质有

$$L[f''(t)]=s^2F(s)-sf(0)-f'(0),$$

因为
$$f(0)=0,f'(0)=\omega,f''(0)=0,$$

所以
$$L[f''(t)]=s^2F(s)-\omega,$$

则
$$-\omega^2F(s)=s^2F(s)-\omega,$$

于是有
$$F(s)=\frac{\omega}{s^2+\omega^2},$$

即
$$L[\sin\omega t]=\frac{\omega}{s^2+\omega^2}.$$

又因为
$$\cos\omega t=\left(\frac{1}{\omega}\sin\omega t\right)',$$

所以
$$L[\cos\omega t]=\frac{1}{\omega}L[(\sin\omega t)']=\frac{1}{\omega}[sF(s)-f(0)]=\frac{s}{\omega}\cdot F(s)=\frac{s}{s^2+\omega^2},$$

即
$$L[\cos\omega t]=\frac{s}{s^2+\omega^2}$$

习 题 8-2

1. 填空题．

(1) $L[e^{\frac{t}{3}}]=$__________； (2) $L[e^{-2t}]=$__________； (3) $L\left[\cos\frac{t}{\sqrt{3}}\right]=$__________；

(4) $L[\sin\sqrt{2}t]=$__________；(5) $L[2\cos 2t\sin 2t]=$__________．

2. 求下列各函数的拉普拉斯变换．

(1) $3e^{-4t}$； (2) t^2+6t+3； (3) $\sin 2t\cos 2t$；

(4) $8\sin^2 3t$；　(5) $e^{3t}\sin 4t$；　(6) $1+e^{2t}-\cos 3t+t^3+\delta(t)$.

第三节　拉普拉斯变换的逆变换

前面我们研究了如何把一个已知函数变换为它相应的像函数的问题，也就是如何求一个函数的拉普拉斯变换，为我们解决复杂工程的计算打下了基础．本节我们将研究如何把一个像函数变换为它的像原函数，也就是已知一个函数的拉普拉斯变换，如何求它的逆变换．

把常用的拉普拉斯变换的性质用逆变换形式列出，即为拉普拉斯逆变换的性质．

1. 线性性质

$L^{-1}[a_1F_1(s)+a_2F_2(s)]=a_1L^{-1}[F_1(s)]+a_2L^{-1}[F_2(s)]=a_1f_1(t)+a_2f_2(t)$.

2. 位移性质

$$L^{-1}[F(s-a)]=e^{at}L^{-1}[F(s)]=e^{at}f(t).$$

3. 延迟性质

$$L^{-1}[e^{-as}F(s)]=f(t-a)\quad (a>0).$$

例 1　求下列像函数 $F(s)$ 的拉普拉斯逆变换．

(1) $F(s)=\dfrac{1}{s+5}$；(2) $F(s)=\dfrac{1}{(s-2)^3}$；(3) $F(s)=\dfrac{2s-5}{s^2}$；(4) $F(s)=\dfrac{2s+3}{s^2+9}$.

解　(1)由 $L[e^{at}]=\dfrac{1}{s-a}$ 可得

$$f(t)=L^{-1}\left[\frac{1}{s+5}\right]=e^{-5t}.$$

(2)由性质 2 及 $L[t^n]=\dfrac{n!}{s^{n+1}}$ 可得

$$f(t)=L^{-1}\left[\frac{1}{(s-2)^3}\right]=e^{2t}L^{-1}\left[\frac{1}{s^3}\right]=e^{2t}L^{-1}\left[\frac{1}{2}\cdot\frac{2!}{s^3}\right]=\frac{1}{2}t^2e^{2t}.$$

(3)由性质 1 及 $L[1]=\dfrac{1}{s}$，$L[t^n]=\dfrac{n!}{s^{n+1}}$ 可得

$$f(t)=L^{-1}\left[\frac{2s-5}{s^2}\right]=L^{-1}\left[\frac{2}{s}-\frac{5}{s^2}\right]=2-5t.$$

(4)由性质 1 及 $L[\sin\omega t]=\dfrac{\omega}{s^2+\omega^2}$，$L[\cos\omega t]=\dfrac{s}{s^2+\omega^2}$ 可得

$$f(t)=L^{-1}\left[\frac{2s+3}{s^2+9}\right]=L^{-1}\left[\frac{2s}{s^2+9}+\frac{3}{s^2+9}\right]=2\cos 3t+\sin 3t.$$

例 2　已知 $F(s)=\dfrac{2s+3}{s^2-2s+5}$，求 $L^{-1}[F(s)]$.

解　因为

$$F(s)=\frac{2s+3}{s^2-2s+5}=\frac{2(s-1)+5}{(s-1)^2+4}=2\cdot\frac{s-1}{(s-1)^2+2^2}+\frac{5}{2}\cdot\frac{2}{(s-1)^2+2^2},$$

所以

$$L^{-1}[F(s)]=2e^t\cos 2t+\frac{5}{2}e^t\sin 2t=\frac{1}{2}e^t(4\cos 2t+5\sin 2t).$$

由上例可看出,有些像函数在公式表中无法直接找到像原函数,为了求出像原函数,需先对像函数作适当变形. 在运用拉普拉斯变换解决工程技术的应用问题时,经常遇到像函数是有理真分式的形式,这就需要用部分分式法先将其分解成若干个简单分式之和,然后结合性质"凑"得像原函数.

例 3 求下列函数的拉普拉斯逆变换.

(1) $F(s)=\dfrac{s+9}{s^2+5s+6}$;(2) $F(s)=\dfrac{1}{s(s-1)^2}$;(3) $F(s)=\dfrac{5s+1}{(s-1)(s^2+1)}$.

解 (1)设

$$F(s)=\frac{s+9}{s^2+5s+6}=\frac{s+9}{(s+2)(s+3)}=\frac{A}{s+2}+\frac{B}{s+3}\ (A,B\ \text{为待定系数}),$$

上式两边同乘以 $(s+2)(s+3)$ 得

$$s+9=A(s+3)+B(s+2)=(A+B)s+(3A+2B),$$

比较两边系数有

$$\begin{cases}A+B=1\\3A+2B=9\end{cases},\text{解之得}\begin{cases}A=7\\B=-6\end{cases},$$

所以

$$F(s)=\frac{s+9}{s^2+5s+6}=\frac{7}{s+2}-\frac{6}{s+3},$$

于是有

$$f(t)=L^{-1}\left[\frac{s+9}{s^2+5s+6}\right]=L^{-1}\left[\frac{7}{s+2}-\frac{6}{s+3}\right]=7\mathrm{e}^{-2t}-6\mathrm{e}^{-3t}.$$

(2)设

$$F(s)=\frac{1}{s(s-1)^2}=\frac{A}{s}+\frac{B}{s-1}+\frac{C}{(s-1)^2}\ (A,B,C\ \text{为待定系数}),$$

因为分母中的 $s-1$ 是二重因子,所以要分成一次和二次两项;如果是三重因子,就要分成一次、二次、三次,依此类推. 由上式可得

$$A(s-1)^2+Bs(s-1)+Cs=1,$$

比较两边系数有

$$\begin{cases}A+B=0\\-2A-B+C=0\\A=1\end{cases},\text{解之得}\begin{cases}A=1\\B=-1\\C=1\end{cases},$$

所以

$$F(s)=\frac{1}{s(s-1)^2}=\frac{1}{s}-\frac{1}{s-1}+\frac{1}{(s-1)^2},$$

于是有

$$f(t)=L^{-1}\left[\frac{1}{s(s-1)^2}\right]=L^{-1}\left[\frac{1}{s}-\frac{1}{s-1}+\frac{1}{(s-1)^2}\right]=1-\mathrm{e}^t+t\mathrm{e}^t.$$

(3)设

$$F(s)=\frac{5s+1}{(s-1)(s^2+1)}=\frac{A}{s-1}+\frac{Bs+C}{s^2+1}\ (A,B,C\ \text{为待定系数}),$$

因为分母中的 s^2+1 是二次式，所以它的分子要写成一次式形式，由上式得

$$A(s^2+1)+(Bs+C)(s-1)=5s+1,$$

比较两边系数有

$$\begin{cases}A+B=0\\C-B=5\\A-C=1\end{cases},解之得\begin{cases}A=3\\B=-3\\C=2\end{cases},$$

所以

$$F(s)=\frac{5s+1}{(s-1)(s^2+1)}=\frac{3}{s-1}+\frac{-3s+2}{s^2+1},$$

于是有

$$f(t)=L^{-1}\left[\frac{5s+1}{(s-1)(s^2+1)}\right]=3L^{-1}\left[\frac{1}{s-1}\right]-3L^{-1}\left[\frac{s}{s^2+1}\right]+2L^{-1}\left[\frac{1}{s^2+1}\right]$$
$$=3e^t-3\cos t+2\sin t.$$

对上述几种情况进行归纳如下：

(1)像函数为 $\frac{\varphi(s)}{(s-a)(s-b)}$ 的形式，分解为 $\frac{A}{s-a}+\frac{B}{s-b}$；

(2)像函数为 $\frac{\varphi(s)}{(s-a)(s-b)^2}$ 的形式，分解为 $\frac{A}{s-a}+\frac{B}{s-b}+\frac{C}{(s-b)^2}$；

(3)像函数为 $\frac{\varphi(s)}{(s-a)(s^2+b)}$ 的形式，分解为 $\frac{A}{s-a}+\frac{Bs+C}{s^2+b}$.

其中，$\varphi(s)$ 的次数低于分母的次数.

习　题　8－3

1. 填空题.

(1) $L[\quad]=\frac{1}{s-2}$；　(2) $L[\quad]=\frac{1}{2s+3}$；　(3) $L[\quad]=\frac{2s}{s^2+25}$；

(4) $L[\quad]=\frac{2}{4s^2+9}$；(5) $L[\quad]=\frac{3s-5}{s^2+16}$；　(6) $L[\quad]=\frac{s^3-s^2+s-1}{s^5}$.

2. 求下列函数的拉普拉斯逆变换.

(1) $F(s)=\frac{1}{3s+5}$；　(2) $F(s)=\frac{2s-8}{s^2+36}$；　(3) $F(s)=\frac{4}{s^2+4s+20}$；

(4) $F(s)=\frac{1}{(s-2)^4}$；　(5) $F(s)=\frac{2s+1}{s(s+1)}$；(6) $F(s)=\frac{s}{(s+3)(s+5)}$；

(7) $F(s)=\frac{s^2+1}{s(s-1)^2}$；(8) $F(s)=\frac{2}{s(s^2+4)}$.

第四节　拉普拉斯变换的应用

本节主要介绍如何应用拉普拉斯变换求解线性微分方程及拉普拉斯变换在实际中的应用.

一、解微分方程

利用拉普拉斯变换可以比较方便地求解常系数线性微分方程(或方程组)的初值问题,其基本步骤如下:

(1)根据拉普拉斯变换的微分性质和线性性质,对微分方程(或方程组)两端取拉普拉斯变换,把微分方程化为像函数的代数方程.

(2)从像函数的代数方程中解出像函数.

(3)对像函数求拉普拉斯逆变换,求得微分方程(或方程组)的解并进行检验.

例 1　求方程 $y'(t)+2y(t)=0$ 满足初值条件 $y(0)=3$ 的解.

解　令 $Y=Y(s)=L[y(t)]$,对微分方程两端取拉普拉斯变换

$$L[y'(t)+2y(t)]=L[0],$$

可得

$$sY-y(0)+2Y=0,$$

将初始条件 $y(0)=3$ 代入上式,得到像函数 $Y(s)$ 的代数方程

$$sY+2Y=3,$$

$$Y=\frac{3}{s+2},$$

再求像函数的拉普拉斯逆变换,得

$$y(t)=L^{-1}\left[\frac{3}{s+2}\right]=3\mathrm{e}^{-2t},$$

即微分方程的解为

$$y(t)=3\mathrm{e}^{-2t}.$$

例 2　求方程 $y''(t)-3y'(t)+2y(t)=2\mathrm{e}^{3t}$ 满足初值条件 $y(0)=y'(0)=0$ 的解.

解　令 $Y=Y(s)=L[y(t)]$,对微分方程两端取拉普拉斯变换

$$L[y''(t)-3y'(t)+2y(t)]=L[2\mathrm{e}^{3t}],$$

可得

$$s^2Y-sy(0)-y'(0)-3sY+3y(0)+2Y=\frac{2}{s-3},$$

将初始条件 $y(0)=y'(0)=0$ 代入上式,得到像函数 $Y(s)$ 的代数方程

$$s^2Y-3sY+2Y=\frac{2}{s-3},$$

$$Y=\frac{2}{(s-3)(s^2-3s+2)}=\frac{2}{(s-3)(s-1)(s-2)},$$

将其分解成部分分式有　$$Y=\frac{1}{s-1}-\frac{2}{s-2}+\frac{1}{s-3},$$

取拉普拉斯逆变换,得

$$y(t)=L^{-1}\left[\frac{1}{s-1}-\frac{2}{s-2}+\frac{1}{s-3}\right]$$
$$=\mathrm{e}^{t}-2\mathrm{e}^{2t}+\mathrm{e}^{3t},$$

即微分方程的解为

$$y(t)=e^{t}-2e^{2t}+e^{3t}.$$

例 3 求微分方程组 $\begin{cases}x''-2y'-x=0\\ x'-y=0\end{cases}$ 满足初始条件 $x(0)=0,x'(0)=1,y(0)=1$ 的特解.

解 令 $X=X(s)=L[x(t)]$，$Y=Y(s)=L[y(t)]$，对微分方程组两边取拉普拉斯变换

$$\begin{cases}s^2X-sx(0)-x'(0)-2sY+2y(0)-X=0\\ sX-x(0)-Y=0\end{cases},$$

将初始条件 $x(0)=0,x'(0)=1,y(0)=1$ 代入上式，得

$$\begin{cases}(s^2-1)X-2sY+1=0\\ sX-Y=0\end{cases},$$

解方程组得

$$\begin{cases}X=\dfrac{1}{s^2+1}\\ Y=\dfrac{s}{s^2+1}\end{cases},$$

取拉普拉斯逆变换，得方程组的特解为

$$\begin{cases}x(t)=\sin t\\ y(t)=\cos t\end{cases}.$$

从上面的例子可以看出，用拉普拉斯变换的方法解微分方程时，将初始条件同时用上，求出的结果即为满足初始条件的特解．这样就避免了在微分方程的求解中，先求通解，再代入初始条件求特解的复杂过程．

二、在实际中的应用

例 4 如图 8－5 所示，一个 $R=10\ \Omega$ 的电阻，$L=2$ H 的电感和一个 E(V) 的电源连同开关 K 串联起来，在 $t=0$ 时开关闭合，此时电流 $i=0$，若：

(1) $E=40$；(2) $E=20e^{-3t}$；(3) $E=50\sin 5t$.

求 $t>0$ 时的电流强度 $i(t)$.

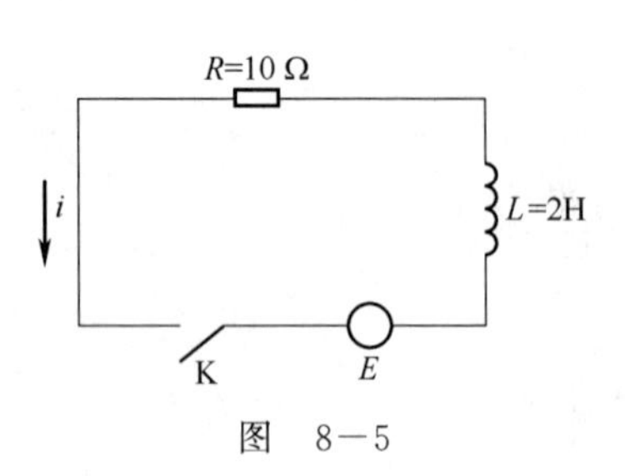

图 8－5

解 令 $I=I(s)=L[i(t)]$，

根据基尔霍夫定律，有

$$\begin{cases}2i'(t)+10i(t)=E\\ i(0)=0\end{cases}.$$

(1)若 $E=40$，则 $i'(t)+5i(t)=20$.

取拉普拉斯变换，并代入初始条件有

$$sI-i(0)+5I=\frac{20}{s},$$

$$I=\frac{20}{s(s+5)}=4\left(\frac{1}{s}-\frac{1}{s+5}\right),$$

取拉普拉斯逆变换，得电流为

$$i(t)=4L^{-1}\left[\frac{1}{s}-\frac{1}{s+5}\right]=4(1-\mathrm{e}^{-5t}).$$

(2)若 $E=20\mathrm{e}^{-3t}$,则 $i'(t)+5i(t)=10\mathrm{e}^{-3t}$.

取拉普拉斯变换,并代入初始条件有

$$sI-i(0)+5I=\frac{10}{s+3},$$

$$I=\frac{10}{(s+3)(s+5)}=5\left(\frac{1}{s+3}-\frac{1}{s+5}\right),$$

取拉普拉斯逆变换,得电流为

$$i(t)=5L^{-1}\left[\frac{1}{s+3}-\frac{1}{s+5}\right]=5(\mathrm{e}^{-3t}-\mathrm{e}^{-5t}).$$

(3)若 $E=50\sin 5t$,则 $i'(t)+5i(t)=25\sin 5t$.

取拉普拉斯变换,并代入初始条件有

$$sI-i(0)+5I=\frac{125}{s^2+25},$$

$$I=\frac{125}{(s+5)(s^2+25)},$$

解得

$$I=\frac{\frac{5}{2}}{s+5}+\frac{-\frac{5}{2}s+\frac{25}{2}}{s^2+25}=\frac{5}{2}\left(\frac{1}{s+5}-\frac{s}{s^2+25}+\frac{5}{s^2+25}\right),$$

取拉普拉斯逆变换,得电流为

$$i(t)=\frac{5}{2}L^{-1}\left[\frac{1}{s+5}-\frac{s}{s^2+25}+\frac{5}{s^2+25}\right]=\frac{5}{2}(\mathrm{e}^{-5t}-\cos 5t+\sin 5t).$$

例 5　如图 8-6 所示的机械系统最初是静止的,有一冲击力 $A\delta(t)$ 使系统开始运动,求因此而产生的运动规律 $x(t)$.

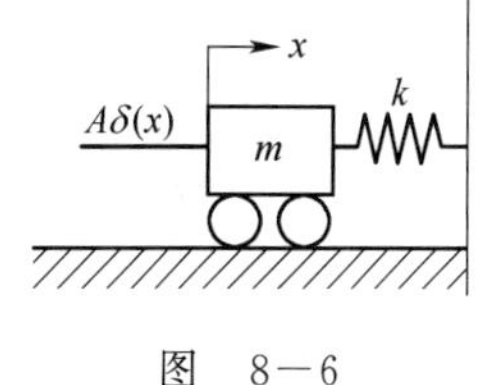

图　8-6

解　按题意有 $x(0)=x'(0)=0$. 系统所受的力为冲击力 $A\delta(t)$ 和弹簧力 $-kx$,由牛顿第二定律,有

$$mx''(t)=A\delta(t)-kx(t),$$

其中,m 是物体的质量,即

$$mx''(t)+kx(t)=A\delta(t),$$

对方程两端取拉普拉斯变换,并设 $L[x(t)]=X(s)$,得

$$L[mx''(t)+kx(t)]=L[A\delta(t)],$$

$$mL[x''(t)]+kL[x(t)]=AL[\delta(t)],$$

$$m[s^2X(s)-sx(0)-x'(0)]+kX(s)=A,$$

$$(ms^2+k)X(s)=A,$$

$$X(s)=\frac{A}{ms^2+k},$$

取拉普拉斯逆变换,得 $x(t)=\frac{A}{\sqrt{mk}}\sin\sqrt{\frac{k}{m}}t$,这是一个振幅为 $\frac{A}{\sqrt{mk}}$ 的简谐振动.

习 题 8-4

1. 用拉普拉斯变换解下列微分方程.

(1) $y'+5y=10e^{-3t}$, $y(0)=0$;

(2) $y''+\omega^2 y=0$, $y(0)=0, y'(0)=\omega$;

(3) $y''+2y'+5y=0$, $y(0)=0, y'(0)=5$;

(4) $y''-3y'+2y=4$, $y(0)=0, y'(0)=1$.

2. 用拉普拉斯变换解下列微分方程组.

(1) $\begin{cases} x'+x-y=e^t \\ y'+3x-2y=2e^t \end{cases}, x(0)=y(0)=1$;

(2) $\begin{cases} x''+2y=0 \\ y'+x+y=0 \end{cases}, x(0)=0, x'(0)=1, y(0)=1$.

3. 在 RL 串联电路中,当 $t=0$ 时,将开关闭合,接上直流电源 E,求电路中的电流 $i(t)$.

复习题八

1. 填空题.

(1)微分方程 $\dfrac{dx}{dy}=2y$ 的通解是________.

(2)微分方程 $y'+yx^2=0$ 满足初始条件 $y|_{x=0}=1$ 的特解是________.

(3)通过点(0,1),且切线斜率为 $2x$ 的曲线方程为________.

(4) $L[t]=$________, $L\left[\sin\dfrac{t}{2}\right]=$________.

(5)微分方程 $3y^2dy+2x^2dx=0$ 的阶是________.

2. 求下列微分方程的通解.

(1) $y'y+x=0$;

(2) $y'=3y^{\frac{2}{3}}$;

(3) $xy'+y=3$;

(4) $y'-6y=e^{3x}$.

3. 求下列微分方程满足初始条件的特解.

(1) $xdy+2ydx=0, y|_{x=2}=1$;

(2) $\dfrac{dx}{dy}-2xy=x, y|_{x=0}=1$.

4. 用性质求下列函数的拉普拉斯变换.

(1) $f(t)=t^2+3t+2$;

(2) $f(t)=1-t\cdot e^{-t}$;

(3) $f(t)=e^{-2t}\sin 6t$;

(4) $f(t)=U(t-T)$.

5. 求下列像函数的拉普拉斯逆变换.

(1) $F(s)=\dfrac{1}{s+2}$;

(2) $F(s)=\dfrac{1}{s(s+1)}$;

(3) $F(s)=\dfrac{s}{s^2+16}$;

(4) $F(s)=\dfrac{2s+5}{(s+2)^2+3^2}$;

(5) $F(s)=\dfrac{1}{s(s+1)(s+2)}$;

(6) $F(s)=\dfrac{s+3}{(s+1)(s+2)^2}$.

6. 用拉普拉斯变换求下列微分方程的解.

(1) $y''+4y'+3y=\mathrm{e}^{-t}$，　$y(0)=y'(0)=1$；

(2) $y''+2y'+4y=t\mathrm{e}^{-t}$，　$y(0)=0, y'(0)=1$；

(3) $y''-2y'+2y=2\mathrm{e}^{t}\cos t$，　$y(0)=0, y'(0)=0$.

混沌现象

混沌现象的出现是现代科学技术与计算机技术相结合的产物，这门新型学科被誉为物理世界继相对论、量子力学之后的又一重大发现.

今日科学认为，混沌无处不在. 当我们点燃一根香烟，一缕缕青烟在无声无息中上升，突然卷成一团团剧烈扰动的雾团，上下翻滚，最后慢慢消散；当我们打开水龙头，晶莹的水流平稳而有序，汩汩而流，突然水会像不听话的小孩，四处飞溅，变得毫无章法，这就是我们所熟知的"湍流"；平静的证券交易所正在进行各种交易，突然风云突变，股票的情况变得乱七八糟，一场骇人听闻的金融风暴席卷而来，令所有人感到震惊. 这三个例子属于不同的范畴和领域，但都是从有序进入到无序. 又如：两个眼睛的视敏度是一个眼睛的几倍？很容易想到的是两倍，可实际却是6～10倍；当外加电压较小时，激光器犹如普通电灯，光向四面八方散射，但当外加电压达到某一定值时，会突然出现一种全新现象：受激原子好像听到"向右看齐"的命令，发射出相位和方向都一致的单色光，就是激光. 地磁场在400万年间，方向突变16次，也是由于混沌. 甚至人类自己，健康人的脑电图和心脏跳动并不是规则的，而是混沌的，混沌正是生命力的表现.

处处存在混沌，上至天文地理，下至数理化生，大到宇宙，小到基本粒子，无不由此理论支配.

有序的混沌的探索者们，当他们开始回顾这门学科的发展历程，一个重要的出发点便是蝴蝶效应.

洛伦兹

洛伦兹是位气象学家，在他的计算机上模拟气候. 在计算机里运行的数学模型是12个连列的方程，表示温度与压力之间的关系，压力与风速之间的关系. 1961年冬季的一天，为了要看一下一个长段的数据变动，洛伦兹走了一条捷径，他没有把一次运算从头开始完整打出结果，而是由中间半途去启动. 为了向计算机输入初始条件，他看了一下前面打出来的数据单，然后他走下楼去喝一杯咖啡，一个小时后他又回到计算机旁边，这时他大吃一惊. 他看到一件意想不到的事情，而这件事情就是一门新科学的种子，一门新科学的萌芽.

这新的一轮计算原本应当重复前一次的计算结果，是洛伦兹自己亲自把前一轮中间结果拷贝进去的，程序并没有变，但新打出的数据与上一轮计算的气候相差竟如此之大，这令他目瞪口呆. 原以为是计算机出了毛病，因为他的计算机经常坏，然而，突然他认识了真理，机器没坏，问题在于输入的数字. 计算机内存中一般存有六位数，打印时为节省空间只打印出三个数，洛伦兹输进的便是一个截断了、经过四舍五入的数字，他本能地认为不会引起什么后果，事实则不然。

在洛伦兹的这一特定方程组里，输入的微小差别可以很快地在输出上表现出极大地差别，这一现象叫作“对初始条件的敏感依赖性”．在气候上，可以翻译为一句半开玩笑的话，叫作“蝴蝶效应”．其大意是：在南美洲亚马孙河流域的热带雨林中，有一只蝴蝶，偶尔扇动了几下翅膀，可能在两周后引起美国得克萨斯州的一场龙卷风，其原因在于：蝴蝶翅膀的运动，导致其身边的空气系统发生变化，并引起微弱气流的产生，而微弱气流的产生又会引起它周围空气或其他系统产生相应的变化，由此引起连锁反应，最终导致其他系统的极大变化．此效应说明，事物的发展，对初始条件具有极为敏感的依赖性，即使是初始条件的极小偏差，也会引起结果的极大差异．由于蝴蝶效应，洛伦兹判定，进行长期的气象预测不现实。

洛伦兹的数学模型既模拟非周期性，又模拟对初始条件的敏感性，通过计算机的反复计算，在如此简单的系统里，产生了复杂的行为模式，混沌就此产生．后来，洛伦兹致力于在更简单的系统中去产生这种复杂行为模式，在只有三个方程的一个系统中，他成功了．这些方程是非线性的，叫作洛伦兹系统：

$$\begin{cases}\dfrac{\mathrm{d}x}{\mathrm{d}t}=10(y-x)\\ \dfrac{\mathrm{d}y}{\mathrm{d}t}=xz+28x-y.\\ \dfrac{\mathrm{d}z}{\mathrm{d}t}=xy-\dfrac{8}{3}z\end{cases}$$

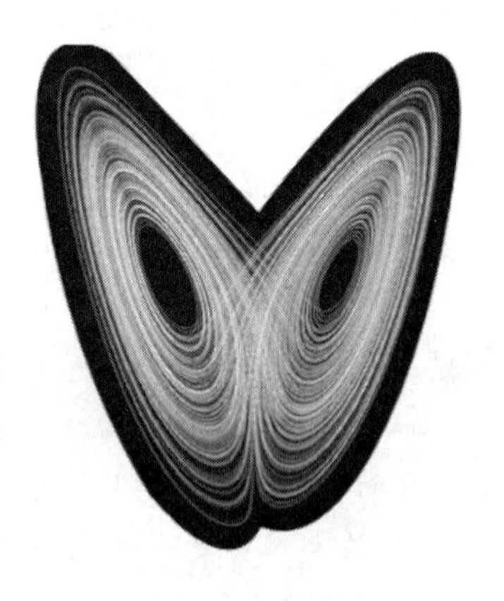

三个方程，三个未知数，它们完全地描述系统的运动．洛伦兹在计算机上打印出三个变量的值：0—10—1，4—12—0，9—20—0，16—36—2，30—66—7，54—115—24，93—115—24，这三个数字上升下降，在一个假想的时间间隔上滴滴答答地变动，五次一变，百次一变，千次一变．由这样的数据，洛伦兹把三个数作为坐标，在三维空间上定出点的位置，从而描出一条连续的轨线．画出的图显示出无穷的复杂性，是在三维空间里的双重绕图，像一对猫头鹰的眼睛，又像是蝴蝶的翅膀，轨线永不自交，而是不断地永久地环绕着，似乎绕着一个吸引它的点运动．洛伦兹 1963 年的论文《决定性非周期流》结尾就有这张图，图中的猫头鹰的两只眼睛叫做“洛伦兹吸引子”，这张图画第一次向人们显示：“这就是复杂的事物”，一切有关混沌的丰富内容尽在其中．

目前，混沌学的研究方兴未艾，这标志人类对自然与社会现象的认识正在向更为深入复杂的阶段过渡与进化．从消极的角度看，蝴蝶效应往往给人一种对未来行为不可预测的危机感；但从积极的角度看，蝴蝶效应使我们有可能“慎之毫厘，得之千里”，从而可能驾驭混沌，并能以极小的代价换得未来的巨大“福果”．

第九章　线性代数初步

线性代数是数学中的一个重要分支，在研究变量之间的线性关系中有着非常重要的作用．本章主要介绍行列式的一些基本概念与运算，克莱姆法则，矩阵及其运算，矩阵的初等变换与矩阵的秩，逆矩阵及线性方程组的解法．

第一节　行列式的概念与运算

一、行列式的概念

1．二阶行列式

定义 1　由 4 个数 $a_{ij}\,(i,j=1,2)$ 排成的 2 行 2 列（横排称为行，竖排称为列）的式子 $\begin{vmatrix} a_{11} & a_{12} \\ a_{21} & a_{22} \end{vmatrix}$ 称为**二阶行列式**，它代表的是算式 $a_{11}a_{22}-a_{12}a_{21}$，即

$$\begin{vmatrix} a_{11} & a_{12} \\ a_{21} & a_{22} \end{vmatrix}=a_{11}a_{22}-a_{12}a_{21}, \tag{9-1}$$

其中，$a_{ij}\,(i,j=1,2)$ 称为行列式的**元素**．下标 i 称为行标，表明该元素位于第 i 行；下标 j 称为列标，表明该元素位于第 j 列．a_{ij} 就是第 i 行与第 j 列交叉位置的元素．二阶行列式有 2^2 个元素．

我们把从左上角到右下角的对角线称为行列式的**主对角线**（用实线连接），从右上角到左下角的对角线称为行列式的**副对角线**（用虚线连接）．于是，二阶行列式的值便是主对角线上两个元素之积减副对角线上两个元素之积所得的差．可用下面的对角线法记忆，如图 9－1 所示．

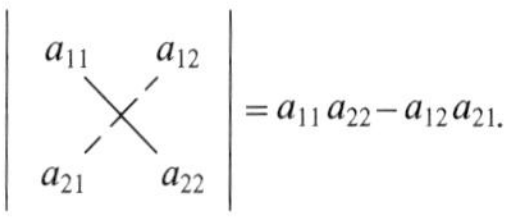

$$\begin{vmatrix} a_{11} & a_{12} \\ a_{21} & a_{22} \end{vmatrix}=a_{11}a_{22}-a_{12}a_{21}.$$

图　9－1

这种计算二阶行列式的方法称为**对角线展开法**．上述等式的右端称为二阶行列式的展开式共有 $2!=2$ 项．

当所有的 a_{ij} 都是常数时，行列式的值是一个具体的数值，若其中有字母出现，则行列式的值是一个代数式．通用大写字母 D 表示行列式．

例 1　计算下列行列式．

(1) $\begin{vmatrix} 1 & 4 \\ 3 & -2 \end{vmatrix}$；　　(2) $\begin{vmatrix} \cos x & -\sin x \\ \sin x & \cos x \end{vmatrix}$．

解 (1) $\begin{vmatrix} 1 & 4 \\ 3 & -2 \end{vmatrix} = 1 \times (-2) - 3 \times 4 = -14.$

(2) $\begin{vmatrix} \cos x & -\sin x \\ \sin x & \cos x \end{vmatrix} = \cos^2 x + \sin^2 x = 1.$

2. 三阶行列式

定义 2 由 9 个数 $a_{ij}(i,j=1, 2, 3)$ 排成的 3 行 3 列的式子

$$\begin{vmatrix} a_{11} & a_{12} & a_{13} \\ a_{21} & a_{22} & a_{23} \\ a_{31} & a_{32} & a_{33} \end{vmatrix}$$

称为**三阶行列式**,它代表的是算式

$$a_{11}a_{22}a_{33} + a_{12}a_{23}a_{31} + a_{13}a_{21}a_{32} - a_{11}a_{23}a_{32} - a_{12}a_{21}a_{33} - a_{13}a_{22}a_{31},$$

即

$$\begin{vmatrix} a_{11} & a_{12} & a_{13} \\ a_{21} & a_{22} & a_{23} \\ a_{31} & a_{32} & a_{33} \end{vmatrix} = a_{11}a_{22}a_{33} + a_{12}a_{23}a_{31} + a_{13}a_{21}a_{32} - a_{11}a_{23}a_{32} - a_{12}a_{21}a_{33} - a_{13}a_{22}a_{31}. \tag{9-2}$$

三阶行列式的展开式共有 3! =6 项,每一项均为不同行不同列的三个元素相乘再冠以正负号,其运算规律可用“对角线法则”来表述,如图 9—2 所示.

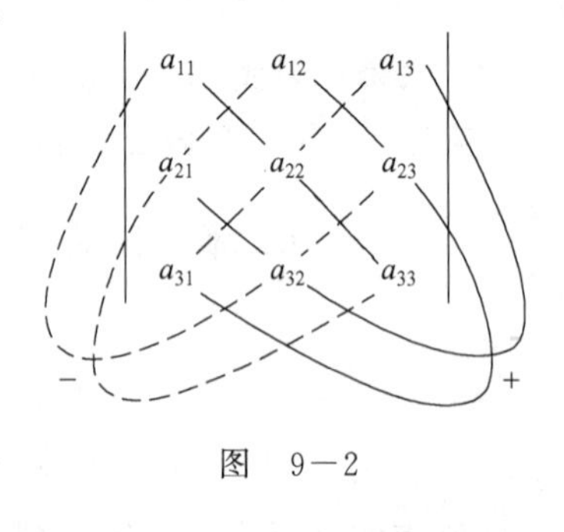

图 9—2

例 2 计算.

(1) $D = \begin{vmatrix} 1 & 2 & 3 \\ 4 & 0 & 5 \\ -1 & 0 & 6 \end{vmatrix}$; (2) $D = \begin{vmatrix} 1 & 3 & -1 \\ 0 & 1 & 2 \\ 2 & 4 & 3 \end{vmatrix}$.

解 (1) $D = \begin{vmatrix} 1 & 2 & 3 \\ 4 & 0 & 5 \\ -1 & 0 & 6 \end{vmatrix}$

$= 1 \times 0 \times 6 + 4 \times 0 \times 3 + 2 \times 5 \times (-1) - (-1) \times 0 \times 3 - 1 \times 5 \times 0 - 4 \times 2 \times 6$

$= -58.$

(2) $D = \begin{vmatrix} 1 & 3 & -1 \\ 0 & 1 & 2 \\ 2 & 4 & 3 \end{vmatrix}$

$= 1 \times 1 \times 3 + 3 \times 2 \times 2 + (-1) \times 4 \times 0 - 2 \times 1 \times (-1) - 0 \times 3 \times 3 - 1 \times 2 \times 4$

$= 9.$

3. n 阶行列式

定义 3 在一个行列式中划去元素 a_{ij} 所在的行和列上的所有元素,余下的元素按原来的顺序构成的低一阶的行列式,称为元素 a_{ij} 的**余子式**,记作 M_{ij},而将 $(-1)^{i+j}M_{ij}$ 称为元素 a_{ij} **代数余子式**,记作 A_{ij},即 $A_{ij} = (-1)^{i+j}M_{ij}$.

例如,三阶行列式

$$D=\begin{vmatrix} a_{11} & a_{12} & a_{13} \\ a_{21} & a_{22} & a_{23} \\ a_{31} & a_{32} & a_{33} \end{vmatrix} \tag{9-3}$$

中元素 a_{23} 的余子式和代数余子式分别为

$$M_{23}=\begin{vmatrix} a_{11} & a_{12} \\ a_{31} & a_{32} \end{vmatrix},$$

$$A_{23}=(-1)^{2+3}M_{23}=-\begin{vmatrix} a_{11} & a_{12} \\ a_{31} & a_{32} \end{vmatrix}.$$

根据余子式和代数余子式的概念,式(9－3)可写成

$$D=a_{11}A_{11}+a_{12}A_{12}+a_{13}A_{13} \tag{9-4}$$

由式(9－4)可看出,三阶行列式的值等于第一行的每一个元素与其对应的代数余子式乘积之和．式(9－4)称为三阶行列式按第一行展开的展开式．

我们已经定义了二阶、三阶行列式,又用二阶行列式计算了三阶行列式．按照这一规律,我们可用三阶行列式定义四阶行列式．依此类推,在已定义了 $n-1$ 阶行列式后,便可定义 n 阶行列式．

定义 4 由 n^2 个元素排成的 n 行 n 列的式子

$$D=\begin{vmatrix} a_{11} & a_{12} & \cdots & a_{1n} \\ a_{21} & a_{22} & \cdots & a_{2n} \\ \vdots & \vdots & & \vdots \\ a_{n1} & a_{n2} & \cdots & a_{nn} \end{vmatrix}$$

称为 ***n* 阶行列式**．行列式中,从左上角到右下角的元素构成的对角线称为**主对角线**,主对角线上的元素称为**主对角元**．

当 $n=1$ 时,规定 $D=|a_{11}|=a_{11}$；

当 $n\geqslant 2$ 时,将行列式按第一行展开得

$$D=a_{11}A_{11}+a_{12}A_{12}+\cdots+a_{1n}A_{1n}.$$

与二、三阶行列式相类似,n 阶行列式的展开式共有 $n!$ 项($n=2,3,\cdots$),其中一半为正项,一半为负项,且每项都是 n 个元素相乘,这 n 个元素位于 D 中不同的行和不同的列．$n!$ 项的代数和称为行列式的值．

n 阶行列式的余子式是 $n-1$ 阶行列式．这样,就可以通过计算 $n-1$ 阶行列式来计算 n 阶行列式的值．

例 3 计算三阶行列式 $\begin{vmatrix} 2 & 3 & -1 \\ 1 & -4 & 1 \\ 5 & -2 & 3 \end{vmatrix}$.

解 将行列式按第一行展开得

$$\begin{vmatrix} 2 & 3 & -1 \\ 1 & -4 & 1 \\ 5 & -2 & 3 \end{vmatrix}=2\times(-1)^{1+1}\begin{vmatrix} -4 & 1 \\ -2 & 3 \end{vmatrix}+(-1)^{1+2}\times 3\begin{vmatrix} 1 & 1 \\ 5 & 3 \end{vmatrix}+(-1)\times$$

$$(-1)^{1+3}\begin{vmatrix} 1 & -4 \\ 5 & -2 \end{vmatrix}=-32.$$

形如 $\begin{vmatrix} a_{11} & 0 & \cdots & 0 \\ a_{21} & a_{22} & \cdots & 0 \\ \vdots & \vdots & & \vdots \\ a_{n1} & a_{n2} & \cdots & a_{nn} \end{vmatrix}$ 的行列式称为**下三角行列式**,它的特点是行列式主对角线上方的元素都为零．显然下三角形行列式的值等于其主对角元的乘积．行列式主对角线下方元素均为零时,称为**上三角行列式**．上三角形行列式和下三角形行列式统称为**三角行列式．**

主对角线两侧元素都是零的行列式,称为**对角行列式**,可看作三角行列式,显然有

$$\begin{vmatrix} a_{11} & 0 & \cdots & 0 \\ 0 & a_{22} & \cdots & 0 \\ \vdots & \vdots & & \vdots \\ 0 & 0 & \cdots & a_{nn} \end{vmatrix} = a_{11}a_{22}\cdots a_{nn}.$$

二、行列式的性质

定义 5 将行列式 D 的行与列互换后所得的行列式,称为 D 的**转置行列式**,记作 D^{T}.

设
$$D = \begin{vmatrix} a_{11} & a_{12} & \cdots & a_{1n} \\ a_{21} & a_{22} & \cdots & a_{2n} \\ \vdots & \vdots & & \vdots \\ a_{n1} & a_{n2} & \cdots & a_{nn} \end{vmatrix},$$

则
$$D^{\mathrm{T}} = \begin{vmatrix} a_{11} & a_{21} & \cdots & a_{n1} \\ a_{12} & a_{22} & \cdots & a_{n2} \\ \vdots & \vdots & & \vdots \\ a_{1n} & a_{2n} & \cdots & a_{nn} \end{vmatrix}.$$

性质 1 行列式与它的转置行列式的值相等,即 $D = D^{\mathrm{T}}$.

性质 1 表明:行列式对行成立的性质,对列也成立．

性质 2 交换行列式的任意两行(列),行列式变号．

例如,二阶行列式

$$D = \begin{vmatrix} a_{11} & a_{12} \\ a_{21} & a_{22} \end{vmatrix} = a_{11}a_{22} - a_{12}a_{21},$$

互换第一列和第二列后得

$$\begin{vmatrix} a_{12} & a_{11} \\ a_{22} & a_{21} \end{vmatrix} = a_{12}a_{21} - a_{11}a_{22} = -D.$$

推论 1 若行列式中有两行(列)的对应元素相同,则此行列式的值为零．

事实上,交换行列式 D 中这两行(列),则有 $D = -D$,即 $2D = 0$,故 $D = 0$.

性质 3 用数 k 乘以行列式的某一行(列),等于用数 k 乘此行列式．

例如

$$D = \begin{vmatrix} ka_{11} & ka_{12} & ka_{13} \\ a_{21} & a_{22} & a_{23} \\ a_{31} & a_{32} & a_{33} \end{vmatrix} = k\begin{vmatrix} a_{11} & a_{12} & a_{13} \\ a_{21} & a_{22} & a_{23} \\ a_{31} & a_{32} & a_{33} \end{vmatrix}.$$

推论 2 行列式的某一行(列)中所有元素的公因子可以提到行列式的外面．

推论 3　若行列式中有两行(列)的对应元素成比例,则此行列式的值为零.

性质 4　若行列式中某一行(列)的所有元素都是二项式,则此行列式等于把这些二项式各取一项作成相应的行(列),而其余的行(列)不变的两个行列式的和.

例如

$$\begin{vmatrix} a_{11} & a_{12} & a_{13} \\ a_{21}+b_{21} & a_{22}+b_{22} & a_{23}+b_{23} \\ a_{31} & a_{32} & a_{33} \end{vmatrix} = \begin{vmatrix} a_{11} & a_{12} & a_{13} \\ a_{21} & a_{22} & a_{23} \\ a_{31} & a_{32} & a_{33} \end{vmatrix} + \begin{vmatrix} a_{11} & a_{12} & a_{13} \\ b_{21} & b_{22} & b_{23} \\ a_{31} & a_{32} & a_{33} \end{vmatrix}.$$

性质 5　行列式的某一行(列)的所有元素都乘以同一个常数 k 加到另一行(列)的对应元素上去,行列式的值不变(倍加性质).

性质 5 在行列式的计算中起着重要作用,逐项选择适当的 k 运用该性质,可以使行列式的一些元素变为零,以减少行列式运算过程中的计算次数.

性质 6　行列式 D 的值等于它的任意一行(列)的所有元素与其对应的代数余子式的乘积的和,即

$$D = a_{i1}A_{i1} + a_{i2}A_{i2} + \cdots + a_{in}A_{in} = \sum_{j=1}^{n} a_{ij}A_{ij} \quad (i = 1,2,\cdots,n),$$

$$D = a_{1j}A_{1j} + a_{2j}A_{2j} + \cdots + a_{nj}A_{nj} = \sum_{i=1}^{n} a_{ij}A_{ij} \quad (j = 1,2,\cdots,n).$$

性质 7　行列式 D 的某一行(列)的元素与另外一行(列)的对应元素的代数余子式的乘积的和等于零,即

$$a_{i1}A_{s1} + a_{i2}A_{s2} + \cdots + a_{in}A_{sn} = 0 \quad (i \neq s, i, s = 1,2,\cdots n),$$

$$a_{1j}A_{1t} + a_{2j}A_{2t} + \cdots + a_{nj}A_{nt} = 0 \quad (j \neq t, j, t = 1,2,\cdots n).$$

三、行列式的计算

计算行列式时通常使用以下两种方法:

(1)**降阶法**.用行列式的性质将行列式中某一行(列)化为仅有一个非零元素,再按此行(列)展开,化为低一阶的行列式,如此继续下去直到化为三阶或二阶行列式.

(2)**化三角形法**.利用行列式的性质将行列式化为上(下)三角行列式,其值等于主对角元的乘积.

在实际计算中经常两种方法结合着使用.

为了便于书写和复查,在以后的计算中,约定采用下列标记方法.

(1)用 r 代表行,c 代表列.

(2)把第 i 行(或列)的每一个元素加上第 j 行(或列)对应元素的 k 倍,记作

$$r_i + kr_j \text{ (或 } c_i + kc_j \text{)}.$$

(3)交换 i,j 两行(或两列),记作 $r_i \leftrightarrow r_j$ (或 $c_i \leftrightarrow c_j$).

例 4　计算行列式　$D = \begin{vmatrix} 3 & 1 & -1 & 2 \\ -5 & 1 & 3 & -4 \\ 2 & 0 & 1 & -1 \\ 1 & -5 & 3 & -3 \end{vmatrix}.$

解

$$D=\begin{vmatrix}3&1&-1&2\\-5&1&3&-4\\2&0&1&-1\\1&-5&3&-3\end{vmatrix}\xlongequal[c_1+2c_4]{c_3+c_4}\begin{vmatrix}7&1&1&2\\-13&1&-1&-4\\0&0&0&-1\\-5&-5&0&-3\end{vmatrix}=(-1)\times(-1)^{3+4}\begin{vmatrix}7&1&1\\-13&1&-1\\-5&-5&0\end{vmatrix}$$

$$\xlongequal{r_2+r_1}\begin{vmatrix}7&1&1\\-6&2&0\\-5&-5&0\end{vmatrix}=1\times(-1)^{1+3}\begin{vmatrix}-6&2\\-5&-5\end{vmatrix}=30+10=40.$$

例 5 求三阶范德蒙行列式 $\begin{vmatrix}1&1&1\\x_1&x_2&x_3\\x_1^2&x_2^2&x_3^2\end{vmatrix}$ 的值.

解 $\begin{vmatrix}1&1&1\\x_1&x_2&x_3\\x_1^2&x_2^2&x_3^2\end{vmatrix}\xlongequal[c_3-c_1]{c_2-c_1}\begin{vmatrix}1&0&0\\x_1&x_2-x_1&x_3-x_1\\x_1^2&x_2^2-x_1^2&x_3^2-x_1^2\end{vmatrix}=\begin{vmatrix}x_2-x_1&x_3-x_1\\x_2^2-x_1^2&x_3^2-x_1^2\end{vmatrix}$

$$=(x_2-x_1)(x_3-x_1)\begin{vmatrix}1&1\\x_2+x_1&x_3+x_1\end{vmatrix}=(x_2-x_1)(x_3-x_1)(x_3-x_2).$$

相应的有 n 阶范德蒙行列式,请读者自己去计算其值.

习 题 9-1

1. 求下列行列式的值.

(1) $\begin{vmatrix}3&2\\-1&4\end{vmatrix}$;(2) $\begin{vmatrix}a+b&-(a-b)\\(a-b)&a+b\end{vmatrix}$;(3) $\begin{vmatrix}2&3&5\\3&-1&1\\4&-2&-5\end{vmatrix}$;(4) $\begin{vmatrix}0&a&b\\a&0&c\\b&c&0\end{vmatrix}$.

2. 已知 $D=\begin{vmatrix}1&0&0&3\\2&-1&1&0\\1&0&2&1\\-1&0&2&1\end{vmatrix}$,求元素 a_{11},a_{41},a_{44} 的代数余子式.

3. 利用行列式的性质计算下列行列式.

(1) $\begin{vmatrix}1&1&1\\x&y&z\\x^2&y^2&z^2\end{vmatrix}$; (2) $\begin{vmatrix}7&10&13\\8&11&14\\9&12&15\end{vmatrix}$; (3) $\begin{vmatrix}-1&3&1&2\\1&1&2&0\\-1&2&0&3\\1&1&3&5\end{vmatrix}$;

(4) $\begin{vmatrix}0&1&3&5\\1&0&5&3\\3&5&0&1\\5&3&1&0\end{vmatrix}$; (5) $\begin{vmatrix}1&5&5&5&5\\5&2&5&5&5\\5&5&3&5&5\\5&5&5&4&5\\5&5&5&5&5\end{vmatrix}$.

4. 证明下列等式.

(1) $\begin{vmatrix}1&a&a^2-bc\\1&b&b^2-ac\\1&c&c^2-ab\end{vmatrix}=0$;

(2) $\begin{vmatrix} a^2 & (a+1)^2 & (a+2)^2 \\ b^2 & (b+1)^2 & (b+2)^2 \\ c^2 & (c+1)^2 & (c+2)^2 \end{vmatrix} = 4(a-c)(c-b)(b-a)$.

第二节　克莱姆法则

设含有 n 个未知数的 n 元线性方程组的一般形式为

$$\begin{cases} a_{11}x_1 + a_{12}x_2 + \cdots + a_{1n}x_n = b_1 \\ a_{21}x_1 + a_{22}x_2 + \cdots + a_{2n}x_n = b_2 \\ \cdots\cdots \\ a_{n1}x_1 + a_{n2}x_2 + \cdots + a_{nn}x_n = b_n \end{cases} \tag{9-5}$$

其中，a_{ij} $(i,j=1,2,\cdots,n)$ 是未知数的系数，b_j $(j=1,2,\cdots,n)$ 是常数，x_j $(j=1,2,\cdots,n)$ 是未知数．其系数构成的行列式

$$D = \begin{vmatrix} a_{11} & a_{12} & \cdots & a_{1n} \\ a_{21} & a_{22} & \cdots & a_{2n} \\ \vdots & \vdots & & \vdots \\ a_{n1} & a_{n2} & \cdots & a_{nn} \end{vmatrix}$$

称为线性方程组(9－5)的系数行列式．

当 $b_1 = b_2 = \cdots = b_n = 0$ 时，方程组(9－5)称为齐次线性方程组．

当 $b_1, b_2, \cdots, b_n$ 不全为零时，方程组(9－5)称为非齐次线性方程组．

定理 1(克莱姆法则)　若线性方程组(9－5)的系数行列式 $D \neq 0$，则该方程组存在唯一解

$$x_1 = \frac{D_1}{D},\ x_2 = \frac{D_2}{D},\ \cdots,\ x_n = \frac{D_n}{D},$$

即　$x_j = \dfrac{D_j}{D}$　$(j=1,2,\cdots,n)$，其中 D_j $(j=1,2,\cdots,n)$ 是将系数行列式 D 中的第 j 列的元素对应地换为常数项 $b_1, b_2, \cdots, b_n$ 后得到的行列式，即

$$D_j = \begin{vmatrix} a_{11} & \cdots & a_{1j-1} & b_1 & a_{1j+1} & \cdots & a_{1n} \\ a_{21} & \cdots & a_{2j-1} & b_2 & a_{2j+1} & \cdots & a_{2n} \\ \vdots & & \vdots & \vdots & \vdots & & \vdots \\ a_{n1} & \cdots & a_{nj-1} & b_n & a_{nj+1} & \cdots & a_{nn} \end{vmatrix} \quad (j=1,2,\cdots,n).$$

例 1　用克莱姆法则求解线性方程组

$$\begin{cases} 2x_1 + 3x_2 + 5x_3 = 2 \\ x_1 + 2x_2 = 5 \\ 3x_2 + 5x_3 = 4 \end{cases}.$$

解　$D = \begin{vmatrix} 2 & 3 & 5 \\ 1 & 2 & 0 \\ 0 & 3 & 5 \end{vmatrix} = 20 \neq 0$；　$D_1 = \begin{vmatrix} 2 & 3 & 5 \\ 5 & 2 & 0 \\ 4 & 3 & 5 \end{vmatrix} = -20$；

$D_2 = \begin{vmatrix} 2 & 2 & 5 \\ 1 & 5 & 0 \\ 0 & 4 & 5 \end{vmatrix} = 60$；　$D_3 = \begin{vmatrix} 2 & 3 & 2 \\ 1 & 2 & 5 \\ 0 & 3 & 4 \end{vmatrix} = -20$.

所以，方程组的解为

$$x_1=\frac{D_1}{D}=-1,\quad x_2=\frac{D_2}{D}=3,\quad x_3=\frac{D_3}{D}=-1.$$

克莱姆法则揭示了线性方程组的解与它的系数和常数项之间的关系，用克莱姆法则解 n 元线性方程组时有两个前提条件：

(1)方程的个数与未知数的个数相等；(2)系数行列式 $D\neq 0$.

对于齐次线性方程

$$\begin{cases}a_{11}x_1+a_{12}x_2+\cdots+a_{1n}x_n=0\\a_{21}x_1+a_{22}x_2+\cdots+a_{2n}x_n=0,\\\cdots\cdots\\a_{n1}x_1+a_{n2}x_2+\cdots+a_{nn}x_n=0\end{cases}\qquad(9-6)$$

显然，$x_1=x_2=\cdots=x_n=0$ 是方程组(9－6)的解，此解称为零解．如果存在一组不全为零的数是方程组(9－6)的解，则称其为齐次线性方程组(9－6)的非零解．

根据克莱姆法则容易得出：

定理2 如果齐次线性方程组的系数行列式 $D\neq 0$，则其只有零解；反之，如果齐次线性方程组有非零解，则它的系数行列式 $D=0$.

例2 解线性方程组

$$\begin{cases}x_1+x_2+x_3+x_4=0\\x_1+2x_2-x_3+4x_4=0\\2x_1-3x_2-x_3-5x_4=0\\3x_1+x_2+2x_3+11x_4=0\end{cases}.$$

解 因为方程组的系数行列式

$$D=\begin{vmatrix}1&1&1&1\\1&2&-1&4\\2&-3&-1&-5\\3&1&2&11\end{vmatrix}\xlongequal[r_4-3r_1]{\substack{r_2-r_1\\r_3-2r_1}}\begin{vmatrix}1&1&1&1\\0&1&-2&3\\0&-5&-3&-7\\0&-2&-1&8\end{vmatrix}\xlongequal[r_4+2r_2]{r_3+5r_2}\begin{vmatrix}1&1&1&1\\0&1&-2&3\\0&0&-13&8\\0&0&-5&14\end{vmatrix}$$

$$=\begin{vmatrix}-13&8\\-5&14\end{vmatrix}=-182+40=-142\neq 0.$$

所以，方程组只有零解．

例3 问 k 取何值时，齐次线性方程组

$$\begin{cases}x+y+kz=0\\-x+ky+z=0\\x-y+2z=0\end{cases}$$

有非零解？

解 $$D=\begin{vmatrix}1&1&k\\-1&k&1\\1&-1&2\end{vmatrix}\xlongequal[r_3-r_1]{r_2+r_1}\begin{vmatrix}1&1&k\\0&k+1&k+1\\0&-2&2-k\end{vmatrix}=\begin{vmatrix}k+1&k+1\\-2&2-k\end{vmatrix}$$

$$=(k+1)(2-k)+2(k+1)=(k+1)(4-k).$$

由定理2可知，若齐次线性方程组有非零解，则其系数行列式 $D=0$，即

$$D=(k+1)(4-k)=0,$$

解得 $$k=-1 \text{ 或 } k=4$$

所以，当 $k=-1$ 或 $k=4$ 时方程组有非零解．

应用克莱姆法则解线性方程组具有很大的局限性，一是因为此法则只适用于解方程个数

与未知数个数相等且系数行列式 $D\neq 0$ 的线性方程组；二是因为当未知数个数较多时，运算量很大．如果未知数的个数与方程的个数不相等，或系数行列式 $D=0$ 时，法则就无法使用．

习 题 9－2

1. 用克莱姆法则解下列方程组．

(1) $\begin{cases}3x_1+2x_2+2x_3=1\\x_1+x_2+2x_3=2\\x_1+x_2+x_3=3\end{cases}$；

(2) $\begin{cases}2x_1+x_2-5x_3+x_4=8\\x_1-3x_2-6x_4=9\\2x_2-x_3+2x_4=-5\\x_1+4x_2-7x_3+6x_4=0\end{cases}$，求 x_2；

(3) $\begin{cases}x_1-x_2+2x_4=-5\\3x_1+2x_2-x_3-2x_4=6\\4x_1+3x_2-x_3-x_4=0\\2x_1-x_3=0\end{cases}$，求 x_4.

2. k 取何值时，齐次线性方程组

$$\begin{cases}kx_1+x_2+x_3=0\\x_1+kx_2+x_3=0\\x_1+x_2+x_3=0\end{cases}$$

(1)只有零解？(2)有非零解？

3. 当 m 取何值时，齐次线性方程组 $\begin{cases}x+2y+3z=mx\\2x+y+3z=my\\3x+3y+6z=mz\end{cases}$ 有非零解？

第三节 矩阵及其运算

一、矩阵的概念

在实际问题中，常常会处理很多数据，矩阵就是从处理数据中抽象出来的数学概念．

引例 某贸易公司全年调运产品的数量如表 9－1 所示．

表 9－1 （单位：件）

产品名＼地区	B_1	B_2	B_3	B_4
A_1	100	80	95	70
A_2	50	55	60	70
A_3	30	30	35	25

表中第 1 行第 1 列的数据为 100，表示 A_1 产品调运到 B_1 地区的数量为 100 件，其他位置的数据都是相同的含义，第 m 行 n 列的数据表示 A_m 产品调运到 B_n 地区的数量．

将上面表中的数字抽出，排成下面形式的数表

$$\begin{pmatrix}100&80&95&70\\50&55&60&70\\30&30&35&25\end{pmatrix}$$

则这种数表就称为矩阵.

1. 矩阵的定义

定义1 由 $m \times n$ 个数 a_{ij} $(i=1,2,\cdots,m;\ j=1,2,\cdots,n)$ 按一定次序排成的 m 行 n 列的数表

$$\begin{pmatrix} a_{11} & a_{12} & \cdots & a_{1n} \\ a_{21} & a_{22} & \cdots & a_{2n} \\ \vdots & \vdots & & \vdots \\ a_{m1} & a_{m2} & \cdots & a_{mn} \end{pmatrix}$$

称为 m 行 n 列的**矩阵**.

通常用大写字母 $\boldsymbol{A},\boldsymbol{B},\boldsymbol{C},\cdots$ 表示矩阵,用 a_{ij} 表示矩阵第 i 行第 j 列交叉处的元素,矩阵可以简记为 $\boldsymbol{A}=(a_{ij})$,有时为了表示出矩阵的行数和列数,也记为 $\boldsymbol{A}_{m\times n}=(a_{ij})_{m\times n}$.

2. 几种特殊类型的矩阵

(1)零矩阵:矩阵的元素全为0的矩阵称为**零矩阵**,记作 $\boldsymbol{O}$ 或 $\boldsymbol{O}_{m\times n}$.

(2)行矩阵:只有一行的矩阵称为**行矩阵**,也称为**行向量**.

$$\boldsymbol{A}=(a_1 \quad a_2 \quad \cdots \quad a_n).$$

(3)列矩阵:只有一列的矩阵称为**列矩阵**,也称为**列向量**.

$$\boldsymbol{B}=\begin{pmatrix} b_1 \\ b_2 \\ \vdots \\ b_m \end{pmatrix}.$$

(4) n 阶方阵:行数和列数相同均为 n 的矩阵称为 **n 阶方阵**,通常记作 $\boldsymbol{A}_n$.

$$\boldsymbol{A}_n=\begin{pmatrix} a_{11} & \cdots & a_n \\ \vdots & \ddots & \vdots \\ a_{n1} & \cdots & a_{nn} \end{pmatrix}.$$

方阵左上角到右下角的元素 $a_{11},a_{22},\cdots,a_{nn}$ 构成一条对角线,称为**主对角线**. 主对角线上的元素称为**主对角元**.

(5)对角矩阵:主对角元以外的元素全为0的方阵称为**对角矩阵**.

$$\boldsymbol{A}=\begin{pmatrix} d_1 & 0 & \cdots & 0 \\ 0 & d_2 & \cdots & 0 \\ \vdots & \vdots & \ddots & \vdots \\ 0 & 0 & \cdots & d_n \end{pmatrix}.$$

(6)单位矩阵:主对角元全为1的对角矩阵称为**单位矩阵**,记作 $\boldsymbol{E}$ 或者 $\boldsymbol{I}$.

$$\boldsymbol{E}=\begin{pmatrix} 1 & 0 & \cdots & 0 \\ 0 & 1 & \cdots & 0 \\ \vdots & \vdots & \ddots & \vdots \\ 0 & 0 & \cdots & 1 \end{pmatrix}.$$

(7)上(下)三角矩阵:形如

$$\boldsymbol{A}=\begin{pmatrix} a_{11} & a_{12} & \cdots & a_{1n} \\ 0 & a_{22} & \cdots & a_{2n} \\ \vdots & \vdots & \ddots & \vdots \\ 0 & 0 & \cdots & a_{nn} \end{pmatrix}$$

的矩阵称为**上三角矩阵**,形如

$$B=\begin{pmatrix} b_{11} & 0 & \cdots & 0 \\ b_{21} & b_{22} & \cdots & 0 \\ \vdots & \vdots & \ddots & \vdots \\ b_{n1} & b_{n2} & \cdots & b_{nn} \end{pmatrix}$$

的矩阵为**下三角矩阵**．上三角矩阵和下三角矩阵统称为**三角矩阵**．

3. 矩阵的相等

定义 2 设矩阵 $A=(a_{ij})$，$B=(b_{ij})$ 都是 $m\times n$ 矩阵，如果

$$a_{ij}=b_{ij}\quad (i=1,2,\cdots,m;\ j=1,2,\cdots,n),$$

则称矩阵 A 和矩阵 B **相等**，记作 $A=B$．

行数和列数分别相同的矩阵称为同型矩阵．两个矩阵相等，当且仅当它们是同型矩阵且每一个对应元素都相等．

二、矩阵的运算

1. 矩阵的加法与减法

引例 甲、乙两公司一月份销售产品的数量如表 9－2所示，二月份销售产品的数量如表 9－3 所示，问两个月一共销售产品的数量为多少？

表 9－2

公司＼产品	产品 A	产品 B	产品 C
甲	100	80	95
乙	50	55	60

表 9－3

公司＼产品	产品 A	产品 B	产品 C
甲	90	90	85
乙	55	56	70

记一月份销售产品的矩阵为 A，二月份销售产品的矩阵为 B．

$$A=\begin{pmatrix} 100 & 80 & 95 \\ 50 & 55 & 60 \end{pmatrix},\quad B=\begin{pmatrix} 90 & 90 & 85 \\ 55 & 65 & 70 \end{pmatrix}.$$

统计两个月一共销售产品的数据，显然把 A，B 矩阵中对应的元素相加即可，结果仍是具有相同行数和列数的矩阵，记两个月一共销售产品为矩阵 C，则

$$C=\begin{pmatrix} 100+90 & 80+90 & 95+85 \\ 50+55 & 55+65 & 60+70 \end{pmatrix}=\begin{pmatrix} 190 & 170 & 180 \\ 105 & 120 & 130 \end{pmatrix}$$

由此定义矩阵的加法．

定义 3 若矩阵 $A=(a_{ij})$，$B=(b_{ij})$ 都是 $m\times n$ 矩阵，则 A 与 B 的**和**仍然是 $m\times n$ 矩阵，记作 $C=A+B$，且

$$C=(c_{ij})_{m\times n}=(a_{ij}+b_{ij})_{m\times n}=\begin{pmatrix} a_{11}+b_{11} & a_{12}+b_{12} & \cdots & a_{1n}+b_{1n} \\ a_{21}+b_{21} & a_{22}+b_{22} & \cdots & a_{2n}+b_{2n} \\ \vdots & \vdots & & \vdots \\ a_{m1}+b_{m1} & a_{m2}+b_{m2} & \cdots & a_{mn}+b_{mn} \end{pmatrix}.$$

设矩阵 $A=(a_{ij})$，记 $-A=(-a_{ij})$，称 $-A$ 为矩阵 A 的**负矩阵**．

矩阵的**减法**为

$$A-B=A+(-B)=(a_{ij}-b_{ij})_{m\times n}.$$

注:(1)只有当两个矩阵是同型矩阵时,才能进行矩阵的加减运算.

(2)两个同型矩阵的和差,即为两个矩阵对应位置上的元素相加减得到的矩阵.

矩阵的加法满足以下规律(假设 $\boldsymbol{A},\boldsymbol{B},\boldsymbol{C},\boldsymbol{O}$ 都是同型矩阵):

(1)交换律:$\boldsymbol{A}+\boldsymbol{B}=\boldsymbol{B}+\boldsymbol{A}$.

(2)结合律:$(\boldsymbol{A}+\boldsymbol{B})+\boldsymbol{C}=\boldsymbol{A}+(\boldsymbol{B}+\boldsymbol{C})$.

(3) $\boldsymbol{A}+\boldsymbol{O}=\boldsymbol{A}$.

(4) $\boldsymbol{A}+(-\boldsymbol{A})=\boldsymbol{O}$.

2. 矩阵的数乘

定义 4 设矩阵 $\boldsymbol{A}=(a_{ij})$ 是 $m\times n$ 矩阵,k 为一个常数,k 与 $\boldsymbol{A}=(a_{ij})$ 的每一个元素相乘得到的矩阵,称为数 k 与矩阵 $\boldsymbol{A}$ 的**乘积**,记作 $k\boldsymbol{A}$,即

$$k\boldsymbol{A}=(ka_{ij})=\begin{pmatrix} ka_{11} & ka_{12} & \cdots & ka_{1n} \\ ka_{21} & ka_{22} & \cdots & ka_{2n} \\ \vdots & \vdots & & \vdots \\ ka_{m1} & ka_{m2} & \cdots & ka_{mn} \end{pmatrix}.$$

矩阵的数乘满足以下运算律(假设 $\boldsymbol{A}$,$\boldsymbol{B}$ 都是同型矩阵,k,l 为常数):

(1)交换律:$k\boldsymbol{A}=\boldsymbol{A}k$.

(2)结合律:$(kl)\boldsymbol{A}=k(l\boldsymbol{A})$.

(3)分配律:$(k+l)\boldsymbol{A}=k\boldsymbol{A}+l\boldsymbol{A}$,$k(\boldsymbol{A}+\boldsymbol{B})=k\boldsymbol{A}+k\boldsymbol{B}$.

例 1 设 $\boldsymbol{A}=\begin{pmatrix} 2 & -1 & 3 \\ 1 & 3 & -2 \end{pmatrix}$,$\boldsymbol{B}=\begin{pmatrix} -1 & 1 & 3 \\ 2 & -2 & 1 \end{pmatrix}$,求 $\boldsymbol{A}+2\boldsymbol{B}$,$2\boldsymbol{A}-\boldsymbol{B}$.

解

$$\boldsymbol{A}+2\boldsymbol{B}=\begin{pmatrix} 2 & -1 & 3 \\ 1 & 3 & -2 \end{pmatrix}+\begin{pmatrix} -2 & 2 & 6 \\ 4 & -4 & 2 \end{pmatrix}=\begin{pmatrix} 0 & 1 & 9 \\ 5 & -1 & 0 \end{pmatrix}.$$

$$2\boldsymbol{A}-\boldsymbol{B}=\begin{pmatrix} 4 & -2 & 6 \\ 2 & 6 & -4 \end{pmatrix}-\begin{pmatrix} -1 & 1 & 3 \\ 2 & -2 & 1 \end{pmatrix}=\begin{pmatrix} 5 & -3 & 3 \\ 0 & 8 & -5 \end{pmatrix}.$$

例 2 已知

$$\boldsymbol{A}=\begin{pmatrix} 0 & 4 & 8 \\ 8 & 2 & -4 \\ -6 & 4 & -2 \end{pmatrix},\quad \boldsymbol{B}=\begin{pmatrix} 0 & x_1 & x_2 \\ x_1 & 2 & x_3 \\ x_2 & x_3 & -2 \end{pmatrix},\quad \boldsymbol{C}=\begin{pmatrix} 0 & y_1 & y_2 \\ -y_1 & 0 & y_3 \\ -y_2 & -y_3 & 0 \end{pmatrix}$$

且 $\boldsymbol{A}=\boldsymbol{B}+\boldsymbol{C}$,求 $\boldsymbol{B}$ 和 $\boldsymbol{C}$ 中的 x_1,x_2x_3 和 y_1,y_2,y_3.

解 因为 $\boldsymbol{A}=\boldsymbol{B}+\boldsymbol{C}$,所以

$$\begin{pmatrix} 0 & 4 & 8 \\ 8 & 2 & -4 \\ -6 & 4 & -2 \end{pmatrix}=\begin{pmatrix} 0 & x_1+y_1 & x_2+y_2 \\ x_1-y_1 & 2 & x_3+y_3 \\ x_2-y_2 & x_3-y_3 & -2 \end{pmatrix},$$

即

$$\begin{cases} x_1+y_1=4 \\ x_1-y_1=8 \end{cases},\begin{cases} x_2+y_2=8 \\ x_2-y_2=-6 \end{cases},\begin{cases} x_3+y_3=-4 \\ x_3-y_3=4, \end{cases}$$

解得

$$\begin{cases} x_1=6 \\ y_1=-2 \end{cases},\begin{cases} x_2=1 \\ y_2=7 \end{cases},\begin{cases} x_3=0 \\ y_3=-4 \end{cases}.$$

矩阵的加减运算与数乘运算统称为**线性运算**. 不难验证线性运算满足交换律、结合律与

分配律,这与数量的运算规律相同,所以在数量运算中形成的诸如提取公因子、合并同类项、移项变号、正负抵消等运算习惯,在矩阵的线性运算中都可以保留、沿用.

3. 矩阵的乘法

引例　某高校运动会中 A,B 两个班的比赛结果如表 9－4 所示,第一名到第三名颁发奖学金和团体评分标准如表 9－5 所示,现在需要计算各班获得的奖金的总数和团体总分.

表　9－4

名次 / 班级	第一名	第二名	第三名
A 班	3 人	1 人	2 人
B 班	1 人	4 人	2 人

表　9－5

名次 / 班级	奖金(元)	评分
第一名	300	5
第二名	200	3
第三名	150	1

记比赛结果矩阵为 $\boldsymbol{A}$,评分结果矩阵为 $\boldsymbol{B}$,则

$$\boldsymbol{A}=\begin{pmatrix}3 & 1 & 2\\1 & 4 & 2\end{pmatrix},\boldsymbol{B}=\begin{pmatrix}300 & 5\\200 & 3\\150 & 1\end{pmatrix},$$

容易统计两班的奖金数和团体总分,记为矩阵 $\boldsymbol{C}$,则

$$\boldsymbol{C}=\begin{matrix}\boldsymbol{A}\text{ 班}\\\boldsymbol{B}\text{ 班}\end{matrix}\overset{\begin{matrix}\text{奖金} & & & & \text{总分}\end{matrix}}{\begin{pmatrix}3\times300+1\times200+2\times150 & 3\times5+1\times3+2\times1\\1\times300+4\times200+2\times150 & 1\times5+4\times3+2\times1\end{pmatrix}}$$

上述统计表为矩阵 $\boldsymbol{C}$,并且定义为矩阵 $\boldsymbol{A}$ 和矩阵 $\boldsymbol{B}$ 的乘积

$$\begin{pmatrix}3\times300+1\times200+2\times150 & 3\times5+1\times3+2\times1\\1\times300+4\times200+2\times150 & 1\times5+4\times3+2\times1\end{pmatrix}=\begin{pmatrix}3 & 1 & 2\\1 & 4 & 2\end{pmatrix}\times\begin{pmatrix}300 & 5\\200 & 3\\150 & 1\end{pmatrix}.$$

由此定义矩阵的乘法.

定义 5　设矩阵 $\boldsymbol{A}=(a_{ij})$ 是 $m\times s$ 矩阵,$\boldsymbol{B}=(b_{ij})$ 是 $s\times n$ 矩阵,$\boldsymbol{A}$ 与 $\boldsymbol{B}$ 的**乘积**是一个 $m\times n$ 矩阵,记作 $\boldsymbol{C}=\boldsymbol{AB}$,且

$$c_{ij}=a_{i1}b_{1j}+a_{i2}b_{2j}+\cdots+a_{is}b_{sj}=\sum_{k=1}^{s}a_{is}b_{sj}.$$

注:(1)只有左矩阵 $\boldsymbol{A}$ 的列数等于右矩阵 $\boldsymbol{B}$ 的行数时,矩阵才能相乘;

(2)矩阵 $\boldsymbol{C}=\boldsymbol{AB}$ 的行数是 $\boldsymbol{A}$ 的行数,列数是 $\boldsymbol{B}$ 的列数;

(3)矩阵 $\boldsymbol{C}=\boldsymbol{AB}$ 的元素 c_{ij} 是左矩阵 $\boldsymbol{A}$ 的第 i 行和右矩阵 $\boldsymbol{B}$ 的第 j 列对应元素的乘积之和.

例 3　设矩阵

$$\boldsymbol{A}=\begin{pmatrix}1 & 2 & 0\\2 & 1 & 3\end{pmatrix},\boldsymbol{B}=\begin{pmatrix}2 & 3\\1 & -2\\3 & 1\end{pmatrix},$$

求 $\boldsymbol{AB}$ 和 $\boldsymbol{BA}$.

解

$$\boldsymbol{AB}=\begin{pmatrix}1&2&0\\2&1&3\end{pmatrix}\begin{pmatrix}2&3\\1&-2\\3&1\end{pmatrix}=\begin{pmatrix}4&-1\\14&7\end{pmatrix},$$

$$\boldsymbol{BA}=\begin{pmatrix}2&3\\1&-2\\3&1\end{pmatrix}\begin{pmatrix}1&2&0\\2&1&3\end{pmatrix}=\begin{pmatrix}8&7&9\\-3&0&-6\\5&7&3\end{pmatrix}.$$

由例 3 可见,矩阵乘法一般不满足交换律,即 $\boldsymbol{AB}\neq\boldsymbol{BA}$.

例 4 设矩阵

$$\boldsymbol{A}=\begin{pmatrix}1&-2\\-1&2\end{pmatrix},\boldsymbol{B}=\begin{pmatrix}2&4\\1&2\end{pmatrix},$$

求 $\boldsymbol{AB}$.

解

$$\boldsymbol{AB}=\begin{pmatrix}1&-2\\-1&2\end{pmatrix}\begin{pmatrix}2&4\\1&2\end{pmatrix}=\begin{pmatrix}0&0\\0&0\end{pmatrix}.$$

由例 4 可见,两个非零矩阵的乘积可能是零矩阵,即 $\boldsymbol{A}\neq\boldsymbol{O}$ 且 $\boldsymbol{B}\neq\boldsymbol{O}$,有可能 $\boldsymbol{AB}=\boldsymbol{O}$. 而从 $\boldsymbol{AB}=\boldsymbol{O}$ 中,不能得出 $\boldsymbol{A}=\boldsymbol{O}$ 或 $\boldsymbol{B}=\boldsymbol{O}$.

例 5 设矩阵

$$\boldsymbol{A}=\begin{pmatrix}3&1\\4&0\end{pmatrix},\boldsymbol{B}=\begin{pmatrix}2&1\\4&0\end{pmatrix},\boldsymbol{C}=\begin{pmatrix}0&0\\1&1\end{pmatrix},$$

求 $\boldsymbol{AC}$ 和 $\boldsymbol{BC}$.

解

$$\boldsymbol{AC}=\begin{pmatrix}3&1\\4&0\end{pmatrix}\begin{pmatrix}0&0\\1&1\end{pmatrix}=\begin{pmatrix}1&1\\0&0\end{pmatrix},$$

$$\boldsymbol{BC}=\begin{pmatrix}2&1\\4&0\end{pmatrix}\begin{pmatrix}0&0\\1&1\end{pmatrix}=\begin{pmatrix}1&1\\0&0\end{pmatrix}.$$

由例 5 可见,矩阵乘法一般不满足消去律,即 $\boldsymbol{AC}=\boldsymbol{BC}$ 且 $\boldsymbol{C}\neq\boldsymbol{O}$,但 $\boldsymbol{B}\neq\boldsymbol{C}$.

例 6 设矩阵

$$\boldsymbol{E}=\begin{pmatrix}1&0&0\\0&1&0\\0&0&1\end{pmatrix},\boldsymbol{A}=\begin{pmatrix}2&-2&3\\3&1&5\\-4&2&1\end{pmatrix}$$

求 $\boldsymbol{EA}$ 和 $\boldsymbol{AE}$.

解

$$\boldsymbol{EA}=\begin{pmatrix}1&0&0\\0&1&0\\0&0&1\end{pmatrix}\begin{pmatrix}2&-2&3\\3&1&5\\-4&2&1\end{pmatrix}=\begin{pmatrix}2&-2&3\\3&1&5\\-4&2&1\end{pmatrix},$$

$$\boldsymbol{AE}=\begin{pmatrix}2&-2&3\\3&1&5\\-4&2&1\end{pmatrix}\begin{pmatrix}1&0&0\\0&1&0\\0&0&1\end{pmatrix}=\begin{pmatrix}2&-2&3\\3&1&5\\-4&2&1\end{pmatrix}.$$

对于单位矩阵 $\boldsymbol{E}$,有 $\boldsymbol{E}_m\boldsymbol{A}_{m\times n}=\boldsymbol{A}_{m\times n}$, $\boldsymbol{A}_{m\times n}\boldsymbol{E}_n=\boldsymbol{A}_{m\times n}$,简记为 $\boldsymbol{EA}=\boldsymbol{AE}=\boldsymbol{A}$.

矩阵的乘法满足以下运算律:

(1)结合律:$(\boldsymbol{AB})\boldsymbol{C}=\boldsymbol{A}(\boldsymbol{BC})$,$k(\boldsymbol{AB})=(k\boldsymbol{A})\boldsymbol{B}=\boldsymbol{A}(k\boldsymbol{B})$($k$ 为任意常数).

(2)分配律:$\boldsymbol{A}(\boldsymbol{B}+\boldsymbol{C})=\boldsymbol{AB}+\boldsymbol{AC}$,$(\boldsymbol{B}+\boldsymbol{C})\boldsymbol{A}=\boldsymbol{BA}+\boldsymbol{CA}$.

4. 矩阵的转置

定义 6　设矩阵 $\boldsymbol{A}=(a_{ij})$ 是 $m\times n$ 矩阵,将矩阵的行列位置互换,形成的 $n\times m$ 矩阵称为 $\boldsymbol{A}$ 的**转置矩阵**,记作 $\boldsymbol{A}^{\mathrm{T}}$.

设

$$\boldsymbol{A}=\begin{pmatrix} a_{11} & a_{12} & \cdots & a_{1n} \\ a_{21} & a_{22} & \cdots & a_{2n} \\ \vdots & \vdots & & \vdots \\ a_{m1} & a_{m2} & \cdots & a_{mn} \end{pmatrix},$$

则

$$\boldsymbol{A}^{\mathrm{T}}=\begin{pmatrix} a_{11} & a_{21} & \cdots & a_{m1} \\ a_{12} & a_{22} & \cdots & a_{m2} \\ \vdots & \vdots & & \vdots \\ a_{1n} & a_{2n} & \cdots & a_{mn} \end{pmatrix}.$$

由上述定义可以看出,转置矩阵的第 i 行实际上是原矩阵的第 i 列,通常求转置矩阵是按行转列.

矩阵的转置满足以下一些规律:

(1) $(\boldsymbol{A}^{\mathrm{T}})^{\mathrm{T}}=\boldsymbol{A}$.

(2) $(\boldsymbol{A}+\boldsymbol{B})^{\mathrm{T}}=\boldsymbol{A}^{\mathrm{T}}+\boldsymbol{B}^{\mathrm{T}}$.

(3) $(k\boldsymbol{A})^{\mathrm{T}}=k\boldsymbol{A}^{\mathrm{T}}$.

(4) $(\boldsymbol{AB})^{\mathrm{T}}=\boldsymbol{B}^{\mathrm{T}}\boldsymbol{A}^{\mathrm{T}}$.

例 7　设 $\boldsymbol{X}=(1\quad 2\quad 3)$,$\boldsymbol{Y}=(-1\quad 0\quad 2)$,求 $\boldsymbol{XY}^{\mathrm{T}}$ 和 $\boldsymbol{X}^{\mathrm{T}}\boldsymbol{Y}$.

解

$$\boldsymbol{XY}^{\mathrm{T}}=(1\quad 2\quad 3)\begin{pmatrix} -1 \\ 0 \\ 2 \end{pmatrix}=5,$$

$$\boldsymbol{X}^{\mathrm{T}}\boldsymbol{Y}=\begin{pmatrix} 1 \\ 2 \\ 3 \end{pmatrix}(-1\quad 0\quad 2)=\begin{pmatrix} -1 & 0 & 2 \\ -2 & 0 & 4 \\ -3 & 0 & 6 \end{pmatrix}.$$

定义 7　若 $\boldsymbol{A}^{\mathrm{T}}=\boldsymbol{A}$,称矩阵 $\boldsymbol{A}$ 为**对称矩阵**,对称矩阵满足 $a_{ij}=a_{ji}$.

定义 8　若 $\boldsymbol{A}^{\mathrm{T}}=-\boldsymbol{A}$,称矩阵 $\boldsymbol{A}$ 为**反对称矩阵**,反对称矩阵满足 $a_{ij}=-a_{ji}$,$a_{ii}=0$.

例 8　试证:如果 $\boldsymbol{A}$ 是一个 n 阶矩阵,那么 $\boldsymbol{A}+\boldsymbol{A}^{\mathrm{T}}$ 是对称矩阵.$\boldsymbol{A}-\boldsymbol{A}^{\mathrm{T}}$ 是反对称矩阵.

证明　因为 $(\boldsymbol{A}+\boldsymbol{A}^{\mathrm{T}})^{\mathrm{T}}=\boldsymbol{A}^{\mathrm{T}}+(\boldsymbol{A}^{\mathrm{T}})^{\mathrm{T}}=\boldsymbol{A}^{\mathrm{T}}+\boldsymbol{A}=\boldsymbol{A}+\boldsymbol{A}^{\mathrm{T}}$,所以 $\boldsymbol{A}+\boldsymbol{A}^{\mathrm{T}}$ 是对称矩阵.

因为 $(\boldsymbol{A}-\boldsymbol{A}^{\mathrm{T}})^{\mathrm{T}}=\boldsymbol{A}^{\mathrm{T}}-(\boldsymbol{A}^{\mathrm{T}})^{\mathrm{T}}=\boldsymbol{A}^{\mathrm{T}}-\boldsymbol{A}=-(\boldsymbol{A}-\boldsymbol{A}^{\mathrm{T}})$,所以 $\boldsymbol{A}-\boldsymbol{A}^{\mathrm{T}}$ 是反对称矩阵.

5. n 阶方阵的行列式

定义 9　设 $\boldsymbol{A}$ 为 n 阶方阵,则与它相对应的 n 阶行列式称为矩阵 $\boldsymbol{A}$ 的**行列式**,记作 $|\boldsymbol{A}|$(或 $\det\boldsymbol{A}$),即

$$|\boldsymbol{A}|=\begin{vmatrix} a_{11} & a_{12} & \cdots & a_{1n} \\ a_{21} & a_{22} & \cdots & a_{2n} \\ \vdots & \vdots & & \vdots \\ a_{n1} & a_{n2} & \cdots & a_{nn} \end{vmatrix}.$$

方阵 $\boldsymbol{A}$ 的行列式 $|\boldsymbol{A}|$ 满足如下性质：

(1) $|\boldsymbol{A}^{\mathrm{T}}| = |\boldsymbol{A}|$.

(2) $|k\boldsymbol{A}| = k^n |\boldsymbol{A}|$.

例 9 设 $\boldsymbol{A}$ 为三阶方阵．已知 $|\boldsymbol{A}|=-2$，求行列式 $|3\boldsymbol{A}|$ 的值．

解 设

$$\boldsymbol{A}=\begin{pmatrix} a_1 & a_2 & a_3 \\ b_1 & b_2 & b_3 \\ c_1 & c_2 & c_3 \end{pmatrix},$$

则

$$3\boldsymbol{A}=\begin{pmatrix} 3a_1 & 3a_2 & 3a_3 \\ 3b_1 & 3b_2 & 3b_3 \\ 3c_1 & 3c_2 & 3c_3 \end{pmatrix}.$$

显然行列式 $|3\boldsymbol{A}|$ 中每行都有公因子 3，因此

$$|3\boldsymbol{A}|=3^3\begin{vmatrix} a_1 & a_2 & a_3 \\ b_1 & b_2 & b_3 \\ c_1 & c_2 & c_3 \end{vmatrix}=27|\boldsymbol{A}|=-54.$$

习 题 9－3

1. 已知 $\boldsymbol{A}=\begin{pmatrix} 1 & 0 \\ 0 & 1 \end{pmatrix}$，$\boldsymbol{B}=\begin{pmatrix} x & y \\ 2 & -1 \end{pmatrix}$，$\boldsymbol{C}=\begin{pmatrix} y & 2x \\ 2 & -2 \end{pmatrix}$，且 $\boldsymbol{A}=\boldsymbol{B}-\boldsymbol{C}$，求 x，y．

2. 已知 $\boldsymbol{A}=\begin{pmatrix} 1 & 3 \\ 2 & -1 \\ 2 & 1 \end{pmatrix}$，$\boldsymbol{B}=\begin{pmatrix} 2 & 1 & 3 \\ 5 & 2 & 1 \end{pmatrix}$，求：

(1) $\boldsymbol{A}^{\mathrm{T}}-2\boldsymbol{B}$；(2) $2\boldsymbol{A}-\boldsymbol{B}^{\mathrm{T}}$．

3. 计算下列矩阵的乘积．

(1) $\begin{pmatrix} 2 \\ -2 \\ 3 \end{pmatrix}\begin{pmatrix} 1 & 0 & -2 \end{pmatrix}$；　　(2) $\begin{pmatrix} 3 & -2 \\ 4 & 1 \end{pmatrix}\begin{pmatrix} 1 & 1 \\ 0 & 1 \end{pmatrix}$；

(3) $\begin{pmatrix} 2 & 1 & 2 \\ 2 & 3 & 6 \end{pmatrix}\begin{pmatrix} 1 & 0 & 2 & 1 \\ 0 & 1 & 3 & 2 \\ -1 & 1 & 1 & 0 \end{pmatrix}$；　　(4) $\begin{pmatrix} 1 & 1 & 1 \\ 1 & 2 & 1 \\ 0 & 0 & 2 \end{pmatrix}^2$．

第四节　矩阵的初等变换与矩阵的秩

在计算行列式时，利用行列式的性质可以将给定的行列式化为上(下)三角行列式，从而简化行列式的计算．把行列式的某些性质引用到矩阵上，会给我们研究矩阵带来很大的方便，这些性质反映到矩阵上就是矩阵的初等变换．

一、矩阵的初等变换

定义 1 矩阵的下列三种变换，称为矩阵的初等行变换：

(1)位置变换：交换矩阵中某两行的位置(交换 i，j 两行用记号 $r_i \leftrightarrow r_j$ 表示)；

(2)倍乘变换:用一个非零常数 k 乘矩阵的某一行的每一个元素(第 i 行乘以数 k 用记号 kr_i 表示);

(3)倍加变换:用一个非零常数 k 乘矩阵的某一行的每一个元素后加到另一行的对应元素上去(第 i 行乘以数 k 加到第 j 行用记号 r_j+kr_i 表示).

如果将定义 1 中的行改为列,称为矩阵的**初等列变换**,相应记号中把 r 换成 c . 初等行变换和初等列变换统称为**初等变换**,通常应用初等行变换 .

矩阵 $\boldsymbol{A}$ 经过一系列初等变换变为矩阵 $\boldsymbol{B}$,矩阵 $\boldsymbol{A}$ 和矩阵 $\boldsymbol{B}$ 一般不相等,记作 $\boldsymbol{A}\rightarrow\boldsymbol{B}$,并称 $\boldsymbol{A}$ 和 $\boldsymbol{B}$ 为等价矩阵 .

二、阶梯形矩阵与行简化阶梯形矩阵

定义 2　满足下列两个条件的矩阵称为阶梯形矩阵:

(1)若矩阵有零行(元素全部为零的行),零行在矩阵的最下方;

(2)首非零元(各非零行的第一个非零元素)的列标随着行标的递增而严格增大(或说其列标一定不小于行标).

例如,下列矩阵都是阶梯形矩阵:

$$\begin{pmatrix} a_{11} & a_{12} & a_{13} & a_{14} \\ 0 & a_{22} & a_{23} & a_{24} \\ 0 & 0 & a_{33} & a_{34} \\ 0 & 0 & 0 & 0 \end{pmatrix},\quad \begin{pmatrix} a_{11} & a_{12} & a_{13} & a_{14} \\ 0 & a_{22} & a_{23} & a_{24} \\ 0 & 0 & a_{33} & a_{34} \\ 0 & 0 & 0 & a_{44} \end{pmatrix},\quad \begin{pmatrix} a_{11} & a_{12} & a_{13} & a_{14} \\ 0 & 0 & 0 & 0 \\ 0 & 0 & 0 & 0 \\ 0 & 0 & 0 & 0 \end{pmatrix};$$

而

$$\begin{pmatrix} 1 & 2 & 3 & 0 \\ 0 & 4 & 5 & 6 \\ 0 & 7 & 0 & 0 \\ 0 & 0 & 0 & 0 \end{pmatrix},\quad \begin{pmatrix} 1 & 2 & 0 \\ 0 & 0 & 0 \\ 0 & 4 & 0 \end{pmatrix}$$

都不是阶梯形矩阵 .

任何一个矩阵都可以经过初等行变换化为阶梯形矩阵 .

例 1　将矩阵 $\boldsymbol{A}=\begin{pmatrix} 2 & 1 & 3 & 1 & 1 \\ 1 & 2 & 1 & 0 & 3 \\ 3 & 3 & 4 & 1 & 4 \\ 2 & 2 & 1 & 2 & 1 \end{pmatrix}$ 化为阶梯形矩阵 .

解

$$\boldsymbol{A}=\begin{pmatrix} 2 & 1 & 3 & 1 & 1 \\ 1 & 2 & 1 & 0 & 3 \\ 3 & 3 & 4 & 1 & 4 \\ 2 & 2 & 1 & 2 & 1 \end{pmatrix} \xrightarrow{r_1\leftrightarrow r_2} \begin{pmatrix} 1 & 2 & 1 & 0 & 3 \\ 2 & 1 & 3 & 1 & 1 \\ 3 & 3 & 4 & 1 & 4 \\ 2 & 1 & 1 & 2 & 1 \end{pmatrix} \xrightarrow[r_4-2r_1]{\substack{r_2-2r_1 \\ r_3-3r_1}} \begin{pmatrix} 1 & 2 & 1 & 0 & 3 \\ 0 & -3 & 1 & 1 & -5 \\ 0 & -3 & 1 & 1 & -5 \\ 0 & -3 & -1 & 2 & -5 \end{pmatrix}$$

$$\xrightarrow{\substack{r_3-r_2 \\ r_4-r_2}} \begin{pmatrix} 1 & 2 & 1 & 0 & 3 \\ 0 & -3 & 1 & 1 & -5 \\ 0 & 0 & 0 & 0 & 0 \\ 0 & 0 & -2 & 1 & 0 \end{pmatrix} \xrightarrow{r_4\leftrightarrow r_3} \begin{pmatrix} 1 & 2 & 1 & 0 & 3 \\ 0 & -3 & 1 & 1 & -5 \\ 0 & 0 & -2 & 1 & 0 \\ 0 & 0 & 0 & 0 & 0 \end{pmatrix}.$$

定义 3　若矩阵为阶梯形矩阵,且满足条件:

(1)首非零元都等于 1;

(2)所有首非零元所在列的其余元素全为零,则称该矩阵为**行简化阶梯形矩阵 .**

例如,下列矩阵都是行简化阶梯矩阵:

$$\begin{pmatrix}1&0&0&0\\0&1&0&0\\0&0&1&0\\0&0&0&1\end{pmatrix},\quad \begin{pmatrix}1&0&0&a_{14}\\0&1&0&a_{24}\\0&0&1&a_{34}\\0&0&0&0\end{pmatrix}.$$

同样,任何一个矩阵都可以经过一系列初等行变换化为行简化阶梯形矩阵.

例 2 利用初等行变换,将矩阵 $\boldsymbol{A}=\begin{pmatrix}2&3&1\\0&1&3\\1&2&5\end{pmatrix}$ 化为行简化阶梯形矩阵.

解

$$\boldsymbol{A}=\begin{pmatrix}2&3&1\\0&1&3\\1&2&5\end{pmatrix}\xrightarrow{r_1\leftrightarrow r_3}\begin{pmatrix}1&2&5\\0&1&3\\2&3&1\end{pmatrix}\xrightarrow{r_3-2r_1}\begin{pmatrix}1&2&5\\0&1&3\\0&-1&-9\end{pmatrix}\xrightarrow{r_3+r_2}\begin{pmatrix}1&2&5\\0&1&3\\0&0&-6\end{pmatrix}$$

$$\xrightarrow{-\frac{1}{6}r_3}\begin{pmatrix}1&2&5\\0&1&3\\0&0&1\end{pmatrix}\xrightarrow[r_1-5r_1]{r_2-3r_3}\begin{pmatrix}1&2&0\\0&1&0\\0&0&1\end{pmatrix}\xrightarrow{r_1-2r_2}\begin{pmatrix}1&0&0\\0&1&0\\0&0&1\end{pmatrix}.$$

三、矩阵的秩

定义 4 在 $m\times n$ 矩阵$\boldsymbol{A}$ 中,任取 k 行与 k 列($k\leqslant m$ 且 $k\leqslant n$),位于这些行列交叉处的这 k^2 个元素,按原位置次序构成的 k 阶行列式,称为矩阵 $\boldsymbol{A}$ 的一个 k **阶子式**.

定义 5 若矩阵 $\boldsymbol{A}$ 中至少有一个不为零的 r 阶子式,而所有高于 r 阶的子式都为零,则称矩阵 $\boldsymbol{A}$ 的秩为 r ,记作 $r(\boldsymbol{A})$.

换句话说,矩阵$\boldsymbol{A}$ 中不等于零的子式的最高阶数就是矩阵$\boldsymbol{A}$ 的秩. 显然,对于 $m\times n$ 矩阵 $\boldsymbol{A}$,$r(\boldsymbol{A})\leqslant \min(m,n)$.

例 3 求矩阵 $\boldsymbol{A}=\begin{pmatrix}2&-3&8&2\\2&12&-2&12\\1&3&1&4\end{pmatrix}$ 的秩.

解 $\boldsymbol{A}$ 的一个二阶子式 $\begin{vmatrix}2&-3\\2&12\end{vmatrix}\neq 0$,而 $\boldsymbol{A}$ 的所有三阶子式都等于 0,即

$$\begin{vmatrix}2&-3&2\\2&12&12\\1&3&4\end{vmatrix}=0,\ \begin{vmatrix}2&-3&8\\2&12&-2\\1&3&1\end{vmatrix}=0,\ \begin{vmatrix}2&8&2\\2&-2&12\\1&1&4\end{vmatrix}=0,\ \begin{vmatrix}-3&8&2\\12&-2&12\\3&1&4\end{vmatrix}=0,$$

所以, $r(\boldsymbol{A})=2$.

由此可看出,根据矩阵秩的定义来计算 $r(\boldsymbol{A})$,需要计算许多行列式,比较麻烦. 下面介绍用初等变换法求矩阵的秩.

四、利用初等变换求矩阵的秩

定理 1 矩阵经初等变换后,其秩不变.

定理 2 阶梯形矩阵的秩等于非零行的行数.

由以上定理综合可得:求矩阵 $\boldsymbol{A}$ 的秩可以先把$\boldsymbol{A}$ 化为阶梯形矩阵,再求秩.

例 4 求矩阵 $\boldsymbol{A}=\begin{pmatrix}1&1&3&2\\-2&1&0&-1\\-1&2&3&1\end{pmatrix}$ 的秩.

解　$\boldsymbol{A}=\begin{pmatrix}1&1&3&2\\-2&1&0&-1\\-1&2&3&1\end{pmatrix}\xrightarrow[r_3+r_1]{r_2+2r_1}\begin{pmatrix}1&1&3&2\\0&3&3&3\\0&3&3&3\end{pmatrix}\xrightarrow{r_3-r_2}\begin{pmatrix}1&1&3&2\\0&3&3&3\\0&0&0&0\end{pmatrix}$,

所以，$r(\boldsymbol{A})=2$.

例 5　求矩阵 $\boldsymbol{A}=\begin{pmatrix}1&-2&1&-4&2\\0&1&-1&3&1\\4&-7&4&-4&5\\2&-4&4&10&-4\end{pmatrix}$ 的秩.

解　$\boldsymbol{A}=\begin{pmatrix}1&-2&1&-4&2\\0&1&-1&3&1\\4&-7&4&-4&5\\2&-4&4&10&-4\end{pmatrix}\xrightarrow[r_4-2r_1]{r_3-4r_1}\begin{pmatrix}1&-2&1&-4&2\\0&1&-1&3&1\\0&1&0&12&-3\\0&0&2&18&-8\end{pmatrix}$

$\xrightarrow{r_3-r_2}\begin{pmatrix}1&-2&1&-4&2\\0&1&-1&3&1\\0&0&1&9&-4\\0&0&2&18&-8\end{pmatrix}\xrightarrow{r_4-2r_3}\begin{pmatrix}1&-2&1&-4&2\\0&1&-1&3&1\\0&0&1&9&-4\\0&0&0&0&0\end{pmatrix}$,

所以，$R(\boldsymbol{A})=3$.

习　题　9－4

1. 判断下列矩阵是否为阶梯矩阵.

(1) $\begin{pmatrix}2&5&1&8\\0&1&8&1\\0&0&1&0\end{pmatrix}$;　　(2) $\begin{pmatrix}4&4&1&6\\0&2&3&5\\0&1&1&0\\0&0&0&8\end{pmatrix}$;

(3) $\begin{pmatrix}2&0&6&4&8\\0&0&2&1&3\\0&1&0&6&0\end{pmatrix}$;　　(4) $\begin{pmatrix}1&0&1&4&8\\0&0&3&1&3\\0&0&0&6&9\end{pmatrix}$.

2. 将下列矩阵化为行简化阶梯形矩阵.

(1) $\begin{pmatrix}1&2&-1&2&1\\2&4&1&1&5\\-1&-2&-2&1&-4\end{pmatrix}$;　　(2) $\begin{pmatrix}1&1&1&-1\\-1&-1&2&3\\2&2&5&0\end{pmatrix}$.

3. 求下列矩阵的秩.

(1) $\begin{pmatrix}1&2&-3\\-1&-3&4\\1&1&-2\end{pmatrix}$;　　(2) $\begin{pmatrix}4&1&-1&2\\-2&2&8&14\\1&-2&-7&13\end{pmatrix}$;

(3) $\begin{pmatrix}2&0&2&0&2\\0&1&0&1&0\\2&1&0&2&1\\0&1&0&1&0\end{pmatrix}$;　　(4) $\begin{pmatrix}1&0&0&1&4\\0&1&0&2&5\\0&0&1&3&6\\1&2&3&14&32\\4&5&6&32&77\end{pmatrix}$.

第五节 逆矩阵

一、逆矩阵的概念

定义 1 设 $\boldsymbol{A}$ 为 n 阶方阵,若存在一个 n 阶方阵 $\boldsymbol{B}$,使得 $\boldsymbol{BA}=\boldsymbol{AB}=\boldsymbol{I}$,则称方阵 $\boldsymbol{A}$ **可逆**,并称方阵 $\boldsymbol{B}$ 为 $\boldsymbol{A}$ 的**逆矩阵**, $\boldsymbol{A}$ 的逆矩阵记作 $\boldsymbol{A}^{-1}$,即 $\boldsymbol{B}=\boldsymbol{A}^{-1}$.

由矩阵的定义可直接推出如下性质(证明略):

性质 1 如果矩阵 $\boldsymbol{A}$ 可逆,则 $\boldsymbol{A}$ 的逆矩阵是唯一的 .

性质 2 如果矩阵 $\boldsymbol{A}$ 可逆,则 $\boldsymbol{A}^{-1}$ 也可逆,且 $(\boldsymbol{A}^{-1})^{-1}=\boldsymbol{A}$. 即 $\boldsymbol{A}$ 与 $\boldsymbol{A}^{-1}$ 互逆 .

性质 3 如果矩阵 $\boldsymbol{A}$ 可逆,数 $k\neq 0$,则 $k\boldsymbol{A}$ 可逆,且 $(k\boldsymbol{A})^{-1}=\dfrac{1}{k}\boldsymbol{A}^{-1}$.

性质 4 如果同阶方阵 $\boldsymbol{A}$, $\boldsymbol{B}$ 都可逆,则 $\boldsymbol{AB}$ 也可逆,且 $(\boldsymbol{AB})^{-1}=\boldsymbol{B}^{-1}\boldsymbol{A}^{-1}$.

性质 5 如果矩阵 $\boldsymbol{A}$ 可逆,则 $\boldsymbol{A}^{\mathrm{T}}$ 也可逆,且 $(\boldsymbol{A}^{\mathrm{T}})^{-1}=(A^{-1})^{\mathrm{T}}$.

二、可逆矩阵的判定

定义 2 由矩阵 $\boldsymbol{A}=(a_{ij})_{n\times n}$ 的行列式 $|\boldsymbol{A}|$ 中元素 a_{ij} 的代数余子式 $A_{ij}(i,j=1,2,\cdots,n)$ 构成的 n 阶方阵

$$\begin{pmatrix} A_{11} & A_{21} & \cdots & A_{n1} \\ A_{12} & A_{22} & \cdots & A_{n2} \\ \vdots & \vdots & & \vdots \\ A_{1n} & A_{2n} & \cdots & A_{nn} \end{pmatrix}$$

称为 $\boldsymbol{A}$ 的**伴随矩阵** . 记作 $\boldsymbol{A}^*$,即 $\boldsymbol{A}^*=\begin{pmatrix} A_{11} & A_{21} & \cdots & A_{n1} \\ A_{12} & A_{22} & \cdots & A_{n2} \\ \vdots & \vdots & & \vdots \\ A_{1n} & A_{2n} & \cdots & A_{nn} \end{pmatrix}$.

定理 若方阵 $\boldsymbol{A}$ 对应的行列式 $|\boldsymbol{A}|\neq 0$,则 $\boldsymbol{A}$ 可逆,且

$$\boldsymbol{A}^{-1}=\frac{1}{|\boldsymbol{A}|}\boldsymbol{A}^*.$$

由定理可知: n 阶方阵 $\boldsymbol{A}$ 可逆的充要条件是 $|\boldsymbol{A}|\neq 0$.

例 1 判断下列方阵

$$\boldsymbol{A}=\begin{pmatrix} 1 & 0 & 2 \\ 2 & 2 & 1 \\ 1 & 1 & 1 \end{pmatrix},\ \boldsymbol{B}=\begin{pmatrix} -1 & 3 & 2 \\ -11 & 15 & 1 \\ -3 & 3 & -1 \end{pmatrix}$$

是否可逆 . 若可逆,求其逆矩阵 .

解 因为

$$|\boldsymbol{A}|=\begin{vmatrix} 1 & 0 & 2 \\ 2 & 2 & 1 \\ 1 & 1 & 1 \end{vmatrix}=1\neq 0,$$

所以矩阵 $\boldsymbol{A}$ 可逆 .

$$A_{11}=\begin{vmatrix}2&1\\1&1\end{vmatrix}=1,A_{12}=-\begin{vmatrix}2&1\\1&1\end{vmatrix}=-1,A_{13}=\begin{vmatrix}2&2\\1&1\end{vmatrix}=0,$$

$$A_{21}=-\begin{vmatrix}0&2\\1&1\end{vmatrix}=2,A_{22}=\begin{vmatrix}1&2\\1&1\end{vmatrix}=-1,A_{23}=-\begin{vmatrix}1&0\\1&1\end{vmatrix}=-1,$$

$$A_{31}=\begin{vmatrix}0&2\\2&1\end{vmatrix}=-4,A_{32}=-\begin{vmatrix}1&2\\2&1\end{vmatrix}=3,A_{33}=\begin{vmatrix}1&0\\2&2\end{vmatrix}=2,$$

所以

$$\boldsymbol{A}^{-1}=\frac{1}{|\boldsymbol{A}|}\boldsymbol{A}^{*}=\begin{pmatrix}1&2&-4\\-1&-1&3\\0&-1&2\end{pmatrix}.$$

因为

$$|\boldsymbol{B}|=\begin{vmatrix}-1&3&2\\-11&15&1\\-3&3&-1\end{vmatrix}=0$$

所以，$\boldsymbol{B}$ 不可逆．

利用上述定理求逆矩阵的方法，称为**伴随矩阵法**．方阵的阶比较大的时候，计算方阵的行列式和求伴随矩阵都要计算很多个行列式，所以求逆矩阵通常不用伴随矩阵法．

三、用初等变换求逆矩阵

用初等变换求一个可逆矩阵 $\boldsymbol{A}$ 的逆矩阵，其具体方法为：将矩阵 $\boldsymbol{A}$ 和同阶的单位矩阵 $\boldsymbol{E}$ 拼接在一起，形成一个 $n\times 2n$ 的矩阵，对拼接矩阵进行初等行变换，将矩阵 $\boldsymbol{A}$ 化为单位矩阵 $\boldsymbol{E}$ 的同时，单位矩阵 $\boldsymbol{E}$ 就变成了 $\boldsymbol{A}^{-1}$，即

$$(\boldsymbol{A}\vdots\boldsymbol{E})\xrightarrow{\text{初等行变换}}(\boldsymbol{E}\vdots\boldsymbol{A}^{-1}).$$

例 2 用初等变换求矩阵 $\boldsymbol{A}=\begin{pmatrix}2&2&3\\1&-1&0\\-1&2&1\end{pmatrix}$ 的逆矩阵．

解 将矩阵 $\boldsymbol{A}$ 和单位矩阵 $\boldsymbol{E}$ 拼接成

$$(\boldsymbol{A}\vdots\boldsymbol{E})=\left(\begin{array}{ccc:ccc}2&2&3&1&0&0\\1&-1&0&0&1&0\\-1&2&1&0&0&1\end{array}\right)\xrightarrow[r_3+r_2]{r_1-2r_2}\left(\begin{array}{ccc:ccc}0&4&3&1&-2&0\\1&-1&0&0&1&0\\0&1&1&0&1&1\end{array}\right)$$

$$\xrightarrow{r_1\leftrightarrow r_2}\left(\begin{array}{ccc:ccc}1&-1&0&0&1&0\\0&4&3&1&-2&0\\0&1&1&0&1&1\end{array}\right)\xrightarrow[r_2-4r_3]{r_1+r_3}\left(\begin{array}{ccc:ccc}1&0&1&0&2&1\\0&0&-1&1&-6&-4\\0&1&1&0&1&1\end{array}\right)$$

$$\xrightarrow{r_2\leftrightarrow r_3}\left(\begin{array}{ccc:ccc}1&0&1&0&2&1\\0&1&1&0&1&1\\0&0&-1&1&-6&-4\end{array}\right)\xrightarrow[r_2+r_3]{r_1+r_3}\left(\begin{array}{ccc:ccc}1&0&0&1&4&-3\\0&1&0&1&-5&-3\\0&0&-1&1&-6&-4\end{array}\right)$$

$$\xrightarrow{-r_3}\left(\begin{array}{ccc:ccc}1&0&0&1&4&-3\\0&1&0&1&-5&-3\\0&0&1&-1&6&4\end{array}\right),$$

所以

$$\boldsymbol{A}^{-1}=\begin{pmatrix}1&4&-3\\1&-5&-3\\-1&6&4\end{pmatrix}.$$

注:在进行初等行变换的过程中,若矩阵 $\boldsymbol{A}$ 出现了零行,则矩阵 $\boldsymbol{A}$ 不可逆.

含有未知矩阵的方程称为**矩阵方程**.例如 $\boldsymbol{AX}=\boldsymbol{D}$,$\boldsymbol{XB}=\boldsymbol{D}$,$\boldsymbol{AXB}=\boldsymbol{C}$ 等都是矩阵方程,其中 $\boldsymbol{X}$ 为未知矩阵.利用逆矩阵我们不仅可以解一些特殊的矩阵方程,还可以解某些线性方程组.

设含有 n 个方程 n 个未知数的线性方程组为

$$\begin{cases} a_{11}x_1+a_{12}x_2+\cdots+a_{1n}x_n=b_1 \\ a_{21}x_1+a_{22}x_2+\cdots+a_{2n}x_n=b_2 \\ \cdots\cdots \\ a_{n1}x_1+a_{n2}x_2+\cdots+a_{nn}x_n=b_n \end{cases},$$

记矩阵

$$\boldsymbol{A}=\begin{pmatrix} a_{11} & a_{12} & \cdots & a_{1n} \\ a_{21} & a_{22} & \cdots & a_{2n} \\ \vdots & \vdots & & \vdots \\ a_{n1} & a_{n2} & \cdots & a_{nn} \end{pmatrix},\quad \boldsymbol{X}=\begin{pmatrix} x_1 \\ x_2 \\ \vdots \\ x_n \end{pmatrix},\quad \boldsymbol{B}=\begin{pmatrix} b_1 \\ b_2 \\ \vdots \\ b_n \end{pmatrix},$$

称 $\boldsymbol{A}$ 为方程组的**系数矩阵**,$\boldsymbol{X}$ 为**未知数矩阵**,$\boldsymbol{B}$ 为**常数矩阵**.

由矩阵的乘法可知:$\boldsymbol{AX}=\boldsymbol{B}$.

这是用矩阵方程表示线性方程组,此方程类似于代数方程 $ax=b$.对于代数方程 $ax=b$,当 $a\neq 0$ 时,我们可以采用在方程两边同乘以 a^{-1} 的方法得到它的解 $x=a^{-1}b$.同样,对于矩阵方程 $\boldsymbol{AX}=\boldsymbol{B}$,如果矩阵 $\boldsymbol{A}$ 可逆,我们便可以用 $\boldsymbol{A}^{-1}$ 左乘方程两端

$$\boldsymbol{A}^{-1}\boldsymbol{AX}=\boldsymbol{A}^{-1}\boldsymbol{B},\ (\boldsymbol{A}^{-1}\boldsymbol{A})\boldsymbol{X}=\boldsymbol{A}^{-1}\boldsymbol{B},\ \boldsymbol{EX}=\boldsymbol{A}^{-1}\boldsymbol{B},$$

得

$$\boldsymbol{X}=\boldsymbol{A}^{-1}\boldsymbol{B}$$

这就是 n 元线性方程组的解.

例 3 解矩阵方程 $\boldsymbol{XA}=\boldsymbol{B}$,其中

$$\boldsymbol{A}=\begin{pmatrix} 4 & 7 \\ 5 & 9 \end{pmatrix},\ \boldsymbol{B}=\begin{pmatrix} 1 & 0 \\ 0 & 2 \\ -1 & 0 \end{pmatrix}.$$

解 因为 $|\boldsymbol{A}|=\begin{vmatrix} 4 & 7 \\ 5 & 9 \end{vmatrix}=1\neq 0$,所以 $\boldsymbol{A}^{-1}$ 存在

$$A_{11}=9,\ A_{12}=-5,\ A_{21}=-7,\ A_{22}=4,$$

所以

$$\boldsymbol{A}^{-1}=\begin{pmatrix} 9 & -7 \\ -5 & 4 \end{pmatrix},$$

用 $\boldsymbol{A}^{-1}$ 右乘方程 $\boldsymbol{XAA}^{-1}=\boldsymbol{BA}^{-1}$,则

$$\boldsymbol{X}=\boldsymbol{B}\boldsymbol{A}^{-1}=\begin{pmatrix} 1 & 0 \\ 0 & 2 \\ -1 & 0 \end{pmatrix}\begin{pmatrix} 9 & -7 \\ -5 & 4 \end{pmatrix}=\begin{pmatrix} 9 & -7 \\ -10 & 8 \\ -9 & 7 \end{pmatrix}.$$

例 4 用逆矩阵方法解线性方程组

$$\begin{cases} x_1+x_2+x_3+x_4=5 \\ x_1+2x_2-x_3+x_4=-2 \\ 2x_1+2x_2+3x_3+x_4=-2 \\ 3x_1+3x_2+2x_3+3x_4=5 \end{cases}.$$

解 因为

$$A=\begin{pmatrix}1&1&1&1\\1&2&-1&1\\2&2&3&1\\3&3&2&3\end{pmatrix},X=\begin{pmatrix}x_1\\x_2\\x_3\\x_4\end{pmatrix},B=\begin{pmatrix}5\\-2\\-2\\4\end{pmatrix},$$

$$(A\vdots E)=\left(\begin{array}{cccc:cccc}1&1&1&1&1&0&0&0\\1&2&-1&1&0&1&0&0\\2&2&3&1&0&0&1&0\\3&3&2&3&0&0&0&1\end{array}\right)\xrightarrow[r_4-3r_1]{\substack{r_2-r_1\\r_3-2r_1}}\left(\begin{array}{cccc:cccc}1&1&1&1&1&0&0&0\\0&1&-2&0&-1&1&0&0\\0&0&1&-1&-2&0&1&0\\0&0&-1&0&-3&0&0&1\end{array}\right)$$

$$\xrightarrow{r_1-r_2}\left(\begin{array}{cccc:cccc}1&0&3&1&2&-1&0&0\\0&1&-2&0&-1&1&0&0\\0&0&1&-1&-2&0&1&0\\0&0&-1&0&-3&0&0&1\end{array}\right)\xrightarrow[r_4+r_3]{\substack{r_1-3r_2\\r_2+2r_3}}\left(\begin{array}{cccc:cccc}1&0&0&1&-7&-1&0&3\\0&1&0&-2&-5&1&2&0\\0&0&1&-1&-2&0&1&0\\0&0&0&-1&-5&0&1&1\end{array}\right)$$

$$\xrightarrow{-r_4}\left(\begin{array}{cccc:cccc}1&0&0&4&-7&-1&0&3\\0&1&0&-2&-5&1&2&0\\0&0&1&-1&-2&0&1&0\\0&0&0&1&5&0&-1&-1\end{array}\right)$$

$$\xrightarrow[r_3+r_4]{\substack{r_1-4r_4\\r_2+2r_4}}\left(\begin{array}{cccc:cccc}1&0&0&0&-27&-1&4&7\\0&1&0&0&5&1&0&-2\\0&0&1&0&3&0&0&-1\\0&0&0&1&5&0&-1&-1\end{array}\right),$$

即
$$A^{-1}=\begin{pmatrix}-27&-1&4&7\\5&1&0&-2\\3&0&0&-1\\5&0&-1&-1\end{pmatrix},$$

用 A^{-1} 左乘方程 $A^{-1}AX=A^{-1}B$，则

$$X=A^{-1}B=\begin{pmatrix}x_1\\x_2\\x_3\\x_4\end{pmatrix}=\begin{pmatrix}-27&-1&4&7\\5&1&0&-2\\3&0&0&-1\\5&0&-1&-1\end{pmatrix}\begin{pmatrix}5\\-2\\-2\\4\end{pmatrix}=\begin{pmatrix}-127\\15\\41\\8\end{pmatrix},$$

即 $x_1=-127$，$x_2=15$，$x_3=41$，$x_4=8$ 为方程组的解．

习　题　9－5

1. 已知矩阵 $A=\begin{pmatrix}2&1&0\\1&2&1\\1&1&1\end{pmatrix}$，求 $|A|$，A^*，A^{-1}．

2. 求下列矩阵的逆矩阵．

(1) $\begin{pmatrix}2&6\\1&4\end{pmatrix}$；　　(2) $\begin{pmatrix}0&1&2\\1&1&4\\2&-1&0\end{pmatrix}$；

(3) $\begin{pmatrix}1&2&-3\\3&2&-4\\2&-1&0\end{pmatrix}$；　　(4) $\begin{pmatrix}1&0&0&0\\2&1&0&0\\3&2&1&0\\4&3&2&1\end{pmatrix}$．

3. 解下列矩阵方程.

(1) $\begin{pmatrix}1 & 2\\3 & 5\end{pmatrix}\boldsymbol{X}=\begin{pmatrix}3 & -2\\1 & 4\end{pmatrix}$; (2) $\boldsymbol{X}\begin{pmatrix}3 & 4\\-3 & -2\end{pmatrix}=\begin{pmatrix}6 & 9\\3 & 6\end{pmatrix}$.

4. 用逆矩阵解线性方程组 $\begin{cases}2x_1+3x_2+x_3=11\\x_1+x_2+x_3=6\\3x_1-x_2-x_3=-2\end{cases}$.

第六节 线性方程组及其应用

前面介绍的克莱姆法则和用逆矩阵的方法可以解 n 个方程 n 个未知数且系数行列式不为零的线性方程组. 使用这两种方法当未知数的个数较多时,计算很麻烦,而且当系数行列式等于零或方程的个数与未知数的个数不相等时方法就失效了. 为此,需要研究一般线性方程组的解法.

一、高斯消元法

消元法是解线性方程组常用的方法,它的基本思想是将方程组中的一部分方程变成未知量较少的方程,从而容易判断方程组解的情况或求出方程组的解.

线性方程组的一般形式是

$$\begin{cases}a_{11}x_1+a_{12}x_2+\cdots+a_{1n}x_n=b_1\\a_{21}x_1+a_{22}x_2+\cdots+a_{2n}x_n=b_2\\\cdots\cdots\\a_{m1}x_1+a_{m2}x_2+\cdots+a_{mn}x_n=b_m\end{cases}\tag{9-7}$$

它的系数矩阵、未知数矩阵、常数矩阵分别为

$$\boldsymbol{A}=\begin{pmatrix}a_{11} & a_{12} & \cdots & a_{1n}\\a_{21} & a_{22} & \cdots & a_{2n}\\\vdots & \vdots & & \vdots\\a_{m1} & a_{m2} & \cdots & a_{mn}\end{pmatrix},\boldsymbol{X}=\begin{pmatrix}x_1\\x_2\\\vdots\\x_n\end{pmatrix},\quad \boldsymbol{B}=\begin{pmatrix}b_1\\b_2\\\vdots\\b_n\end{pmatrix},$$

将方程组(9—7)写成矩阵方程的形式为

$$\boldsymbol{AX}=\boldsymbol{B}.$$

若方程右端常数项全为零,即 $\boldsymbol{B}=\boldsymbol{O}$,称 $\boldsymbol{AX}=\boldsymbol{O}$ 为齐次线性方程组,若 $\boldsymbol{B}\neq\boldsymbol{O}$,称 $\boldsymbol{AX}=\boldsymbol{B}$ 为非齐次线性方程组.

对于有 m 个方程 n 个未知数的线性方程组称为 $m\times n$ **线性方程组**, m 和 n 可以相等也可以不相等.

线性方程组由系数矩阵 $\boldsymbol{A}$ 和常数矩阵 $\boldsymbol{B}$ 唯一确定,把系数矩阵 $\boldsymbol{A}$ 和常数矩阵 $\boldsymbol{B}$ 拼接成矩阵 $(\boldsymbol{A}\vdots\boldsymbol{B})$,称为线性方程组的**增广矩阵**,记为 $\widetilde{\boldsymbol{A}}$ 或 $(\boldsymbol{A}\vdots\boldsymbol{B})$.

$$\widetilde{\boldsymbol{A}}=(\boldsymbol{A}\vdots\boldsymbol{B})=\begin{pmatrix}a_{11} & a_{12} & \cdots & a_{1n} & b_1\\a_{21} & a_{22} & \cdots & a_{2n} & b_2\\\vdots & \vdots & & \vdots & \vdots\\a_{m1} & a_{m2} & \cdots & a_{mn} & b_m\end{pmatrix}.$$

定理 1 用初等行变换将线性方程组的增广矩阵 $(\boldsymbol{A}\vdots\boldsymbol{B})$ 化成 $(\boldsymbol{C}\vdots\boldsymbol{D})$,则 $\boldsymbol{AX}=\boldsymbol{B}$ 和

$CX=D$ 是同解方程组.

用初等行变换将方程组的增广矩阵 $\widetilde{A}$ 化成行简化阶梯形矩阵,再写出该阶梯形矩阵所对应的方程组,并求出方程组的解.因为它们是同解方程组,所以也就得到了原方程组的解.这种方法称为**高斯消元法**.

下面举例说明用高斯消元法求一般线性方程组解的方法和步骤.

例 1　解线性方程组 $\begin{cases}2x_1+2x_2-x_3=6\\x_1-2x_2+4x_3=3\\x_1+2x_2+x_3=9\end{cases}$.

解　将方程组的增广矩阵化为行简化阶梯形矩阵.

$$\widetilde{A}=\begin{pmatrix}2&2&-1&6\\1&-2&4&3\\1&2&1&9\end{pmatrix}\xrightarrow{r_2\leftrightarrow r_1}\begin{pmatrix}1&-2&4&3\\2&2&-1&6\\1&2&1&9\end{pmatrix}$$

$$\xrightarrow[r_3-r_1]{r_2-2r_1}\begin{pmatrix}1&-2&4&3\\0&6&-9&0\\0&4&-3&6\end{pmatrix}\xrightarrow{\frac{1}{6}r_2}\begin{pmatrix}1&-2&4&3\\0&1&-\dfrac{3}{2}&0\\0&4&-3&6\end{pmatrix}$$

$$\xrightarrow[r_3-4r_2]{r_1+2r_2}\begin{pmatrix}1&0&1&3\\0&1&-\dfrac{3}{2}&0\\0&0&3&6\end{pmatrix}\xrightarrow{\frac{1}{3}r_3}\begin{pmatrix}1&0&1&3\\0&1&-\dfrac{3}{2}&0\\0&0&1&2\end{pmatrix}$$

$$\xrightarrow[r_2+\frac{3}{2}r_3]{r_1-r_3}\begin{pmatrix}1&0&0&1\\0&1&0&3\\0&0&1&2\end{pmatrix},$$

行简化阶梯矩阵表示的方程组为

$$\begin{cases}x_1=1\\x_2=2\\x_3=3\end{cases}.$$

例 2　解线性方程组 $\begin{cases}x_1+x_2-2x_3-x_4=-1\\x_1+5x_2-3x_3-2x_4=0\\3x_1-x_2+x_3+4x_4=2\\-2x_1+2x_2+x_3-x_4=1\end{cases}$.

解　将方程组的增广矩阵化为行简化阶梯形矩阵.

$$\widetilde{A}=\begin{pmatrix}1&1&-2&-1&-1\\1&5&-3&-2&0\\3&-1&1&4&2\\-2&2&1&-1&1\end{pmatrix}\xrightarrow[r_4+2r_1]{\substack{r_2-r_1\\r_3-3r_1}}\begin{pmatrix}1&1&-2&-1&-1\\0&4&-1&-1&1\\0&-4&7&7&5\\0&4&-3&-3&-1\end{pmatrix}$$

$$\xrightarrow[r_4-r_2]{r_3+r_2}\begin{pmatrix}1&1&-2&-1&-1\\0&4&-1&-1&1\\0&0&6&6&6\\0&0&-2&-2&-2\end{pmatrix}\xrightarrow{r_4+\frac{1}{3}r_3}\begin{pmatrix}1&1&-2&-1&-1\\0&4&-1&-1&1\\0&0&6&6&6\\0&0&0&0&0\end{pmatrix}$$

$$\xrightarrow[r_1+2r_3]{\frac{1}{6}r_3 \atop r_2+r_3}\begin{pmatrix}1&1&0&1&1\\0&4&0&0&2\\0&0&1&1&1\\0&0&0&0&0\end{pmatrix}\xrightarrow[r_1-r_2]{\frac{1}{4}r_2}\begin{pmatrix}1&0&0&1&\frac{1}{2}\\0&1&0&0&\frac{1}{2}\\0&0&1&1&1\\0&0&0&0&0\end{pmatrix}.$$

上述变换中产生零行,称为**多余方程**,原方程组等价于

$$\begin{cases}x_1=-x_4+\dfrac{1}{2}\\x_2=\dfrac{1}{2}\\x_3=-x_4+1\end{cases}\quad(\text{其中 } x_4 \text{ 可以任意取值}).$$

由于未知量 x_4 的取值是任意实数,故方程组的解有无穷多个. 未知量 x_4 称为**自由未知量**,用自由未知量表示其他未知量的表达式称为线性方程组的一般解. 当表达式中的未知量 x_4 取定一个值时,得到方程组的一个解称为线性方程组的特解. 自由未知量的选取不是唯一的.

如果将自由未知量 x_4 取一任意常数 c ,即令 $x_4=c$,则方程组的一般解为

$$\begin{cases}x_1=-c+\dfrac{1}{2}\\x_2=\dfrac{1}{2}\\x_3=-c+1\\x_4=\ \ c\end{cases}\quad(c \text{ 为任意常数}).$$

例 3 解线性方程组 $\begin{cases}x_1+2x_2-3x_3=1\\2x_1-x_2+2x_3=2.\\3x_1+x_2-x_3=4\end{cases}$

解

$$\widetilde{\boldsymbol{A}}=\begin{pmatrix}1&2&-3&1\\2&-1&2&2\\3&1&-1&4\end{pmatrix}\xrightarrow{r_2-2r_1 \atop r_3-3r_1}\begin{pmatrix}1&2&-3&1\\0&-5&8&0\\0&-5&8&1\end{pmatrix}\xrightarrow{r_3-r_2}\begin{pmatrix}1&2&-3&1\\0&-5&8&0\\0&0&0&1\end{pmatrix}.$$

阶梯形矩阵中第 3 行等价于方程 $0x_1+0x_2+0x_3=1$,即 $0=1$,这种方程称为**矛盾方程**,有矛盾方程的方程组无解,所以原方程组无解.

用初等行变换求解线性方程组,一般步骤如下:

(1)写出方程组的增广矩阵.

(2)用初等行变换将增广矩阵化为行简化阶梯形矩阵.

(3)由行简化阶梯形矩阵得出方程组的解.

二、线性方程组解的讨论

1. 非齐次线性方程组

非齐次线性方程组的右端常数项不全为零,即

$$\begin{cases}a_{11}x_1+a_{12}x_2+\cdots+a_{1n}x_n=b_1\\a_{21}x_1+a_{22}x_2+\cdots+a_{2n}x_n=b_2\\\cdots\cdots\\a_{m1}x_1+a_{m2}x_2+\cdots+a_{mn}x_n=b_m\end{cases},$$

其增广矩阵

$$\widetilde{\boldsymbol{A}}=\begin{pmatrix}a_{11}&a_{12}&\cdots&a_{1n}&b_1\\a_{21}&a_{22}&\cdots&a_{2n}&b_2\\\vdots&\vdots&&\vdots&\vdots\\a_{m1}&a_{m2}&\cdots&a_{mn}&b_m\end{pmatrix}.$$

按照高斯消元解法,先将非齐次线性方程组的增广矩阵化成等价的行简化阶梯形矩阵,再由等价方程组得出原方程组的解．由上面的例子可看出,线性方程组解的情况有唯一解、无穷解、无解三种情况．由于一个矩阵经初等行变换化为阶梯形矩阵后,其非零行的数目就是该矩阵的秩．因此,线性方程组是否有解,就可以用系数矩阵和增广矩阵的秩来刻画．

定理 2 线性方程组 $\boldsymbol{AX}=\boldsymbol{B}$ 有解的充分必要条件是其系数矩阵与增广矩阵的秩相等,即 $r(\boldsymbol{A})=r(\widetilde{\boldsymbol{A}})$．

定理 3 若线性方程组 $\boldsymbol{AX}=\boldsymbol{B}$ 满足 $r(\boldsymbol{A})=r(\widetilde{\boldsymbol{A}})=\boldsymbol{r}$,则当 $r=n$ 时,线性方程组有解且只有唯一解;当 $r<n$ 时,线性方程组有无穷多解．

例 4 判定下列方程组是否有解．若有解,说明解的个数．

(1) $\begin{cases}x_1-2x_2+x_3=0\\2x_1-3x_2+x_3=-4\\4x_1-3x_2-2x_3=-2\\3x_1-2x_3=5\end{cases}$;　(2) $\begin{cases}x_1-2x_2+x_3=0\\2x_1-3x_2+x_3=-4\\4x_1-3x_2-2x_3=-2\\3x_1-2x_3=-42\end{cases}$;

(3) $\begin{cases}x_1-2x_2+x_3=0\\2x_1-3x_2+x_3=-4\\4x_1-3x_2-x_3=-20\\3x_1-3x_3=-24\end{cases}$.

解(1)对线性方程组的增广矩阵进行初等行变换．

$$\widetilde{\boldsymbol{A}}=\begin{pmatrix}1&-2&1&0\\2&-3&1&-4\\4&-3&-2&-2\\3&0&-2&5\end{pmatrix}\xrightarrow[r_4-3r_1]{\substack{r_2-2r_1\\r_3-4r_1}}\begin{pmatrix}1&-2&1&0\\0&1&-1&-4\\0&5&-6&-2\\0&6&-5&5\end{pmatrix}$$

$$\xrightarrow[r_4-6r_2]{r_3-5r_2}\begin{pmatrix}1&-2&1&0\\0&1&-1&-4\\0&0&-1&18\\0&0&1&29\end{pmatrix}\xrightarrow{r_4+r_3}\begin{pmatrix}1&-2&1&0\\0&1&-1&-4\\0&0&-1&18\\0&0&0&47\end{pmatrix}.$$

因为 $r(\boldsymbol{A})=3$, $r(\widetilde{\boldsymbol{A}})=4$, $r(\boldsymbol{A})\neq r(\widetilde{\boldsymbol{A}})$,所以该方程组无解．

同理,将线性方程组(2),(3)的增广矩阵化为阶梯形矩阵．

$$(2)\ \widetilde{\boldsymbol{A}}=\begin{pmatrix}1&-2&1&0\\2&-3&1&-4\\4&-3&-2&-2\\3&0&-2&-42\end{pmatrix}\to\begin{pmatrix}1&-2&1&0\\0&1&-1&-4\\0&0&-1&18\\0&0&0&0\end{pmatrix},$$

因为 $r(\boldsymbol{A})=r(\widetilde{\boldsymbol{A}})=3$,所以该方程组有唯一解．

(3) $\widetilde{\mathbf{A}}=\begin{pmatrix}1 & -2 & 1 & 0\\ 2 & -3 & 1 & -4\\ 4 & -3 & -1 & -20\\ 3 & 0 & -3 & -24\end{pmatrix}\rightarrow\begin{pmatrix}1 & -2 & 1 & 0\\ 0 & 1 & -1 & -4\\ 0 & 0 & 0 & 0\\ 0 & 0 & 0 & 0\end{pmatrix}$.

因为 $r(\mathbf{A})=r(\widetilde{\mathbf{A}})=2<3$,所以该方程组有无穷多组解.

当方程组有无穷多组解时,自由未知量的个数等于 $n-r$ 个.

例 5 根据 a,b 的取值,讨论线性方程组

$$\begin{cases}x_1+2x_2+3x_3=1\\ x_1+3x_2+6x_3=2\\ 2x_1+3x_2+ax_3=b\end{cases}$$

解的情况.

解 因为

$$\widetilde{\mathbf{A}}=\begin{pmatrix}1 & 2 & 3 & 1\\ 1 & 3 & 6 & 2\\ 2 & 3 & a & b\end{pmatrix}\xrightarrow[r_3-2r_1]{r_2-r_1}\begin{pmatrix}1 & 2 & 3 & 1\\ 0 & 1 & 3 & 1\\ 0 & -1 & a-6 & b-2\end{pmatrix}\xrightarrow{r_3+r_2}\begin{pmatrix}1 & 2 & 3 & 1\\ 0 & 1 & 3 & 1\\ 0 & 0 & a-3 & b-1\end{pmatrix},$$

根据定理可知:

当 $a=3$ 且 $b=1$ 时,$r(\mathbf{A})=r(\widetilde{\mathbf{A}})=2<3$,方程组有无穷多解.

当 $a\neq 3$ 时,$r(\mathbf{A})=r(\widetilde{\mathbf{A}})=3$,方程组有唯一解.

当 $a=3$ 且 $b\neq 1$ 时,$r(\mathbf{A})<r(\widetilde{\mathbf{A}})$,方程组无解.

例 6 设线性方程组

$$\begin{cases}2x_1-x_2+x_3=1\\ -x_1-2x_2+x_3=-1,\\ x_1-3x_2+2x_3=k\end{cases}$$

试问 k 为何值时,方程组有解?若方程组有解,求出一般解.

解 $\widetilde{\mathbf{A}}=\begin{pmatrix}2 & -1 & 1 & 1\\ -1 & -2 & 1 & -1\\ 1 & -3 & 2 & k\end{pmatrix}\xrightarrow{r_1\leftrightarrow r_2}\begin{pmatrix}-1 & -2 & 1 & -1\\ 2 & -1 & 1 & 1\\ 1 & -3 & 2 & k\end{pmatrix}$

$$\xrightarrow[r_3+r_1]{r_2+2r_1}\begin{pmatrix}-1 & -2 & 1 & -1\\ 0 & -5 & 3 & -1\\ 0 & -5 & 3 & k-1\end{pmatrix}\xrightarrow{r_3-r_2}\begin{pmatrix}1 & 2 & -1 & 1\\ 0 & -5 & 3 & -1\\ 0 & 0 & 0 & k\end{pmatrix}.$$

可见,当 $k=0$ 时,$r(\mathbf{A})=r(\widetilde{\mathbf{A}})=2<3$,所以方程组有无穷多解.

$$\widetilde{\mathbf{A}}\rightarrow\begin{pmatrix}1 & 0 & \frac{1}{5} & \frac{3}{5}\\ 0 & 1 & -\frac{3}{5} & \frac{1}{5}\\ 0 & 0 & 0 & 0\end{pmatrix}\qquad \begin{cases}x_1=\frac{3}{5}-\frac{1}{5}x_3\\ x_2=\frac{1}{5}+\frac{3}{5}x_3\end{cases}$$

原方程组的一般解为

$$\begin{cases}x_1=\frac{3}{5}-\frac{1}{5}c\\ x_2=\frac{1}{5}+\frac{3}{5}c\\ x_3=c\end{cases}\quad (c\text{ 为任意常数}).$$

2. 齐次线性方程组

齐次线性方程组的方程右端常数项为零,即

$$\begin{cases} a_{11}x_1+a_{12}x_2+\cdots+a_{1n}x_n=0 \\ a_{21}x_1+a_{22}x_2+\cdots+a_{2n}x_n=0 \\ \cdots\cdots \\ a_{m1}x_1+a_{m2}x_2+\cdots+a_{mn}x_n=0 \end{cases}.$$

由于它的系数矩阵与其增广矩阵的秩总相等,因此齐次线性方程组总有零解,即**齐次线性方程组至少有一组零解**.

定理 4 设齐次线性方程组 $\boldsymbol{AX}=\boldsymbol{0}$ 中 $r(\boldsymbol{A})=r$.

(1)若 $r=n$,则方程组只有零解;

(2)若 $r<n$,则方程组有无穷多组非零解.

即齐次线性方程组有非零解的充分必要条件是系数矩阵 $\boldsymbol{A}$ 的秩小于未知量的个数,即 $r(\boldsymbol{A})<n$.

例 7 解齐次线性方程组 $\begin{cases} x_1+2x_2+3x_3=0 \\ 2x_1-x_2-x_3=0 \\ x_1-3x_2-3x_3=0 \end{cases}$.

解 对系数矩阵 $\boldsymbol{A}$ 作初等行变换.

$$\boldsymbol{A}=\begin{pmatrix} 1 & 2 & 3 \\ 2 & -1 & -1 \\ 1 & -3 & -3 \end{pmatrix} \xrightarrow[r_3-r_1]{r_2-2r_1} \begin{pmatrix} 1 & 2 & 3 \\ 0 & -5 & -7 \\ 0 & -5 & -6 \end{pmatrix} \xrightarrow{r_3-r_2} \begin{pmatrix} 1 & 2 & 3 \\ 0 & -5 & -7 \\ 0 & 0 & 1 \end{pmatrix}$$

$$\xrightarrow{-\frac{1}{5}r_2} \begin{pmatrix} 1 & 2 & 3 \\ 0 & 1 & \frac{7}{5} \\ 0 & 0 & 1 \end{pmatrix} \xrightarrow{r_1-2r_2} \begin{pmatrix} 1 & 0 & \frac{1}{5} \\ 0 & 1 & \frac{7}{5} \\ 0 & 0 & 1 \end{pmatrix} \xrightarrow[r_2-\frac{7}{5}r_3]{r_1-\frac{1}{5}r_3} \begin{pmatrix} 1 & 0 & 0 \\ 0 & 1 & 0 \\ 0 & 0 & 1 \end{pmatrix}.$$

因为 $r(\boldsymbol{A})=3=n$,所以方程组只有零解 $x_1=x_2=x_3=0$.

例 8 解齐次线性方程组 $\begin{cases} x_1+x_2-2x_3-x_4=0 \\ x_1+3x_2+x_3-2x_4=0 \\ 2x_1+4x_2-x_3-3x_4=0 \\ 3x_1+5x_2-3x_3-4x_4=0 \end{cases}$.

解 系数矩阵

$$\boldsymbol{A}=\begin{pmatrix} 1 & 1 & -2 & -1 \\ 1 & 3 & 1 & -2 \\ 2 & 4 & -1 & -3 \\ 3 & 5 & -3 & -4 \end{pmatrix} \xrightarrow[\substack{r_3-2r_1 \\ r_4-3r_1}]{r_2-r_1} \begin{pmatrix} 1 & 1 & -2 & -1 \\ 0 & 2 & 3 & -1 \\ 0 & 2 & 3 & -1 \\ 0 & 2 & 3 & -1 \end{pmatrix} \xrightarrow[r_4-r_2]{r_3-r_2} \begin{pmatrix} 1 & 1 & -2 & -1 \\ 0 & 2 & 3 & -1 \\ 0 & 0 & 0 & 0 \\ 0 & 0 & 0 & 0 \end{pmatrix}$$

$$\xrightarrow{\frac{1}{2}r_2} \begin{pmatrix} 1 & 1 & -2 & -1 \\ 0 & 1 & \frac{3}{2} & -\frac{1}{2} \\ 0 & 0 & 0 & 0 \\ 0 & 0 & 0 & 0 \end{pmatrix} \xrightarrow{r_1-r_2} \begin{pmatrix} 1 & 0 & -\frac{7}{2} & -\frac{1}{2} \\ 0 & 1 & \frac{3}{2} & -\frac{1}{2} \\ 0 & 0 & 0 & 0 \\ 0 & 0 & 0 & 0 \end{pmatrix}.$$

因为 $r(\boldsymbol{A})=2<n$,所以方程组有无穷多组解

$$\begin{cases} x_1 - \dfrac{7}{2}x_3 - \dfrac{1}{2}x_4 = 0 \\ x_2 + \dfrac{3}{2}x_3 - \dfrac{1}{2}x_4 = 0 \end{cases},$$

令 $x_3 = c_1, x_4 = c_2$，可得方程组的解为

$$\begin{cases} x_1 = \dfrac{7}{2}c_1 + \dfrac{1}{2}c_2 \\ x_2 = -\dfrac{3}{2}c_1 + \dfrac{1}{2}c_2 \\ x_3 = c_1 \\ x_4 = c_2 \end{cases} \quad (c_1, c_2 \text{ 为任意常数}).$$

例 9 当 k 为何值时，齐次线性方程组有非零解？

$$\begin{cases} x_1 + x_2 + 2x_3 = 0 \\ x_1 + kx_2 + x_3 = 0. \\ x_1 + x_2 + kx_3 = 0 \end{cases}$$

解 系数矩阵

$$\boldsymbol{A} = \begin{pmatrix} 1 & 1 & 2 \\ 1 & k & 1 \\ 1 & 1 & k \end{pmatrix} \xrightarrow[r_3 - r_1]{r_2 - r_1} \begin{pmatrix} 1 & 1 & 2 \\ 0 & k-1 & -1 \\ 0 & 0 & k-2 \end{pmatrix},$$

当 $k-1=0$ 或 $k-2=0$，即 $k=1$ 或 $k=2$，易得 $r(\boldsymbol{A}) < 3 = n$，则方程组有非零解．

三、线性方程组的应用实例

例 10 某公司投资 100 万元到 A, B, C 项目，且 A 项目的年收益率为 25%，B 项目的年收益率为 15%，C 项目的年收益率为 5%，其中 A, B 项目风险相同，C 项目的风险最小，现计划一年后获利 20 万元，问怎样投资才能保证风险最小并能完成获利目标？

解 假设投资 A, B, C 项目分别为 x_1, x_2, x_3 万元，能完成获利目标，则

$$\begin{cases} x_1 + x_2 + x_3 = 100 \\ 0.25x_1 + 0.15x_2 + 0.05x_3 = 20 \end{cases}.$$

将线性方程组的增广矩阵化成行简化阶梯形矩阵．

$$\widetilde{\boldsymbol{A}} = \begin{pmatrix} 1 & 1 & 1 & 100 \\ 0.25 & 0.15 & 0.05 & 20 \end{pmatrix} \xrightarrow{100r_2} \begin{pmatrix} 1 & 1 & 1 & 100 \\ 25 & 15 & 5 & 2\,000 \end{pmatrix}$$

$$\xrightarrow{r_2 - 25r_1} \begin{pmatrix} 1 & 1 & 1 & 100 \\ 0 & -10 & -20 & -500 \end{pmatrix} \xrightarrow{-0.1r_2} \begin{pmatrix} 1 & 1 & 1 & 100 \\ 0 & 1 & 2 & 50 \end{pmatrix}$$

$$\xrightarrow{r_1 - r_2} \begin{pmatrix} 1 & 0 & -1 & 50 \\ 0 & 1 & 2 & 50 \end{pmatrix},$$

则同解方程组为

$$\begin{cases} x_1 - x_3 = 50 \\ x_2 + 2x_3 = 50 \end{cases},$$

设 $x_3 = c$ 万元，方程组的解为

$$\begin{cases} x_1 = 50 + c \\ x_2 = 50 - 2c, \\ x_3 = c \end{cases}$$

由于资金不能为负数，所以 $0 \leqslant c \leqslant 25$ 万元，能达到获利目标，要尽可能多投资 C 项目则风险最小，故取 $x_3=25$，则 $x_1=75, x_2=0$. 即投资 A 项目 75 万元，C 项目 25 万元，风险最小且能获利 20 万元.

例 11 某工厂现使用了四种型号相同成分不同的化学药水（Ⅰ型，Ⅱ型，Ⅲ型，Ⅳ型）各种化学药水的成分含量如表 9－6 所示，现在由于Ⅳ型化学药水缺货，请设计一个方案，是否能选用其他几种药水配置Ⅳ型药水.

表 9－6 （单位：g/L）

型号 成分	Ⅰ型	Ⅱ型	Ⅲ型	Ⅳ型
成分 A	1	2	1	4
成分 B	2	2	1	5
成分 C	3	4	1	7
成分 D	2	4	2	8

解 设Ⅳ型药水可以通过取Ⅰ型 x_1 份，Ⅱ型 x_2 份，Ⅲ型 x_3 份配置，由题意可得线性方程组

$$\begin{cases} x_1+2x_2+x_3=4 \\ 2x_1+2x_2+x_3=5 \\ 3x_1+4x_2+x_3=7 \\ 2x_1+4x_2+2x_3=8 \end{cases},$$

将增广矩阵化为行简化阶梯形矩阵，即

$$\widetilde{\boldsymbol{A}}=\begin{pmatrix} 1 & 2 & 1 & 4 \\ 2 & 2 & 1 & 5 \\ 3 & 4 & 1 & 7 \\ 2 & 4 & 2 & 8 \end{pmatrix} \xrightarrow{\text{化为行简化阶梯矩阵}} \begin{pmatrix} 1 & 0 & 0 & 1 \\ 0 & 1 & 0 & 0.5 \\ 0 & 0 & 1 & 2 \\ 0 & 0 & 0 & 0 \end{pmatrix},$$

方程组的解为 $x_1=1, x_2=0.5, x_3=2$ 即只需要用Ⅰ型 1 份、Ⅱ型 0.5 份、Ⅲ型 2 份即可配置Ⅳ型药水.

习 题 9－6

1. 解下列齐次线性方程组.

(1) $\begin{cases} x_1-x_2+5x_3-x_4=0 \\ x_1+x_2-2x_3+3x_4=0 \\ 3x_1-x_2+8x_3+x_4=0 \\ x_1+3x_2-9x_3+7x_4=0 \end{cases}$； (2) $\begin{cases} x_1+x_2+x_3+x_4=0 \\ x_1+x_2+2x_3+3x_4=0 \\ x_1+5x_2+x_3+2x_4=0 \\ x_1+5x_2+5x_3+2x_4=0 \end{cases}$.

2. 解下列非齐次线性方程组.

(1) $\begin{cases} x_1-2x_2-7x_3-13x_4=2 \\ -2x_1+2x_2+8x_3+14x_4=1 \\ 4x_1+x_2-x_3+2x_4=-4 \end{cases}$； (2) $\begin{cases} x_1+3x_2+x_3=5 \\ 2x_1+3x_2-3x_3=14 \\ x_1+x_2+5x_3=-7 \end{cases}$.

3. 某工厂下设三个车间，分别组装三种产品，三种产品消耗的配件如表 9—7 所示.

表 9—7

配件＼产品	P_1	P_2	P_3
A	1	2	2
B	2	1	3
C	2	1	2

现有 A 配件 10 万个，B 配件 14 万个，C 配件 11 万个，问怎样安排车间生产才能使配件正好用完？

复习题九

1. 填空题.

(1) $\begin{vmatrix} -1 & 0 & 2 \\ 0 & -1 & 1 \\ 0 & 0 & -1 \end{vmatrix}=$__________.

(2) $\begin{vmatrix} 1 & -1 & 4 \\ 2 & 0 & 6 \\ 3 & 5 & 7 \end{vmatrix}$ 的代数余子式 $A_{23}=$__________.

(3) $\begin{vmatrix} a_1 & a_2 & a_3 \\ b_1 & b_2 & b_3 \\ c_1 & c_2 & c_3 \end{vmatrix}=a_1\begin{vmatrix} b_2 & b_3 \\ c_2 & c_3 \end{vmatrix}+$________$\begin{vmatrix} b_1 & b_3 \\ c_1 & c_3 \end{vmatrix}+a_3$________.

(4)方程 $\begin{vmatrix} 1 & 1 & 1 & 1 \\ 1 & 1 & -1 & -1 \\ 1 & -1 & 1 & -1 \\ x & -1 & -1 & 1 \end{vmatrix}=0$ 的根为__________.

(5) $(2\quad 0\quad -3)\begin{pmatrix} 4 & -1 & 3 \\ -2 & 0 & 5 \\ 5 & 6 & -7 \end{pmatrix}=$____________________.

(6) $\begin{pmatrix} 1 & 2 & -1 \\ 0 & -2 & 1 \\ 0 & 0 & 1 \end{pmatrix}\begin{pmatrix} 2 & -2 \\ 3 & 0 \\ 1 & 4 \end{pmatrix}=$____________________.

(7)矩阵 $\begin{pmatrix} 1 & 2 & -1 \\ 3 & 5 & 0 \\ -1 & 0 & 5 \end{pmatrix}$ 的逆矩阵为____________________.

(8)矩阵 $\begin{pmatrix} 1 & 2 & 1 \\ 0 & 1 & 0 \\ 2 & 1 & -1 \end{pmatrix}$ 的秩为__________.

2. 选择题.

(1)设 A_{ij} 是行列式 D 的元素 a_{ij} 的代数余子式，则 $\sum\limits_{k=1}^{n}a_{ik}A_{jk}$（　　）.

A. 必为零　　B. 必等于 D　　C. 当 $i=j$ 时，等于 D　　D. 可能等于任何值

(2)行列式 $\begin{vmatrix} 0 & -2 & -2 \\ 2 & 0 & 3 \\ 2 & -3 & 0 \end{vmatrix}=($　　$)$.

A. 2　　B. -12　　C. -6　　D. 0

(3)若行列式 $\begin{vmatrix} a & 1 & 1 \\ 1 & a & 1 \\ 1 & 1 & a \end{vmatrix}=0$,则 $a=($　　$)$.

A. 0　　B. 1　　C. -2　　D. 1 或 -2

(4)行列式 $\begin{vmatrix} 1 & 1 & 2 & 3 \\ 1 & 2-x^2 & 2 & 3 \\ 2 & 3 & 1 & 5 \\ 2 & 3 & 1 & 4-x^2 \end{vmatrix}=0$ 有(　　)个实数根.

A. 0　　B. 1　　C. 2　　D. 3

(5)矩阵 $\begin{pmatrix} 1 & 2 & 3 & 4 \\ 2 & 3 & 1 & 2 \\ 1 & 1 & 1 & -1 \\ 1 & 0 & -2 & -6 \end{pmatrix}$ 的逆矩阵为(　　).

A. $\begin{pmatrix} 22 & -6 & -26 \\ -17 & 5 & 20 \\ -1 & 0 & 2 \\ 4 & -1 & -5 \end{pmatrix}$　　B. $\begin{pmatrix} 2 & -6 & -26 \\ -1 & 5 & 20 \\ 1 & 0 & 2 \\ 4 & -1 & -5 \end{pmatrix}$

C. $\begin{pmatrix} 22 & -6 & 0 \\ -17 & 5 & 2 \\ -1 & 0 & 1 \\ 4 & -1 & -5 \end{pmatrix}$　　D. $\begin{pmatrix} 22 & -6 & -26 \\ -1 & 5 & 2 \\ -1 & 1 & 2 \\ 4 & 0 & -5 \end{pmatrix}$

(6)矩阵 $\begin{pmatrix} 1 & 0 & -1 & -2 \\ 1 & -1 & 2 & 3 \\ 0 & 2 & 1 & 1 \\ 1 & -4 & 4 & 5 \end{pmatrix}$ 的秩为(　　).

A. 5　　B. 4　　C. 2　　D. 3

3. 计算下列行列式.

(1) $\begin{vmatrix} 2 & 1 & 0 \\ 3 & -2 & 1 \\ 7 & 4 & 5 \end{vmatrix}$;　　(2) $\begin{vmatrix} ae & ac & -ab \\ de & -cd & bd \\ -ef & cf & bf \end{vmatrix}$;

(3) $\begin{vmatrix} 1 & 1 & 1 & 4 \\ 1 & 1 & 4 & 1 \\ 1 & 4 & 1 & 1 \\ 4 & 1 & 1 & 1 \end{vmatrix}$;　　(4) $\begin{vmatrix} 1 & 1 & 1 & 1 \\ a & b & c & d \\ a^2 & b^2 & c^2 & d^2 \\ a^3 & b^3 & c^3 & d^3 \end{vmatrix}$.

4. 用克莱姆法则解线性方程组.

(1) $\begin{cases} x_1+3x_2-2x_3=0 \\ 3x_1-2x_2+x_3=7 \\ 2x_1+x_2+3x_3=7 \end{cases}$;(2) $\begin{cases} x+y+z=0 \\ 2x-5y-3z=10 \\ 4x+8y+2z=4 \end{cases}$;(3) $\begin{cases} x_1+2x_2-x_3+3x_4=2 \\ 2x_1-x_2+3x_3-2x_4=7 \\ 3x_1-x_3+x_4=6 \\ x_1+x_2+x_3+4x_4=2 \end{cases}$.

5. 解下列齐次线性方程组.

(1) $\begin{cases}x_1-x_2+3x_3=0\\x_1+x_2-2x_3=0\\3x_1+x_2-x_3=0\\x_1-3x_2+8x_3=0\end{cases}$；　　(2) $\begin{cases}x_1+x_2-x_3-2x_4+x_5=0\\-x_1+2x_2+x_3+x_4-x_5=0\\-5x_1+x_2+5x_3+7x_4-5x_5=0\\-2x_1+3x_2-x_3-x_4+x_5=0\end{cases}$.

6. 解下列非齐次线性方程组.

(1) $\begin{cases}x_1+2x_2+3x_3-x_4=2\\3x_1+6x_2+x_3-x_4=4\\x_1+2x_2-5x_3+x_4=0\end{cases}$；　　(2) $\begin{cases}x_1+x_2+x_3+x_4+x_5=7\\3x_1+2x_2+x_3+x_4-3x_5=-2\\5x_1+4x_2+3x_3+3x_4-x_5=12\\x_2+2x_3+2x_4+6x_5=23\end{cases}$.

7. 当 t 为何值时，下列齐次线性方程组只有零解？有非零解？并求非零解.

$$\begin{cases}x_1-2x_2+x_3-x_4=0\\2x_1+x_2-x_3+x_4=0\\x_1+7x_2-5x_3+5x_4=0\\3x_1-x_2-2x_3-tx_4=0\end{cases}.$$

8. 设非齐次线性方程组

$$\begin{cases}ax_1+x_2+x_3=4\\x_1+bx_2+x_3=3,\\x_1+2bx_2+x_3=4\end{cases}$$

问 a,b 取何值时，方程组无解？有解？有解时，求出其解.

阅读材料

线性代数发展简史

历史上，解线性方程组的问题是线性代数的第一个问题，而线性方程组理论的发展又促进了作为工具的行列式、矩阵理论的创立与发展. 最初的线性方程组问题大都是来源于生活实践，正是实际问题刺激了线性代数这一学科的诞生与发展.

1. 矩阵和行列式

行列式最早是一种速记的表达式，出现于线性方程组的求解问题，现在已经是数学中一种非常有用的工具，行列式是由莱布尼茨和日本数学家关孝和发明的.

1693 年，莱布尼茨在写给洛比达的一封信中给出并使用了行列式，指出方程组的系数行列式为零的条件. 同时日本数学家关孝和在其著作《解伏题元法》中也提出了行列式的概念与算法. 1750 年，瑞士数学家克莱姆（G. Cramer，1704—1752）在其著作《线性代数分析导引》中，对行列式的定义和展开法则给出了比较完整、明确的阐述，并给出了解线性方程组的"克莱姆法则". 后来，数学家贝祖（E. Bezout，1730—1783）利用系数行列式概念指出了如何判断一个齐次线性方程组有非零解.

关孝和

在很长一段时间内，行列式只是作为解线性方程组的一种工具使用，并没有人意识到它可以独立于线性方程组之外，单独形成一门理论加以研究.

在行列式的发展史上，第一个把行列式理论与线性方程组求解相分离的人，是法国数学家

范德蒙（A－T. Vandermonde,1735—1796）. 范德蒙自幼在父亲的指导下学习音乐,但他却对数学有浓厚的兴趣,后来终于成为法兰西科学院院士,他给出了用二阶子式和它们的余子式来展开行列式的法则. 就行列式本身这一点来说,他是这门理论的奠基人. 1772 年,拉普拉斯在一篇论文中证明了范德蒙提出的一些规则,并推广了他的展开行列式的方法.

继范德蒙之后,又一位作出突出贡献的就是法国大数学家柯西. 1815 年,柯西在一篇论文中给出了行列式的第一个系统的、几乎是近代的处理,其中主要结果之一是行列式的乘法定理. 另外,他第一个把行列式的元素排成方阵,采用双足标记法,引进了行列式特征方程的术语,给出了相似行列式概念,改进了拉普拉斯的行列式展开定理并给出了一个证明.

继柯西之后,在行列式理论方面最多产的人就是德国数学家雅可比（J. Jacobi,1804—1851）,他引进了函数行列式（"雅可比行列式"）,指出函数行列式在多重积分的变量替换中的作用,给出了函数行列式的导数公式. 雅可比的著名论文《论行列式的形成和性质》标志着行列式系统理论的建成.

2. 矩阵

矩阵是数学中的一个重要的基本概念,是代数学的一个主要研究对象."矩阵"这个词是由西尔维斯特(James Joseph Sylvester，1814—1897)首先使用的,他是为了将数字的矩形阵列区别于行列式而发明了这个术语. 实际上,"矩阵"在诞生之前就已经发展得很好了,不管行列式的值是否与问题有关,方阵本身都可以研究和使用,矩阵的许多基本性质也是在行列式的发展中建立起来的. 在逻辑上,矩阵的概念应先于行列式的概念,然而在历史上次序正好相反.

凯莱

英国数学家凯莱（A. Cayley,1821—1895)出生于一个古老而有才能的英国家庭,剑桥大学三一学院大学毕业后留校讲授数学,三年后他转从律师职业,工作卓有成效,并利用业余时间研究数学. 凯莱被公认为是矩阵论的创立者,他首先把矩阵作为一个独立的数学概念提出来,并发表了关于这个题目的一系列文章. 1858 年,他发表了一篇论文《矩阵论的研究报告》,系统地阐述了关于矩阵的理论,文中他定义了矩阵的相等、运算法则、转置以及逆矩阵等一系列基本概念,指出了矩阵加法的可交换性与可结合性. 另外,凯莱还给出了方阵的特征方程和特征根(特征值)以及有关矩阵的一些基本结果.

1855 年,埃米特（C. Hermite,1822—1901）证明了别的数学家发现的一些矩阵类的特征根的特殊性质,如现在被称为"埃米特矩阵"的特征根性质等. 后来，克莱伯施（A. Clebsch,1831—1872）、布克海姆（A. Buchheim）等证明了对称矩阵的特征根性质.

在矩阵论的发展史上,弗罗伯纽斯（G. Frobenius,1849—1917）的贡献是不可磨灭的. 他讨论了最小多项式问题,引进了矩阵的秩、不变因子、初等因子、正交矩阵、矩阵的相似变换、合同矩阵等概念,以合乎逻辑的形式整理了不变因子和初等因子的理论,并讨论了正交矩阵与合同矩阵的一些重要性质. 1854 年,约当研究了矩阵化为标准型的问题. 1892 年,梅茨勒(H. Metzler）引进了矩阵的超越函数概念,并将其写成矩阵的幂级数的形式. 傅里叶、西尔和庞加莱的著作中还讨论了无限阶矩阵问题,这主要是适应方程发展的需要而开始的.

矩阵本身所具有的性质依赖于元素的性质,矩阵由最初作为一种工具经过两个多世纪的发展,现在已成为独立的一门数学分支"矩阵论".

3. 线性方程组

线性方程组的解法，早在中国古代的数学著作《九章算术一方程》中已作了比较完整的论述，其中所述方法实质上相当于现代的对方程组的增广矩阵施行初等行变换从而消去未知量的方法，即高斯消元法．在西方，线性方程组的研究是在17世纪后期由莱布尼茨开创的，他曾研究含两个未知量的三个线性方程组成的方程组．麦克劳林在18世纪上半叶研究了具有二、三、四个未知量的线性方程组，得到了现在称为克莱姆法则的结果．克莱姆不久也发表了这个法则．19世纪，英国数学家史密斯（H. Smith）继续研究了线性方程组理论，引进了方程组的增广矩阵和非增广矩阵的概念．

大量的科学技术问题最终往往归结为解线性方程组的问题，因此在线性方程组的数值解法得到发展的同时，线性方程组解的结构等理论性工作也取得了令人满意的进展．

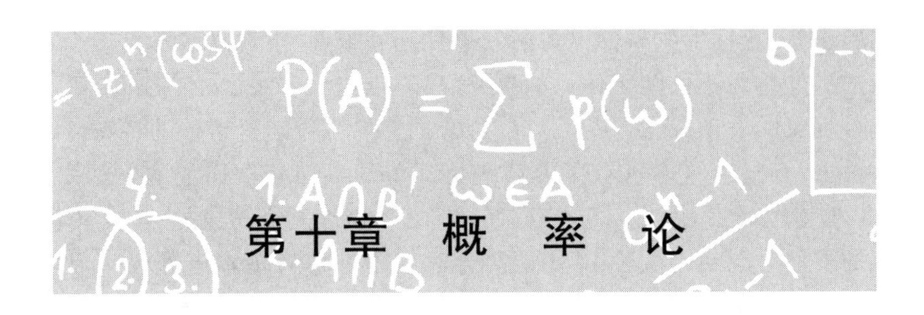

第十章 概 率 论

概率论是研究随机现象的数量规律的科学，是统计学的理论基础．概率广泛应用于自然科学、社会科学、工程技术等各个领域，已渗透到整个社会的各个层次。本章主要介绍随机事件、概率的概念及其运算、条件概率及事件独立性等相关内容．

第一节 随 机 事 件

一、随机事件的有关概念

1. 随机现象

在自然界与人类社会实践活动中普遍存在着两类现象：

一类是在一定条件下必然出现的现象，称为**确定性现象**．

例如：

(1)在标准大气压下，纯水加热到 100 ℃就沸腾．

(2)异性电荷相互吸引，同性电荷相互排斥．

另一类则是在一定条件下我们事先无法准确预知其结果的现象，称为**随机现象**．

例如：

(1)在相同的条件下抛掷同一枚硬币，可能正面向上，也可能反面向上．

(2)掷一颗骰子可能“出现一点”，“出现两点”，…，“出现六点”，每掷一次，六种结果都有可能出现．

2. 随机试验与随机事件

随机现象表面上看结果是不可捉摸的，实际上随机现象还有规律性的一面，在相同的条件下进行大量的重复试验，会呈现出某种规律性，这种规律性通常称为**统计规律性**．

在概率论中，对随机现象所进行的一次观察称为一次试验．如果试验满足以下条件：

(1)允许在相同的条件下重复进行；

(2)每次试验结果不一定相同；

(3)试验之前不会知道出现哪种结果，但一切可能的结果都是已知的，每次试验有且仅有一个结果出现．

则把该试验称为**随机试验**，简称**试验**．

在一定条件下，对随机现象进行试验的每一可能的结果称为**随机事件**，简称**事件**，通常用字母 A ，B ，C ，…表示．如抛掷一枚骰子，观察它出现的点数“1 点”“2 点”“3 点”“4 点”

“5点”“6点”“出现偶数点”都是随机事件，这些事件可分别记为 $A=\{$出现1点$\}$，$B=\{$出现2点$\}$，…. 可以看出随机事件是随机试验中可能发生也可能不发生的事件．

在每次试验中，一定发生的事件称为**必然事件**．如事件“出现点数不大于6”．在每次试验中不可能发生的事件称为**不可能事件**．如事件“出现点数大于6”．必然事件和不可能事件实质上都是确定性现象的表现，为了便于讨论，通常把它们当作随机事件的特殊情况来看待．

在随机事件中，有些事件可以看作由某些更简单的事件复合而成的．如事件“出现偶数点”是可分解的事件，可看作由“2点”“4点”“6点”三个事件复合而成的，而“2点”“4点”“6点”是不能再分解的事件．在随机试验中，不能再分解的事件称为**基本事件**．一个随机试验的全体基本事件组成的集合称为**样本空间**，记为 Ω，每个基本事件称为**样本点**．

例1 从编号分别为1,2,3,…,10的10个球中任取一个观察其编号数，试验的样本空间为 $\Omega=\{1,2,3,\cdots,10\}$，样本点为1,2,…,10.

事件 $A=\{$取到5号球$\}$所包含的基本事件为“5”，记为 $A=\{5\}$；

事件 $B=\{$取到奇数号球$\}$所包含的基本事件为1,3,5,7,9，记为 $B=\{1,3,5,7,9\}$；

事件 $C=\{$取到编号数大于4的球$\}$所包含的基本事件为5,6,7,8,9,10，记为 $C=\{5,6,7,8,9,10\}$.

对于一个随机试验，它的随机事件或为样本点本身或由样本点所组成，因此，随机事件是样本空间 Ω 的子集．一个事件发生，当且仅当该子集中的一个基本事件发生．因为 Ω 本身就是 Ω 的子集，且它包含了试验的所有基本事件，所以对每一次试验，Ω 必然发生，即 Ω 作为一个事件时就是一个必然事件．同时，空集 $\varnothing$ 是 Ω 的子集．因此必然事件用 Ω 表示，不可能事件用 $\varnothing$ 表示．

二、随机事件间的关系和运算

研究一个随机事件，常常同时涉及许多事件，而这些事件之间往往是有联系的．因为概率论中的随机事件是赋予了具体含义的集合，我们可以借助于集合论的方法作为讨论事件之间关系的工具．

随机事件可以看作样本空间 Ω 的子集，在下面的讨论中，假定样本空间 Ω 已给定，且所涉及的事件都是指同一试验中的事件．

1. 事件的包含与相等

如果事件 A 发生必然导致事件 B 发生，则称事件 B **包含**事件 A，记为 $A\subset B$ 或 $B\supset A$．事件间的包含关系可用图10－1直观说明．

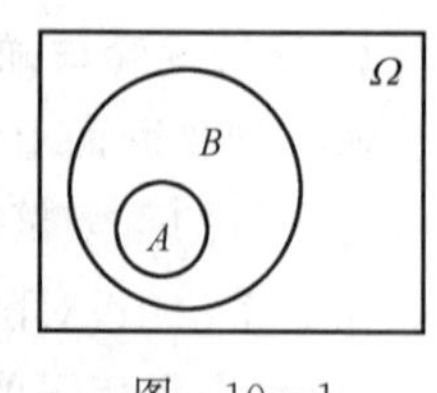

图 10－1

例2 如以直径和长度作为衡量一种产品是否合格的指标，规定两项指标中有一项不合格，则认为此产品不合格，设 $A=\{$产品的直径不合格$\}$，$B=\{$产品不合格$\}$，那么事件 A 发生必然导致 B 发生，所以有 $A\subset B$.

如果事件 $A\subset B$ 且 $B\supset A$，则称事件 A 与 B **相等**，记为 $A=B$，它表示 A 与 B 在本质上是同一事件．

2. 事件的和

事件 A 和事件 B 中至少有一个发生的事件称为事件 A 与 B 的**和**(或**并**)，记为 $A+B$（或 $A\cup B$）. 图10－2中阴影部分表示的就是 $A+B$．

显然 $A+B\supset A$，$A+B\supset B$，$A+A=A$，$A+\Omega=\Omega$，$A+\varnothing=A$.

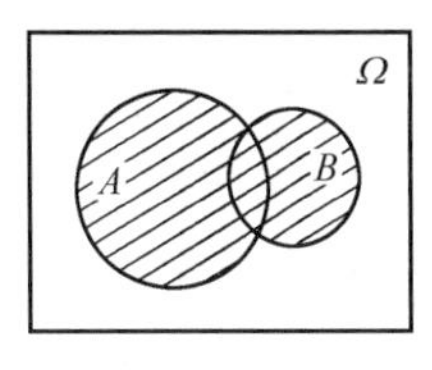

图 10—2

从图 10—2 中可以看出，$A+B$ 的基本事件就是 A 和 B 所包含的所有基本事件.

例 3 在例 2 中，设 C={产品的长度不合格}，则事件 $A+C$ 表示事件 A 与事件 C 至少有一个发生，所以 $A+C=B$={产品不合格}.

事件和的概念可推广到 n 个事件的和的情形：

设 $A_1,A_2,\cdots,A_n$ 为 n 个事件，则"$A_1,A_2,\cdots,A_n$ 至少有一个发生"的事件称为这 n 个事件的和(或并)，记为

$$A_1+A_2+\cdots+A_n=\sum_{i=1}^{n}A_i\ (\text{或}\ A_1\cup A_2\cup\cdots\cup A_n=\bigcup_{i=1}^{n}A_i)$$

3. 事件的积

事件 A 与事件 B 同时发生的事件，称为事件 A 与 B 的**积**(或**交**)，记为 AB (或 $A\cap B$). 图 10—3 中阴影部分表示 AB.

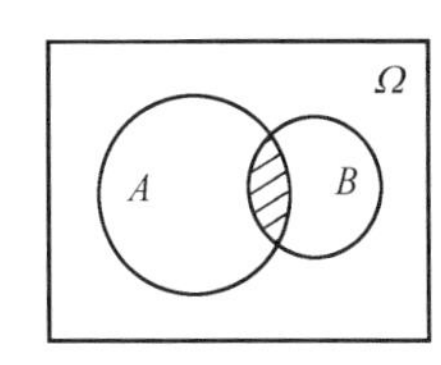

图 10—3

显然 $AB\subset A$，$AB\subset B$，$AA=A$，$A\Omega=A$，$A\varnothing=\varnothing$.

例 4 在例 2 中，设 D={产品的直径合格}，E={产品的长度合格}，F={产品合格}，则事件 F 的发生必然要事件 D 与 E 同时发生，所以有 $F=DE$.

同样，事件积的概念可推广到 n 个事件的积的情形：

设 $A_1,A_2,\cdots,A_n$ 为 n 个事件，则"$A_1,A_2,\cdots,A_n$ 同时发生"的事件称为这 n 个事件的积，记为

$$A_1A_2\cdots A_n=\prod_{i=1}^{n}A_i\ (\text{或}\ A_1\cap A_2\cap\cdots\cap A_n=\bigcap_{i=1}^{n}A_i).$$

4. 事件的差

事件 A 发生而事件 B 不发生的事件称为事件 A 与 B 的**差**，记为 $A-B$. 图 10—4 中阴影部分表示事件 $A-B$.

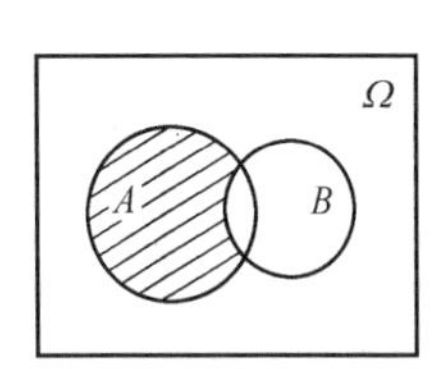

图 10—4

例 5 设 A={甲厂生产的产品}，B={甲厂生产的合格品}，C={甲厂生产的不合格品}，则 $C=A-B$.

5. 互不相容事件(互斥事件)

如果事件 A 与 B 不能同时发生，即 $AB=\varnothing$ (或 $A\cap B=\varnothing$)，则称事件 A 与 B **互不相容**(或**互斥**)**事件**. 图 10—5 表示事件 A 与事件 B 不相容(或事件 A 与事件 B 互斥).

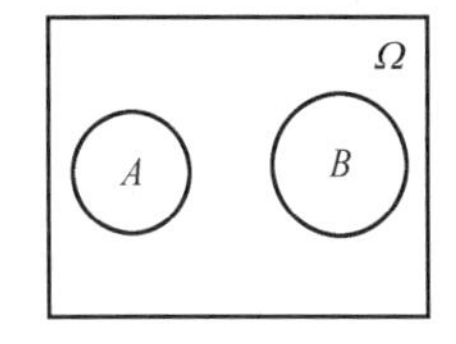

图 10—5

例 6 观察某十字路口在某时刻的红绿灯：若 A={红灯亮}，B={绿灯亮}，则 A 与 B 便是互不相容的.

互不相容事件的概念可推广到 n 个事件的情形：如果 n 个事件 $A_1,A_2,\cdots,A_n$ 中任何两个事件都不能同时发生，即 $A_iA_j=\varnothing$ ($i\neq j$，$i,j=1,2,\cdots,n$)，则称这 n 个事件为两两互不相容事件.

6. 对立事件

如果事件 A 与 B 满足 $AB=\varnothing$，且 $A+B=\Omega$，则称事件 A 与 B 为相互**对立事件**(或逆事

件). A 的对立事件记为 $\overline{A}$,即 $B=\overline{A}$. 图 10－6 中阴影部分表示 $\overline{A}$.

例 7 在 10 件产品中,有 3 件正品,从中任意取出 2 件,用 A 表示{2 件全是正品}, B 表示{2 件中至少有 1 件次品},则 $B=\overline{A}$.

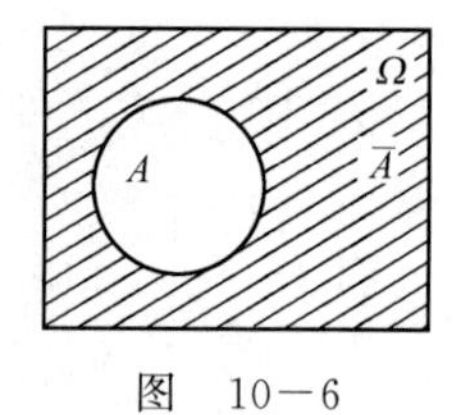

图 10－6

可以看出: $\overline{A}=\Omega-A$, $\overline{\overline{A}}=A$, $\overline{A}+A=\Omega$, $\overline{A}A=\varnothing$.

一般地,对立事件必然是互不相容事件,但互不相容事件不一定是对立事件. 如在抛掷一枚骰子的试验中,{出现奇数点}与{出现偶数点}是互不相容的且互为对立事件;但{红灯亮}与{绿灯亮}是互不相容的,却不是对立事件(因为在观察红绿灯的试验中,还有事件{黄灯亮}).

7. 事件的运算律

(1)交换律: $A+B=B+A$, $AB=BA$;

(2)结合律: $(A+B)+C=A+(B+C)$, $(AB)C=A(BC)$;

(3)分配律: $A(B+C)=AB+AC$, $(A+B)C=AC+BC$;

(4)德・摩根定律: $\overline{A+B}=\overline{A}\,\overline{B}$, $\overline{AB}=\overline{A}+\overline{B}$.

例 8 掷一颗均匀的骰子,观察出现的点数:事件 A 表示"奇数点"; B 表示"点数小于 5"; C 表示"小于 5 的偶数点". 用集合的列举表示法表示下列事件: Ω , A , B , C , $A+B$, $A-B$, $B-A$, AB , AC , $\overline{A}+B$.

解 $\Omega=\{1,2,3,4,5,6\}$, $A=\{1,3,5\}$, $B=\{1,2,3,4\}$, $C=\{2,4\}$, $A+B=\{1,2,3,4,5\}$, $A-B=\{5\}$, $B-A=\{2,4\}$, $AB=\{1,3\}$, $AC=\varnothing$, $\overline{A}+B=\{1,2,3,4,6\}$.

例 9 某射手向一目标连续射击 3 次, A_i 表示第 i 次击中目标($i=1,2,3$).

(1)写出样本空间;

(2)用文字叙述事件

A_1+A_2 , $\overline{A_2}$, $A_1+A_2+A_3$, A_3-A_2 , $\overline{A_2+A_3}$, $\overline{A_2A_3}$, $A_1A_2+A_1A_3+A_2A_3$.

解 (1) $\Omega=\{A_1A_2A_3, \overline{A_1}\,\overline{A_2}\,\overline{A_3}, A_1\overline{A_2}\,\overline{A_3}, \overline{A_1}A_2\overline{A_3}, \overline{A_1}\,\overline{A_2}A_3, \overline{A_1}A_2A_3, A_1\overline{A_2}A_3, A_1A_2\overline{A_3}\}$.

(2) $A_1+A_2=$ {前两次至少击中一次};

$\overline{A_2}=$ {第二次未击中};

$A_1+A_2+A_3=$ {三次中至少有一次击中};

$A_3-A_2=$ {第三次击中而第二次未击中};

$\overline{A_2+A_3}=\overline{A_2}\,\overline{A_3}=$ {后两次均未击中};

$\overline{A_2A_3}=\overline{A_2}+\overline{A_3}=$ {后两次至少一次未击中};

$A_1A_2+A_1A_3+A_2A_3=$ {至少两次击中}.

习 题 10－1

1. 指出下列事件中哪些是必然事件,哪些是不可能事件,哪些是随机事件.

(1) $A=$ {在相同条件下生产出的灯泡,其寿命长短参差不齐};

(2) $B=$ {同性电荷相吸引};

(3) $C=$ {一个小时内,某人接到 6 个电话};

(4) $D=\{$明天降小雨$\}$；

(5) $E=\{$正常大气压下水到 100 ℃会沸腾$\}$.

2. 设 Ω 为样本空间，A，B，C 为 3 个随机事件，试将下列事件用 A，B，C 表示出来：

(1) A 发生，B，C 都不发生；

(2) A，B 都发生，而 C 不发生；

(3) A，B，C 都发生；

(4) A，B，C 中至少有一个发生；

(5) A，B，C 中至少两个发生；

(6) A，B，C 都不发生.

3. 掷一颗骰子，A 表示“出现奇数点”，B 表示“出现点数小于 5”，用语言叙述“$A-B$”.

4. 写出下列随机试验的样本空间.

(1)同时掷两颗骰子，记录两颗骰子点数之和；

(2)8 只产品中有 2 只次品，每次从中取出一只(取后不放回)，直到将 2 只次品都取出，记录抽取的次数.

第二节　概率的定义

由于随机事件的随机性，在一次试验中可能发生，也可能不发生，但它在一次试验中发生的可能性大小是具有某种规律性的. 这种规律性常常可以通过大量重复观察来发现，为了研究随机现象的统计规律性，必须要知道随机事件在试验中发生的可能性大小.

一、概率的统计定义

在相同的条件下进行大量重复试验，我们把 n 次试验中事件 A 发生的次数 m 称为事件 A 发生的**频数**. 频数 m 与试验次数 n 的比 $\frac{m}{n}$ 称为事件 A 发生的**频率**，记作

$$f_n(A)=\frac{m}{n}.$$

在掷一枚硬币时，既可能出现正面，也可能出现反面，预先作出确定的判断是不可能的，但是假如硬币质地均匀，直观上出现正面与出现反面的机会应该相等，即在大量试验中出现正面的频率，应接近 50%，为了验证这点，历史上曾有不少人做过这个试验，其结果如表 10－1 所示.

表　10－1

试验者	掷币次数	出现正面次数	频率
德·摩根	2 048	1 061	0.518 1
蒲丰	4 040	2 048	0.506 9
皮尔逊	12 000	6 019	0.501 6
皮尔逊	24 000	12 012	0.500 5

从表 10－1 可以看出，当抛掷硬币的次数很多时，出现正面的频率是稳定的，接近于常数 0.5，且在 0.5 附近摆动，这个常数就反映了事件发生的可能性大小.

定义 1　在相同的条件下，重复进行 n 次试验，如果事件 A 发生的频率总是在某个常数 p 附近摆动，则称常数 p 为事件A 的**概率**，记为 $P(A)$，即 $P(A)=p$，这个定义称为**概率的统计定义**．

在上述抛掷硬币的试验中，事件 B"出现正面"的概率为 $P(B)=0.5$，但在一般情况下，概率值 p 不可能用统计方法精确得到，因此当 n 充分大时，通常用频率作为概率的近似值．

概率有以下基本性质：

(1)对任意事件 A，有 $0\leqslant P(A)\leqslant 1$；

(2)必然事件的概率为 1，即 $P(\Omega)=1$；

(3)不可能事件的概率为 0，即 $P(\varnothing)=0$.

二、概率的古典定义

尽管概率是通过大量重复试验中频率的稳定性定义的，在某些特殊随机事件中，我们并不需要进行大量的重复试验去确定它的概率，而是通过研究它的内在规律去确定它的概率．

如果随机试验具有以下特点：

(1)全部基本事件的个数是有限的；

(2)每一个基本事件发生的可能性是相等的．

则称此随机试验为**古典型随机试验**，简称为**古典概型**．

定义 2　如果古典概型中的所有基本事件的个数是 n，事件 A 包含的基本事件的个数是 m，那么事件 A 发生的概率为

$$P(A)=\frac{m}{n}=\frac{\text{事件 } A \text{ 包含的基本事件的个数}}{\text{所有基本事件的个数}}.$$

概率的这种定义，称为**概率的古典定义**．

古典概型是等可能概型，实际中古典概型的例子很多，例如袋中摸球、产品质量检查等．

要计算古典概型中事件 A 发生的概率，必须先确定清楚基本事件的含义，然后再计算基本事件总数和 A 中包含的基本事件个数．这样，便把一个求概率的问题转化为一个计数的问题，在这些计数的计算中，排列组合是常用的知识．

例 1　掷一颗均匀的骰子．求出现点数不超过 5 的概率．

解　掷一颗均匀的骰子，样本空间 $\Omega=\{1,2,3,4,5,6\}$，基本事件总数为 6，且出现每一点数的概率是相等的，令事件 $A=\{$出现点数不超过 5$\}$，显然事件 $A=\{1,2,3,4,5\}$，事件 A 中有 5 个基本事件，从而

$$P(A)=\frac{m}{n}=\frac{5}{6}.$$

例 2　在 100 件产品中，有 95 件是合格品，其余的为次品，从中任取 2 件，求：

(1)取出的 2 件都是合格品的概率；

(2)取出的 2 件中 1 件是合格品，1 件是次品的概率．

解　从 100 件产品中任取 2 件，共有 C_{100}^2 种取法，即基本事件总数 $n=C_{100}^2$．

(1)设事件 $A=\{$取出的 2 件都是合格品$\}$，共有 C_{95}^2 种取法，包含的基本事件的个数为 C_{95}^2，则

$$P(A)=\frac{C_{95}^2}{C_{100}^2}=\frac{893}{990}.$$

(2)设事件 B =\{取出的2件中1件是合格品,1件是次品\},共有 $C_{95}^1C_5^1$ 种取法,包含的基本事件的个数为 $C_{95}^1C_5^1$,则

$$P(B)=\frac{C_{95}^1C_5^1}{C_{100}^2}=\frac{19}{198}.$$

三、概率的加法公式

1. 互不相容事件的加法公式

定理 1 若事件 A 与事件 B 是互不相容的,则

$$P(A+B)=P(A)+P(B),$$

即两个互不相容事件之和的概率等于两个事件概率之和.

这个性质称为概率的可加性.它可推广到有限个事件的情形:

推论 1 如果有限个事件 $A_1,A_2,\cdots,A_n$ 两两互不相容,则

$$P(A_1+A_2+\cdots+A_n)=P(A_1)+P(A_2)+\cdots P(A_n).$$

由定理1还可得到:

推论 2 设 A 为任一随机事件,则 $P(\overline{A})=1-P(A)$ 或 $P(A)=1-P(\overline{A})$.

推论 3 若事件 $B\subset A$,则 $P(A-B)=P(A)-P(B)$.

例 3 一批产品共有100件,其中合格品有90件,其余10件为废品,现从中任取2件产品,求这2件产品中至少含有1件废品的概率.

解 设 A=\{2件产品中至少含有1件废品\},A_i=\{2件中有 i 件废品\}($i=1,2$),则 $A=A_1\cup A_2$,且 $A_i(i=1,2)$ 之间是互不相容的,根据概率的古典定义,有

$$P(A_1)=\frac{C_{10}^1C_{90}^1}{C_{100}^2}=\frac{2}{11},\ P(A_2)=\frac{C_{10}^2C_{90}^0}{C_{100}^2}=\frac{1}{110},$$

由概率的可加性,得

$$P(A)=P(A_1)+P(A_2)=\frac{21}{110}.$$

另解:$\overline{A}$=\{2件产品中没有废品\},则

$$P(A)=1-P(\overline{A})=1-\frac{C_{90}^2}{C_{100}^2}=1-\frac{89}{110}=\frac{21}{110}.$$

2. 任意事件的加法公式

定理 2(加法公式) 对任意两个事件 A,B 有

$$P(A+B)=P(A)+P(B)-P(AB).$$

如图10—7所示.

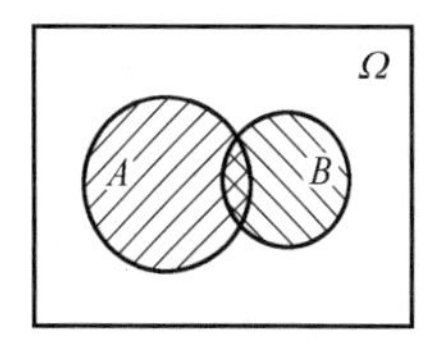

图 10—7

任意事件的加法公式可推广到有限个事件的情形,如三个事件有

$$P(A+B+C)=P(A)+P(B)+P(C)-P(AB)-P(AC)-P(CB)+P(ABC).$$

例 4 在射击训练中,选手甲击中目标的概率为0.8,选手乙击中目标的概率为0.85,两人同时击中目标的概率为0.7,求至少一人击中目标的概率.

解 设 A=\{选手甲击中目标\},B=\{选手乙击中目标\},AB=\{甲乙两人同时击中目

标},$C=$\{至少一人击中目标\},则

$$P(A)=0.8, P(B)=0.85, P(AB)=0.7,$$

根据加法公式有

$$P(C)=P(A+B)=P(A)+P(B)-P(AB)=0.95,$$

所以至少一人击中目标的概率为0.95.

例5 已知一、二、三班男、女生的人数见表10-2.

表 10-2

性别＼班级	一班	二班	三班	总计
男	23	22	24	69
女	25	24	22	71
总计	48	46	46	140

从中随机抽取一人,求该学生是一班学生或是男学生的概率是多少?

解 设$A=$\{一班学生\},$B=$\{男学生\},则

$$P(A)=\frac{48}{140}, P(B)=\frac{69}{140}, P(AB)=\frac{23}{140},$$

于是

$$P(A+B)=P(A)+P(B)-P(AB)=\frac{48}{140}+\frac{69}{140}-\frac{23}{140}=\frac{47}{70}\approx 0.67.$$

即该学生是一班学生或是男学生的概率是0.67.

习　题　10-2

1. 盒中有8个球,其中3个红球,5个黑球,从中任取2个,求:

(1)恰有一个红球的概率;

(2)至少有一个红球的概率.

2. 从0到9这十个数字中任意取出两个不同的数字,求所取到的这两个数字均为奇数的概率.

3. 假设一年中,每一天人的出生率是相同的,现任选甲、乙两人,试求两人生日不相同的概率.

4. 在50件产品中有46件合格品与4件次品,从中一次抽取3件,求:

(1)恰好有两件次品的概率;

(2)没有次品的概率;

(3)至少取到一件次品的概率.

5. 某市派甲、乙两支球队参加全省足球比赛,甲、乙两队夺取冠军的概率分别是$\frac{3}{7}$和$\frac{1}{4}$,求该市夺得全省足球比赛冠军的概率.

6. 某班学生共有 50 人，学生成绩分为四级：优秀 10 人，良好 16 人，中等 18 人，不及格 6 人，求该班学生成绩的及格率与不及格率．

第三节 条件概率与乘法公式

一、条件概率

在实际问题中，除了要知道事件 A 的概率 $P(A)$ 外，有时还需要知道"在事件 B 发生的条件下，事件 A 发生的概率"．如考虑有两个孩子的家庭，假定男孩女孩的出生率一样，则两个孩子（依大小排列）的性别为（男，男）（男，女）（女，男）（女，女）的可能性是一样的，如果随机地抽取一个家庭，这两个孩子为一男一女的概率显然为 $\frac{1}{2}$，但是如果我们预先知道这个家庭至少有一个女孩，那么上述事件的概率就为 $\frac{2}{3}$．

定义 设 A，B 为两个事件，且 $P(B)>0$，则称

$$P(A\mid B)=\frac{P(AB)}{P(B)}$$

为在事件 B 发生的条件下事件 A 发生的**条件概率**．

例 1 一盒子装有 5 只产品，其中有 3 只一等品，2 只二等品．从中取产品两次，每次任取一只，作不放回抽样．设事件 A 为"第一次取到的是一等品"，事件 B 为"第二次取到的是一等品"．试求条件概率 $P(B\mid A)$．

解 将产品编号，1，2，3 号为一等品；4，5 号为二等品．已知 A 发生，即知 1，2，3 号产品中已取走一个，于是，第二次抽取的所有可能结果的集合中共有 4 只产品，其中只有 2 只一等品，故得

$$P(B\mid A)=\frac{2}{4}=\frac{1}{2}.$$

例 2 全班 50 名学生中，有男生 31 人，女生 19 人，男生中有 11 人是本地人，20 人是外地人；女生中有 12 人是本地人，7 人是外地人．从中任选一名学生参加歌唱比赛，求：

(1)此学生是男生的概率；

(2)已知此学生是男生的情况下，求此人是本地人的概率．

解 设 A 表示男生，B 表示本地人．

(1) $P(A)=\frac{31}{50}=0.62$.

(2)由于事件 AB 表示既是男生又是本地人，由题意可知，$P(AB)=\frac{11}{50}=0.22$.

因此，在事件 A 已经发生的条件下，事件 B 发生的概率为

$$P(B\mid A)=\frac{P(AB)}{P(A)}=\frac{0.22}{0.62}=0.354\ 8.$$

二、乘法公式

由条件概率定义，容易推出求两个事件乘积的概率公式．

由条件概率公式直接可得

$$P(AB)=P(A)P(B\mid A)=P(B)P(A\mid B).$$

上式称为概率的**乘法公式**.

两个事件的乘法公式还可推广到 n 个事件的情况,即

$$P(A_1A_2\cdots A_n)=P(A_1)P(A_2\mid A_1)P(A_3\mid A_1A_2)\cdots P(A_n\mid A_1A_2\cdots A_{n-1}).$$

例 3 已知 100 件产品中有 4 件次品,无放回地从中抽取 2 次,每次抽取 1 件,求下列事件的概率:

(1)第一次取到次品,第二次取到正品;

(2)两次都取到正品;

(3)两次抽取中恰有一次取到正品.

解 设 $A=\{$第一次取到次品$\}$, $B=\{$第二次取到正品$\}$.

(1)第一次取到次品,第二次取到正品的事件为 AB,由题意知

$$P(A)=\frac{4}{100},P(B\mid A)=\frac{96}{99},$$

于是 $P(AB)=P(A)P(B\mid A)=\frac{4}{100}\times\frac{96}{99}\approx 0.038\ 8$;

(2)两次都取到正品的事件为 $\overline{A}B$,由题意知

$$P(\overline{A})=1-P(A)=\frac{96}{100},P(B\mid\overline{A})=\frac{95}{99},$$

于是 $P(\overline{A}B)=P(\overline{A})P(B\mid\overline{A})=\frac{96}{100}\times\frac{95}{99}\approx 0.92$;

(3)两次抽取中恰有一次取到正品的事件为 AB 和 $\overline{A}\,\overline{B}$ 至少有一个发生的事件,即 $AB+\overline{A}\,\overline{B}$,所以

$$\begin{aligned}P(AB+\overline{A}\,\overline{B})&=P(AB)+P(\overline{A}\,\overline{B})=P(A)P(B\mid A)+P(\overline{A})P(\overline{B}\mid\overline{A})\\&=\frac{4}{100}\times\frac{96}{99}+\frac{96}{100}\times\frac{4}{99}\approx 0.077\ 6.\end{aligned}$$

例 4 某人有 5 把钥匙,但分不清哪一把能打开房间的门,逐把打开,试求:

(1)第四次才打开房门的概率;

(2)三次内打开房门的概率.

解 设事件 $A_i=\{$第 i 次打开房门$\}$ $(i=1,2,3,4,5)$.

(1)设事件 $B=\{$第四次才打开房门$\}$,则

$$\begin{aligned}P(B)&=P(\overline{A_1}\,\overline{A_2}\,\overline{A_3}A_4)=P(\overline{A_1})P(\overline{A_2}\mid\overline{A_1})P(\overline{A_3}\mid\overline{A_1}\,\overline{A_2})P(A_4\mid\overline{A_1}\,\overline{A_2}\,\overline{A_3})\\&=\frac{4}{5}\cdot\frac{3}{4}\cdot\frac{2}{3}\cdot\frac{1}{2}=\frac{1}{5}=0.2\end{aligned}$$

(2)设事件 $C=\{$三次内打开房门$\}$,则

$$\begin{aligned}P(C)&=P(A_1+\overline{A_1}A_2+\overline{A_1}\,\overline{A_2}A_3)\\&=P(A_1)+P(\overline{A_1}A_2)+P(\overline{A_1}\,\overline{A_2}A_3)\\&=\frac{1}{5}+\frac{4}{5}\cdot\frac{1}{4}+\frac{4}{5}\cdot\frac{3}{4}\cdot\frac{1}{3}=\frac{3}{5}=0.6\end{aligned}$$

三、全概率公式

1. 全概率公式

在概率中,我们经常利用已知的简单事件的概率,推算出未知的复杂事件的概率．为此,经常把一个复杂事件分解成若干个互不相容的简单事件之和的形式,然后分别计算这些简单事件的概率,最后利用概率的可加性得到最终结果．

设 $B_1, B_2, \cdots, B_n$ 是一组互不相容事件,且 $B_1+B_2+\cdots+B_n=\Omega$,那么,具有以上条件的事件组称为**完备事件组**．如"掷一颗骰子观察其点数"的试验,其样本空间 $\Omega=\{1,2,3,4,5,6\}$,Ω 的一组事件 $B_1=\{1,2\}$,$B_2=\{3,4\}$,$B_3=\{5,6\}$ 是样本空间 Ω 的一个完备事件组,而事件组 $C_1=\{1,2,3\}$,$C_2=\{3,4\}$,$C_3=\{5,6\}$ 不是样本空间 Ω 的一个完备事件组,因为 $C_1C_2=\{3\}\neq\varnothing$．

在许多实际问题中,某一事件 A 与完备事件组中的事件之一同时发生,如图 10－8 所示．

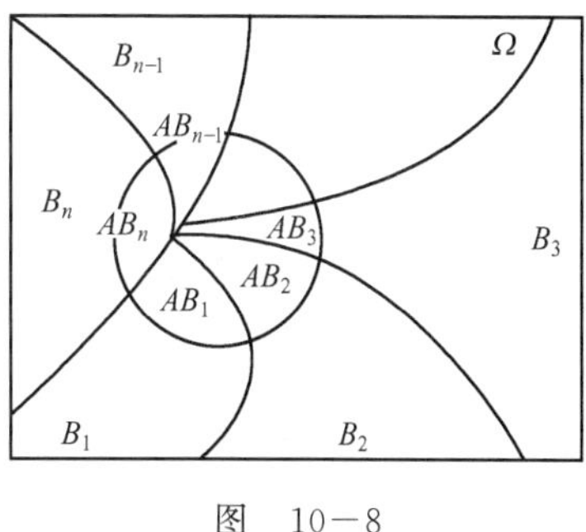

图 10－8

如上例中,若设事件 $A=\{$点数为奇数$\}$,则事件 A 能与 B_1, B_2, B_3 之一同时发生,即

$A=AB_1+AB_2+AB_3$.

于是事件 A 的概率可以用加法公式和乘法公式求得．

定理 1 如果事件 $B_1, B_2, \cdots, B_n$ 是一完备事件组,那么对任意一个事件 A ,有

$$P(A)=\sum_{i=1}^{n}P(AB_i)=\sum_{i=1}^{n}P(B_i)P(A\mid B_i).$$

上式称为**全概率公式**．

特别地,若 $n=2$,并将 B_1 记为 B ,则 B_2 就是 $\overline{B}$,于是,可得

$$P(A)=P(B)P(A\mid B)+P(\overline{B})P(A\mid \overline{B}).$$

例 5 设袋中共有 10 个球,其中 2 个带有中奖标志,两人分别从袋中任取一球,问第二个人中奖的概率是多少?

解 设事件 $A=\{$第一人中奖$\}$,事件 $B=\{$第二人中奖$\}$. 则

$$P(A)=\frac{2}{10}, P(\overline{A})=\frac{8}{10}, P(B|A)=\frac{1}{9}, P(B|\overline{A})=\frac{2}{9},$$

$$\begin{aligned}P(B)&=P(BA+B\overline{A})=P(BA)+P(B\overline{A})\\&=P(A)P(B|A)+P(\overline{A})P(B|\overline{A})\\&=\frac{2}{10}\times\frac{1}{9}+\frac{8}{10}\times\frac{2}{9}=\frac{1}{5}.\end{aligned}$$

注:第二人中奖的概率与第一人中奖的概率是相等的．

例 6 某工厂有甲,乙,丙三车间生产同一种产品,产量分别占 25%,35%,40%,其废品率为 5%,4%和 2%,产品混在一起,求检测时发现废品的概率．

解 设 $A=\{$生产的产品是废品$\}$, $B_1=\{$甲车间生产的产品$\}$, $B_2=\{$乙车间生产的产品$\}$, $B_3=\{$丙车间生产的产品$\}$. 则

$$P(B_1)=25\%, P(B_2)=35\%, P(B_3)=40\%,$$

$$P(A \mid B_1)=5\%,P(A \mid B_2)=4\%,P(A \mid B_3)=2\%,$$

由全概率公式,得

$$\begin{aligned}P(A)&=\sum_{i=1}^{3}P(B_i)P(A \mid B_i)\\&=P(B_1)P(A \mid B_1)+P(B_2)P(A \mid B_2)+P(B_3)P(A \mid B_3)\\&=0.25\times0.05+0.35\times0.04+0.4\times0.02\\&=0.0345.\end{aligned}$$

所以检测时发现废品的概率为3.45%.

2. 贝叶斯公式

定理2 设$B_1,B_2,\cdots,B_n$是一完备事件组,则对任一事件A,$P(A)>0$,有

$$P(B_j \mid A)=\frac{P(B_j)P(A \mid B_j)}{\sum_{i=1}^{n}P(B_i)P(A \mid B_i)}\qquad(j=1,2,\cdots,n).$$

上式称为**贝叶斯公式**.

例7 例6中,若检测时发现废品,求这种废品分别是由甲、乙、丙车间生产的概率.

解 设$A=\{$生产的产品是废品$\}$,$B_1=\{$甲车间生产的产品$\}$,$B_2=\{$乙车间生产的产品$\}$,$B_3=\{$丙车间生产的产品$\}$. 则由贝叶斯公式,得

$$P(B_1 \mid A)=\frac{P(B_1)P(A \mid B_1)}{P(A)}=\frac{0.25\times0.05}{0.0345}\approx0.36,$$

$$P(B_2 \mid A)=\frac{P(B_2)P(A \mid B_2)}{P(A)}=\frac{0.35\times0.04}{0.0345}\approx0.41,$$

$$P(B_3 \mid A)=\frac{P(B_3)P(A \mid B_3)}{P(A)}=\frac{0.4\times0.02}{0.0345}\approx0.23.$$

这种废品是由甲、乙、丙车间生产的概率分别为36%,41%,23%.

习 题 10-3

1. 已知$P(A)=0.20$,$P(B)=0.45$,$P(AB)=0.15$,求:$P(A|B)$,$P(\overline{A}\,\overline{B})$,$P(\overline{A}|\overline{B})$.

2. 在50件产品中有2件次品,从中连续抽取两次,每次取一个,不放回,求下列事件的概率:

(1)第二次才取到正品;

(2)两次都取到正品;

(3)两次中恰取到一个正品.

3. 设A,B,C是三个随机事件,$P(A)=P(B)=P(C)=\frac{1}{4}$,$P(AC)=\frac{1}{6}$,$P(AB)=0$,$P(BC)=0$,求$A$,$B$,$C$至少发生一个的概率.

4. 播种用的一等小麦种子中混合2%的二等种子,1.5%的三等种子以及1%的四等种子. 用一、二、三、四等种子长出的穗含50颗以上麦粒的概率分别是0.5,0.15,0.1,0.05. 任选一颗种子,求它所结的穗含50颗以上麦粒的概率.

5. 某电子设备厂所用的元件是由三家元件厂提供的，根据以往的记录，这三个厂家的次品率分别为 0.02，0.01，0.03，提供元件的份额分别为 0.15，0.8，0.05，设这三个厂家的产品在仓库是均匀混合的，且无区别的标志．求：

(1)在仓库中随机地取一个元件，求它是次品的概率；

(2)在仓库中随机地取一个元件，若已知它是次品，分析此次品最有可能出自何厂？

第四节 事件的独立性

一、事件的独立性

上一节我们学习了条件概率，在事件 B 已发生的条件下，事件 A 发生的条件概率为 $P(A \mid B)=\dfrac{P(AB)}{P(B)}$．在一般情况下，条件概率 $P(A \mid B)$ 与概率 $P(A)$ 不相等，但在某些情况下，却有 $P(A \mid B)=P(A)$．

定义 1 如果两个事件 A，B 中任意一事件的发生不影响另一事件的概率，即

$$P(A \mid B)=P(A) \text{ 或 } P(B \mid A)=P(B),$$

则称事件 A 与事件 B **相互独立**，否则称事件 A 与事件 B 不独立．

例 1 袋中有 7 个球，其中有 4 个白球，3 个红球，从中抽取两球．设事件 A 为“第一次抽取到的是白球”，事件 B 为“第二次抽取到的是白球”，求事件 B 的概率．

解 如果第一次抽取一球观察颜色后放回，则事件 A 与事件 B 是相互独立的，因为

$$P(B \mid A)=P(B)=\frac{4}{7}.$$

如果第一次抽取后不放回，则事件 A 与事件 B 不是独立的，因为

$$P(B \mid A)=\frac{3}{6}=\frac{1}{2},$$

$$P(B)=P(AB+\overline{A}B)=P(B|A)P(A)+P(B|\overline{A})P(\overline{A})=\frac{3}{6}\times\frac{4}{7}+\frac{4}{6}\times\frac{3}{7}=\frac{4}{7}.$$

定理 1 两个事件 A，B 相互独立的充分必要条件是

$$P(AB)=P(A)P(B).$$

当事件 A 与事件 B 相互独立时，A 与 $\overline{B}$，$\overline{A}$ 与 B，$\overline{A}$ 与 $\overline{B}$ 也互相独立．

事件的独立性可推广到有限个事件：

n 个事件 $A_1, A_2, \cdots, A_n$，若其中任一事件发生的概率都不受其他一个或几个事件发生与否的影响，则称这 n 个事件相互独立，且

$$P(A_1A_2\cdots A_n)=P(A_1)P(A_2)\cdots P(A_n),$$

$$P(A_1+A_2+\cdots+A_n)=1-P(\overline{A_1})P(\overline{A_2})\cdots P(\overline{A_n}).$$

例 2 设有甲、乙两批种子，发芽率分别为 0.9 和 0.8，在两批种子中各随机抽取一粒种子，求两粒种子都能发芽的概率．

解 设 $A_1=\{$甲批的种子发芽$\}$，$A_2=\{$乙批的种子发芽$\}$，显然 A_1，A_2 相互独立，且事件“两粒都能发芽”即为 A_1A_2，则

$$P(A_1A_2)=P(A_1)P(A_2)=0.9\times 0.8=0.72.$$

例 3 甲、乙、丙三人在同一时间内分别破译某个密码．设甲、乙、丙三人能单独破译出的概率分别为 0.8、0.7 和 0.6，求：

(1)密码能译出的概率；

(2)最多只有一人能译出的概率．

解 设 $A=\{$甲译出密码$\}$，$B=\{$乙译出密码$\}$，$C=\{$丙译出密码$\}$，$D=\{$密码能译出$\}$，$E=\{$最多只有一人能译出密码$\}$．由题意可知，A，B，C 相互独立．

(1)
$$\begin{aligned} P(D) &= P(A+B+C) \\ &= P(A)+P(B)+P(C)-P(A)P(B)-P(A)P(C)-P(B)P(C)+ \\ &\quad P(A)P(B)P(C) \\ &= 0.976. \end{aligned}$$

或

$$\begin{aligned} P(D) &= 1-P(\overline{D}) \\ &= 1-P(\overline{A})P(\overline{B})P(\overline{C}) \\ &= 1-(1-0.8)\times(1-0.7)\times(1-0.6) \\ &= 0.976. \end{aligned}$$

(2)因为 $E=A\overline{B}\,\overline{C}+\overline{A}B\overline{C}+\overline{A}\,\overline{B}C+\overline{A}\,\overline{B}\,\overline{C}$，且 $A\overline{B}\,\overline{C}$，$\overline{A}B\overline{C}$，$\overline{A}\,\overline{B}C$，$\overline{A}\,\overline{B}\,\overline{C}$ 两两互不相容，所以

$$\begin{aligned} P(E) &= P(A\overline{B}\,\overline{C}+\overline{A}B\overline{C}+\overline{A}\,\overline{B}C+\overline{A}\,\overline{B}\,\overline{C}) \\ &= P(A\overline{B}\,\overline{C})+P(\overline{A}B\overline{C})+P(\overline{A}\,\overline{B}C)+P(\overline{A}\,\overline{B}\,\overline{C}) \\ &= 0.2\times0.3\times0.4+0.8\times0.3\times0.4+0.2\times0.7\times0.4+0.2\times0.3\times0.6 \\ &= 0.212. \end{aligned}$$

注：(1)中的两种方法是计算事件之和的概率的常用方法．

二、伯努利概型

定义 2 如果在相同条件下重复进行 n 次试验，且满足：

(1)每次试验中，有且仅有两个可能的结果：A 与 $\overline{A}$；

(2)各次试验中，概率 $P(A)=p$，$P(\overline{A})=1-p$ $(0<p<1)$ 保持不变；

(3)每次试验的结果相互独立．

则将这 n 次试验称为 n **重伯努利试验**，简称**伯努利概型**．

例 4 某人对一目标独立进行了 4 次射击，每次击中目标的概率为 p $(0<p<1)$，未击中目标的概率为 q $(q=1-p)$，试求恰好有 3 次击中目标的概率．

解 设事件 $A=\{$击中目标$\}$，则 $P(A)=p$，$P(\overline{A})=q=1-p$．4 次射击中恰好有 3 次击中的可能结果为 $\overline{A}AAA$，$A\overline{A}AA$，$AA\overline{A}A$，$AAA\overline{A}$，这 4 个结果互不相容，且概率相等，即

$$P(\overline{A}AAA)=P(A\overline{A}AA)=P(AA\overline{A}A)=P(AAA\overline{A})=p^3q,$$

由概率的加法公式得，4 次射击中恰好有 3 次击中的概率为

$$P_4(3)=P(\overline{A}AAA)+P(A\overline{A}AA)+P(AA\overline{A}A)+P(AAA\overline{A})=4p^3q=C_4^3p^3q.$$

定理 2 **(伯努利定理)**若事件 A 在每次试验中发生的概率为 $p(0<p<1)$，不发生的概率为 $q(q=1-p)$，则在 n 重伯努利试验中事件 A 恰好发生 k 次的概率为

$$P_n(k)=C_n^kp^kq^{n-k}\qquad(k=0,1,2,\cdots,n;q=1-p).$$

例 5　一批产品中有 30% 的一级品，进行重复抽样调查，任意抽取 5 件产品，求

(1)取出的 5 件产品中恰好有 2 件一级品的概率；

(2)取出的 5 件产品中至少有 2 件一级品的概率．

解　每抽取 1 件产品看成是一次试验，抽取 5 件产品相当于做 5 次重复独立试验，每次试验只有“一级品”和“非一级品”两种可能的结果，所以可以看成 5 重伯努利试验．

(1)设 A 表示“任取 1 件是一级品”，则

$$p = P(A) = 0.3, \quad q = P(\overline{A}) = 0.7.$$

又设 B 表示“取出的 5 件产品中恰好有 2 件一级品”，则由伯努利定理得

$$P(B) = P_5(2) = C_5^2 p^2 q^3 = 10 \times 0.3^2 \times 0.7^3 = 0.3087.$$

(2)设 C 表示“取出的 5 件产品中至少有 2 件一级品”，则由伯努利定理得

$$\sum_{k=2}^{5} P_5(k) = 1 - P_5(0) - P_5(1) = 1 - C_5^0 p^0 q^5 - C_5^1 p^1 q^4 \approx 0.472.$$

习　题　10－4

1. 甲、乙、丙三人对同一目标进行射击，每人各独立射击一次，命中率分别为 0.4，0.5，0.7，求：

(1)三次射击中恰好命中两次的概率；

(2)三次射击中至少有一次命中的概率．

2. 三人独立地去破译一份密码，已知三个人能译出的概率分别为 $\frac{1}{6}$，$\frac{1}{3}$，$\frac{1}{4}$，问三人中至少有一人能将此密码译出的概率是多少？

3. 有甲、乙两批种子，发芽率分别为 0.8 和 0.7，在两批种子中各随机抽一粒，求下列事件的概率：

(1)至少有一粒能发芽；

(2)恰好有一粒能发芽．

4. 射手每次击中目标的概率是 0.6，如果射击 5 次，试求至少击中 2 次的概率．

复习题十

1. 填空题．

(1)甲、乙、丙三人各射一次靶，记 $A=\{$甲中靶$\}$，$B=\{$乙中靶$\}$，$C=\{$丙中靶$\}$，则可用上述三个事件的运算分别表示：“三人中恰有两人中靶”____________，“三人中至少一人中靶”____________．

(2)一个家庭有两个小孩，则所有可能的孩子的性别(依大小排序)基本事件为____________．

(3)已知事件 A，B 有概率 $P(A)=0.6$，$P(B)=0.8$，条件概率 $P(B \mid A)=0.9$，则 $P(A+B)=$____________．

(4)某射手向一目标射击 3 次，每次射击命中的概率为 0.6，则 3 次射击至少命中 1 次的概

率为________.

(5)将一枚骰子先后掷2次,至少出现一次6点向上的概率是________.

2. 选择题.

(1)下列事件中是必然事件的是(　　).

A. 某班有5人的出生年月日全部相同

B. 某人上街看到的汽车车牌号全部是奇数号

C. 在未来的一周内每天中午12点都见不到太阳

D. 将3只鸽子放进两个鸽笼,有一只鸽笼至少放两只鸽子

(2)6位同学参加百米决赛,赛场共有6条跑道,其中甲同学恰好被排在第四道,乙同学恰好被排第五道的概率是(　　).

A. $\frac{1}{30}$　　B. $\frac{1}{20}$　　C. $\frac{2}{3}$　　D. $\frac{1}{3}$

(3)从一批羽毛球产品中任取一个,如果质量小于4.8 g的概率是0.3,质量不小于4.85 g的概率是0.32,那么质量在[4.8,4.85)g范围内的概率是(　　).

A. 0.62　　B. 0.38　　C. 0.7　　D. 0.68

(4)从1,2,3,…,9中任取两数,其中:

①恰有1个是奇数和恰有1个是偶数;

②至少有1个是奇数和两个都是奇数;

③至少有1个不是奇数和两个都是奇数;

④至少有1个奇数和至少有1个是偶数.

上述事件中,是对立事件的是(　　).

A. ①　　B. ②④　　C. ③　　D. ①③

(5)掷两粒骰子,所得的两个点数中,一个恰是另一个的两倍的概率为(　　).

A. $\frac{1}{6}$　　B. $\frac{1}{8}$　　C. $\frac{1}{9}$　　D. $\frac{1}{12}$

提示:满足条件的基本事件有:(1,2)、(2,1)、(2,4)、(4,2)、(3,6)、(6,3)6种.

(6)把红、黑、蓝、白4张牌随机地分发给甲、乙、丙、丁四人,每人分得1张,事件“甲分得红牌”与“乙分得红牌”是(　　).

A. 对立事件　　B. 不可能事件

C. 互斥但不对立事件　　D. 以上都不对

(7)在所有的两位数(10～99)中任取一个数,则这个数能被2或3整除的概率是(　　).

A. $\frac{5}{6}$　　B. $\frac{4}{5}$　　C. $\frac{2}{3}$　　D. $\frac{1}{2}$

提示:能被2整除的两位数有45个,能被3整除的奇数有15个.

(8)袋中有红、黄、白色球各一个,每次任取一个,有放回地抽取3次,则下列事件中概率是$\frac{8}{9}$的是(　　). (提示:由于颜色全相同有三种可能,其概率为$\frac{1}{9}$)

A. 颜色全相同　　B. 颜色不全相同　　C. 颜色全不相同　　D. 无红颜色球

3. 从0,1,2,…,9这十个数字中任取3个不同的数字,试求下列事件的概率.

(1)三个数字中不含0和3;

(2)三个数字中不含0或3.

4. 某班委会由3名男生与2名女生组成,现从中选出2人担任正副班长,其中至少有1名女生当选的概率是__________.

5. 袋中装有1张伍元纸币,2张贰元纸币和2张壹元纸币,从中任取3张,求总数超过6元的概率.

6. 由经验得知,在某商场付款处排队等候付款的人数及其概率如下:

排队人数	0	1	2	3	4	5人以上
概率	0.1	0.16	0.3	0.3	0.1	0.04

求:(1)至多2人排队的概率;

(2)至少2人排队的概率.

7. 设某光学仪器厂制造的透镜,第一次落下时打破的概率为$\frac{1}{2}$,若第一次落下时未打破,第二次落下时打破的概率为$\frac{7}{10}$,若前两次时未打破,第三次落下时打破的概率为$\frac{9}{10}$,试求透镜落下三次而未打破的概率.

8. 两台车床加工同样的零件,第一台出现废品的概率为0.03,第二台出现废品的概率为0.02,两台车床加工的零件放在一起,并且已知第一台加工的零件比第二台零件多一倍.求:

(1)任取一个零件是合格品的概率;

(2)如果取出的零件是废品,求是第二台加工的概率.

9. 一大楼装有5个同类型的供水设备,调查表明在任一时刻t每个设备使用的概率为0.1,问在同一时刻:

(1)恰有2个设备被使用的概率;

(2)至少有3个设备被使用的概率;

(3)至多有3个设备被使用的概率;

(4)至少有1个设备被使用的概率.

10. 某人从广州去天津,其乘火车、乘船、乘汽车、乘飞机的概率分别是0.3,0.2,0.1和0.4,已知分乘火车、乘船、乘汽车而迟到的概率分别是0.25,0.3,0.1,而乘飞机不会迟到.问这个人迟到的可能性有多大?

概率故事

数学之所以有生命力,就在于有趣.数学之所以有趣,就在于它对思维的启迪.

1. 赌金分配

法国有两个大数学家,一个叫作巴斯卡尔,一个叫作费马.巴斯卡尔认识两个赌徒,这两个赌徒向他提出了一个问题,他们说:他俩下赌金之后,谁先赢满5局,谁就获得全部赌金.赌了半天,甲赢了4局,乙赢了3局,时间很晚了,他们都不想再赌下去了,那么,这个钱应该怎么分呢?是不是把钱分成7份,赢了4局的就拿4份,赢了3局的就拿3份呢?或者,因为最早说的是满5局,而谁也没达到,所以就一人分一半呢?这两种分法都不对,正确的答案是:赢了

4局的拿这个钱的 $\frac{3}{4}$，赢了3局的拿这个钱的 $\frac{1}{4}$．为什么呢？假定他们俩再赌一局，或者甲赢，或者乙赢．若是甲赢满了5局，钱应该全归他；甲如果输了，即甲、乙各赢4局，这个钱应该对半分．现在，甲赢和输的可能性都是 $\frac{1}{2}$，所以，他拿的钱应该是 $\frac{1}{2}\times1+\frac{1}{2}\times\frac{1}{2}=\frac{3}{4}$，乙就应该得 $\frac{1}{4}$．

2. 歧路亡羊

歧路亡羊是《列子》中一篇寓意深刻的故事，原文如下：杨子之邻人亡羊，既率其党，又请杨子之竖追之．杨子曰："嘻！亡一羊，何追者之众？"邻人曰："多歧路．"既返，问："获羊乎？"曰："亡之矣．"曰："奚亡之？"曰："歧路之中又有歧焉，吾不知所之，所以反也．"

下面我们就来研究一下杨子的邻人找到丢失的羊的可能性有多大．假定所有的分岔口都各有两条新的歧路．这样，每次分歧的总歧路数分别为 2^1，2^2，2^3，2^4，…，到第 n 次分歧时，共有 2^n 条歧路．因为丢失的羊走每条歧路的可能性都是相等的，所以当羊走过 n 个三岔路口后，找到羊的概率为 $\frac{1}{2^n}$．如当 $n=5$ 时，即使杨子的邻人动员了6个人去找羊，找到羊的概率只有 $6\times\frac{1}{2^5}=\frac{3}{16}$，由此可见，邻人空手而返，是很自然的事了！

3. 狄青平乱

宋仁宗时，大将狄青去南方平息反抗．当时路途艰险，军心不稳，狄青取胜的把握不大．为了鼓舞士气，狄青便设坛拜神，说："这次出兵讨伐敌军，胜败没有把握，是吉是凶，只好由神明决定了．是吉的话，那我随便掷100个铜钱，神明保佑，正面定然会全部朝上；只要有一个背面朝上，那我们就难以制敌，只好回朝了．"左右官员诚惶诚恐，劝道："大将军，运气再好，100个铜钱，总不会个个正面朝上，如果有背面朝上，岂不动摇军心？如果不战而回朝，那更是违抗圣旨．请大将军三思而行！"此时的狄青已是胸有成竹，叫心腹拿来一袋铜钱，在千万人的注视下，举手一挥，把铜钱全部抛向空中，100个铜钱居然鬼使神差的全部朝上．顿时，全军欢呼，声音响彻山野．由于士兵个个认定神灵护佑，战斗中奋勇争先，仅一次战役，就收回了失地，大功告成．那么，那100个铜钱究竟是怎么回事呢？

4. 男女出生比例

公元1814年，法国数学家拉普拉斯(Laplace，1794—1827)在他的新作《概率的哲学探讨》一书中，记载了一个有趣的统计．他根据伦敦、彼得堡、柏林和全法国的统计资料，得出了几乎完全一致的男婴和女婴出生数的比值是22∶21，即在全体出生婴儿中，男婴占51.2%，女婴占48.8%．可奇怪的是，当他统计1745—1784整整40年间巴黎男婴出生率时，却得到了另一个比是25∶24，男婴占51.02%，与前者相差0.14%．对于这千分之一点四的微小差异，拉普拉斯感到困惑不解，他深信自然规律，他觉得这千分之一点四的后面，一定有深刻的因素．于是，他深入进行调查研究,终于发现:当时巴黎人“重女轻男”,有抛弃男婴的陋俗,以至于歪曲了出生率的真相,经过修正,巴黎的男女婴的出生比率依然是22∶21.

5. 概率天气预报

概率天气预报是用概率值表示预报量出现可能性的大小,它所提供的不是某种天气现象的有或无,而是天气现象出现的可能性有多大.如对降水的预报,传统的天气预报一般预报有雨或无雨,而概率预报则给出可能出现降水的百分数,百分数越大,出现降水的可能性就越大.一般来讲,概率值小于或等于30%,可认为基本不会降水;概率值在30%～60%,降水可能发生,但可能性较小;概率在60%～70%,降水可能性很大;概率值大于70%,有降水发生.概率天气预报既反映了天气变化确定性的一面,又反映了天气变化的不确定性和不确定程度.在许多情况下,这种预报形式更能适应经济活动和军事活动中决策的需要.

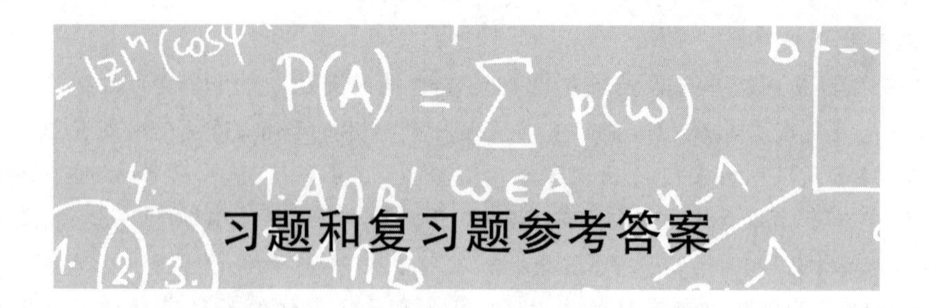

习题和复习题参考答案

第 一 章

习 题 1—1

1. (1) $1200° = -3 \times 360° + 120°$,第二象限角;

(2) $-750° = -3 \times 360° + 330°$,第四象限角.

2. (1) $-54°$;(2) $105°$;(3) $-90°$;(3) $-114.6°$.

3. (1) $-\dfrac{7\pi}{6}$;(2) $\dfrac{5\pi}{12}$;(3) $\dfrac{\pi}{8}$;(4) 0.0960.

4. (1) $-\dfrac{11\pi}{6} = -2\pi + \dfrac{\pi}{6}$,第四象限角;(2) $\dfrac{20\pi}{3} = 6\pi + \dfrac{2\pi}{3}$,第二象限角.

5. (1)5;(2) 10π;(3)18.84.

习 题 1—2

1. $\sin\alpha = -\dfrac{\sqrt{3}}{2}$, $\cos\alpha = \dfrac{1}{2}$, $\tan\alpha = -\sqrt{3}$, $\cot\alpha = -\dfrac{\sqrt{3}}{3}$, $\sec\alpha = 2$, $\csc\alpha = -\dfrac{2\sqrt{3}}{3}$.

2. $\sin\alpha = -\dfrac{\sqrt{2}}{2}$, $\cos\alpha = \dfrac{\sqrt{2}}{2}$, $\tan\alpha = -1$, $\cot\alpha = -1$, $\sec\alpha = \sqrt{2}$, $\csc\alpha = -\sqrt{2}$.

3. (1)负;(2)负;(3)正.

4. (1)一或三;(2)二;(3)二或三.

5. (1) $\sec\alpha = \dfrac{13}{12}$, $\sin\alpha = -\dfrac{5}{13}$, $\csc\alpha = -\dfrac{13}{5}$, $\tan\alpha = -\dfrac{5}{12}$, $\cot\alpha = -\dfrac{12}{5}$;

(2) $\cot\alpha = -\dfrac{4}{3}$, $\sec\alpha = -\dfrac{5}{4}$, $\cos\alpha = -\dfrac{4}{5}$, $\sin\alpha = \dfrac{3}{5}$, $\csc\alpha = \dfrac{5}{3}$.

习 题 1—3

1. (1)<;(2)<;(3)<.

2. (1) 在 $x = \dfrac{\pi}{2} + 2k\pi$ 处达到最大值 6,在 $x = -\dfrac{\pi}{2} + 2k\pi$ 处达到最小值 -2, $k \in \mathbf{Z}$;

(2)在 $x = k\pi + \dfrac{\pi}{2}$ 处达到最大值 3,在 $x = k\pi$ 处达到最小值 0, $k \in \mathbf{Z}$;

(3)在 $x = 2k\pi$ 处达到最大值 5,在 $x = (2k+1)\pi$ 处达到最小值 -5, $k \in \mathbf{Z}$.

3. 略.

习　题　1—4

1. (1) $y=\sin\left(x-\frac{\pi}{5}\right)$；(2) $y=7\sin 4x$；(3)左，$\frac{\pi}{12}$.

2. (1) 五个关键点的坐标是 $\left(-\frac{\pi}{3},0\right)$，$\left(\frac{2\pi}{3},1\right)$，$\left(\frac{5\pi}{3},0\right)$，$\left(\frac{8\pi}{3},-1\right)$，$\left(\frac{11\pi}{3},0\right)$，图略；$4\pi$，1，$\left(-\frac{\pi}{3},0\right)$；

(2) 五个关键点的坐标是 $\left(\frac{\pi}{8},0\right)$，$\left(\frac{3\pi}{8},\frac{3}{2}\right)$，$\left(\frac{5\pi}{8},0\right)$，$\left(\frac{7\pi}{8},-\frac{3}{2}\right)$，$\left(\frac{9\pi}{8},0\right)$，图略；$\pi$，$\frac{3}{2}$，$\left(\frac{\pi}{8},0\right)$.

3. 五个关键点的坐标是(0,0)，(0.0025,310)，(0.0050,0)，(0.0075,−310)，(0.01,0)图略，在区间(0,0.0025)上增加，在区间(0.0025,0.0050)上减少.

4. $I=15\sin\left(25\pi t+\frac{\pi}{2}\right)$.

习　题　1—5

1. (1) $\frac{\pi}{6}$；(2) $-\frac{\pi}{2}$；(3) $-\frac{\pi}{3}$；(4)0；(5) $\frac{\pi}{4}$；(6) $\frac{\pi}{6}$；(7)0；(8) $-\frac{\pi}{6}$.

2. (1)0.4；(2) $-\frac{\sqrt{3}}{2}$；(3) −1；(4) $\frac{7}{4}$；(5) $\frac{\sqrt{3}}{2}$；(6)1.

复习题一

1. (1) $\{x\mid x=k\cdot 360°-120°,k\in \mathbf{Z}\}$，$-120°$，$240°$；(2)>，<，>；(3)一或四；(4)2；(5) $\frac{2\sqrt{5}}{5}$，$\frac{\sqrt{5}}{5}$，2；(6)20，6π，$\left[-\frac{\pi}{2},0\right]$，$\pi$，$4\pi$；(7) $\left[\frac{3\pi}{2},2\pi\right]$，$\left[\frac{\pi}{2},\pi\right]$；(8)0；(9)>，>，<.
2. (1)C；(2)D；(3)B；(4)C.
3. 2，π(提示：$y=\sin 2x-\sqrt{3}\cos 2x=2\sin\left(2x-\frac{\pi}{3}\right)$).
4. (1)图略，5，1，2π；(2)图略，−1，−5，2π；(3)图略，(提示：五个关键点的坐标是 $\left(\frac{\pi}{2},0\right)$，$\left(\frac{3\pi}{2},3\right)$，$\left(\frac{5\pi}{2},0\right)$，$\left(\frac{7\pi}{2},-3\right)$，$\left(\frac{9\pi}{2},0\right)$，3，−3，$4\pi$.

第　二　章

习　题　2—1

1. (1)假；(2)假；(3)真；(4)真；(5)假.
2. 是，否.
3. 略.
4. 提示：反证法.
5. 3，3.

6. 提示:不在同一直线上的三点确定一个平面.

习　题　2—2

1. 不一定;三种:平行、相交、异面.
2. 相交、异面.
3. 平行、相交、异面.
4. 提示:利用定理1.
5. $\frac{1}{5}$.(提示:利用余弦定理)
6. 反证法.
7. 提示:运用定理1.

习　题　2—3

1. (1)假;(2)假;(3)假;(4)真.
2. 能,不能.
3. 提示:旗杆与地面上的两条相交直线垂直.
4. $l\cos\theta$.
5. 提示:设点P在$\triangle ABC$所在平面内的射影为O,则$OA=OB=OC$.
6. 提示:运用直线和平面平行的性质定理.
7. 提示:设AC和BD相交于O,则$OE \parallel BD'$.
8. 提示:$BC\perp$平面SAC,$BC\perp AD$.
9. 4个.

习　题　2—4

1. (1)假;(2)假;(3)假;(4)真;(5)假;(6)真.
2. 垂直.
3. $3\sqrt{3}$ cm.
4. 提示:利用平面与平面平行的判定定理.
5. $\frac{\sqrt{2}}{2}a$.(提示:$\triangle AEC$为等边三角形,E为BD的中点.)
6. 提示:由$AB\perp BD$,$CE\perp BD$得$CE\perp$平面ABD.

习　题　2—5

1. $4ah$.　2. $1:\sqrt{2}$　3. $20\sqrt{3}+36\sqrt{15}$.　4. 64π,$\frac{256}{3}\pi$.　5. 12π.

6. $3\sqrt{2}$,3.　7. $\frac{\sqrt{3}}{2}$.　8. 1∶1.　9. $\frac{4}{9}s$.

10. (1) $\frac{1}{6}a^3$;(2) $\frac{\sqrt{3}}{3}a$.　11. 33π.　12. 24 cm.　13. $32\sqrt{3}\pi$.

习　题　2—6

1. (1)圆柱,球;(2)实线,虚线;(3)棱锥,圆锥;(4)圆锥;(5)俯视图,正视图,侧视图;(6)12;(7)正投影,从前向后,俯视图,从左向右.

2. (1)B;(2)C;(3)C;(4)D;(5)C.

3. 略.

习　题　2—7

1. (1)平面图形;(2)平行,保持原长不变,一半;(3)平行;(4)①②.

2. (1)D;(2)C;(3)D;(4)B;(5)B;(6)B;(7)D.

3. (1)√;(2)×;(3)×;(4)√. 4. 略. 5. 略. 6. 略.

复 习 题 二

1. (1)D;(2)B;(3)C;(4)C;(5)D;(6)D;(7)D;(8)D;(9)A;(10)D;(11)D;(12)A;(13)A;(14)C;(15)B;(16)A;(17)C;(18)B.

2. (1) $\frac{\sqrt{5}}{5}$;(2) $\frac{\sqrt{6}}{6}$.

3. $\frac{3}{4}a$.

4. 提示(1)设 E 为 DC 的中点,$AB \perp$ 平面 MNE;(2)设 $AD = a, AB = b$,可证 $PN^2 + NM^2 = PM^2$,由勾股定理,$MN \perp PC$,再由(1)的结论可得所求结论.

5. $\frac{2\sqrt{11}}{11}$.

6. $\frac{\sqrt{6}}{2}a$.

7. $6\sqrt{5}, 4\sqrt{13}, 13$.

8. 提示:(1) $SD \perp AC, SD \perp BD$;(2) 平面 $SDB \perp$ 平面 ABC.

9. 提示:$D'B'$ 是 DB 在平面 $A'B'C'D'$ 内的射影,$A'C' \perp DB'$. 同理 $BC' \perp DB'$.

10. $2\sqrt{3}$.

11. 提示:(1) 作 $EP \perp BP$,P 为垂足;(2) $\frac{\sqrt{2}}{4}a^2$;(3) 45°.

12. 75 cm.

13. 提示:$\triangle PAO \cong \triangle PCD$,$PO \perp AC$,同理,$PO \perp BD$.

14. $\sqrt{74}$.

15. $\frac{\pi}{4}a^3$.

16. 略.

17. 略.

第　三　章

习　题　3—1

1. 点 A 在曲线上,点 B、点 C 不在曲线上.

2. $a = 4, b = 9$.

3. $x^2 + y^2 = 1$.

4. $x^2 - 4x - 2y + 5 = 0$.

习 题 3—2

1. (1) $k=\frac{2}{5},b=\frac{3}{5}$;(2) $k=\frac{4}{3},b=-\frac{7}{3}$;(3) $k=0,b=-\frac{5}{3}$;(4) $k=0,b=0$.

2. (1) $k=-2,\alpha=\pi-\arctan 2$; (2) $k=-1,\alpha=\frac{3\pi}{4}$.

3. (1) $2x+y-5=0$;(2) $\sqrt{3}x+3y-6=0$; (3) $y+2=0$;(4) $x-2=0$;
(5) $3x+2y-6=0$.

4. (1) $k_{AB}=\frac{5}{2}$, $k_{BC}=\frac{1}{5}$, $k_{CA}=-\frac{4}{3}$;
(2) AB:$5x-2y+8=0$, BC:$x-5y-3=0$, CA:$4x+3y-12=0$.

习 题 3—3

1. (1)平行; (2)垂直; (3)重合; (4)垂直.
2. (1) $4x+7y+17=0$; (2) $5x-2y-25=0$; (3) $x+2=0$; (4) $x-y-2=0$.
3. $4x+y-13=0$.
4. $2x-y-3=0$.
5. (1) $\theta=45°$; (2) $\theta=\arctan 2$.
6. (1) $\frac{8}{29}\sqrt{29}$;(2) $\frac{31}{4}$;(3) $\frac{3}{53}\sqrt{53}$.
7. $\frac{5}{29}\sqrt{29}$.

习 题 3—4

1. 圆心坐标 $(-4,1)$,半径是 $\sqrt{3}$.
2. $(x-3)^2+(y+4)^2=8$.
3. $x^2+y^2-\frac{24}{7}x-\frac{23}{7}y=0$.
4. (1)圆心 $\left(-\frac{1}{2},-1\right)$,半径是 $\frac{5}{2}$;(2)圆心 $\left(5,-\frac{1}{2}\right)$,半径是 $\frac{\sqrt{105}}{2}$.
5. (1)相离 ;(2)相切.
6. 当 $k\neq 0$ 时,直线与圆相交;当 $k=0$ 时,直线与圆相切;无论 k 取何值,直线与圆都不相离.

习 题 3—5

1. (1) $\frac{x^2}{36}+\frac{y^2}{32}=1$;(2) $\frac{y^2}{25}+\frac{x^2}{9}=1$;(3) $\frac{x^2}{8}+\frac{y^2}{5}=1$;(4) $\frac{x^2}{15}+\frac{y^2}{12}=1$.

2. (1)长轴长是12,短轴长是10,离心率是 $\frac{\sqrt{11}}{6}$,焦点坐标是 $(0,-\sqrt{11})$, $(0,\sqrt{11})$,顶点坐标是 $(0,-6)$, $(0,6)$, $(-5,0)$, $(5,0)$;

(2)长轴长是10,短轴长是6,离心率是 $\frac{4}{5}$,焦点坐标是 $(-4,0)$, $(4,0)$,顶点坐标是 $(-5,0)$, $(5,0)$ $(0,-3)$, $(0,3)$;

(3)长轴长是 $2\sqrt{3}$,短轴长是 $2\sqrt{2}$,离心率是 $\frac{\sqrt{3}}{3}$,焦点坐标是 $(-1,0)$, $(1,0)$,顶点坐标是 $(-\sqrt{3},0)$, $(\sqrt{3},0)$ $(0,-\sqrt{2})$, $(0,\sqrt{2})$.

3. $\frac{x^2}{9}+\frac{y^2}{5}=1$ 或 $\frac{x^2}{9}+\frac{y^2}{\frac{81}{5}}=1$.

4. (1) $\frac{x^2}{25}-\frac{y^2}{16}=1$;(2) $x^2-y^2=16$;(3) $\frac{y^2}{9}-\frac{x^2}{16}=1$;(4) $x^2-y^2=8$.

5. (1)实轴长是12,虚轴长是6,顶点坐标 $(-6,0)$,$(6,0)$,焦点坐标 $(-3\sqrt{5},0)$,$(3\sqrt{5},0)$,离心率 $e=\frac{\sqrt{5}}{2}$,渐近线方程是 $y=\pm\frac{1}{2}x$;

(2)实轴长是8,虚轴长是10,顶点坐标 $(0,-4)$,$(0,4)$,焦点坐标 $(0,-\sqrt{41})$,$(0,\sqrt{41})$,离心率 $e=\frac{\sqrt{41}}{4}$,渐近线方程是 $y=\pm\frac{4}{5}x$;

6. $\frac{13x^2}{64}-\frac{13y^2}{144}=1$.

7. (1)焦点 $(1,0)$,准线方程 $x=-1$;(2)焦点 $\left(0,-\frac{3}{4}\right)$,准线方程 $y=\frac{3}{4}$;

(3)焦点 $\left(-\frac{1}{16},0\right)$,准线方程 $x=\frac{1}{16}$;(4)焦点 $\left(0,\frac{1}{12}\right)$,准线方程 $y=-\frac{1}{12}$.

8. (1) $x^2=-8y$;(2) $x^2=4y$;(3) $y^2=\pm 16x$,$x^2=\pm 16y$;(4) $y^2=8x$.

9. $\frac{x^2}{16}-\frac{y^2}{9}=1$.

复 习 题 三

1. (1) 4,−2;(2) $0°\leqslant\alpha<180°$;(3) $y-1=-\frac{3}{4}(x-2)$,$\frac{x}{\frac{10}{3}}+\frac{y}{\frac{5}{2}}=1$,

$y=-\frac{3}{4}x+\frac{5}{2}$,$3x+4y-10=0$; (4) $(2,0)$,$\sqrt{41}$,$(x-2)^2+y^2=41$.

(5) $(1,2)$;(6) −3;(7)3,2, $F_1(0,-\sqrt{5})$ 和 $F_2(0,\sqrt{5})$,$\frac{\sqrt{5}}{3}$;(8) 椭圆,x ;

(9)4,10, $F_1(-\sqrt{29},0)$ 和 $F_2(\sqrt{29},0)$,$\frac{\sqrt{29}}{2}$,$y=\pm\frac{5}{2}x$;(10) $(0,0)$,$F(1,0)$,$y=0$, $x=-1$.

2. (1)C;(2)A;(3)B;(4)D;(5)C;(6)B;(7)C;(8)A .

3. (1) $(x-5)^2+(y-4)^2=16$;(2) $x^2+(y-2)^2=10$;

(3) $x^2+y^2=8$;(4) $(x+3)^2+(y-2)^2=52$.

4. (1)圆心 $(0,2)$,半径是 $\sqrt{15}$;(2)圆心 $(2,-3)$,半径是2.

5. $x+y-4=0$.

6. $\sqrt{5}$.

7. $(x-4)^2+y^2=16$

8. $y^2=-12x$

9. $(2,-2)$,$\left(-1,-\frac{1}{2}\right)$

10. $b=-2$

11. $\frac{x^2}{\frac{20}{9}}-\frac{y^2}{\frac{25}{9}}=1$.

第 四 章

习 题 4—1

1.(1).

2.(3)(4)(7).

3. 略.

4. 略.

5. $\boldsymbol{DB}$;$\boldsymbol{CA}$;$\boldsymbol{AC}$;$\boldsymbol{AD}$;$\boldsymbol{BA}$.

6. 略.

7. 略.

8.(1) $2\boldsymbol{a}$;(2) $-\frac{7}{4}\boldsymbol{a}$;(3) $\frac{8}{9}\boldsymbol{a}$.

习 题 4—2

1.(3,3),(3,−2),(−1,−3).

2.(1)(3,6),(−7,2);(2)(1,11),(7,−5).

3.(1)(3,4),(−3,−4);(2)(0.2),(0,−2).

4. 10.

5.(−6,−8),(12,5).

6.(4,−3),(−2,−4).

7. −7, 5, $\sqrt{29}$.

8. 8,0.

习 题 4—3

1.$b=0$,$a=0$ 且 $b\neq 0$,$b\neq 0$.

2.1,i,−1,−i.

3.−1 或 3,1 或 −2.

4.(1) 略;(2)5,$\sqrt{2}$,4;(3) $4+3\mathrm{i}$,$-1-\mathrm{i}$,$-4\mathrm{i}$.

5.(1)4,0;(2)4,$\frac{3\pi}{2}$;(3)1,$\frac{3\pi}{4}$;(4)2,$\frac{7\pi}{6}$;(5)5,0;(6) $2\sqrt{5}$,$2\pi-\arctan 2$;(7)1,$\frac{2\pi}{3}$;(8)$\sqrt{3}$,$\pi-\arctan\frac{\sqrt{2}}{2}$.

6.$a=-3$,$a=2$,$a\neq -3$ 且 $a\neq -5$.

7.(1)−1;(2) 24i.

习 题 4—4

1.(1) $7-2\mathrm{i}$;(2) $-7+10\mathrm{i}$;(3)0;(4)5;(5)5;(6) $-2+6\mathrm{i}$;(7) $1+\mathrm{i}$;(8)82;(9) $\frac{4}{17}-\frac{1}{17}\mathrm{i}$.

2.(1) $\pm\sqrt{3}\mathrm{i}$;(2) ± 3;(3) $-\frac{1}{2}\pm\frac{\sqrt{7}}{2}\mathrm{i}$;(4) $-1\pm 3\mathrm{i}$;(5) $-\frac{1}{4}\pm\frac{\sqrt{3}}{4}\mathrm{i}$.

3.(1) $(2x+\sqrt{3}\mathrm{i})(2x-\sqrt{3}\mathrm{i})$;(2) $(x+\sqrt{2}\mathrm{i})(x-\sqrt{2}\mathrm{i})(x+\sqrt{2})(x-\sqrt{2})$.

习　题　4—5

1.(1) $\cos\frac{\pi}{4}+\mathrm{i}\sin\frac{\pi}{4}$;(2) $\sqrt{2}\left(\cos\frac{5\pi}{4}+\mathrm{i}\sin\frac{5\pi}{4}\right)$;(3) $\cos\frac{11\pi}{6}+\mathrm{i}\sin\frac{\pi}{6}$;

(4) $6\left(\cos\frac{3\pi}{2}+\mathrm{i}\sin\frac{3\pi}{2}\right)$;(5) $\cos\frac{4}{3}\pi+\mathrm{i}\sin\frac{4\pi}{3}$;

(6) $\sqrt{2}\left(\cos\frac{\pi}{4}+\mathrm{i}\sin\frac{\pi}{4}\right)$; (7) $3\left(\cos\frac{\pi}{2}+\mathrm{i}\sin\frac{\pi}{2}\right)$.

2.(1) $1+\mathrm{i}$;(2) $1+\sqrt{3}\mathrm{i}$;(3) $-2\sqrt{2}-2\sqrt{2}\mathrm{i}$;(4) $-4\mathrm{i}$.

3.(1) $2\sqrt{2}-2\sqrt{6}\mathrm{i}$;(2) $-\frac{9}{2}-\frac{3\sqrt{3}}{2}\mathrm{i}$;(3) $\frac{3\sqrt{3}}{2}+\frac{3\sqrt{2}}{2}\mathrm{i}$.

4.(1) $\frac{\sqrt{3}}{12}+\frac{1}{12}\mathrm{i}$;(2) $\frac{3}{2}-\frac{\sqrt{3}}{2}\mathrm{i}$.

5.(1) $\sqrt{2}\mathrm{e}^{\mathrm{i}\frac{3\pi}{4}}$;(2) $\mathrm{e}^{\mathrm{i}\frac{2\pi}{3}}$;(3) $\mathrm{e}^{\mathrm{i}\frac{\pi}{3}}$;(4) $4\mathrm{e}^{\mathrm{i}\frac{3\pi}{2}}$.

6.(1) $2-2\sqrt{3}\mathrm{i}$;(2)5;(3) $\frac{1}{3}\mathrm{i}$;(4) $-3-\sqrt{3}\mathrm{i}$.

7.(1) $3-3\mathrm{i}$;(2) $\sqrt{3}\mathrm{i}$;(3) $\frac{\sqrt{3}}{2}-\frac{1}{2}\mathrm{i}$; (4) $-5^{6}\mathrm{i}$.

习　题　4—6

1.(1) $6\angle\frac{\pi}{6}$;(2) $\sqrt{3}\angle-\frac{\pi}{6}$;(3) $2\angle-\frac{3\pi}{4}$;(4) $1\angle-\frac{\pi}{2}$.

2.(1) $1+\mathrm{j}$;(2) $-\frac{\sqrt{3}}{2}+\frac{3}{2}\mathrm{j}$;(3) $-3-\sqrt{3}\mathrm{j}$;(4) $\frac{3}{4}\mathrm{j}$.

3. $\dot{I}\leftrightarrow i=3\sqrt{2}\sin 314t$.

复 习 题 四

1.(1)A;(2)C;(3)D;(4)B.

2.(1) $-2a+b$;(2)0.

3. $\frac{1}{5}$, $\frac{7}{5}$.

4. 略.

5.(8,2),(−8,−2).

6. 是.

7.(1)−2,3;(2)2, $-2\sqrt{3}$; (3)0,−9;(4)12,0.

8.(1)4,−9;(2)−2,−10.

9.(1) $m=1$ 或 $m=-3$;(2) $m\neq 1$ 且 $m\neq-3$;(3) $m=-2$ 且 $m\neq 1$.

10. $4\pm 4\sqrt{3}\mathrm{i}$.

11.(1) $\frac{13\pi}{7}$; (2) $\frac{3\pi}{4}$.

12.(1) $90\mathrm{e}^{\mathrm{i}\frac{23}{30}\pi}$; (2) $-2\sqrt{3}+2\mathrm{i}$; (3) $-512-512\sqrt{3}\mathrm{i}$; (4) -2^{11} ; (5) $\frac{3\sqrt{3}}{4}+\frac{3}{4}\mathrm{i}$; (6) −2.

第五章

习 题 5—1

1. (1) $\left[-\frac{1}{2},+\infty\right)$；(2) $(-\infty,1)\cup(1,+\infty)$；(3) $(0,+\infty)$；(4) $[-1,2]$.

2. (1)奇函数；(2)偶函数.

3. (1) $y=e^u, u=\sin x$；(2) $y=\sin u, u=x^2$；(3) $y=\arccos u, u=\sqrt{v}, v=x-1$；

(4) $y=\lg u, u=\arccos v, v=x^3$；(5) $y=u^7, u=x+2$；(6) $y=u^{-\frac{1}{3}}, u=4-x^2$；

(7) $y=\ln u, u=x^2+\sqrt{x}$；(8) $y=u^3, u=1+\arccos v, v=x^2$.

4. (1) $y=\sqrt{4x+3}$；(2) $y=\ln\cos(x^3-1)$；

(3) $y=e^{\tan^4 x}$；(4) $y=\arcsin\sqrt[3]{\frac{x-a}{x-b}}$.

习 题 5—2

1. (1)×；(2)×；(3)√；(4)×；(5)×；(6)×；(7)×.

2. (1) 0；(2) 0；(3) 1；(4) 8；(5) 0；(6) $\frac{\pi}{2}$；(7) 2；(8) 2；(9)0；(10)0；(11)0.

3. (1)无穷小；(2)无穷大；(3)无穷大；(4)无穷小；(5)无穷小；(6)无穷小；(7)无穷大；(8)无穷大.

4. $\lim\limits_{x\to0^-}f(x)=2$，$\lim\limits_{x\to0^+}f(x)=-1$，$\lim\limits_{x\to0}f(x)$不存在.

5. $\lim\limits_{x\to0^-}f(x)=0$，$\lim\limits_{x\to0^+}f(x)=0$，$\lim\limits_{x\to0}f(x)=0$.

习 题 5—3

1. (1) 5；(2) 2；(3) $\frac{1}{2}$；(4) 0；(5) $\frac{1}{6}$；(6) 1.

2. (1) $\frac{5}{3}$；(2) 2；(3) 2；(4) 1，(5) e^{-3}；(6) e^2.

3. (1) $\frac{1}{3}$；(2) 0；(3) $\frac{1}{3}$；(4) 1.

习 题 5—4

1. (1) 0；(2) e^2；(3) $\sqrt{5}$；(4) 0.

2. 略.

复 习 题 五

1. (1)D；(2)C；(3)B；(4)B；(5)C.

2. (1) $[-4,-\pi)$；$\cup(0,\pi)$；(2) $[0,\sqrt{3})$；(3) $f(x)=u^2, u=\arcsin v, v=3x^5-1$；$y=u^2, u=\sin v, v=w^{-\frac{1}{2}}, w=x^2+1$；$y=\ln u, u=\tan v, v=e^w, w=x^2+2\sin x$；(4)充分必要.

3. (1) $-\frac{1}{2}$；(2)6，(3) $\frac{1}{2}$；(4) $\sqrt{5}$；(5) ∞；

(6)0；(7) $e^{\frac{1}{2}}$；(8) $\frac{1}{6}$；(9) $\frac{8}{9}$.

4.0.

5.$a=1,b=-2$.

第 六 章

习 题 6—1

1.(1)0;(2) $\cos x$,0;(3) $\frac{1}{x}$, $\frac{1}{2}$.

2.(1) $4x^3$;(2) $\frac{2}{3}x^{-\frac{1}{3}}$;(3) $1.6x^{0.6}$;(4) $-\frac{1}{2}x^{-\frac{3}{2}}$;(5) $-\frac{3}{x^4}$;(6) $\frac{16}{5}x^{\frac{11}{5}}$; (7) $\frac{1}{6}x^{-\frac{5}{6}}$;(8) $\frac{1}{x\ln 5}$.

3. $\frac{\sqrt{3}}{2}x+y-\frac{1}{2}\left(1+\frac{\sqrt{3}}{3}\pi\right)=0$.

4.$x-y+1=0$; $x+y-1=0$.

5.$x-4y+4=0$; $4x+y-18=0$.

习 题 6—2

1.(1) $3x^2-\frac{28}{x^5}+\frac{2}{x^2}$;(2) $7x^6+7^x\ln 7$;(3) $35x^6-\frac{1}{2\sqrt{x}}-\frac{3}{\sqrt{1-x^2}}$;

(4) $\cos 2x$;(5) $-\csc^2 x\ln x+\frac{\cot x}{x}$;(6) $3e^x(\cos x-\sin x)$;(7) $e^x(\sin x+\cos x-2)$;(8) $\frac{1-\ln x}{x^2}$;

(9) $\frac{e^x(x-2)}{x^3}$;(10) $2x\ln x\cos x+x\cos x-x^2\ln x\sin x$.

2.(1) $5\sin^4 x\cdot\cos x-5x^4\cdot\sin x^5$;(2) $\sin\frac{1}{x}-\frac{1}{x}\cos\frac{1}{x}$;(3) $e^{-x}(3\cos 3x-\sin 3x)$;(4) $\arctan 2x+\frac{2x}{1+4x^2}$;(5) $6\sin^2 2x\cdot\cos 2x$;(6) $\frac{2\arcsin\frac{x}{2}}{\sqrt{4-x^2}}$;(7) $\csc x$;(8) $\frac{\ln x}{x\sqrt{1+\ln^2 x}}$;(9) $\frac{e^{\arctan\sqrt{x}}}{2\sqrt{x}(1+x)}$;(10) $-\frac{1}{1+x^2}$.

3.(1) $f'(0)=0$, $f'(2)=6$;(2) $y'|_{x=e}=3e$.

4.(1) $12x^2+\frac{1}{4\sqrt{x^3}}$;(2) $4-\frac{1}{x^2}$;(3) $-25\cos 5x$;(4) $80(2x-1)^3$;

(5) $4e^{2x-1}$;(6) $-2\sin x-x\cos x$.

5.(1) $v(t)=v_0-gt$;(2) $t=\frac{v_0}{g}$.

6.(1) $v(t)=3\pi\cos\frac{\pi t}{3}+2$;(2) $a(t)=-\pi^2\sin\frac{\pi t}{3}$.

习 题 6—3

1.(1) $-\sin x$, $-\frac{1}{x^2}$, $\frac{1}{2\sqrt{x}}+C$;(2) $3x+C$, x^2+C , $\frac{x^3}{3}+C$;(3) $\ln|x+1|+C$, $3e^{3x}+C$, $-e^{-x}+C$;

(4) $\frac{1}{2x+1}$, $\frac{2}{2x+1}$.

2.1.161,1.1.

3.(1) $(35x^6+16x^3)\mathrm{d}x$;(2) $\dfrac{3}{2\sqrt{3x-4}}\mathrm{d}x$;(3) $\dfrac{x}{x^2-1}\mathrm{d}x$;(4) $\dfrac{2x}{\sqrt{1-x^4}}\mathrm{d}x$;(5) $\mathrm{e}^x(\sin x+\cos x)\mathrm{d}x$;

(6) $\dfrac{-1}{(x-1)^2}\mathrm{d}x$;(7) $\mathrm{e}^{\tan x}\sec^2 x\mathrm{d}x$;(8) $2(\mathrm{e}^x+\mathrm{e}^{-x})(\mathrm{e}^x-\mathrm{e}^{-x})\mathrm{d}x$.

习　题　6—4

1.(1)在 $[0,2\pi]$ 内单调增加.

(2)在 $(-\infty,-1)$,$(3,+\infty)$ 内单调增加,在 $(-1,3)$ 内单调减少.

(3)在 $(-\infty,-2)$,$(1,+\infty)$ 内单调增加,在 $(-2,1)$ 内单调减少.

(4)在 $(-\infty,0)$,$(1,+\infty)$ 内单调增加,在 $(0,1)$ 内单调减少.

2.(1)在 $(-\infty,0)$,$(1,+\infty)$ 内单调增加,在 $(0,1)$ 内单调减少;在 $x=0$ 处取得极大值为0,在 $x=1$ 处取得极小值为 -1.

(2)在 $(-\infty,2)$,$(3,+\infty)$ 内单调增加,在 $(2,3)$ 内单调减少;在 $x=2$ 处取得极大值为2,在 $x=3$ 处取得极小值为 $\dfrac{3}{2}$.

(3)在 $(-\infty,1)$,$\left(\dfrac{7}{5},2\right)$,$(2,+\infty)$ 内单调增加,在 $\left(1,\dfrac{7}{5}\right)$ 内单调减少;在 $x=1$ 处取得极大值为0,在 $x=\dfrac{7}{5}$ 处取得极小值为 $-\dfrac{108}{3125}$.

(4)在区间 $(0,8)$ 内单调增加,在区间 $(-\infty,0)$,$(8,+\infty)$ 内单调减少;在 $x=0$ 处取得极小值为0,在 $x=8$ 处取得极大值为4.

3.(1)最大值是2,最小值是 -10;(2)最大值是2,最小值是0;

(3)最大值时 $\dfrac{11}{6}$,最小值是 $-\dfrac{41}{6}$;(4)最大值是13,最小值是 -19.

4. 每月每套租金定为350元时收入最高,最高收入为10 890元.

习　题　6—5

1.(1)在 $(0,+\infty)$ 内是凸的,无拐点;

(2)在 $\left(-\infty,-\dfrac{1}{2}\right)$ 内是凸的,在 $\left(-\dfrac{1}{2},+\infty\right)$ 内是凹的,拐点是 $\left(-\dfrac{1}{2},\dfrac{41}{2}\right)$;

(3)在 $(-\infty,1)$ 内是凹的,在 $(1,+\infty)$ 内是凸的,拐点是 $(1,2)$;

(4)在 $(-\infty,-1)$,$(1,+\infty)$ 内是凹的,在 $(-1,1)$ 内是凸的,拐点是 $(\pm 1,-5)$;

(5)在 $\left(-\infty,-\dfrac{1}{5}\right)$ 内是凸的,在 $\left(-\dfrac{1}{5},0\right)$ 和 $(0,+\infty)$ 内是凹的,拐点为 $\left(-\dfrac{1}{5},-\dfrac{6}{5}\sqrt[3]{\dfrac{1}{25}}\right)$;

(6)在 $(-\infty,0)$ 和 $(1,+\infty)$ 内是凹的,在 $(0,1)$ 内是凸的,拐点是 $(0,1)$ 和 $(1,0)$.

2. $a=1,b=3$.

3. $a=0,b=-1,c=3$.

复 习 题 六

1.(1)B;(2)B;(3)C;(4)D;(5)D;(6)D;(7)B;(8)B;(9)D.

2.(1) $f(x_0)$;(2) $\dfrac{1}{\mathrm{e}}$;(3)(1,0);(4) $y-6=0$;(5) $-2\sin(2x-1)$,$-4\cos(2x-1)$;(6) $\dfrac{1}{2}$;(7) $3\sec^2(3x-2)$,$\dfrac{1}{x-3}$,$\dfrac{\mathrm{e}^{\sqrt{x}}}{2\sqrt{x}}$;(8) x^2+x+C,$\dfrac{1}{x}+C$,$\arctan x+C$;(9)减;(10) $(-\infty,+\infty)$,$(0,+\infty)$;

(11) $(0,+\infty)$,$(-\infty,0)$,$(0,1)$;(12) $-\frac{9}{2}$,6,大,小.

3.(1) $4x-1+\frac{1}{x^2}$;(2) $\frac{3}{2x}$;(3) $2x+\frac{4}{x}$;(4) $15(3x-2)^4$;(5) $\frac{1}{x\ln x}$;

(6) $-6x\mathrm{e}^{-3x^2}$;(7) $\frac{2x}{1+x^2}$;(8) $\frac{1}{\sqrt{x^2+a^2}}$.

4.(1) $24x^2-18$;(2) $2+\mathrm{e}^x$.

5.(1) $\mathrm{d}y=(\arcsin x+\frac{x}{\sqrt{1-x^2}})\mathrm{d}x$;(2) $\mathrm{d}y=6\sin^2(2x+5)\cos(2x+5)\mathrm{d}x$.

6.(1) $2x-y-1=0$;(2) $x-y+1=0$.

7.(1)单调减少区间是 $(-\infty,-1)$,$(-1,0)$,单调增加区间是 $(0,+\infty)$,极小值是1;

(2)单调减少区间是 $(-1,0)$,单调增加间是 $(0,+\infty)$,极小值是 $f(0)=0$;

(3)单调增加区间是 $(-\infty,+\infty)$,无极值;

(4)单调增加区间是 $\left(0,\frac{1}{2}\right)$,单调减少区间是 $\left(\frac{1}{2},+\infty\right)$,极值是 $\frac{1}{2}+\ln 2$.

8.(1)凹区间是 $(0,+\infty)$,凸区间是 $(-\infty,0)$,拐点是 $(0,2)$;

(2)凹区间是 $(-\infty,0)$,$(1,+\infty)$,凸区间是 $(0,1)$,拐点是 $(1,0)$;

(3)凹区间是 $(-1,1)$,凸区间是 $(-\infty,-1)\cup(1,+\infty)$,曲线的拐点是 $(\pm1,\ln 2)$.

9. 最大值是0,最小值是-7.

10. 当 $\varphi=\frac{\pi}{3}$ 时,水槽的截面积最大,其值为 $S=a^2\left(1+\cos\frac{\pi}{3}\right)\sin\frac{\pi}{3}=\frac{3\sqrt{3}}{4}a^2$.

11. 月产量为15 t时利润最大.

12. 当长方形的小屋长为10 m,宽为5 m时,这间屋子的面积最大.

第 七 章

习 题 7—1

1.(1) $\frac{x^3}{3}+C$(C为任意常数);(2) $-\sin x$;(3) $\arctan x\mathrm{d}x$;(4) x^5+C.

2.(1) $\frac{3^x}{\ln 3}+C$;(2) $\ln|x|-\cos x+C$;(3) $\frac{6^x}{\ln 6}+\frac{1}{7}x^7+C$;(4) $\frac{1}{2}x^4-3\mathrm{e}^x+x+C$;(5) $\frac{3}{2}x^{\frac{2}{3}}+C$;

(6) x^3+C;(7) $x+2\cos x+2\ln|x|+C$;(8) $\tan x-2\cot x+C$.

3.(1) $-\cot x-x+C$;(2) $\frac{1}{2}(x+\sin x)+C$;(3) $\sin x-\cos x+C$;

(4) $\frac{1}{2}t^2+2t+\ln|t|+C$;(5) $-\frac{1}{3}x^3-x+C$;(6) $-\cot x+\csc x+C$;

(7) $-\cot x-2x+C$;(8) $t-\cos t+C$;(9) $\tan x-2x+C$;(10) $\frac{(3\mathrm{e})^x}{1+\ln 3}-2\arcsin x+C$;

(11) $\frac{1}{3}x^3-x+\arctan x+C$;(12) $\frac{4\mathrm{e}^x}{(1-\ln 3)3^x}+\frac{2\cdot 3^x}{\ln 3}+C$.

4. 所求方程为 $y=x^2-3$.

习 题 7—2

1.(1) $-\frac{1}{3}\cos 3x+C$;(2) $\ln|1+x|+C$;(3) $-\frac{1}{30}(1-3x)^{10}+C$;

(4) $-\frac{3}{8}(3-2\sin x)^{\frac{4}{3}}+C$；(5) $\frac{1}{2}\arctan 2x+C$；(6) $\frac{1}{6}(1+2x^2)^{\frac{3}{2}}+C$；

(7) $\frac{1}{3}\ln|1+x^3|+C$；(8) $\frac{1}{2}\arctan x^2+C$；(9) $\frac{1}{2}\ln^2 x+C$；

(10) $\frac{1}{2}\ln(1+e^{2x})+C$；(11) $-\cos e^x+C$；(12) $3\sin\left(\frac{x}{3}-\frac{\pi}{6}\right)+C$；

(13) $2e^{\sqrt{x}}+C$；(14) $-e^{\frac{1}{x}}+C$；(15) $-\frac{1}{2}e^{-x^2}+C$；(16) $\frac{x}{2}+\frac{\sin 2x}{4}+C$；

(17) $\frac{2}{3}(\arcsin x)^{\frac{3}{2}}+C$；(18) $e^{\arctan x}+C$；(19) $-\frac{1}{3}\cos^3 x+C$；

(20) $\arcsin e^x+C$.

2. (1) $\frac{1}{2}e^{2x}\left(x-\frac{1}{2}\right)+C$；(2) $\frac{x}{3}\sin 3x+\frac{1}{9}\cos 3x+C$；(3) $-e^{-x}(x+1)+C$；

(4) $x(\ln x-1)+C$；(5) $x\arccos x-\sqrt{1-x^2}+C$；(6) $\frac{1}{2}e^x(\sin x+\cos x)+C$.

习 题 7—3

1. (1) $A=\int_{-2}^{1}(x^2+1)dx$；(2) $A=\int_0^{\pi}\sin x dx-\int_{\pi}^{\frac{3\pi}{2}}\sin x dx$；

(3) $A=\int_0^1 1dx-\int_0^1 x^2 dx$ 或 $A=\int_0^1\sqrt{y}\,dy$.

2. (1) $\int_1^3(x^2+1)dx$；(2) $\int_0^{\frac{\pi}{4}}\cos x dx-\int_0^{\frac{\pi}{4}}\sin x dx+\int_{\frac{\pi}{4}}^{\frac{\pi}{2}}\sin x dx-\int_{\frac{\pi}{4}}^{\frac{\pi}{2}}\cos x dx$.

3. (1) π；(2) 0；(3) 0.

习 题 7—4

1. (1) $\frac{15}{4}$；(2) $45\frac{1}{6}$；(3) 1；(4) $-\frac{1}{2}$；(5) $\frac{10}{3}$；(6) $-\ln 2$.

2. (1) -1；(2) $-\frac{2}{3}\ln 2$；(3) $e-\sqrt{e}$；(4) $2(\sqrt{3}-1)$；(5) $\ln\frac{1+e^4}{1+e^2}$；

(6) $\arctan e-\frac{\pi}{4}$；(7) $\frac{2}{3}$；(8) $\frac{2}{3}$；(9) $\frac{3}{4}$.

3. (1) $4+2\ln 2$；(2) $\frac{28}{3}$；(3) $\frac{1}{6}$；(4) $\frac{\sqrt{3}}{9}\pi$.

4. (1) π；(2) 1；(3) $\frac{1}{4}(e^2+1)$；(4) $e-2$；(5) $\frac{\pi}{4}-\frac{1}{2}\ln 2$；(6) $\frac{\pi}{2}-1$.

5. (1) $\frac{8}{3}$；(2) $\frac{1}{2}$.

习 题 7—5

1. (1) $\frac{14}{3}$；(2) 1.

2. (1) $\frac{32}{3}$；(2) $\frac{9}{4}$.

复 习 题 七

1. (1) $\frac{3^x}{\ln 3}$; (2)1; (3); $-\frac{2x}{(1+x^2)^2}$; (4) $-\frac{1}{2}\ln|1-2x|+C$; (5) $\frac{1}{2}\ln^2 x+C$;

(6) $\frac{2^x e^x}{\ln 2+1}+C$; (7)2; (8)0; (9)1 或 0; (10) $\frac{17}{4}$.

2. (1)C; (2)C; (3)C; (4)D; (5)B; (6)C; (7)D; (8)A; (9)D; (10)D; (11)C; (12)B.

3. (1) $\frac{1}{1-\ln 5}\left(\frac{e}{5}\right)^x+C$; (2) $\frac{1}{2}x^2+\frac{16}{3}x\sqrt{x}+16x+C$; (3) $x-\frac{2}{3}x^3+C$;

(4) $\frac{1}{6-4x}+C$; (5) $-\frac{2}{3}\cos\frac{3}{2}x+C$; (6) $\ln(e^x+1)+C$;

(7) $\frac{1}{3}\ln^3 x+C$; (8) $\arctan x+\frac{1}{2}\ln(1+x^2)+C$; (9) $\frac{2}{3}(\sec x+1)^{\frac{3}{2}}+C$;

(10) $\frac{1}{202}(x^2+3)^{101}+C$; (11) $\ln|3x^2+2x-5|+C$; (12) $3x\sin\frac{x}{3}+9\cos\frac{x}{3}+C$;

(13) $-(x^2+2x+2)e^{-x}+C$; (14) $(x+1)\ln(x+1)-x+C$;

(15) $x\arcsin x+\sqrt{1-x^2}+C$; (16) $x\ln^2 x-2x\ln x+2x+C$.

4. 求下列定积分.

(1) $\frac{\pi}{4}+1$; (2) $\frac{7}{72}$; (3) $\frac{2}{5}$; (4) $\frac{3}{2}$; (5) $\frac{2}{3}$; (6) $\frac{19}{3}$; (7) $\frac{1}{3}$; (8) $7+2\ln 2$.

5. $\frac{32}{3}$.

6. (1) $2g$ (2) $2g$.

第 八 章

习 题 8—1

1. (1)1 阶,否; (2)2 阶,是; (3)1 阶,否; (4)2 阶,是; (5)3 阶,是; (6)4 阶,否.

2. (1) $y=Ce^{-\frac{1}{2}x^2}$; (2) $y=e^{C\cdot x}$; (3) $e^{-y}=\cos x+C$; (4) $y^2=\sin x+C$;

(5) $\sin 2y=\frac{2}{3}x^3+C$; (6) $y=\frac{1}{3}x^3-\frac{1}{3}x^2+C$

3. (1) $y=2e^{x^2}$; (2) $\ln y=\csc x-\cot x$; (3) $y=\frac{4}{x^2}$; (4) $\cos y=\frac{\sqrt{2}}{2}\cos x$.

4. (1) $y=e^{-x}(x+C)$; (2) $y=e^{-\sin x}(x+C)$; (3) $y=\sin x+C\cdot\cos x$.

5. $U_c=U_0 e^{-\frac{t}{RC}}$.

习 题 8—2

1. (1) $\frac{3}{3s-1}$; (2) $\frac{1}{s+2}$; (3) $\frac{3s}{3s^2+1}$; (4) $\frac{\sqrt{2}}{s^2+2}$; (5) $\frac{4}{s^2+16}$.

2. (1) $\frac{3}{s+4}$; (2) $\frac{6}{s^3}+\frac{6}{s^2}+\frac{3}{s}$; (3) $\frac{2}{s^2+16}$; (4) $\frac{144}{s(s^2+36)}$; (5) $\frac{4}{(s-3)^2+16}$;

(6) $\frac{1}{s}+\frac{1}{s-2}-\frac{s}{s^2+9}+\frac{6}{s^4}+1$.

习 题 8—3

1.(1) e^{2t}；(2) $\frac{1}{2}e^{-\frac{3}{2}t}$；(3) $2\cos 5t$；(4) $\frac{1}{3}\sin\frac{3}{2}t$；(5) $3\cos 4t-\frac{5}{4}\sin 4t$；

(6) $t-\frac{1}{2}t^2+\frac{1}{6}t^3-\frac{1}{24}t^4$.

2.(1) $\frac{1}{3}e^{-\frac{5}{3}t}$；(2)$2\cos 6t-\frac{4}{3}\sin 6t$；(3)$e^{-2t}\sin 4t$；(4) $\frac{1}{6}t^3e^{2t}$；(5) $1+e^{-t}$；(6) $-\frac{3}{2}e^{-3t}+\frac{5}{2}e^{-5t}$；

(7)$1+2te^t$；(8) $\frac{1}{2}(1-\cos 2t)$.

习 题 8—4

1.(1) $y(t)=5(e^{-3t}-e^{-5t})$；(2) $y(t)=\sin\omega t$；(3) $y(t)=\frac{5}{2}e^{-t}\sin 2t$；(4) $y(t)=2-5e^t+3e^{2t}$.

2.(1) $\begin{cases}x(t)=e^t\\y(t)=e^t\end{cases}$；(2) $\begin{cases}x(t)=e^{-t}\sin t\\y(t)=e^{-t}\cos t\end{cases}$.

3.$i(t)=\frac{E}{R}(1-e^{-\frac{R}{L}t})$.

复 习 题 八

1.(1) $y=\pm\sqrt{x}+C$；(2) $y=e^{-\frac{1}{3}x^3}$；(3) $y=x^2+1$；(4) $\frac{1}{s^2}$，$\frac{2}{4s^2+1}$；(5)1.

2.(1) $x^2+y^2=C$；(2) $y=x^3+C$；(3) $y=\frac{C}{x}+3$；(4) $y=-\frac{1}{3}e^{3x}+Ce^{6x}$.

3.(1) $y=\frac{4}{x^2}$；(2) $y=-1+2e^{x^2}$.

4.(1) $L[f(t)]=\frac{2}{s^3}+\frac{3}{s^2}+\frac{2}{s}$；(2) $L[f(t)]=\frac{1}{s}-\frac{1}{(s+1)^2}$；(3) $L[f(t)]=\frac{6}{(s+2)^2+36}$；(4) $L[f(t)]=e^{-Ts}\cdot\frac{1}{s}$.

5.(1) $L^{-1}[F(s)]=e^{-2t}$；(2) $L^{-1}[F(s)]=1-e^{-t}$；(3) $L^{-1}[F(s)]=\cos 4t$；(4) $L^{-1}[F(s)]=2e^{-2t}\cos 3t+\frac{5}{3}e^{-2t}\sin 3t$；(5) $L^{-1}[F(s)]=\frac{1}{2}-e^{-t}+\frac{1}{2}e^{-2t}$；(6) $L^{-1}[F(s)]=2e^{-t}-(2+t)e^{-2t}$.

6.(1) $y(t)=\frac{1}{4}e^{-t}(-3e^{-2t}+2t+7)$；

(2) $y(t)=\frac{1}{9}e^{-t}(3t+2\sqrt{3}\sin\sqrt{3}t)$；

(3) $y(t)=L^{-1}\left[\frac{2s}{[(s-1)^2+1]^2}\right]=te^t\sin t$.

第 九 章

习 题 9—1

1.(1)14；(2) $2(a^2+b^2)$；(3)61；(4) $2abc$.

2.$A_{11}=0$，$A_{41}=6$，$A_{44}=-2$.

3.(1) $(y-x)(z-x)(z-y)$；(2)0；(3)11；(4)189；(5)120.

4. 略.

习　题　9—2

1.(1) $x_1=-5, x_2=9, x_3=-1$；(2) $x_2=-4$；(3) $x_4=-5$.

2.(1) $k\neq 1$；(2) $k=1$.

3. $m_1=0$，$m_2=-1$，$m_3=9$.

习　题　9—3

1. $\begin{cases} x=-1 \\ y=-2 \end{cases}$.

2.(1) $\begin{pmatrix} -3 & 0 & -4 \\ -7 & -5 & -1 \end{pmatrix}$；(2) $\begin{pmatrix} 0 & 1 \\ 3 & -4 \\ 1 & 1 \end{pmatrix}$.

3.(1) $\begin{pmatrix} 2 & 0 & -4 \\ -2 & 0 & 4 \\ 3 & 0 & -6 \end{pmatrix}$；(2) $\begin{pmatrix} 3 & 1 \\ 4 & 5 \end{pmatrix}$；(3) $\begin{pmatrix} 0 & 3 & 9 & 4 \\ -4 & 5 & 19 & 8 \end{pmatrix}$；(4) $\begin{pmatrix} 2 & 3 & 4 \\ 3 & 5 & 5 \\ 0 & 0 & 4 \end{pmatrix}$.

习　题　9—4

1.(1)是；(2)不是；(3)不是；(4)是.

2.(1) $\begin{pmatrix} 1 & 2 & 0 & 1 & 2 \\ 0 & 0 & 1 & -1 & 1 \\ 0 & 0 & 0 & 0 & 0 \end{pmatrix}$；(2) $\begin{pmatrix} 1 & 1 & 0 & -\frac{5}{3} \\ 0 & 0 & 1 & \frac{2}{3} \\ 0 & 0 & 0 & 0 \end{pmatrix}$.

3.(1)2；(2)3；(3)3；(4)4.

习　题　9—5

1. $|\mathbf{A}|=2$；$\mathbf{A}^*=\begin{pmatrix} 1 & -1 & 1 \\ 0 & 2 & -2 \\ -1 & -1 & 3 \end{pmatrix}$；$\mathbf{A}^{-1}=\begin{pmatrix} \frac{1}{2} & -\frac{1}{2} & \frac{1}{2} \\ 0 & 1 & -1 \\ -\frac{1}{2} & -\frac{1}{2} & \frac{3}{2} \end{pmatrix}$

2.(1) $\begin{pmatrix} 2 & -3 \\ -\frac{1}{2} & 1 \end{pmatrix}$；(2) $\frac{1}{2}\begin{pmatrix} 4 & -2 & 2 \\ 8 & -4 & 2 \\ -3 & 2 & -1 \end{pmatrix}$；(3) $\begin{pmatrix} -4 & 3 & -2 \\ -8 & 6 & -5 \\ -7 & 5 & -4 \end{pmatrix}$；

(4) $\begin{pmatrix} 1 & 0 & 0 & 0 \\ -2 & 1 & 0 & 0 \\ 1 & -2 & 1 & 0 \\ 0 & 1 & -2 & 1 \end{pmatrix}$.

3.(1) $\begin{pmatrix} -13 & 18 \\ 8 & -10 \end{pmatrix}$；　(2) $\begin{pmatrix} 2.5 & 0.5 \\ 2 & 1 \end{pmatrix}$.

4. $x_1=1$，$x_2=2$，$x_3=3$.

习　题　9—6

1. (1) $\begin{cases} x_1 = -\dfrac{3}{2}c_1 - c_2 \\ x_2 = \dfrac{7}{2}c_1 - 2c_2 \\ x_3 = c_1 \\ x_4 = c_2 \end{cases}$（$c_1, c_2$ 为任意常数）；(2) $x_1 = x_2 = x_3 = x_4 = 0$.

2. (1)无解；(2) $x_1 = 1$，$x_2 = 2$，$x_3 = -2$.

3. $\begin{cases} x_1 + 2x_2 + 2x_3 = 10 \\ 2x_1 + x_2 + 3x_3 = 14 \\ 2x_1 + x_2 + 2x_3 = 11 \end{cases}$，解得 $x_1 = 2$，$x_2 = 1$，$x_3 = 3$，即三个车间分别生产 2 万件，1 万件，3 万件正好用完配件.

复 习 题 九

1. (1) -1；(2) -8；(3) $-a_2$，$\begin{vmatrix} b_1 & b_2 \\ c_1 & c_2 \end{vmatrix}$；(4) -3；(5) $(-7 \quad -20 \quad 27)$；

(6) $\begin{pmatrix} 7 & -6 \\ -5 & 4 \\ 1 & 4 \end{pmatrix}$；(7) $\begin{pmatrix} -\dfrac{5}{2} & 1 & -\dfrac{1}{2} \\ \dfrac{3}{2} & -\dfrac{3}{5} & \dfrac{3}{10} \\ -\dfrac{1}{2} & \dfrac{1}{5} & \dfrac{1}{10} \end{pmatrix}$；(8) 3.

2. (1)C；(2)D；(3)D；(4)C；(5) A；(6)B.

3. (1) -36；(2) $-4abcdef$；(3) 189；(4) $(b-a)(c-a)(d-a)(c-b)(d-b)(d-c)$.

4. (1) $x_1 = 2$，$x_2 = 0$，$x_3 = 1$；(2) $x = 2$，$y = 0$，$z = -2$；(3) $x_1 = 1$，$x_2 = 3$，$x_3 = 2$，$x_4 = -1$.

5. (1) $x_1 = -\dfrac{1}{2}c$，$x_2 = \dfrac{5}{2}c$，$x_3 = c$（c 为任意常数）；

(2) $x_1 = x_2 = x_4 = 0$，$x_3 = x_5 = c$（c 为任意常数）.

6. (1) $\begin{cases} x_1 = \dfrac{5}{4} - 2c_1 + \dfrac{1}{4}c_2 \\ x_2 = c_1 \\ x_3 = \dfrac{1}{4} + \dfrac{1}{4}c_2 \\ x_4 = c_2 \end{cases}$（$c_1, c_2$ 为任意常数）；

(2) $\begin{cases} x_1 = c_1 + c_2 + 5c_3 - 16 \\ x_2 = -2c_1 - 2c_2 - 6c_3 + 23 \\ x_3 = c_1 \\ x_4 = c_2 \\ x_5 = c_3 \end{cases}$（$c_1, c_2, c_3$ 为任意常数）.

7. 当 $t \neq -2$ 时，只有零解. $t = -2$ 时，有非零解，且非零解为 $x_1 = 0, x_2 = 0, x_3 = x_4 = c$.

8. 当 $a = 1$ 且 $b \neq \dfrac{1}{2}$ 或 $b = 0$ 时，方程组无解；

当 $a \neq 1$ 且 $b \neq 0$ 时，方程组有解，解为 $x_1 = \dfrac{2b-1}{b(a-1)}, x_2 = \dfrac{1}{b}, x_3 = \dfrac{2ab-4b+1}{b(a-1)}$.

第 十 章

习 题 10—1

1. (1)随机事件；(2)不可能事件；(3)随机事件；(4)随机事件；(5)必然事件．

2. (1) $A\overline{B}\,\overline{C}$；(2) $AB\overline{C}$；(3) ABC；(4) $A+B+C$；(5) $AB+AC+BC$；(6) $\overline{A}\,\overline{B}\,\overline{C}$.

3. $A-B=$｛出现点数恰为 5｝.

4. (1) $\Omega=\{2,3,4,5,6,7,8,9,10,11,12\}$；(2) $\Omega=\{2,3,4,5,6,7,8\}$．

习 题 10—2

1. (1) $\dfrac{15}{28}$；(2) $\dfrac{9}{14}$．

2. $\dfrac{2}{9}$．

3. $\dfrac{364}{365}$．

4. (1) $\dfrac{69}{4900}$；(2) $\dfrac{759}{980}$；(3) $\dfrac{221}{980}$．

5. $\dfrac{19}{28}$．

6. $\dfrac{22}{25}$，$\dfrac{3}{25}$．

习 题 10—3

1. $P(A \mid B)=\dfrac{1}{3}$，$P(\overline{A}\ \overline{B})=0.5$，$P(\overline{A} \mid \overline{B})=\dfrac{10}{11}$．

2. (1) $\dfrac{48}{1\,225}$；(2) $\dfrac{1\,128}{1\,225}$；(3) $\dfrac{96}{1\,225}$．

3. $\dfrac{7}{12}$．

4. 0.482 5.

5. (1)0.012 5；(2)最有可能出自第二个厂家．

习 题 10—4

1. (1)0.41；(2)0.91.

2. $\dfrac{7}{12}$．

3. (1)0.94；(2)0.38.

4. 0.913.

复 习 题 十

1. (1) $AB\overline{C}+A\overline{B}C+\overline{A}BC$，$A+B+C$；(2)｛男，男｝，｛男，女｝，｛女，男｝，｛女，女｝；(3)0.86；(4)0.936；

(5) $\frac{11}{36}$.

2.(1)D;(2)A;(3)B;(4)C;(5)A;(6)C;(7)C;(8)B.

3.(1) $\frac{7}{15}$;(2) $\frac{14}{15}$.

4. $\frac{7}{10}$.

5. $\frac{3}{5}$.

6.(1)0.56;(2)0.74.

7. $\frac{3}{200}$.

8.(1)0.973 3;(2)0.25.

9.(1)0.072 9;(2)0.008 56;(3)0.999 5;(4)0.409 51.

10. 0.145.

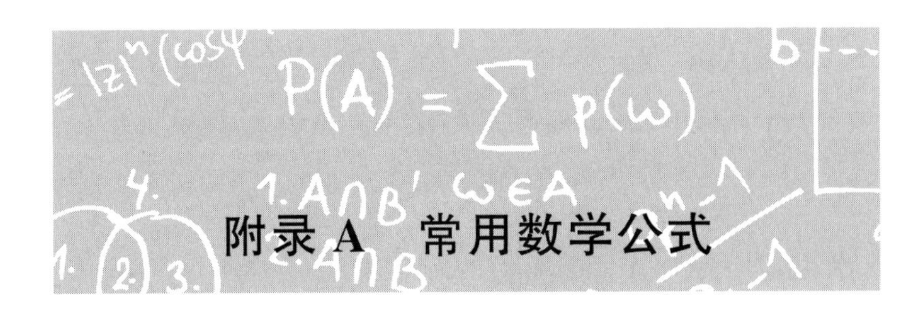

附录A 常用数学公式

一、代数

1. 不等式

$|a \pm b| \leqslant |a| + |b|$;

$|a - b| \geqslant |a| - |b|$;

$-|a| \leqslant a \leqslant |a|$;

$|a| \leqslant b \Leftrightarrow -b \leqslant a \leqslant b$.

2. 指数

$a^m \cdot a^n = a^{m+n}$;　　$(a^m)^n = a^{mn}$;　　$\dfrac{a^m}{a^n} = a^{m-n}$;

$(ab)^n = a^n b^n$;　　$a^{-n} = \dfrac{1}{a^n}(a \neq 0)$;　　$a^{\frac{m}{n}} = \sqrt[n]{a^m}\ (a \geqslant 0)$.

3. 对数

设 $a > 0, a \neq 1$,则:

$\log_a M + \log_a N = \log_a(MN)$;　　$\log_a M - \log_a N = \log_a \dfrac{M}{N}$;

$\log_a b^m = m \cdot \log_a b$;　　$\log_{a^m} b^n = \dfrac{n}{m} \cdot \log_a b$;

$\log_a b = \dfrac{\log_c b}{\log_c a}$;　　$a^{\log_a b} = b$;

$\log_a 1 = 0$;　　$\log_a a = 1$.

4. 因式分解

$a^2 - b^2 = (a+b)(a-b)$;

$a^3 \pm b^3 = (a \pm b)(a^2 \mp ab + b^2)$;

$$a^n - b^n = \begin{cases} (a-b)(a^{n-1} + a^{n-2}b + \cdots + b^{n-1}) & \text{当 } n \text{ 为正整数} \\ (a+b)(a^{n-1} + a^{n-2}b - a^{n-3}b^2 + \cdots + ab^{n-2} + b^{n-1}) & \text{当 } n \text{ 为偶数} \end{cases};$$

$a^n + b^n = (a+b)(a^{n-1} - a^{n-2}b + a^{n-3}b^2 - \cdots - ab^{n-2} + b^{n-1})$　　当 n 为奇数.

5. 排列组合

$A_n^m = n(n-1)\cdots(n-m+1) = \dfrac{n!}{(n-m)!}$ ($n, m \in \mathbf{N}_+$,且 $m \leqslant n$. 规定 $0! = 1$);

$C_n^m = \dfrac{A_n^m}{m!} = \dfrac{n!}{m!\,(n-m)!}$;　　$C_n^m = C_n^{n-m}$;

$C_n^m + C_n^{m-1} = C_{n+1}^m$；　　$C_n^0 + C_n^1 + C_n^2 + \cdots + C_n^n = 2^n$.

6. 二项式定理

$(a+b)^n = C_n^0 a^n + C_n^1 a^{n-1} b + C_n^2 a^{n-2} b^2 + \cdots + C_n^k a^{n-k} b^k + \cdots + C_n^{n-1} a b^{n-1} + C_n^n b^n$；

二项式展开式：$(a+b)^n = a^n + n a^{n-1} b + \dfrac{n(n-1)}{2!} a^{n-2} b^2 + \cdots + b^n$.

7. 数列的和

$a + aq + aq^2 + \cdots + aq^{n-1} = \dfrac{a(1-q^n)}{1-q}, |q| \neq 1$；

$a_1 + (a_1 + d) + (a_1 + 2d) + \cdots + [a_1 + (n-1)d] = na_1 + \dfrac{n(n-1)d}{2}$.

某些常用数列前 n 项和：

$1 + 2 + 3 + \cdots + n = \dfrac{n(n+1)}{2}$；

$1 + 3 + 5 + \cdots + (2n-1) = n^2$；

$2 + 4 + 6 + \cdots + 2n = n(n+1)$；

$1^2 + 2^2 + 3^2 + \cdots + n^2 = \dfrac{n(n+1)(2n+1)}{6}$；

$1^2 + 3^2 + 5^2 + \cdots + (2n-1)^2 = \dfrac{n(4n^2-1)}{3}$；

$1^3 + 2^3 + 3^3 + \cdots + n^3 = \dfrac{n^2(n+1)^2}{4}$；

$1^3 + 3^3 + 5^3 + \cdots + (2n-1)^3 = n^2(2n^2-1)$；

$1 \cdot 2 + 2 \cdot 3 + 3 \cdot 4 + \cdots + n(n+1) = \dfrac{n(n+1)(n+2)}{3}$.

二、一元二次方程 $ax^2+bx+c=0$ 的解

$x_{1,2} = \dfrac{-b \pm \sqrt{b^2 - 4ac}}{2a}$；

根与系数的关系(韦达定理)：$x_1 + x_2 = -\dfrac{b}{a}$，$x_1 \cdot x_2 = \dfrac{c}{a}$；

判别式 $\Delta = b^2 - 4ac \begin{cases} > 0 & \text{方程有相异二实根} \\ = 0 & \text{方程有相等二实根.} \\ < 0 & \text{方程有共轭复数根} \end{cases}$

三、三角函数公式

1. 三角形边角关系

正弦定理：$\dfrac{a}{\sin A} = \dfrac{b}{\sin B} = \dfrac{c}{\sin C}$；

余弦定理：$a^2 = b^2 + c^2 - 2bc\cos A$，$b^2 = a^2 + c^2 - 2ac\cos B$，

$c^2 = a^2 + b^2 - 2ab\cos C$.

2. 度与弧度

$1^\circ=\frac{\pi}{180}\text{rad}\approx 0.017\ 453\ \text{rad}$，$1\ \text{rad}=\left(\frac{180}{\pi}\right)^\circ\approx 57^\circ 17'44.8''$.

3. 平方关系

$\sin^2 x+\cos^2 x=1$，$\tan^2 x+1=\sec^2 x$，$\cot^2 x+1=\csc^2 x$.

4. 两角和公式

$\sin(\alpha\pm\beta)=\sin\alpha\cos\beta\pm\cos\alpha\sin\beta$；$\cos(\alpha\pm\beta)=\cos\alpha\cos\beta\mp\sin\alpha\sin\beta$；

$\tan(\alpha\pm\beta)=\frac{(\tan\alpha\pm\tan\beta)}{(1\mp\tan\alpha\tan\beta)}$；$\cot(\alpha\pm\beta)=\frac{(\cot\alpha\cot\beta\mp 1)}{(\cot\beta\pm\cot\alpha)}$.

5. 倍角公式

$\sin 2\alpha=2\sin\alpha\cos\alpha$；$\cos 2\alpha=\cos^2\alpha-\sin^2\alpha=2\cos^2\alpha-1=1-2\sin^2\alpha$；$\tan 2\alpha=\frac{2\tan\alpha}{1-\tan^2\alpha}$；

$\cot 2\alpha=\frac{\cot^2\alpha-1}{2\cot\alpha}$.

6. 半角公式

$\sin\frac{\alpha}{2}=\pm\sqrt{\frac{1-\cos\alpha}{2}}$；$\cos\frac{\alpha}{2}=\pm\sqrt{\frac{1+\cos\alpha}{2}}$；

$\tan\frac{\alpha}{2}=\pm\sqrt{\frac{1-\cos\alpha}{1+\cos\alpha}}=\frac{1-\cos\alpha}{\sin\alpha}=\frac{\sin\alpha}{1+\cos\alpha}$；

$\cot\frac{\alpha}{2}=\pm\sqrt{\frac{1+\cos\alpha}{1-\cos\alpha}}=\frac{1+\cos\alpha}{\sin\alpha}=\frac{\sin\alpha}{1-\cos\alpha}$.

7. 和差化积

$2\sin\alpha\cos\beta=\sin(\alpha+\beta)+\sin(\alpha-\beta)$；$2\cos\alpha\sin\beta=\sin(\alpha+\beta)-\sin(\alpha-\beta)$；

$2\cos\alpha\cos\beta=\cos(\alpha+\beta)+\cos(\alpha-\beta)$；$-2\sin\alpha\sin\beta=\cos(\alpha+\beta)-\cos(\alpha-\beta)$；

$\sin\alpha+\sin\beta=2\sin\frac{(\alpha+\beta)}{2}\cos\frac{(\alpha-\beta)}{2}$；$\sin\alpha-\sin\beta=2\cos\frac{(\alpha+\beta)}{2}\sin\frac{(\alpha-\beta)}{2}$；

$\cos\alpha+\cos\beta=2\cos\frac{(\alpha+\beta)}{2}\cos\frac{(\alpha-\beta)}{2}$；$\cos\alpha-\cos\beta=-2\sin\frac{(\alpha+\beta)}{2}\sin\frac{(\alpha-\beta)}{2}$；

$\tan\alpha\pm\tan\beta=\frac{\sin(\alpha\pm\beta)}{\cos\alpha\cos\beta}$；$\cot\alpha\pm\cot\beta=\pm\frac{\sin(\alpha\pm\beta)}{\sin\alpha\sin\beta}$.

8. 万能公式

$\sin\alpha=\frac{2\tan\frac{\alpha}{2}}{1+\tan^2\frac{\alpha}{2}}$；　$\cos\alpha=\frac{1-\tan^2\frac{\alpha}{2}}{1+\tan^2\frac{\alpha}{2}}$；　$\tan\alpha=\frac{2\tan\frac{\alpha}{2}}{1-\tan^2\frac{\alpha}{2}}$.

四、几何

常用面积和体积公式

三角形面积：$S=\frac{1}{2}ab\sin C=\frac{1}{2}ac\sin B=\frac{1}{2}bc\sin A$；

梯形面积：$S=\frac{1}{2}(a+b)h$（a,b 分别为上下底，h 为高）；

圆周长：$l=2\pi r$（r 为圆半径，θ 为圆心角的弧度数）；圆面积：$S=\pi r^2$；圆弧长：$l=\theta r$；

扇形面积：$S=\frac{1}{2}lr=\frac{1}{2}r^2\theta$；

圆柱体体积 $V=\pi r^2 h$，侧面积 $S=2\pi rh$，全面积 $S=2\pi r(h+r)$（r 为底面半径，h 为高）；

圆锥体体积 $V=\frac{1}{3}\pi r^2 h$，侧面积 $S=\pi rl$，（r 为底面半径，l 为母线长）；

球体积 $V=\frac{4}{3}\pi r^3$，表面积 $S=4\pi r^2$（r 为球的半径）.

五、平面解析几何

1. 距离与斜率

两点 $P_1(x_1,y_1)$ 与 $P_2(x_2,y_2)$ 之间距离为 $d=\sqrt{(x_2-x_1)^2+(y_2-y_1)^2}$；

线段 P_1P_2 的斜率为 $k=\frac{y_2-y_1}{x_2-x_1}$.

2. 直线方程

点斜式 $y-y_1=k(x-x_1)$（直线 l 过点 $P_1(x_1,y_1)$，且斜率为 k）；

斜截式 $y=kx+b$（b 为直线 l 在 y 轴上的截距）；

两点式 $\frac{y-y_1}{y_2-y_1}=\frac{x-x_1}{x_2-x_1}$　（$x_1\neq x_2,y_1\neq y_2$）；

两点式的推广 $(x_2-x_1)(y-y_1)-(y_2-y_1)(x-x_1)=0$（无任何限制条件）；

截距式　$\frac{x}{a}+\frac{y}{b}=1$（$a,b$ 分别为直线的横、纵截距，$a\neq 0,b\neq 0$）；

一般式 $Ax+By+C=0$（其中 A,B 不同时为 0）.

3. 两直线的夹角

$\tan\alpha=\left|\frac{k_2-k_1}{1+k_2k_1}\right|$　（$l_1:y=k_1x+b_1$，$l_2:y=k_2x+b_2$，$k_1k_2\neq -1$）.

4. 点到直线的距离

$d=\frac{|Ax_0+By_0+C|}{\sqrt{A^2+B^2}}$（点 $P(x_0,y_0)$，直线 l：$Ax+By+C=0$）.

5. 二次曲线

圆的标准方程：$(x-a)^2+(y-b)^2=r^2$；

抛物线：$y^2=2px$，焦点 $\left(\frac{p}{2},0\right)$，准线 $x=-\frac{p}{2}$；

$x^2=2py$，焦点 $\left(0,\frac{p}{2}\right)$，准线 $y=-\frac{p}{2}$；

椭圆：$\frac{x^2}{a^2}+\frac{y^2}{b^2}=1$　（$a>0,b>0$）；

双曲线 $\frac{x^2}{a^2}-\frac{y^2}{b^2}=1$ 或 $\frac{y^2}{a^2}-\frac{x^2}{b^2}=1$　（$a>0,b>0$）.

六、微积分

基本法则

导数运算法则	微分运算法则	不定积分运算法则
$(c)'=0$	$\mathrm{d}c=0$	$\int[f(x)+g(x)]\mathrm{d}x=\int f(x)\mathrm{d}x+\int g(x)\mathrm{d}x$
$(cu)'=cu'$	$\mathrm{d}(cu)=c\mathrm{d}u$	$\int[f_1(x)\pm f_2(x)\pm\cdots\pm f_n(x)]\mathrm{d}x$
$(u\pm v)'=u'\pm v'$	$\mathrm{d}(u\pm v)=\mathrm{d}u\pm\mathrm{d}v$	$=\int f_1(x)\mathrm{d}x\pm\int f_2(x)\mathrm{d}x\pm\cdots\pm\int f_n(x)\mathrm{d}x$
$(u\cdot v)'=u'v+uv'$	$\mathrm{d}(u\cdot v)=v\mathrm{d}u+u\mathrm{d}v$	$\int kf(x)\mathrm{d}x=k\int f(x)\mathrm{d}x\ (k\neq 0)$
$\left(\dfrac{u}{v}\right)'=\dfrac{u'v-uv'}{v^2}(v\neq 0)$	$\mathrm{d}\left(\dfrac{u}{v}\right)=\dfrac{v\mathrm{d}u-u\mathrm{d}v}{v^2}(v\neq 0)$	$\int -f(x)\mathrm{d}x=-\int f(x)\mathrm{d}x$

基本公式

序号	导数公式	微分公式	积分公式
1	$(kx)'=k$	$\mathrm{d}(kx)=k\mathrm{d}x$	$\int k\mathrm{d}x=kx+C\ (k\neq 0)$
2	$\left(\dfrac{1}{2}x^2\right)'=x$	$\mathrm{d}\left(\dfrac{1}{2}x^2\right)=x\mathrm{d}x$	$\int x\mathrm{d}x=\dfrac{1}{2}x^2+C$
3	$\left(-\dfrac{1}{x}\right)'=\dfrac{1}{x^2}$	$\mathrm{d}\left(-\dfrac{1}{x}\right)=\dfrac{1}{x^2}\mathrm{d}x$	$\int\dfrac{1}{x^2}\mathrm{d}x=-\dfrac{1}{x}+C$
4	$(\ln\lvert x\rvert)'=\dfrac{1}{x}$	$\mathrm{d}(\ln\lvert x\rvert)=\dfrac{1}{x}\mathrm{d}x$	$\int\dfrac{1}{x}\mathrm{d}x=\ln\lvert x\rvert+C$
5	$\left(\dfrac{x^{\alpha+1}}{\alpha+1}\right)'=x^\alpha$	$\mathrm{d}\left(\dfrac{x^{\alpha+1}}{\alpha+1}\right)=x^\alpha\mathrm{d}x$	$\int x^\alpha\mathrm{d}x=\dfrac{x^{\alpha+1}}{\alpha+1}+C\ (\alpha\neq -1)$
6	$(\mathrm{e}^x)'=\mathrm{e}^x$	$\mathrm{d}(\mathrm{e}^x)=\mathrm{e}^x\mathrm{d}x$	$\int\mathrm{e}^x\mathrm{d}x=\mathrm{e}^x+C$
7	$\left(\dfrac{a^x}{\ln a}\right)'=a^x$	$\mathrm{d}\left(\dfrac{a^x}{\ln a}\right)=a^x\mathrm{d}x$	$\int a^x\mathrm{d}x=\dfrac{a^x}{\ln a}+C$
8	$(\sin x)'=\cos x$	$\mathrm{d}(\sin x)=\cos x\mathrm{d}x$	$\int\cos x\mathrm{d}x=\sin x+C$
9	$(-\cos x)'=\sin x$	$\mathrm{d}(-\cos x)=\sin x\mathrm{d}x$	$\int\sin x\mathrm{d}x=-\cos x+C$
10	$(\tan x)'=\sec^2 x\mathrm{d}x$	$\mathrm{d}(\tan x)=\sec^2 x\mathrm{d}x$	$\int\dfrac{1}{\cos^2 x}\mathrm{d}x=\int\sec^2 x\mathrm{d}x=\tan x+C$
11	$(-\cot x)'=\csc^2 x$	$\mathrm{d}(-\cot x)=\csc^2 x\mathrm{d}x$	$\int\dfrac{1}{\sin^2 x}\mathrm{d}x=\int\csc^2 x\mathrm{d}x=-\cot x+C$
12	$(\sec x)'=\sec x\tan x$	$\mathrm{d}(\sec x)=\sec x\tan x\mathrm{d}x$	$\int\sec x\tan x\mathrm{d}x=\sec x+C$
13	$(-\csc x)'=\csc x\cot x$	$\mathrm{d}(-\csc x)=\csc x\cot x\mathrm{d}x$	$\int\csc x\cot x\mathrm{d}x=-\csc x+C$
14	$(\arctan x)'=\dfrac{1}{1+x^2}$	$\mathrm{d}(\arctan x)=\dfrac{1}{1+x^2}\mathrm{d}x$	$\int\dfrac{1}{1+x^2}\mathrm{d}x=\arctan x+C$
15	$(\arcsin x)'=\dfrac{1}{\sqrt{1-x^2}}$	$\mathrm{d}(\arcsin x)=\dfrac{1}{\sqrt{1-x^2}}\mathrm{d}x$	$\int\dfrac{1}{\sqrt{1-x^2}}\mathrm{d}x=\arcsin x+C$

附录B　拉普拉斯变换

拉普拉斯变换法则公式

序号	像原函数	像函数
1	$af_1(t)+bf_2(t)$	$aF_1(s)+bF_2(s)$
2	$f'(t)$	$sF(s)-f(0)$
3	$f''(t)$	$s^2F(s)-sf(0)-f'(0)$
4	$f^{(n)}(t)$	$s^nF(s)-s^{n-1}f(0)-\cdots-f^{n-1}(0)$
5	$\int_0^t f(\tau)\mathrm{d}\tau$	$\dfrac{F(s)}{s}$
6	$\int_0^t\int_0^\tau f(\lambda)\mathrm{d}\lambda\mathrm{d}\tau=\int_0^t(t-\lambda)f(\lambda)\mathrm{d}\tau$	$\dfrac{F(s)}{s^2}$
7	$f(t\pm b)u(t\pm b)$	$\mathrm{e}^{\pm bs}F(s)\quad b\geqslant 0$
8	$\mathrm{e}^{bt}f(t)$	$F(s-b)$
9	$\int_0^t f_1(u)f_2(t-u)\mathrm{d}u=f_1(t)*f_2(t)$	$F_1(s)F_2(s)$
10	$tf(t)$	$-F'(s)$
11	$t^nf(t)$	$(-1)^nF^{(n)}(s)$
12	$\dfrac{f(t)}{t}$	$\int_0^\infty F(s)\mathrm{d}s$
13	$f(t+T)=f(t)\quad t>0$	$\dfrac{1}{1-\mathrm{e}^{-st}}\int_0^T f(t)\mathrm{e}^{-st}\mathrm{d}t\quad \mathrm{Re}(s)>0$

拉普拉斯变换简表

序号	$f(t)$	$F(s)$
1	1	$\dfrac{1}{s}$
2	e^{at}	$\dfrac{1}{s-a}$
3	$t^m(m>-1)$	$\dfrac{\Gamma(m+1)}{s^{m+1}}$
4	$t^m\mathrm{e}^{at}\quad(m>-1)$	$\dfrac{\Gamma(m+1)}{(s-a)^{m+1}}$
5	$\sin at$	$\dfrac{a}{s^2+a^2}$
6	$\cos at$	$\dfrac{s}{s^2+a^2}$
7	$\mathrm{sh}\ at$	$\dfrac{a}{s^2-a^2}$
8	$\mathrm{ch}\ at$	$\dfrac{s}{s^2-a^2}$
9	$t\sin at$	$\dfrac{2as}{(s+a)^2}$

续表

序号	$f(t)$	$F(s)$
10	$t\cos at$	$\dfrac{s^2-a^2}{(s^2+a^2)^2}$
11	$t\,\mathrm{sh}\,at$	$\dfrac{2as}{(s^2-a^2)^2}$
12	$t\,\mathrm{ch}\,at$	$\dfrac{s^2+a^2}{(s^2-a^2)^2}$
13	$t^m\sin at \quad (m>-1)$	$\dfrac{\Gamma(m+1)}{2\mathrm{i}(s^2+a^2)^{m+1}}\cdot[(s+\mathrm{i}a)^{m+1}-(s-\mathrm{i}a)^{m+1}]$
14	$t^m\cos at \quad (m>-1)$	$\dfrac{\Gamma(m+1)}{2(s^2+a^2)^{m+1}}\cdot[(s+\mathrm{i}a)^{m+1}+(s-\mathrm{i}a)^{m+1}]$
15	$\mathrm{e}^{-bt}\sin at$	$\dfrac{a}{(s+b)^2+a^2}$
16	$\mathrm{e}^{-bt}\cos at$	$\dfrac{s+b}{(s+b)^2+a^2}$
17	$\mathrm{e}^{-bt}\sin(at+c)$	$\dfrac{s+b\sin c+a\cos c}{(s+b)^2+a^2}$
18	$\sin^2 t$	$\dfrac{1}{2}\left[\dfrac{1}{s}-\dfrac{s}{s^2+4}\right]$
19	$\cos^2 t$	$\dfrac{1}{2}\left[\dfrac{1}{s}+\dfrac{s}{s^2+4}\right]$
20	$\sin at\sin bt$	$\dfrac{2abs}{[s^2+(a+b)^2][s^2+(a-b)^2]}$
21	$\mathrm{e}^{at}-\mathrm{e}^{bt}$	$\dfrac{a-b}{(s-a)(s-b)}$
22	$a\mathrm{e}^{at}-b\mathrm{e}^{bt}$	$\dfrac{(a-b)s}{(s-a)(s-b)}$
23	$\dfrac{1}{a}\sin at-\dfrac{1}{b}\sin bt$	$\dfrac{b^2-a^2}{(s^2+a^2)(s^2+b^2)}$
24	$\cos at-\cos bt$	$\dfrac{(b^2-a^2)s}{(s^2+a^2)(s^2+b^2)}$
25	$\dfrac{1}{a^2}(1-\cos at)$	$\dfrac{1}{s(s^2+a^2)}$
26	$\dfrac{1}{a^3}(at-\sin at)$	$\dfrac{1}{s^2(s^2+a^2)}$
27	$\dfrac{1}{a^4}(\cos at-1)+\dfrac{1}{2a^2}t^2$	$\dfrac{1}{s^3(s^2+a^2)}$
28	$\dfrac{1}{a^4}(\mathrm{ch}at-1)-\dfrac{1}{2a^2}t^2$	$\dfrac{1}{s^3(s^2-a^2)}$
29	$\dfrac{1}{2a^3}(\sin at-at\cos at)$	$\dfrac{1}{(s^2+a^2)^2}$
30	$\dfrac{1}{2a}(\sin at+at\cos at)$	$\dfrac{s^2}{(s^2+a^2)^2}$
31	$\dfrac{1}{a^4}(1-\cos at)-\dfrac{1}{2a^3}t\sin at$	$\dfrac{1}{s(s^2+a^2)^2}$
32	$(1-at)\mathrm{e}^{-at}$	$\dfrac{s}{(s+a)^2}$
33	$t\left(1-\dfrac{a}{2}t\right)\mathrm{e}^{-at}$	$\dfrac{s}{(s+a)^3}$
34	$\dfrac{1}{a}(1-\mathrm{e}^{-at})$	$\dfrac{1}{s(s+a)}$
35	$\dfrac{1}{ab}+\dfrac{1}{b-a}\left(\dfrac{\mathrm{e}^{-bt}}{b}-\dfrac{\mathrm{e}^{-at}}{a}\right)$	$\dfrac{1}{s(s+a)(s+b)}$

续表

序号	$f(t)$	$F(s)$
36	$\frac{e^{-at}}{(b-a)(c-a)}+\frac{e^{-bt}}{(a-b)(c-b)}+\frac{e^{-ct}}{(a-c)(b-c)}$	$\frac{1}{(s+a)(s+b)(s+c)}$
37	$\frac{ae^{-at}}{(c-a)(a-b)}+\frac{be^{-bt}}{(a-b)(b-c)}+\frac{ce^{-ct}}{(b-c)(c-a)}$	$\frac{s}{(s+a)(s+b)(s+c)}$
38	$\frac{a^2e^{-at}}{(c-a)(b-a)}+\frac{b^2e^{-bt}}{(a-b)(c-b)}+\frac{c^2e^{-ct}}{(b-c)(a-c)}$	$\frac{s^2}{(s+a)(s+b)(s+c)}$
39	$\frac{e^{-at}-e^{-bt}[1-(a-b)t]}{(a-b)^2}$	$\frac{1}{(s+a)(s+b)^2}$
40	$\frac{[a-b(a-b)t]e^{-bt}-ae^{-at}}{(a-b)^2}$	$\frac{s}{(s+a)(s+b)^2}$
41	$e^{-at}-e^{\frac{at}{2}}\left(\cos\frac{\sqrt{3}at}{2}-\sqrt{3}\sin\frac{\sqrt{3}at}{2}\right)$	$\frac{3a^2}{s^3+a^3}$
42	$\sin at\,\mathrm{ch}\,at-\cos at\,\mathrm{sh}\,at$	$\frac{4a^3}{s^4+4a^4}$
43	$\frac{1}{2a^2}\sin at\,\mathrm{sh}\,at$	$\frac{s}{s^4+4a^4}$
44	$\frac{1}{2a^3}(\mathrm{sh}\,at-\sin at)$	$\frac{1}{s^4-a^4}$
45	$\frac{1}{2a^3}(\mathrm{ch}\,at-\cos at)$	$\frac{s}{s^4-a^4}$
46	$\frac{1}{\sqrt{\pi t}}$	$\frac{1}{\sqrt{s}}$
47	$2\sqrt{\frac{t}{\pi}}$	$\frac{1}{s\sqrt{s}}$
48	$\frac{1}{\sqrt{\pi t}}e^{at}(1+2at)$	$\frac{1}{(s-a)\sqrt{s-a}}$
49	$\frac{1}{2\sqrt{\pi t^3}}(e^{bt}-e^{at})$	$(s-a)-\sqrt{s-a}$
50	$\frac{1}{\sqrt{\pi t}}\cos 2\sqrt{at}$	$\frac{1}{\sqrt{s}}e^{-\frac{a}{s}}$
51	$\frac{1}{\sqrt{\pi t}}\mathrm{ch}2\sqrt{at}$	$\frac{1}{\sqrt{s}}e^{\frac{a}{s}}$
52	$\frac{1}{\sqrt{\pi t}}\sin 2\sqrt{at}$	$\frac{1}{s\sqrt{s}}e^{-\frac{a}{s}}$
53	$\frac{1}{\sqrt{\pi t}}\mathrm{sh}2\sqrt{at}$	$\frac{1}{s\sqrt{s}}e^{\frac{a}{s}}$
54	$\frac{1}{t}(e^{bt}-e^{at})$	$\ln\frac{s-a}{s-b}$
55	$\frac{2}{t}\mathrm{sh}\,at$	$\ln\frac{s+a}{s-a}$
56	$\frac{2}{t}(1-\cos at)$	$\ln\frac{s^2+a^2}{s^2}$
57	$\frac{2}{t}(1-\mathrm{ch}\,at)$	$\ln\frac{s^2-a^2}{s^2}$
58	$\frac{1}{t}\sin at$	$\arctan\frac{a}{s}$
59	$\delta(t)$	1
60	$\delta'(t)$	s

注：(1) a,b,c 为不相等的常数．

(3) $\Gamma(m)=\int_0^{+\infty}e^{-t^2}t^{m-1}dt\,(m>0)$ 为伽马函数，当 m 为正整数时，$\Gamma(m+1)=m!$ ．